Management-Reihe Corporate Social Responsibility

Herausgegeben von
René Schmidpeter
Dr. Jürgen Meyer Stiftungsprofessur für
Internationale Wirtschaftsethik und CSR
Cologne Business School (CBS)
Köln, Deutschland

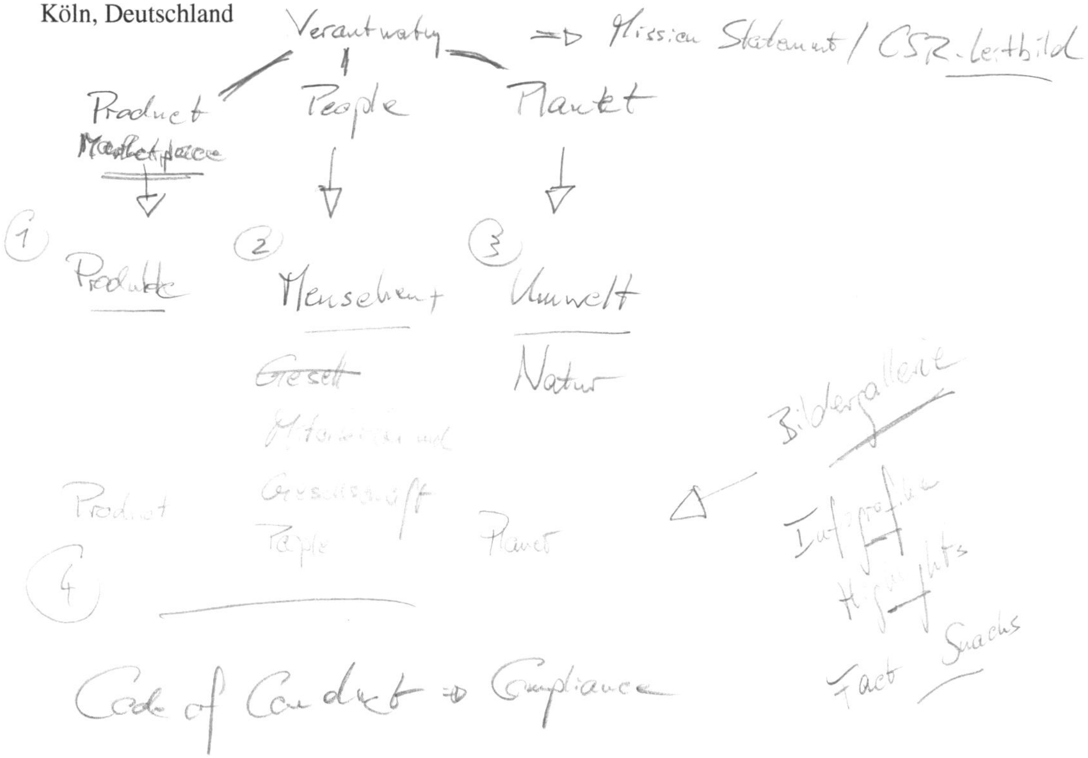

Das Thema der gesellschaftlichen Verantwortung gewinnt in der Wirtschaft und Wissenschaft gleichermaßen an Bedeutung. Die Management-Reihe Corporate Social Responsibility geht davon aus, dass die Wettbewerbsfähigkeit eines jeden Unternehmens davon abhängen wird, wie es den gegenwärtigen ökonomischen, sozialen und ökologischen Herausforderungen in allen Geschäftsfeldern begegnet. Unternehmer und Manager sind im eigenen Interesse dazu aufgerufen, ihre Produkte und Märkte weiter zu entwickeln, die Wertschöpfung ihres Unternehmens den neuen Herausforderungen anzupassen sowie ihr Unternehmen strategisch in den neuen Themenfeldern CSR und Nachhaltigkeit zu positionieren. Dazu ist es notwendig, generelles Managementwissen zum Thema CSR mit einzelnen betriebswirtschaftlichen Spezialdisziplinen (z.B. Finanz, HR, PR, Marketing etc.) zu verknüpfen. Die CSR-Reihe möchte genau hier ansetzen und Unternehmenslenker, Manager der verschiedenen Bereiche sowie zukünftige Fach- und Führungskräfte dabei unterstützen, ihr Wissen und ihre Kompetenz im immer wichtiger werdenden Themenfeld CSR zu erweitern. Denn nur, wenn Unternehmen in ihrem gesamten Handeln und allen Bereichen gesellschaftlichen Mehrwert generieren, können sie auch in Zukunft erfolgreich Geschäfte machen. Die Verknüpfung dieser aktuellen Managementdiskussion mit dem breiten Managementwissen der Betriebswirtschaftslehre ist Ziel dieser Reihe. Die Reihe hat somit den Anspruch, die bestehenden Managementansätze durch neue Ideen und Konzepte zu ergänzen, um so durch das Paradigma eines nachhaltigen Managements einen neuen Standard in der Managementliteratur zu setzen.

Weitere Bände in der Reihe
http://www.springer.com/series/11764

Peter Heinrich
(Hrsg.)

CSR und Fashion

Nachhaltiges Management in der Bekleidungs- und Textilbranche

Springer Gabler

Herausgeber
Peter Heinrich
HEINRICH – Agentur für Kommunikation
Ingolstadt, Deutschland

ISSN 2197-4322 ISSN 2197-4330 (electronic)
Management-Reihe Corporate Social Responsibility
ISBN 978-3-662-57696-0 ISBN 978-3-662-57697-7 (eBook)
https://doi.org/10.1007/978-3-662-57697-7

Die Deutsche Nationalbibliothek verzeichnet diese Publikation in der Deutschen Nationalbibliografie; detaillierte bibliografische Daten sind im Internet über http://dnb.d-nb.de abrufbar.

Springer Gabler

Einbandabbildung: Michael Bursik

Gedruckt auf säurefreiem und chlorfrei gebleichtem Papier

Springer Gabler ist ein Imprint der eingetragenen Gesellschaft Springer-Verlag GmbH, DE und ist ein Teil von Springer Nature.
Die Anschrift der Gesellschaft ist: Heidelberger Platz 3, 14197 Berlin, Germany

Vorwort von René Schmidpeter

Ist Nachhaltigkeit „in“? Neue Paradigmen in der Textilbranche

Aufgrund der Globalisierung wandelt sich unsere Welt in rasender Geschwindigkeit. Insbesondere in der Textilbranche erstrecken sich die Wertschöpfungsketten oft über tausende von Kilometer und mehrere Kontinente. Dass Hosen, Kleider und T-Shirts in fernen Ländern produziert werden, gehört mittlerweile zum Alltag unserer globalen Konsumgesellschaft.

Eine der Branchen, die vom weltweiten Handel und der internationalen Arbeitsteilung am meisten profitiert hat, ist die Textilindustrie. Ausgehend von der Baumwollherstellung über das Design bis hin zur Produktion und Vermarktung ist der gesamte Wertschöpfungsprozess sehr stark fragmentiert und auf verschiedene Länder in der Welt verteilt.

Es ist somit nicht verwunderlich, dass gerade in dieser Branche weitreichende Herausforderungen bei der Gestaltung globaler Wertschöpfungsstrategien und -prozesse seit jeher auf der Tagesordnung stehen. Sind doch die Lebens- und Arbeitsbedingungen, die lokalen Kulturen und das Verständnis von unternehmerischem Handeln in den diversen Wirtschaftsräumen ganz unterschiedlich. Dennoch hat es einige Skandale, einstürzende Fabriken und Erkrankungen durch Pestizideinsatz gebraucht, um die negativen Folgen der globalen Produktion zu analysieren und Maßnahmen dagegen zu ergreifen.

Erst die steigende öffentliche Aufmerksamkeit, Konsumentenboykotte, politische Maßnahmen und die zunehmende Transparenz der Wertschöpfungskette durch die Digitalisierung haben die notwendige Entwicklung hin zu einer nachhaltigeren Textilwirtschaft richtig in Gang gebracht. So wird die Textilbranche derzeit immer stärker sowohl vom gesellschaftlichen Nachhaltigkeitsdiskurs als auch den kommunikativen Veränderungen durch das Internet erfasst.

Dabei sind die Herausforderungen für die einzelnen Unternehmen – je nach Position in der Wertschöpfungskette – ganz unterschiedlicher Natur: vom berechtigten Interesse die Menschenrechte zu schützen und die Arbeitsbedingungen zu verbessern bis hin zu Fragen neuer, alternativer Produktionsverfahren, um Transportwege zu verkürzen beziehungsweise die CO2-Emissionen zu reduzieren. Um diese Aufgaben anzugehen, müssen Unternehmen nachhaltiges Management in die Unternehmensprozesse integrieren.

Der Spielraum, auf die gegenwärtigen Herausforderungen angemessen zu reagieren, ist jedoch aufgrund der in den letzten Jahren forcierten Massenproduktion und des globalen Preiskampfes in der Branche oft sehr gering. Daher braucht es ein neues progressives Nachhaltigkeitsverständnis. Dabei kann Nachhaltigkeit nicht mehr nur als rein defensives und limitierendes Konzept gesehen werden, welches die wirtschaftliche Entwicklung bremst. Ganz im Gegenteil: Nachhaltigkeit aus einer unternehmerischen Perspektive bedeutet, die negativen UND insbesondere die positiven Auswirkungen des Geschäftsmodells vorrausschauend zu managen. Bei dieser progressiven Sichtweise geht es zwar auch darum, etwaige Schäden unternehmerischen Handelns zu minimieren. Im Vordergrund steht aber, die beabsichtigte positive Wertschöpfung des Unternehmens für die Gesellschaft zu erhöhen.

Neben dem Ziel der Schadensvermeidung tritt daher in der aktuellen Nachhaltigkeitsdiskussion das neue Paradigma der „positiven Wertschöpfung". Dieses CSR-Paradigma stellt auch eine neue Perspektive für die notwendigen Veränderungsprozesse in der Textilbranche dar: Nachhaltigkeit schafft Mehrwert. Neue Märkte und Produkte entstehen, zum Beispiel Produkte aus Biobaumwolle, aus innovativen, nachhaltigen oder recycelten Materialien sowie nachhaltige Fashion und junge Labels.

Immer mehr Unternehmen versuchen sich am Markt durch ein positives Nachhaltigkeitsverständnis zu positionieren und ihre Stakeholder dabei mitzunehmen. Insbesondere die junge Generation kann heute wählen: zwischen den billigen „3-Euro-T-Shirts" oder verantwortlicher Mode, die Fun und Verantwortung vereint. Dabei hilft auch die Sharing Economy, in der Kleidung gemeinsam genutzt beziehungsweise getauscht wird. Neben neuen Produkten entstehen so auch neue Geschäftsmodelle – alle mit dem Ziel, Unternehmertum und Nachhaltigkeit zusammenzuführen.

Diesem Motto folgend findet die Leserin beziehungsweise der Leser auch in dieser Publikation ganz unterschiedliche Zugänge, wie Nachhaltigkeitsüberlegungen in Textilunternehmen derzeit integriert werden. In der Umsetzung obliegt es daher der eigenen Werthaltung beziehungsweise Sichtweise, welche Ansätze und Instrumente als zielführend angesehen werden. Und es bedarf eines hohen Maßes an Eigenverantwortung sowie der gründlichen Reflexion der eigenen Rolle als Konsument oder Produzent, um in dieser Branche neue Wertschöpfungsprozesse zu etablieren.

Alle Leserinnen und Leser sind damit herzlich eingeladen, die für sie sinnvollen und praktikablen Ansätze in dieser Publikation aufzugreifen und für die eigenen beruflichen Herausforderungen zu nutzen sowie mit den Herausgebern, Autoren und Unterstützern dieser Reihe weiter intensiv zu diskutieren. Ich möchte mich last, but not least sehr herzlich bei Peter Heinrich, Corinna Gronau und Kathy Zängler für ihr großes Engagement, bei Janina Tschech und Eva-Maria Kretschmer vom Springer Gabler Verlag für die gute Zusammenarbeit sowie bei allen Unterstützern der Reihe aufrichtig bedanken und wünsche Ihnen, werte Leserin und werter Leser, nun eine interessante Lektüre.

Prof. Dr. René Schmidpeter

Vorwort von Peter Heinrich

Der „neue Megatrend" – so bezeichnet der deutsche Entwicklungsminister Gerd Müller das Thema Nachhaltigkeit. Er geht davon aus, dass nachhaltige Produkte – ähnlich wie Bio-Produkte – in zehn Jahren Standard sind. Müller will erreichen, dass die westlichen Gesellschaften ihren Lebensstil grundlegend ändern: „Wir dürfen unseren Wohlstand nicht länger auf Sklaven- und Kinderarbeit und der Ausbeutung der Umwelt gründen."

Das gilt auch und besonders für die Bekleidungs- und Textilbranche. Gerade sie muss aufgrund ihrer umfangreichen und umweltbeanspruchenden Wertschöpfungskette unternehmerisch verantwortlich agieren. Das fordern auch immer mehr Verbraucher. Laut einer aktuellen, repräsentativen Studie, die vom Marktforschungsinstitut Dr. Grieger & Cie. (Slow Fashion Monitor 2016) durchgeführt wurde, wünschen sie sich auch von Fast-Fashion-Anbietern mehr nachhaltige Mode im Sortiment. Knapp drei Viertel der Befragten halten Nachhaltigkeit in Bezug auf Bekleidung für wichtig.

Dabei geht es um weit mehr als nur um „Ökostoffe". Es geht um verantwortliches Handeln auf dem Markt und gegenüber der Umwelt, der Gesellschaft und den Mitarbeitern – also zusammenfassend um Nachhaltigkeit und CSR.

Mittlerweile sind viele namhafte Unternehmen im Bereich Fashion bereit, diese globale Verantwortung zu übernehmen und soziale sowie Umweltaspekte in ihr unternehmerisches Handeln zu integrieren. Ein sinnvoller Schritt, denn so leisten sie nicht nur einen Beitrag zur gesamtwirtschaftlichen Nachhaltigkeit, sondern prägen gleichzeitig ihr Image und generieren dabei gezielt Wettbewerbsvorteile.

Die Entwicklung ist positiv, aber hinsichtlich Aufklärung und Kommunikation ist noch viel zu tun. Dieses Buch will dazu einen Beitrag leisten. Es liefert für die Bekleidungs- und Textilbranche einen fundierten, praxisbezogenen Überblick über CSR-Strategien, CSR-Kommunikation und Managementprozesse.

Mein Dank gilt an dieser Stelle den mehr als 30 Experten, die in ihren Beiträgen aufzeigen, wie CSR wirksam angewendet, gelebt und kommuniziert wird. Und das in einer Branche, in der 100 % Nachhaltigkeit nahezu unmöglich zu sein scheint. Sind doch die Wertschöpfungsketten zu komplex und die Lieferketten so verschlungen, dass es kaum gelingt, alles sprichwörtlich „bis zum kleinsten Knopf" zu kontrollieren. Diese Problematik für das eigene Unternehmen offenzulegen und transparent zu machen, erfordert nicht nur Mut. Es ist vor allem eine Frage der Haltung und damit meines Erachtens der wichtigste Schritt zu wahrem nachhaltigen Handeln. Wenn es augenscheinlich schon so schwer ist, alles richtig zu machen, dann ist es besonders wichtig zu zeigen, was man bereits richtig gemacht hat und welchen Weg man in Zukunft beschreiten will. Und genau das haben die Autoren getan. Von der Rohstoffgewinnung auf dem Baumwollfeld bis zum Recycling von Alttextilien: Die Beiträge behandeln die unterschiedlichen Teilsegmente der Bekleidungs- und Textilwirtschaft. In ihrem Zusammenspiel bilden sie darüber hinaus wesentliche Stufen der Wertschöpfungskette ab und bieten einen Überblick über den heutigen Stand der CSR-Aktivitäten in der Modebranche. Das Buch bietet allen Interessierten Orientierung, Impulse und Handlungsempfehlungen für die tägliche Praxis.

Ich danke allen, die mit ihrem Beitrag und ihrem Engagement dieses Buch möglich gemacht haben. Lassen Sie uns gemeinsam das Thema Nachhaltigkeit und CSR weiter vorantreiben.

Peter Heinrich

Der Herausgeber

Peter Heinrich ist geschäftsführender Gesellschafter von HEINRICH – Agentur für Kommunikation in Ingolstadt. Seit über fünfzehn Jahren berät und begleitet der Kommunikationsfachmann und zertifizierte CSR-Manager (IHK) mittelständische und große Unternehmen in Fragen der Public Relations und CSR. Im Bereich CSR liegt sein Schwerpunkt auf der Strategieberatung, Stakeholder-Dialogen, Kommunikation und Nachhaltigkeitsberichten. Vor seiner Selbstständigkeit war der studierte Betriebswirt 20 Jahre als Geschäftsführer in einem mittelständischen, marktführenden Unternehmen mit über 500 Mitarbeitern tätig. Er verfügt damit über langjährige Expertise auf Agentur- und Unternehmensseite.

Inhaltsverzeichnis

Autorenverzeichnis

Michael Arretz Hamburg, Deutschland

Martin Böschen CEO, TEXAID Textilverwertungs-AG, Schattdorf, Schweiz

Isabel Bracker Manager Communications & Social Media, CGS Publishing Technologies International, Hainburg, Deutschland

Kirsten Brodde Global Project lead "Detox my fashion", Greenpeace e.V., Hamburg, Deutschland

Lena Faisst Marketing, Mey GmbH & Co. KG, Albstadt, Deutschland

Siegbert Fiebrig Ingolstadt, Deutschland

Lisa Maria Fiedler Unternehmensentwicklerin, Leiterin Nachhaltigkeitsakademie und persönliche Referentin der Geschäftsführung, VAUDE Sport GmbH & Co. KG, Tettnang, Deutschland

Matthias S. Fifka Vorstand des Instituts für Wirtschaftswissenschaft, Lehrstuhl für Betriebswirtschaftslehre, insbesondere Strategisches und Werteorientiertes Management, Friedrich-Alexander-Universität Erlangen-Nürnberg (FAU), Erlangen, Deutschland

Nicole Franken Selbständige Beraterin, Trainerin und Dozentin, Nicole Franken Nachhaltige Kommunikation, Köln, Deutschland

Volker Gaßner Leitung Presse & Strategische Kommunikation, Greenpeace e.V., Hamburg, Deutschland

Anna Haddick Köln, Deutschland

Kristin Heckmann Leiterin Corporate Responsibility, Hess Natur-Textilien GmbH, Butzbach, Deutschland

Peter Heinrich HEINRICH – Agentur für Kommunikation, Ingolstadt, Deutschland

Friederike Hoppe Nachhaltigkeit, engelbert strauss GmbH & Co. KG, Biebergemünd, Deutschland

Elke Hortmeyer Direktorin Kommunikation und internationale Beziehungen, Bremer Baumwollbörse, Bremen, Deutschland

Carolyn Hutter Leiterin CSR & Nachhaltigkeit, Lidl Deutschland, Neckarsulm, Deutschland

Gabriel Jäckel Unternehmenskommunikation, engelbert strauss GmbH & Co. KG, Biebergemünd, Deutschland

Jessica Kunstmann Alabaster Blogzine, Jessica Kunstmann, Leipzig, Deutschland

Melanie Kuntnawitz Head of Vendor Control, JACK WOLFSKIN Ausrüstung für Draussen GmbH & Co. KGaA, Idstein/Ts., Deutschland

Victoria Lauer Nachhaltigkeit, engelbert strauss GmbH & Co. KG, Biebergemünd, Deutschland

Matthias Mey Managing Director, Mey GmbH & Co. KG, Albstadt, Deutschland

Katrin Meyer Hamburg, Deutschland

Arianna Nicoletti Co-Gründerin, Green Fashion Tours, Berlin, Deutschland

Anna Perrottet Co-Gründerin, Green Fashion Tours, Berlin, Deutschland

Rene Schmidpeter Cologne Business School (CBS), Center for Advanced Sustainable Management (CASM), Köln, Deutschland

Florian Schütze Geschäftsführer CSR Einkauf, Lidl Stiftung, Neckarsulm, Deutschland

Jonas Schützeneder Wissenschaftlicher Mitarbeiter, KU Eichstätt/Journalistik, Eichstätt, Deutschland

Stefan D. Seidel Head of Corporate Sustainability, PUMA SE, Herzogenaurach, Deutschland

Henning Strauss Geschäftsführender und CMO der engelbert strauss GmbH & Co. KG, engelbert strauss GmbH & Co. KG, Biebergemünd, Deutschland

Dominique Ellen van de Pol Selbstständige Mode- und Nachhaltigkeitsexpertin – Master of Arts in Fashion, Design & Strategy, Dominique Ellen van de Pol – Green Fashion Communications, Essen, Deutschland

Christian von Daniels Geschäftsführender Gesellschafter, van Laack GmbH, Mönchengladbach, Deutschland

Nicole Wagner Corporate Responsibility, GREIFF Mode GmbH & Co. KG, Bamberg, Deutschland

Anosha Wahidi Referatsleiterin, Bundesministerium für wirtschaftliche Zusammenarbeit und Entwicklung, Berlin, Deutschland

Kathy Zängler Textilbetriebswirtin, Kommunikations- und VM-Expertin, HEINRICH – Agentur für Kommunikation, Ingolstadt, Deutschland

Yvonne Zwick Leiterin Büro Deutscher Nachhaltigkeitskodex, Rat für Nachhaltige Entwicklung, Berlin, Deutschland

Die textile Lieferkette als Herausforderung für Unternehmen und Politik

Siegbert Fiebrig

Die Themen Textil und Bekleidung interessieren alle Bevölkerungsschichten, da jeder persönlich mit diesen Bereichen täglich Berührung hat. Dementsprechend groß ist das öffentliche Interesse und jeder hat seine eigenen Erfahrungen gemacht. Die Presse nimmt deshalb auch jede noch so kleine Meldung über Störungen in der weltweiten Lieferkette auf und berichtet je nach Vorfall ausführlich über Tage und Wochen hinweg. Bekleidung ist stark von Modeeinflüssen und Marken geprägt. Für diese Bereiche ist ein „sauberes Image" überlebenswichtig, da sie sonst vom Endverbraucher abgestraft und gemieden werden. Die Textil- und Bekleidungsindustrie ist sich dieser Tatsachen schon lange bewusst und hat sich mehr oder weniger, je nach Unternehmensanforderungen, mit dem Thema CSR beschäftigt. Der Handel hat zusätzlich sehr unterschiedliche Anforderungen an die Bekleidungsunternehmen gestellt. Aber er tritt teilweise auch als Produzent direkt in den Produktionsländern auf.

Die Textil- und Bekleidungsindustrie ist in Deutschland und Europa eine der wichtigsten Konsumgüterbranchen. Die starke Globalisierung der Lieferketten ist ein prägendes Element der Branche.

Die Intensität der Nachverfolgung muss man klar in ein Vorher und Nachher unterteilen. Der Wendepunkt in den Denkstrukturen war das Einstürzen des Rana Plaza in Bangladesch am Morgen des 24. April 2013. Über 1000 Textilarbeiterinnen wurden darunter begraben. Durch die intensiven Berichte in allen Medien rückten die sozialen und ökologischen Missstände in der Textil- und Bekleidungsindustrie ins Bewusstsein der Bevölkerung und damit auch in den Fokus der Politik. In allen Unternehmen wurde hinterfragt, ob die Aktivitäten und Maßnahmen, die vorher durchgeführt wurden, ausreichend und richtig waren.

S. Fiebrig (✉)
Ingolstadt, Deutschland

P. Heinrich (Hrsg.), *CSR und Fashion*, Management-Reihe Corporate Social Responsibility,
https://doi.org/10.1007/978-3-662-57697-7_1

Dieses Umdenken hat neue Herausforderungen in der gesamten Lieferkette für die Unternehmen und die Politik gebracht. Am Beispiel der Bekleidungsindustrie möchte ich einmal eine Momentaufnahme darstellen, denn es ist extrem viel im Fluss und nur wenig endgültig abgeschlossen. (Stand Anfang Oktober 2017)

1 Die Lieferkette aus der Sicht der Bekleidungsindustrie

Vereinfacht dargestellt, sieht die Lieferkette in der Bekleidungsindustrie wie folgt aus:

Die textile Lieferkette in der Bekleidungsindustrie beginnt bei den Rohstoffen, wie z. B. der Wolle der Schafe, der Baumwolle auf den Felder und der chemischen Stoffe/Inhalte in den synthetischen Garnen.

Daraus werden Gewebe/Wirk- und Strickwaren hergestellt. Mannigfaltige Zutaten für ein Endprodukt werden zusätzlich produziert und alles wird gemeinsam für einen Produktionsort bereitgestellt. Die gesamte Rohware wird natürlich auch noch durch Veredelungsprozesse zusätzlich ausgerüstet und verfeinert.

Die Produktion mit ihrem gesamten Dienstleistungsspektrum gehört entweder einem Bekleidungsunternehmen oder ist ein Lohnfertiger, der für ein Unternehmen oder den Handel in Lohn fertige Produkte produziert.

Die notwendige Logistik wird je nach Vereinbarung von beiden Partnern organisiert und verantwortet.

Der sogenannte Inverkehrbringer beliefert dann den Markt, den Einzelhandel und den Online-Handel je nach Organisationsverantwortung.

Der Endverbraucher kauft das fertige Produkt mit den Herstellerangaben und der eventuellen Verpackung. Das Recycling der gesamten Bestandteile liegt je nach Material beim Inverkehrbringer, beim Handel und beim Endverbraucher.

Die Bekleidungsindustrie hat im Bereich „Vorher" die Zielsetzung vertreten, **dass** jedes Mitglied in der Lieferkette **selbst** für seinen Beitrag verantwortlich **ist**. In bilateralen Verträgen wurden die Rechte und Pflichten mit der jeweiligen Vorstufe geregelt und dokumentiert. Durch sogenannte „Audits" wurde die Einhaltung der Vorschriften bei der jeweiligen Vorstufe kontrolliert. Dies alles war auf freiwilliger Basis oder wurde in den letzten Jahren verstärkt vom Handel verlangt.

Die Sozialstandards wurden durch Integration der ILO Vorschriften in die Verträge abgedeckt. Ebenso der Einsatz/das Verbot von Chemikalien nach den REACH Vorschriften. Sehr oft werden der Code of Conduct, der vom Verband „textil und mode" entwickelt und der 2015 grundlegend überarbeitet wurde, als Bestandteil in die Produktionsverträge eingefügt.

Verbindliche Vorschriften, wie und wann die gesamte Lieferkette kontrolliert wird, gab es nicht. Die Bewertungen der existenzsichernden Löhne, der sozialen Struktur und der gesetzlichen Vorschriften im jeweiligen Produktionsort/-land wurden nicht vorgegeben.

Zur Erhöhung der Glaubwürdigkeit und Legitimität von Unternehmen können diese verbindliche Gütesiegel, Umwelt- und Sozialstandards schaffen und nutzen. Beispiele hierfür sind die **EMAS-Verordnung**, **SA 8000**, **ISO 14001** oder Gütesiegel wie **FSC**, **MSC** oder **Blaue Engel**.

Von den Vorlieferanten wurde erwartet/verlangt, dass deren Vorlieferanten ebenfalls zur Durchsetzung der Vorschriften eigenverantwortlich Verträge abschließen, Audits durchführen und Kontrollen dokumentieren.

2 Verbände und ihre Mitglieder, die sich mit nachhaltigem Management beschäftigen

Gesamtverband der deutschen Textil- und Modeindustrie
Mitglied im Textilbündnis für nachhaltige Textilien

German Fashion
Mitglied im Gesamtverband der deutschen Textil- und Modeindustrie

DTB, Dialog Textil und Bekleidung
Mitglied im Textilbündnis für nachhaltige Textilien

BTE, Bundesverband des deutschen Textileinzelhandels
Mitglied im Textilbündnis für nachhaltige Textilien

HDE, Handelsverband Deutschland
Mitglied im Textilbündnis für nachhaltige Textilien

AVE, Außenhandelsvereinigung des Deutschen Einzelhandels e. V.
Mitglied im Textilbündnis für nachhaltige Textilien

GOTS
Die Global Organic Textile Standard International Working Group besteht aus vier bekannten Mitgliedsorganisationen, i. e. OTA (USA), IVN (Deutschland), Soil Association (GB) und JOCA (Japan), die ihre jeweiligen Fachkenntnisse in der ökologischen Landwirtschaft und der umweltverträglichen und sozial verantwortlichen Textilverarbeitung beim GOTS einbringen, zusammen mit anderen internationalen Stakeholder-Organisationen und Experten.

Ziel dieses Standards ist es, Anforderungen zu definieren, die eine nachhaltige Herstellung von Textilien gewährleisten, angefangen von der Gewinnung textiler Rohfasern über umweltverträgliche und sozial verantwortliche Herstellung bis zur Kennzeichnung der Endprodukte und deshalb Produktsicherheit für den Endverbraucher zu bieten.

Der Standard deckt Herstellung, Konfektion, Verpackung, Kennzeichnung, Handel und Vertrieb aller Textilien ab, die aus mindestens 70 % kontrolliert biologisch erzeugten Naturfasern bestehen. Es können z. B. Garne, Stoffe, Bekleidung, Heimtextilien und sonstige Produkte aus textilen Fasern zertifiziert werden.

Alle Verarbeiter und Hersteller müssen soziale Mindestkriterien auf der Grundlage der Kernnormen der Internationalen Arbeitsorganisation (ILO) erfüllen. Sie müssen ein Managementsystem mit festgelegten Elementen haben, um die Einhaltung der Mindestkriterien sicherzustellen. Die Übereinkommen der ILO dienen als Grundlage für eine angemessene Umsetzung und Beurteilung der jeweiligen Sozialkriterien.

3 Politische Aktivitäten im Bereich nachhaltiger Textilien und Bekleidung

Massives Lobbying von verschiedenen Interessengruppen fordert gesetzlich verpflichtende Anforderungen und Auflagen für internationale Unternehmen. Diese Gruppen haben einen Forderungskatalog mit Kontroll- und Berichtspflichten, Sorgfaltspflichten, Verantwortungspflichten, Schadensersatzpflichten und Strafbarkeitsandrohungen erstellt. Dadurch sollen multinationale Regelwerke, die keine rechtlichen Verbindlichkeiten gegenüber Privaten haben in nationales Recht eingebunden werden (Joachim Jütte-Overmeyer CSRfashion, Februar 2017).

In Deutschland wurde dieses Ansinnen vom Finanzministerium gestoppt. Die deutschen Unternehmen hätten im internationalen Wettbewerb Risiken tragen müssen, welche objektiv nicht von ihnen zu beherrschen wären. Trotzdem sollten sie dafür einstehen und haften. Dafür soll der aktuelle Aktionsplan auf freiwilliger Basis mit Einbindung der nationalen und internationalen Politik, der NGOs und der Unternehmen ein Lösungskonzept erarbeiten. Dazu gehört auch das „Bündnis für nachhaltige Textilien".

Frankreich hat bereits ein „France adopts corporate duty of care law" beschlossen. Ob das umsetzbar ist, wird sich zeigen, da erstmals das Haftungsprinzip durchbrochen wurde.

ILO

Die Internationale Arbeitsorganisation (ILO) ist eine Sonderorganisation der Vereinten Nationen. Sie wurde im Jahr 1919 gegründet und hat ihren Hauptsitz in Genf. Die ILO verfügt über eine dreigliedrige Struktur, die im UN-System einzigartig ist: Die 187 Mitgliedsstaaten sind durch Regierungen, durch Arbeitnehmerinnen und Arbeitnehmer sowie durch Arbeitgeber in den Organen der ILO vertreten. Schwerpunkte der Arbeit der ILO sind die Formulierung und Durchsetzung internationaler Arbeits- und Sozialnormen, insbesondere der Kernarbeitsnormen, die soziale und faire Gestaltung der Globalisierung sowie die Schaffung von menschenwürdiger Arbeit als eine zentrale Voraussetzung für die Armutsbekämpfung.

Vier Grundprinzipien bestimmen Selbstverständnis und Handeln der ILO:

- Vereinigungsfreiheit und Recht auf Kollektivverhandlungen
- Beseitigung der Zwangsarbeit

- Abschaffung der Kinderarbeit
- Verbot der Diskriminierung in Beschäftigung und Beruf

OECD-Leitsätze für multinationale Unternehmen
In zehn Kapiteln geben die Leitsätze Empfehlungen für verantwortliches Unternehmerverhalten bezüglich Transparenz, Arbeitsbeziehungen, Umwelt, Korruption, Verbraucherschutz, Technologietransfer, Wettbewerb und Steuern. Sie beziehen sich auf internationale Vereinbarungen wie die Allgemeine Erklärung der Menschenrechte und die ILO-Kernarbeitsnormen und betonen das Leitbild der nachhaltigen Entwicklung sowie das Vorsorgeprinzip. Die OECD verabschiedete die Leitsätze erstmals im Jahre 1976.

United Nations Global CompactGlobal Compact oder auch United Nations Global Compact ist der englische Name für einen weltweiten Pakt (deutsch: Globaler Pakt der Vereinten Nationen), der zwischen Unternehmen und der UNO geschlossen wird, um die Globalisierung sozialer und ökologischer zu gestalten.

Die Prinzipien des Global Compact sind Minimalstandards, die auf Dokumenten beruhen, die von einem Großteil der Völkergemeinschaft akzeptiert werden und daher ohnehin in die nationale Rechtsprechung eingeflossen sind. Sie werden daher als zu schwach und unwirksam kritisiert.

Die niedrige Aufnahmebarriere führt weiterhin dazu, dass sich auch Unternehmen, die gegen die Prinzipien verstoßen, auf der Liste der Teilnehmer befinden. Es ist somit von außen nicht ersichtlich, ob das Unternehmen die Richtlinien tatsächlich einhält oder sich zumindest in einem Prozess der Besserung befindet oder die Mitgliedschaft in der Organisation als Werbemaßnahme ansieht.

European Multi-Stakeholder Forum on CSR (2002 gegründet)
Das CSR EMS Forum soll einen institutionellen Rahmen für den Dialog zwischen europäischen Akteuren (europäische Ebene, Unternehmen, Gewerkschaften und NGO) über die Entwicklungen einer europäischen CSR bieten. Dazu soll die Europäische Kommission die Sitzungen des Forums etwa alle zwei Jahre veranstalten. Dabei sollen Innovationen vorgestellt, Annäherung zwischen den Beteiligten stattfinden und Entwicklungen bzw. Erfahrungen in existierenden CSR-Systemen ausgetauscht werden.

Eine 2006 geplante weitere Runde des CSR EMS Forum wurde vor allem von den NGOs boykottiert, weil deren Interessen zu wenig berücksichtigt worden seien.

Verschiedene NGOs sind mit der Vorgehensweise der Europäischen Kommission und der Arbeitsweise sowie den Ergebnissen des CSR EMS Forum nicht zufrieden. Es wurde z. B. insbesondere der freiwillige Ansatz zur Implementierung von CSR kritisiert und die vagen Empfehlungen im Endbericht 2004. Das Europäische Parlament hat sich 2011 mit großer Mehrheit gegen eine EU-Richtlinie zur Zwangsregulierung von CSR ausgesprochen.

Bündnis für nachhaltige Textilien
Das Bündnis für nachhaltige Textilien (kurz: Textilbündnis) ist ein Zusammenschluss von Ministerien, Unternehmen und Organisationen mit dem Ziel, die Arbeits- und Lebensbe-

dingungen in der Textilindustrie in Niedriglohnländern zu verbessern. Zum Bündnis gehören neben Unternehmen auch Nichtregierungsorganisationen, Verbände, Gewerkschaften, Bundesministerien sowie wissenschaftliche Organisationen, die Standards für die Textilindustrie entwickeln.[1]

Die Initiative wurde am 16. Oktober 2014 unter Federführung des Bundesministeriums für wirtschaftliche Zusammenarbeit und Entwicklung gegründet und ist eine Reaktion auf den Einsturz einer Textilfabrik in Sabhar, Bangladesch, in welcher viele internationale Textilkonzerne ihre Produkte fertigen ließen.

Der Review-Prozess dient der Messung des individuellen Fortschritts sowie des gemeinsamen Fortschritts des Bündnisses als Ganzes durch einen noch zu definierenden unabhängigen Dritten. Neben der Roadmap umfasst dieser die Baseline-Erhebung, welche den Ausgangspunkt der Mitglieder in den Bereichen Soziales, Chemikalien und Naturfasern aufzeigt.

Timeline:

- 20. Oktober 2016: Der Steuerungskreis hat in seiner Sitzung am 20. Oktober 2016 über den Anforderungskatalog (Schlüsselfragen und Indikatoren) zur Baseline-Erhebung und zur Erstellung der ersten Roadmap entschieden.
- Ab ca. Ende Oktober: Interne Vorbereitung auf die Baseline-Erhebung auf Basis der an die Mitglieder kommunizierten Schlüsselfragen und Indikatoren
- Ab 23. November 2016: Baseline-Erhebung mithilfe des IT-Tools „TexPerT“
- Bis spätestens 31.01.2017: Erstellung der ersten Roadmap mithilfe von „TexPerT“
- Anfang 2017: Plausibilitätsprüfung der Roadmaps durch den unabhängigen Dritten
- Anfang 2017: optionale Veröffentlichung der Roadmaps
- 129 Mitglieder des Textilbündnisses haben mehr als 1500 Maßnahmen und konkrete Maßnahmenpläne eingereicht. Darunter 87 Mitglieder aus der deutschen Textilwirtschaft (Info TW-Online vom 28.07.2017)
- Anfang 2018: Evaluierung auf Grundlage des individuellen Fortschrittsberichts für das Jahr 2017

Mit rund 144 Mitgliedern aus der Akteursgruppe Wirtschaft hat das Textilbündnis aktuell ca. 55 % Marktabdeckung erreicht. Ziel ist eine Marktabdeckung von mindestens 75 %, um Wettbewerbsverzerrungen zu vermeiden.

Die Mitglieder wählen aus ihrer Mitte einen Steuerungskreis des Bündnisses. Dieser Kreis entscheidet auf Grundlage der erarbeiteten Empfehlungen über das konkrete Vorgehen. Dies sind die aktuellen Themen:

- Sozialstandards und existenzsichernde Löhne
- Einsatz/Verbot von Chemikalien
- Anbau und Nutzung von Naturfasern

[1] https://www.textilbuendnis.com/.

- Review-Prozess: Berichts- und Überprüfungsmaßnahmen
- Umsetzung und Internationalisierung

Die Mitglieder verpflichten sich mit ihrer Beitrittserklärung verbindlich, die im Aktionsplan definierten Ziele des Bündnisses zu verfolgen. Der Fahrplan ist aber für jedes Mitglied je nach Startpunkt unterschiedlich. Die Endziele bleiben aber identisch. Der Fortschritt wird im sogenannten Review-Prozess überprüft. Weitere Details in Abb. 1.

Um der Internationalität der Textil- und Modebranche gerecht zu werden, sucht das Bündnis den Anschluss an europäische und internationale Initiativen und Institutionen, um über nationale Grenzen hinweg für gleiche Wettbewerbsbedingungen („level playing field") zu sorgen.

Bündnis Roadmap innerhalb des Bündnisses für nachhaltige Textilien

Unterstützung durch Textil+Mode Informationsveranstaltungen: Textil+Mode beabsichtigt, ab sofort in Kooperation mit seinen Mitgliedsverbänden und mit dem Bündnissekretariat Informationsveranstaltungen zum Textilbündnis in regionalen Zentren Deutschlands anzubieten. Ziel ist es, den Unternehmen eine Hilfestellung im ersten Testjahr zu bieten sowie möglichst weitere Mitglieder im Textilbündnis zu gewinnen.

Forum Nachhaltigkeit: Auf dem Forum Nachhaltigkeit können Informationen und Hilfestellungen zum Thema CSR und Nachhaltigkeit angesehen werden.

Code of Conduct: Textil+Mode hat einen Code of Conduct entwickelt, der Unternehmen als Leitschnur für verantwortliches Geschäftsverhalten in der Lieferkette dient.[2]

Unterstützung durch das Bündnissekretariat Alle aktuellen Informationen zum Arbeitsstand der Arbeitsgruppen können auf dem Online-Portal des Textilbündnisses gefunden werden. Der Zugang steht aber ausschließlich Mitgliedern zur Verfügung.

Das Bündnissekretariat stellte in den vergangenen Wochen umfassende Unterstützung zur Erstellung der Roadmap zur Verfügung. Neben schriftlichen Informationen gab und wird es Webinare geben, in denen über die Erstellung der Roadmap im Allgemeinen oder zu den einzelnen inhaltlichen Themenfeldern im Speziellen informiert wird. Textil und Mode empfiehlt, der neu eingerichteten Gruppe „Auf dem Weg zur Roadmap" im Mitgliederbereich beizutreten, um auf dem neuesten Stand des Prozesses zu bleiben.

Das Bündnissekretariat hat die häufigsten Fragen und Antworten zum Review-Prozess in einem Dokument zusammengestellt.

Das Bündnissekretariat hat eine Broschüre „Wir sind auf dem Weg – Leitfaden für die Erstellung Ihrer Firmen-Roadmap 2017" erstellt. Der Leitfaden enthält detaillierte Informationen zum Review-Prozess und zu den entsprechenden Beschlüssen des Steuerungskreises. Zudem findet man anschauliche Beispiele einer Roadmap anhand eines fiktiven Beispielunternehmens. Die Broschüre ist auf der Bündnisplattform zu finden.[3]

[2] https://www.textil-mode.de/service/a-z/glossar/code-of-conduct-der-deutschen-textil-und-modeindustrie.

[3] http://www.textil-mode.de/themen/textilbuendnis/review-prozess.

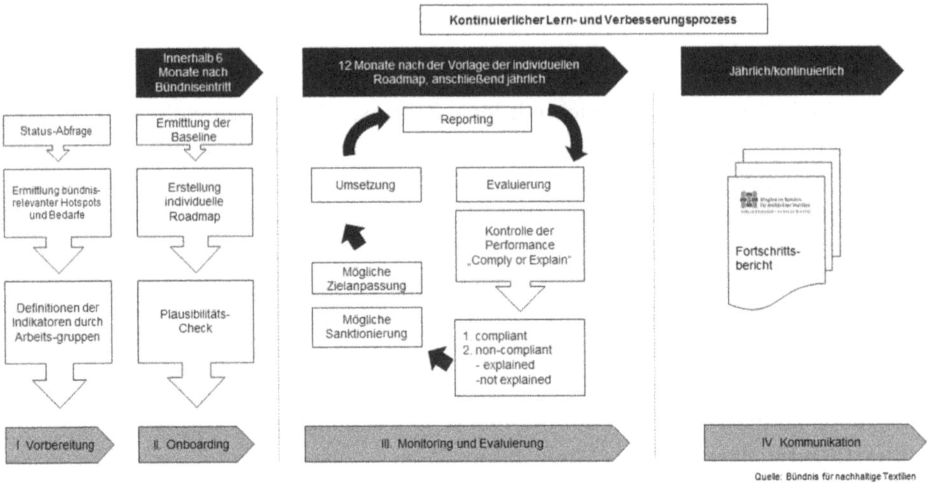

Abb. 1 Review-Prozess für die Erstellung einer Firmen-Roadmap. (http://www.textil-mode.de/themen/textilbuendnis/review-prozess)

EU Absichtserklärungen und Planungen

Europäisches Parlament und Europarat haben am 22. Oktober 2014 die Richtlinie 2014/95/EU erlassen. Sie richtet sich an alle Mitgliedstaaten und fordert dazu auf, ihre Regelungen bis zum 6. Dezember 2016 in nationales Recht umzusetzen.

Am 15. April 2014 hat das Europäische Parlament dem Vorschlag der Kommission für eine Richtlinie zur Offenlegung nichtfinanzieller und die Diversität betreffender Informationen zugestimmt.

Die Richtlinie sieht vor, dass börsennotierte Unternehmen mit mehr als 500 Mitarbeitern im Durchschnitt des Geschäftsjahres künftig in ihrem Lagebericht oder in einem separaten Nachhaltigkeitsbericht Angaben zu Umwelt-, Sozial- und Arbeitnehmerbelangen, zur Achtung der Menschenrechte und zur Bekämpfung von Korruption und Bestechung machen müssen. Außerdem wird eine Beschreibung der Diversitätsstrategie des börsennotierten Unternehmens für Verwaltungs-, Leitungs- und Aufsichtsorgane in Bezug auf Aspekte wie beispielsweise Alter, Geschlecht, Bildungs- und Berufshintergrund erwartet.

In Deutschland erfolgte die Umsetzung verspätet mit dem am 19. April 2017 in Kraft getretenen *CSR-Richtlinie-Umsetzungsgesetz*.

Die Richtlinie wird erstmals für das Geschäftsjahr 2017 wirksam.

Am 12. September 2017 wurde eine Entschließung des Europäischen Parlaments über „Auswirkungen des internationalen Handels und der Handelspolitik der EU auf globale Wertschöpfungsketten" getroffen. Diese Initiative wird erheblichen Einfluss auf die Weiterentwicklung der CSR-Strategie der EU Kommission haben. Die Anforderungen klingen vielversprechend.[4]

[4] http://www.europarl.europa.eu/oeil/home/home.do.

4 Globale Kontrolle und Angebote zur regelmäßigen Prüfung und Auditierung

SGS

Die SGS ist das weltweit führende Unternehmen in den Bereichen Prüfen, Testen, Verifizieren und Zertifizieren.[5]

SQTS

Die Swiss Quality Testing Services sind der umfassendste Labor-Dienstleister der Schweiz. Ihr Prüfspektrum reicht von Lebensmitteln, Verpackungen, Chemikalien und Do-it-yourself-Produkten bis zu Gebrauchsgegenständen wie Textilien und Spielzeug.

Mittels modernster Analytik prüfen die Swiss Quality Testing Services Produkte termingerecht auf Qualität, Produktsicherheit und beurteilen diese auf Konformität mit der aktuellen Gesetzgebung. Kompetente Beratung im gesamten Bereich des Qualitätsmanagements inklusive Inspektionen und Audits ergänzen die Dienstleistungen, um die Bedürfnisse der Kunden optimal abzudecken[6].

TÜV Süd

Dies sind die Dienstleistungen, die der TÜV Süd für Textilien und Bekleidung weltweit anbietet:[7]

- Chemische Prüfungen
- Gebrauchstauglichkeits- und Dauertests
- Global Market Access (GMA)
- Inspektionen
- Wearable-Prüfungen
- Zertifizierungen

BSCI

Business Social Compliance Initiative (BSCI) ist eine wirtschaftsgetriebene Plattform zur Verbesserung der sozialen Standards in einer weltweiten Wertschöpfungskette. Die Organisation mit Sitz in Brüssel bietet Wirtschaftsunternehmen die Übernahme oder Anlehnung an einen Verhaltenskodex an sowie ein systematisches Überwachungs- und Qualifikationssystem (Wikipedia).[8]

---

[5] http://www.sgsgroup.de/.

[6] https://www.sqts.ch/.

[7] http://www.tuev-sued.de/produktpruefung/branchenloesungen/konsumgueter-und-handel/softlines/pruefung-und-zertifizierung-von-textilien-und-kleidung#tab_1461675000221122120132.

[8] http://www.bsci-intl.org/, September 2017.

5 Institutionen bieten Lehrinhalte für aktive Umsetzung der Nachhaltigkeitsstrategien an

Das Fachwissen und die Umsetzungsstrategien für die Nachhaltigkeit sind besonders in den Klein- und Mittelbetrieben der Textil- und Bekleidungsindustrie wenig vorhanden. Deshalb bieten verstärkt die verschiedenen Institutionen, die mit der Brache verbunden sind, Aus- und Weiterbildung an. In einigen Hochschulen gibt es sogar die ersten eigenständigen Studiengänge zu diesem Thema.

Ganztagesseminare und Weiterbildungsinitiativen auf den verschiedensten Ebenen werden aktuell von fast allen mit Textil und Bekleidung verbundenen Firmen angeboten. Der Informations- und Weiterbildungsbedarf ist extrem hoch und zeigt, wie wichtig dieser Bereich geworden ist.

IHK, TÜV, Verbände und Unternehmungsberatungen sind nur einige Beispiele für diesen boomenden Bereich. Ein Kompetenzzentrum für Schadstoffmanagement und Ökologie ist zum Beispiel eine Nachhaltigkeitsinitiative, die von German Fashion im Oktober 2017 gegründet wurde.

6 Was hat sich verändert

Durch die vielen und weiterhin ständig veröffentlichten Presseberichte ist das Interesse in der Bevölkerung weiter stark gestiegen. Das kleinste Fehlverhalten wird heute aufgebauscht und mit Hintergrundberichten ausgeschlachtet. Die steigende Zahl der Rückrufaktionen zeigt, dass auch die Firmen darauf sofort reagieren bzw. oft vor „Entdeckung“ offensiv aktiv werden.

Damit ist auch die Politik ins Spiel gekommen, die natürlich die Sorgen ihrer Bevölkerung vertreten möchte. Es ist auch ein breites Feld zur Profilierung der verschiedenen Interessen geworden. Jeder hat zur Nachhaltigkeit eine Meinung und möchte mitreden. Das führte zum Beispiel zu den absurden Forderungen, durch nationale Gesetze Einfluss auf die Gesetzgebung in sogenannten Drittländern zu nehmen. Dadurch sollten unsere CSR-Vorstellungen und -Werte dort umgesetzt werden.

Die Einbindung des Themas CSR in Gesetze schreitet weiter voran und betrifft Unternehmen aller Größenordnungen und Ausrichtungen. Die Verantwortlichen in den Unternehmen werden zunehmend für Vorkommnisse in ihren Lieferketten herangezogen – ob sie sie nun dafür zuständig sind oder nicht. Die UN Guiding Principles (UNGP) werden mehr und mehr bemüht, um westliche Unternehmen auch für rein finanzielle Risiken in Anspruch zu nehmen. Die NGOs beziehen sich bereits in einigen Fällen auf diese Schadenersatzpflichten nach dem UNGB.

Dass etwas geschehen soll, ist unbestritten, doch sind die Beteiligten durch ihre unterschiedlichen Interessen nicht unter einen Hut zu bekommen. Es finden die ersten Auflösungen von bereits gegründeten Interessengruppen statt (Textiles Bündnis, Austritt von ca. 40 Mitgliedern).

Letztendlich sind der internationale Wettbewerb und die nationalen Interessen zurzeit stärker, als der Wille etwas zu verändern. Der kleinste gemeinsame Nenner ist für Kompromisse kein Weg, weil dabei fast nichts herauskommt.

Aber es ist eine Frage der Zeit, dass etwas geschehen wird. Es werden gesetzliche Regelungen kommen, auf die sich die Unternehmen vorbereiten sollten.

7 Risiken

Jede Firma oder Marke, die sich nicht intensiv mit CSR beschäftigt und Umsetzungsstrategien entwickelt, wird schnell auf dem Abstellgleis landen. Die schnelle und effektive Umsetzung ist für alle Unternehmen überlebenswichtig. Diese sehr wichtige Managementaufgabe muss auf der höchsten Führungsebene wahrgenommen werden.

Die Politik wird auf nationaler, europaweiter und internationaler Ebene in den nächsten Jahren weitere Gesetze erlassen, die CSR-Verantwortlichkeiten der Firmen stark in den Fokus stellen.

Ein weiteres großes Risiko ist, dass die Gesetze nicht international abgestimmt sind und nationale Alleingänge die Wettbewerbsfähigkeit der betroffenen Länder stark vermindert. Besonders sollte man die Länder im Auge behalten, die vehement Gesetze fordern, die aber dann in ihren eigenen Ländern nicht ausreichend oder gar nicht kontrolliert werden.

8 Lösungsansätze/Strategie

Die Firmen sollten jetzt Ihre Strategien überarbeiten und CSR in allen Bereichen berücksichtigen. Eine offensive Ausrichtung und Umsetzung wird vorgeschrieben und vierteljährlich/halbjährlich kontrolliert.

Die Auswahl der Teilnehmer der gesamten Lieferkette wird durchleuchtet und auf die neue Strategie ausgerichtet. Neue Allianzen mit den gleichen Zielen werden entstehen.

Über die Fortschritte wird berichtet und das erreichte wird in die Unternehmenskommunikation intern und extern aufgenommen. Es werden sich bei konsequenter Umsetzung aller Maßnahmen Wettbewerbsvorteile ergeben, die in das Marketing einfließen sollen.

Parallel sollte über die Verbände/Parlamentsabgeordneten Einfluss auf die nationale, europäische und internationale Politik genommen werden, damit für Textil und Bekleidung ein einheitliches Regel- und Gesetzeswerk entsteht und verabschiedet wird.

Es ist mir bewusst, dass der politische Prozess sehr schwierig und langwierig sein wird, aber wir dürfen keine nationalen Alleingänge zulassen! Dies würde unweigerlich zu Wettbewerbsverzerrungen führen, wie wir das in der Vergangenheit in anderen Bereichen bereits hatten (Made in ...).

Politiker dürfen von Unternehmen nicht Maßnahmen fordern, die sie selber nicht leisten können. Die Umsetzung von Menschenrechten sowie Sozial- und Umweltstandards ist nach wie vor ein sehr wichtiges Ziel. Aber die Umsetzung sollte nicht durch Gesetze und Strafen auf Unternehmen verlagert werden, die nur begrenzt Einflussmöglichkeiten in anderen Staaten haben.

Die eventuellen Kompromisse auf den kleinsten gemeinsamen Nenner, der im politischen Bereich sehr oft gefunden wird, wird dem Thema CSR nicht gerecht. Dann wird das Projekt scheitern –spätesten dann, wenn die beteiligten Firmen und Länder erkennen, dass sie im internationalen Wettbewerb behindert und benachteiligt werden.

Es bleibt dann immer noch der Weg der kleinen Schritte, wie ihn die Textil- und Bekleidungsbranche auch „vorher" bereits gegangen ist. Jeder Partner in der textilen Lieferkette wird seinen eigenen Weg suchen und Allianzen bilden. Dies ist auch ein Schritt vorwärts, aber ohne gesetzliche Regelungen und Kontrollen. Allein der Markt entscheidet, wer gewinnt oder verliert.

Literatur

http://dipbt.bundestag.de/extrakt/ba/WP18/769/76955.html. Zugegriffen: September 2017
http://www.bsci-intl.org/. Zugegriffen: September 2017
http://www.ilo.org/berlin/arbeits-und-standards/lang--de/index.htm. Zugegriffen: September 2017
http://www.ituc-csi.org. Zugegriffen: September 2017
http://www.sgsgroup.de/. Zugegriffen: September 2017
http://www.textil-mode.de/presse/detailseite/news/textilbuendnis-internationale-verankerung-angestrebt. Zugegriffen: September 2017
http://www.textil-mode.de/themen/nachhaltigkeit/informationspool/leitfaeden. Zugegriffen: September 2017
http://www.textil-mode.de/themen/textilbuendnis/review-prozess. Zugegriffen: September 2017
http://www.tuev-sued.de/produktpruefung/branchenloesungen/konsumgueter-und-handel/softlines/pruefung-und-zertifizierung-von-textilien-und-kleidung#tab_1461675000221122120132. Zugegriffen: September 2017
https://www.sqts.ch/. Zugegriffen: September 2017
https://www.textilbuendnis.com/de/. Zugegriffen: September 2017
Rechtsanwalt Joachim Jütte-Overmeyer, CSRfashion, Februar 2017

Siegbert Fiebrig Seit 2010 selbständiger Unternehmensberater in der Distribution und Produktionspolitik bei diversen Unternehmen der Herrenbekleidungsindustrie. Strategische Entwicklung und Neuaufbau von Bekleidungsfirmen und Marken. Internationaler Sourcing Spezialist. Mitglied in verschiedenen Arbeitskreisen der Textil- und Bekleidungsindustrie. Frühere Tätigkeiten: Bereichsvorstand Produktion/Beschaffung, Geschäftsführer Marketing/Vertrieb, Gesamtverkaufs- und Marketingleiter. Alle Positionen bei der Bäumler AG und Bäumler GmbH.

CSR als strategisches Managementinstrument in der Textilindustrie

Matthias S. Fifka

1 Einleitung

Seit dem Einsturz des Rana Plaza Gebäudes in Sabhar, Bangladesch am 24. April 2013 ist das Thema Arbeitsbedingungen in der Textilindustrie ein fester Bestandteil in der politischen, öffentlichen und wirtschaftlichen Diskussion. Dieses singuläre Ereignis hat nicht nur Aufmerksamkeit erregt, sondern auch zu weitreichenden Forderungen ganz unterschiedlicher Akteure aus Politik und Zivilgesellschaft an die betroffenen Unternehmen geführt. Diese wiederum haben sich, mehr oder minder erfolgreich, auf den Weg gemacht, die Missstände zu adressieren – von eher verbalen „Ansätzen" bis hin zu umfassenden Maßnahmen in der eigenen Lieferkette.

Das klare Augenmerk aller Bemühungen, egal welchen Ursprungs, liegt auf der Verbesserung der Arbeitsbedingungen: höhere Löhne, keine Zwangs- und Kinderarbeit, angemessene Arbeitszeiten, mehr Arbeitssicherheit, keine erpresserischen Beschäftigungsformen und die Einführung von Arbeitsverträgen. Orientiert man sich an den drei Säulen der Nachhaltigkeit, so lässt sich festhalten, dass die soziale Dimension der gesellschaftlichen Unternehmensverantwortung zweifelsfrei im Vordergrund steht.

Das ist jedoch zu kurz gedacht, denn auch ökologische Probleme sind in der textilen Fertigung allgegenwärtig. Das betrifft zum einen den Arbeitsprozess selbst: Der Einsatz gefährlicher Chemikalien und deren Entsorgung nach dem Färbeprozess können hier beispielhaft genannt werden. Gleichsam ist der Wasserverbrauch ein signifikantes Problem. Von der Bewässerung der Baumwollfelder, auf denen der Rohstoff gewonnen wird, bis hin zur Färbung („Dyeing") werden für eine durchschnittliche Jeans ca. 8000 l Wasser ver-

M. S. Fifka (✉)
Vorstand des Instituts für Wirtschaftswissenschaft, Lehrstuhl für Betriebswirtschaftslehre, insbesondere Strategisches und Werteorientiertes Management, Friedrich-Alexander-Universität Erlangen-Nürnberg (FAU)
Erlangen, Deutschland
E-Mail: matthias.fifka@fau.de

P. Heinrich (Hrsg.), *CSR und Fashion*, Management-Reihe Corporate Social Responsibility,
https://doi.org/10.1007/978-3-662-57697-7_2

braucht (nachhaltig leben 2017). Da es im Endprodukt nicht sichtbar ist, spricht man hier auch von „virtuellem Wasser". Verstärkt wird dieses Problem durch den Klimawandel, der den Baumwollanbau zunehmend schwieriger macht. Ebenfalls nicht zu unterschätzen ist der Emissionsausstoß, der durch den Transport der fertigen Textilen anfällt. Da der Schwerpunkt der globalen Produktion zwischenzeitlich eindeutig in Ost- und Südostasien liegt, werden viele Kleidungsstücke über mehrere tausend Kilometer an ihren Bestimmungsort transportiert. Eine erhebliche Umweltbelastung ist die Folge.

Es liegt nahe, dass die Bedeutung der einzelnen genannten Probleme von Unternehmen zu Unternehmen in Abhängigkeit von den jeweiligen Produktionsstandorten und -verfahren, dem Sortiment und den Absatzmärkten variiert. Schon alleine deshalb kann es keine universell einsetzbare Standardlösung geben. Corporate Social Responsibility (CSR) muss unternehmensindividuell gestaltet werden, um erfolgreich zu sein, und bereits darin liegt sein strategischer Charakter. Dennoch stehen Unternehmen bestimmte Prozesse und Instrumente zur Verfügung, die die Strategieentwicklung und -umsetzung unterstützen. Sie stehen im Zentrum dieses Beitrags.

Es geht also um die grundsätzliche Frage, wie Unternehmen ihre Wertschöpfungskette auf eine Art und Weise gestalten können, die negative soziale und ökologische Folgewirkungen reduziert und einen Mehrwert für Unternehmen und Gesellschaft generiert. Es soll bereits hier ausdrücklich betont werden, dass die oben diskutierten Probleme durch traditionelles philanthropisches Engagement wie Spenden und Sponsoring nicht zu lösen sind. Durch Charity kann vielleicht armen Kindern geholfen werden, aber das Phänomen der Kinderarbeit wird dadurch nicht nennenswert zu reduzieren sein. Gleiches gilt beispielsweise auch für Klimawandel und Ressourcenknappheit, die von einer hohen Komplexität und Bedeutung sind, die Spenden und verwandte Aktivitäten diesbezüglich nahezu wirkungslos machen. Um ihnen von unternehmerischer Seite zu begegnen, ist eine Veränderung der Art und Weise, wie entwickelt, eingekauft, produziert und verkauft wird, notwendig. Dies verlangt ein strategisches Vorgehen, das allerdings vielen CSR-Maßnahmen nicht zugrunde liegt, sie sind eher sporadisch und punktueller Natur (Fifka und Berg 2014).

2 CSR als Managementansatz

Die Frage nach der gesellschaftlichen Verantwortung von Unternehmen wird bereits seit den 1930er Jahren in den USA in der Wissenschaft erörtert.[1] Dodd (1932) und Barnard (1938) gehörten zu den ersten, die die gesellschaftliche Verantwortung von Managern in Großunternehmen thematisierten. Der Begriff der „Social Responsibility" wurde explizit allerdings erst zwanzig Jahre später von Bowen (1953) gebraucht, der als „Urvater" von CSR gesehen werden kann. Ähnlich wie Dodd und Barnard vor ihm, ging er davon aus, dass Verantwortung nur von den Führungskräften selbst, aber nicht vom Unternehmen als Organisation getragen werden könne, da nur natürliche Personen über ein Gewissen

[1] Teile dieses Beitrags wurden gestaltet in Anlehnung an Fifka (2017, S. 3–16).

und Verantwortungsbewusstsein verfügten. Dementsprechend lautete für ihn die zentrale Frage: „[W]hat responsibilities to society may businessmen reasonably be expected to assume?" (Bowen 1953, S. XI).

Seine Antwort ist eine erste Begriffsbestimmung: „It refers to the obligations of businessmen to pursue those policies, to make those decisions, or to follow those lines of action which are desirable in terms of the objectives and values of our society" (S. 6). Zentrales Kriterium für Verantwortlichkeit ist für Bowen also eine Vereinbarkeit des unternehmerischen Handelns mit den Zielen und Werten einer Gesellschaft. Dass es Verpflichtungen gibt, die über die Gewinnerzielung innerhalb des gesetzlichen Rahmens hinausgehen, betont auch McGuire: „The idea of social responsibilities supposes that the corporation has not only economic and legal obligations but also certain responsibilities to society which extend beyond these obligations (1963, S. 144)."

Das sicherlich bekannteste Konzept, das diese Auffassung widerspiegelt, ist Carrolls (1979) „Pyramid of CSR". Es beinhaltet – neben einer ökonomischen und einer rechtliche Grundlage – auch eine moralische und eine an gesellschaftlichen Wertvorstellungen orientierte Verantwortung und knüpft somit unmittelbar an Bowen an: „The social responsibility of business encompasses the economic, legal, ethical, and discretionary expectations that society has of organizations at a given point in time" (S. 500). Aufgrund des umfassenden Charakters der letztgenannten Verantwortungen modifizierte Carroll später seine Definition und gab ihr einen stärker pragmatischen Charakter: „The CSR firm should strive to make a profit, obey the law, be ethical, and be a good corporate citizen" (1991, S. 43). Corporate Citizenship stellt dabei die philanthropische Komponente dar, also vor allem das unternehmerische Engagement im unmittelbaren Umfeld durch Spenden und ähnlich gelagerte Aktivitäten.

Später jedoch wurde die philanthropische Dimension im Verständnis mehr und mehr aus CSR „ausgegliedert" und nicht länger als Bestandteil dessen betrachtet (Fifka, 2011a). Deutlich wird dies in der CSR-Definition der Europäischen Union (EU) aus dem Jahr 2011, die in gewisser Weise als „offizielle" Begriffsbestimmung gesehen werden kann. Sie versteht CSR als „die Verantwortung von Unternehmen für ihre Auswirkungen auf die Gesellschaft". Damit Unternehmen dieser gerecht werden, „sollten sie auf ein Verfahren zurückgreifen können, mit dem soziale, ökologische, ethische, Menschenrechts- und Verbraucherbelange in enger Zusammenarbeit mit den Stakeholdern **in die Betriebsführung und in ihre Kernstrategie** [meine Hervorhebung] integriert werden". CSR erhält dadurch explizit und nachdrücklich strategischen Charakter. Dadurch wird es unweigerlich zum Managementansatz, der die „Schaffung gemeinsamer Werte für die Eigentümer/Aktionäre der Unternehmen sowie die übrigen Stakeholder und die gesamte Gesellschaft" (Europäische Kommission 2011) zum Ziel hat. Dieser gemeinsame Wert („shared value") ist nicht nur in der Denke konsequent, er ist auch gesellschaftlich sinnvoll. Denn nur wenn Unternehmen mit ihren Aktivitäten eigene Ziele verfolgen dürfen, können sie diese Aktivitäten auch in nennenswertem Umfang langfristig durchführen. Nur so wird die Übernahme gesellschaftlicher Verantwortung nachhaltig.

Diesen anzustrebenden Einklang zwischen ökonomischen und sozialen sowie ökologischen Zielsetzungen hat Elkington (1997) in seinem Konzept der Triple Bottom Line präzisiert. Er betont die Verfolgung dreier Ziele: wirtschaftlicher Erfolg, ökologische Qualität und soziale Gerechtigkeit, was häufig mit der Alliteration „people, planet, profit" beschrieben wird. Dementsprechend soll ein Unternehmen nicht nur seine wirtschaftliche Leistung messen, wie es traditionell getan wird, sondern auch seine ökologische und soziale Leistung. Die Bottom Line als Strich unter einer Bilanz, unter dem das Ergebnis aufgeführt wird, wird somit auf drei Dimensionen angewandt (Fifka 2011b).

Während sich das drei Dimensionen umfassende Konzept von Nachhaltigkeit weitestgehend durchgesetzt hat, ist das Verhältnis zwischen Nachhaltigkeit und CSR bis heute strittig. Drei Beziehungen sind in der wissenschaftlichen und praxisorientierten Literatur anzutreffen: eine synonyme, die CSR und Nachhaltigkeit als austauschbare Begrifflichkeiten erachtet; eine, die Nachhaltigkeit als Teil unternehmerischer Gesellschaftsverantwortung betrachtet und somit CSR eine übergeordnete Position einräumt; und eine, die CSR als soziale Dimension der Nachhaltigkeit betrachtet. Die ISO 26000 (2010) als international anerkannte CSR-Management-Leitlinie entzieht sich dieser begrifflichen Kontroverse, indem sie CSR sehr pragmatisch als unternehmerischen Beitrag zu einer nachhaltigen Entwicklung betrachtet.

Auch sie betont bewusst, dass es sich bei CSR um einen integrierten Managementansatz handelt, der dazu dient, die Aktivitäten eines Unternehmens und ihre Auswirkungen zu steuern. Dies soll unter besonderer Berücksichtigung der Umwelt und der Stakeholder des Unternehmens geschehen.

3 Entwicklung und Implementierung einer CSR-Strategie

Solch eine strategische Implementierung wird in vielen Unternehmen jedoch noch nicht verfolgt. Anstatt dessen wird es eher als Instrument des Reputation Management gesehen und weniger als holistischer Ansatz (Galbreath 2009). Hahn und Schermesser (2006) haben diese Unternehmen treffend als „Traditionalisten" bezeichnet, die zwar die Notwendigkeit von CSR erkannt haben, eine strategische Umsetzung aber vermissen lassen. Dies kann mehrere Gründe haben. Zu nennen sind fehlendes Know-how, die Überzeugung, dass CSR keine über die Reputation hinausreichenden Wettbewerbsvorteile generiert oder die Fokussierung auf einzelne Teilbereiche von CSR, wodurch eine ganzheitliche Betrachtung verloren geht. Wagner (2009) hat in diesem Kontext zu Recht bemerkt, dass zwar häufig Managementsysteme in Bereichen wie Umwelt- oder Arbeitsschutz existieren, diese aber weder aufeinander noch mit der übergeordneten Geschäftsstrategie abgestimmt sind. Zahlreiche Studien haben diese „Strategy Gap" bestätigt (Veleva 2010; Yuan et al. 2011; Sharp und Zaidman 2010).

Dabei ist CSR-Management kein „Hexenwerk". Die Entwicklung und Implementierung einer CSR-Strategie folgt dabei auch den Schritten des „herkömmlichen" strategischen Managementprozesses. Wenngleich es auch hierbei geringe Abweichungen zwischen einzelnen Modellen gibt, besteht ein weitestgehend einheitliches Verständnis, wie Strategie am besten entwickelt und umgesetzt wird. Die einzelnen Schritte werden im Folgenden kurz unter besonderer Berücksichtigung der Textilindustrie beschrieben.

3.1 Commitment

Den Ausgangspunkt stellt ein Commitment dar, d. h. die Überzeugung und der Wille, eine Strategie konsequent zu verfolgen. Dies hat bereits Peter Drucker in einem überlieferten Bonmot bemerkt: „Without commitment, there are only promises and hopes, but no plans." Da es sich bei CSR um ein moralisch fundiertes Konzept handelt, ist eine solche Überzeugung umso wichtiger. Unweigerlich erhält Management dadurch eine normative Komponente, denn die Beantwortung dieser Frage ist nicht ohne eine gewisse Werthaltung möglich. Commitment setzt somit die klare Formulierung von Werten voraus, die die grundlegenden Leitplanken für alle Handlungsbereiche darstellen. Adidas, als einer der größten deutschen Textiler, hat in diesem Kontext die Werte „Leistung", „Leidenschaft", „Integrität" und „Vielfalt" formuliert, die den Kern des Unternehmens darstellen.

Das Leben der Werte im Unternehmensalltag ist mit organisationaler Veränderung verbunden und scheitert deshalb häufig am bewussten oder unbewussten Widerstand der Mitarbeiter. Darum ist Überzeugungsarbeit nötig, die durch ein CSR-Team geleistet werden kann. Dazu sollten führende Mitarbeiter aus jeder Abteilung als „CSR-Träger" gehören. Ihre zentrale Aufgabe ist es, die Kollegen von der Notwendigkeit und Wichtigkeit von CSR zu überzeugen.

Die Werte sollten auch die Grundlage für die Vision sein, also die Vorstellung, welchen Weg das Unternehmen zukünftig einschlagen möchte. Eine solche Vision ist grundlegend für alle Bereiche der Unternehmenspolitik und auch die Unternehmenskultur wird von ihr geprägt (Bleicher 1996). Es geht also um eine grundsätzliche Managementphilosophie, wie Baumgartner (2014) befindet. Sie spiegelt sich in der zentralen Frage wider: „Wer sind wir und wer wollen wir sein?" Puma (o.J.) bringt dazu die definierten Kernwerte in unmittelbare Verbindung mit der Vision und geht somit „schulbuchmäßig" vor: „A better world in our vision – the PUMAVision – would be safer, more peaceful, and more creative than the world we know today. The 4Keys is the tool we have developed to help us stay true to this PUMAVision, and we use it by constantly asking ourselves if we are being Fair, Honest, Positive, and Creative in everything we do."

Die Verfolgung der Vision kommt häufig in einem sogenannten Mission Statement zum Ausdruck, in dem artikuliert wird, wie die vorgegebene Vision erreicht werden soll. Somit bringt die Mission übergeordnet auch die Strategie zum Ausdruck. Der fair und ökologisch orientierte Hersteller ArmedAngels (2017) hat dazu formuliert: „Zeitloses Design statt Fast-Fashion, nachhaltige Materialien statt billiger Massenware und faire Produktion statt Lohnsklaverei."

Zum anderen ist CSR-Management nicht ohne eine funktionierende Corporate Governance möglich. Damit ist die grundlegende Leitung und Kontrolle eines Unternehmens gemeint, die sicherstellen soll, dass das Unternehmen im Sinne der Stakeholder geführt wird. Wenngleich Corporate Governance in Industriestaaten in hohem Maße durch rechtliche Vorgaben determiniert ist – beispielsweise die Notwendigkeit eines Aufsichtsrats für große Aktiengesellschaften in Deutschland –, ist eine Ergänzung durch unternehmenseigene Regelungen, etwa zur Besetzung einzelner Ämter, von großer Bedeutung.

Um eine Wertecharta, eine langfristige Unternehmenspolitik und eine Governance zu konzipieren, die im Einklang mit den Anforderungen und Interessen der Unternehmensumwelt stehen, ist ein funktionierendes Stakeholder-Management unerlässlich.

3.2 Stakeholder-Management

Die Stakeholder-Theorie geht zurück auf Freeman (1984), der ein Umdenken im Management einforderte, das durch eine veränderte Perspektive gekennzeichnet ist. Diese ist nicht vornehmlich auf das Unternehmen und seine Ressourcen oder seine Position am Markt gerichtet, sondern auf die Menschen, die ein Interesse am Unternehmen haben. Unternehmen sind demnach nicht nur auf Aktionäre angewiesen, sondern auf alle Gruppen, die mit dem Unternehmen interagieren – die Stakeholder. Freeman (1984, S. 46) versteht darunter „[. . .] any group or individual who can affect, or is affected by, the achievement of the organization's objectives". Es besteht also eine wechselseitige Einflussbeziehung zwischen Unternehmen und Stakeholder, die bewusst gesteuert werden soll. Dafür gibt es zahlreiche Modelle, wobei hier auf das von Fifka und Loza Adaui (2015) zurückgegriffen wird, das aus sechs Stufen besteht.

In einem ersten Schritt gilt es, die Stakeholder des Unternehmens zu identifizieren. Dabei besteht die Schwierigkeit darin, die potentiell große Zahl an Stakeholdern zu überblicken. Vor allem für Großunternehmen wird es gar nicht erst möglich sein, alle ihre Stakeholder zu identifizieren, denkt man an die eben erwähnte Definition: Alle Individuen und Gruppen, die vom Unternehmenshandeln beeinflusst werden und es beeinflussen können. Manche Gruppen können als Gesamtheit betrachtet werden, z. B. Kunden und Konsumenten im B2C-Bereich, wobei es im B2B-Bereich Großkunden geben kann, die als separate Einheit zu berücksichtigen sind. Auch Non-Governmental Organisations (NGOs) können nicht als Gesamtheit betrachtet werden, denn ihre Zielsetzungen und ihre Haltung zum Unternehmen sind meist sehr unterschiedlich. Eine generelle Hilfestellung kann eine Unterteilung in vier Handlungsfelder bieten: Markt (alle Akteure, mit denen eine Marktbeziehung besteht, z. B. Kunden oder Lieferanten), Arbeitsplatz (Mitarbeiter, aber auch Behörden), natürliche Umwelt (Umweltschutzgruppen, Anwohner etc.) und Gemeinwesen (Mitbürger am Standort, soziale oder kulturelle Einrichtungen, lokale Politik etc.).

Sind die Stakeholder – etwa in Form einer Liste – identifiziert, müssen sie hinsichtlich ihrer Bedeutung bzw. Wichtigkeit für das Unternehmen beurteilt werden. Diese Differenzierung ist unerlässlich, da es keinem Unternehmen gelingen wird, alle Stakeholder in einen nachfolgenden Dialog einzubeziehen. Die Selektion selbst kann auf unterschiedlichen Kriterien basieren. Mitchell et al. (1997) schlagen in ihrem bekannten Modell die Kriterien „Macht“, „Legitimation“ und „Dringlichkeit“ vor, um zwischen wichtigen und unwichtigen Stakeholdern zu unterscheiden. Ein anderer, vielfach verwendeter Ansatz stützt sich auf die Merkmale „Macht“ und „Interesse“. Unabhängig vom gewählten Modell, sollten am Ende des Prozesses die Stakeholder identifiziert sein, mit denen das Unternehmen in einen unmittelbaren Austausch treten sollte.

Diese Dialogphase stellt den dritten Schritt des Stakeholder-Managements dar. Sie dient dem Unternehmen dazu zu erfahren, welche Anliegen die einzelnen Stakeholder an das Unternehmen haben, wie sie sich vom Unternehmen positiv oder negativ beeinflusst fühlen und welche Zielsetzungen sie gegenüber dem Unternehmen verfolgen (Wheeler und Elkington 2001). Der Austausch selbst kann dabei in unterschiedlichen Formen stattfinden: als bilateraler Dialog an einem runden Tisch, aber auch als multilateraler Dialog, bei dem mehrere Stakeholder gleichzeitig anwesend sind (CSR Europe 2008). Letzteres hat den Vorteil, dass die einzelnen Stakeholder erkennen, dass sie nicht die einzigen sind, die bestimmte Wünsche an das Unternehmen herantragen, sondern dass es andere Stakeholder mit gegenläufigen Interessen gibt. Dadurch kommt es zu einer „Ausbalancierung“. Darüber hinaus können gemeinsame Projekte, Tagungen und Konferenzen dazu dienen, die für die Stakeholder relevanten Themen zu erfahren.

Im vierten Schritt geht es zunächst darum, die gewonnene Information aus dem Dialog zu interpretieren. Welche Implikationen haben die von den Stakeholdern verfolgten Anliegen und Zielsetzungen für das Unternehmen? Welche Handlungsnotwendigkeiten entstehen daraus? Auch hier wird erneut eine Selektion notwendig sein, denn nicht alle von den Anspruchsgruppen artikulierten Wünsche werden auch zu adressieren sein. Schließlich sind entsprechende Maßnahmen und Aktivitäten vorzunehmen bzw. Veränderungen durchzuführen, um den Ansprüchen Rechnung zu tragen. Unerlässlich dabei aber ist, dass das Unternehmen berücksichtigt, welche Bedeutung die einzelnen Themen für das Unternehmen selbst haben. Es ist nicht die Zielsetzung des Stakeholder-Managements, möglichst vielen Interessen nachzukommen, sondern sich den Themen zu widmen, die für die Stakeholder und das Unternehmen von großer Bedeutung sind. In diesem Kontext spricht man auch von Materialität oder Wesentlichkeit.

Anschließend wird im fünften Schritt festgestellt, inwieweit die durchgeführten Maßnahmen erfolgreich waren und die definierten Zielsetzungen erreicht wurden. Bei Abweichungen sollte festgestellt werden, worauf diese zurückzuführen sind, sodass entsprechende Modifikationen vorgenommen werden können.

Schließlich müssen die vorgenommenen Maßnahmen und Initiativen berichtet und an die Stakeholder kommuniziert werden. Dies geschieht häufig über die Homepage oder einen CSR-Bericht. Dieser dient nicht nur der Rechtfertigung und Dokumentation des eigenen Handelns, sondern bietet für die Stakeholder eine Beurteilungsgrundlage und gestattet ihnen, auf dieser Basis Feedback zu geben.

Auch hier ist zu bemerken, dass Stakeholder-Management unternehmensindividuell ist und die Anspruchsgruppen je nach Geschäftsmodell, Rechtsform und Größe sowie Standorten und Märkten variieren werden. Wichtige Stakeholder für nahezu alle Textilunternehmen sind Kunden, Lieferanten, die eigenen Mitarbeiter und Eigentümer. Vor allem große Unternehmen sollten NGOs und Medien nicht unterschätzen.

3.3 Umweltanalyse

Zu jedem strategischen Managementprozess gehört eine Analyse der Unternehmensumwelt. Viele der Stakeholder, z. B. Kunden, Lieferanten, NGOs und politische Akteure, sind Teil dieser Umwelt. Allerdings müssen auch übergeordnete Entwicklungen und Trends analysiert werden, die das Unternehmenshandeln jetzt und vor allem in Zukunft maßgeblich beeinflussen werden. Zu diesen sogenannten „Megatrends" gehören etwa der Klimawandel, die Ressourcenverknappung, der demographische Wandel, die Digitalisierung, die Urbanisierung und die Globalisierung. Alle diese Megatrends sind von unmittelbarer Bedeutung und müssen in der Strategie adressiert werden.

Wie oben bereits erwähnt, zwingt die zunehmende Wasserknappheit Textiler, nach alternativen Produktionsformen zu suchen. Diese können etwa in wasserschonenden Verfahren liegen oder aber in Technologien, die ganz ohne Wasser beim Färbeprozess auskommen. Die Digitalisierung, um ein anderes Beispiel zu geben, ist nicht nur im Hinblick auf Vertriebswege bedeutsam, sondern hat auch transparenzfördernde Wirkung. Binnen von Sekunden tragen soziale Medien heute zur Verbreitung und Kommentierung von Information auf der ganzen Welt bei. Unternehmerisches Fehlverhalten wird also binnen kürzester Zeit sicht- und angreifbar. Hierin liegt unbestreitbar einer der stärksten Treiber für Unternehmen, ihre Lieferkette „sauber zu halten".

CSR ist somit auch zu einem integralen Bestandteil eines funktionierenden Risikomanagements geworden, welches die Bedrohungen analysiert, die sich für ein Unternehmen aus den Megatrends ergeben. Doch geht es nicht nur um das Identifizieren und Minimieren von Risiken. Dieses eher reaktive Verständnis lässt sich aus einer Wertschöpfungsperspektive durch ein offensives Verständnis erweitern. Ein Unternehmen sollte sich fragen, welche Lösungen es in seiner Wertschöpfungskette zur Bewältigung der existierenden ökonomischen, sozialen oder ökologischen Probleme generieren kann. So entsteht nicht nur ein Mehrwert für die Gesellschaft, sondern auch ein nachhaltiges Geschäftsmodell, was Porter und Kramer (2011) als „shared value" bezeichnet haben.

3.4 Strategieformulierung

Basierend auf der Untersuchung der Ausgangslage durch den Austausch mit den Stakeholdern und der Analyse der Umwelt ist in einem nächsten Schritt die Strategie unter Berücksichtigung der eigenen Stärken und Schwächen zu erarbeiten. Hier kann eine klassische SWOT-Analyse hilfreich sein, wobei sich aus ihr zentrale Leitfragen ergeben: Welche Chancen und Risiken ergeben sich für uns aus den Megatrends und welche unserer Stärken können wir einsetzen, um die Chancen zu nutzen bzw. den Risiken zu begegnen?

Welche Stakeholder-Erwartungen können wir besonders gut erfüllen und wo haben wir Schwächen im Umgang mit einzelnen Stakeholdern? In welchen Feldern müssen wir tätig werden, da sie entweder grundlegende Bedrohungen darstellen oder elementare Chancen bieten?

Wie die letzte Frage demonstriert, ist die Bestimmung der relevanten Felder ein wichtiger Baustein der Strategieentwicklung. CSR umfasst eine solche Vielfalt an Themen, dass es nicht möglich ist, alle davon zu bearbeiten oder gar strategisch zu adressieren. Jedes Unternehmen muss für sich die relevanten Themenfelder feststellen. Dies kann der Umgang mit eigenen Mitarbeitern sein (und auch hier ist eine Bandbreite von Menschenrechtsfragen bis hin zu mehr Work-Life-Balance denkbar), den Kunden, der natürlichen Umwelt, der Community etc. Wurden die relevanten Felder identifiziert, so sind Ziele zu bestimmen, die innerhalb der Handlungsfelder erreicht werden sollen (Fifka und Berg 2014).

Was die Ziele betrifft, so können qualitative und quantitative Ziele unterschieden werden. Erstere sollten vor allem dann formuliert werden, wenn das Ergebnis nur schwer oder gar nicht messbar ist, beispielsweise die Reputation des Unternehmens. Es gibt zwar durchaus Versuche der Reputationsmessung, allerdings muss zum einen ihre Genauigkeit bezweifelt werden, zum anderen sind sie mit einem erheblichen finanziellen Aufwand verbunden. Quantitative Ziele hingegen eignen sich für exakt bestimmbare sozio-ökonomische Größen, etwa Abfallmengen, Emissionen, die Zahl der Arbeitsunfälle oder die Höhe der Spendensumme. Es empfiehlt sich, wenn möglich, quantitative Ziele zu formulieren, denn sie erlauben eine Fortschrittsbestimmung: „You can only manage what you can measure", so ein vielgebrauchter Leitsatz im Management. Will man später bestimmen, ob die formulierten Ziele erreicht wurden und die Strategie und deren Umsetzung richtig gestaltet wurden, so sind messbare Zielgrößen für einen Soll-Ist-Vergleich unabdingbar.

3.5 Strategieumsetzung

Sind die relevanten Handlungsfelder identifiziert und die zu erreichenden Ziele bestimmt, müssen die Maßnahmen geplant werden, mit denen die Ziele erreicht werden sollen. Dies wird zumeist als operatives Management bezeichnet (Baumgartner 2014). Hilfreich kann dabei die Unterscheidung in die Handlungsfelder „Markt", „Mitarbeiter", „Umwelt" und „Gemeinwesen/Community" sein.

In den einzelnen Feldern steht erneut eine Fülle an möglichen Maßnahmen und Instrumenten zur Verfügung, weshalb hier nur beispielhaft erläutert werden kann, wie die Umsetzung der Strategie möglich ist. Wurde etwa im Umweltbereich das Ziel formuliert, die Emissionen zu senken, so könnte dies z. B. durch den Einbau von Filteranlagen, den Einsatz alternativer Energien, der Modifikation der Fahrzeugflotte oder vieler anderer Maßnahmen geschehen. Im Bereich „Mitarbeiter" wiederum könnte eine beabsichtige Senkung der Zahl der Arbeitsunfälle durch Trainings, bessere Warnhinweise oder eine Verlängerung von Pausen erzielt werden. Aufgrund der großen Zahl an Handlungsmöglichkeiten gibt es zwischenzeitlich viele Publikationen, die sich mit der Umsetzung von CSR auseinandersetzen. Herausgegeben wurden und werden diese von Ministerien, nationalen und internationalen Initiativen und Organisationen, Stiftungen und wissenschaftlichen Einrichtungen.

3.6 Messung und Berichterstattung

Im letzten Schritt geht es zunächst um die Messung der Ergebnisse. Darauf aufbauend kann beurteilt werden, ob die formulierten Ziele erreicht wurden oder nicht. Ist dies nicht der Fall, muss eine Abweichungsanalyse stattfinden, d. h. es muss ergründet werden, warum die Vorgaben verfehlt wurden. Die Gründe hierfür können vielfältig sein. So kann die Ausgangsanalyse Fehler beinhalten, die Strategie selbst defizitär gewesen sein, etwa in der Form unrealistisch formulierter Ziele, oder es können die falschen Maßnahmen bei der Umsetzung gewählt oder dabei Fehler gemacht worden sein. Die Abweichungsanalyse erlaubt somit eine Korrektur auf den entsprechenden Stufen des Prozesses.

Eine Erfassung bzw. Messung dient aber auch dazu, „Greifbares“ an die Stakeholder kommunizieren zu können (Fifka 2013). Wie im Prozess des Stakeholder-Managements dargestellt, steht an dessen Ende die Information der Anspruchsgruppen über die CSR-Strategie, die getroffenen Maßnahmen und die erzielten Ergebnisse. Das Reporting dient aber nicht nur der Kommunikation mit Stakeholdern, es unterstützt auch die Steuerung des Unternehmens, vor allem anhand der ermittelten quantitativen Zielgrößen. Während die Verwendung finanzieller Kennzahlen seit Jahrzehnten fester Bestandteil des Managements ist, wurde sozialen und ökologischen Indikatoren lange keine Aufmerksamkeit geschenkt. Sie erlauben jedoch gleichermaßen Aussagen über die Leistung des Unternehmens, geben Aufschluss über Optimierungspotentiale und über existierende Chancen und Risiken. Berichterstattung hat also auch einen erheblichen internen Wert für das Unternehmen.

Viele große Textilunternehmen veröffentlichen heute umfassende CSR-Berichte, die Indikatoren zur Quantifizierung der ökonomischen, ökologischen und sozialen Leistung beinhalten. Aber auch Mittelständler geben solche Berichte in beachtlicher Qualität heraus, was beweist, dass die vielfach vertretene Annahme, ein solcher Bericht würde die Kapazitäten und Ressourcen mittlerer Unternehmen überfordern, nicht haltbar ist. Einen beispielhaften Bericht gibt der Natur-Textiler Hess Natur heraus.

4 Der Business Case für strategisches CSR-Management

Neben einer besseren Steuerungsfähigkeit des Unternehmens schafft ein strategischer CSR-Ansatz in vielerlei Hinsicht einen unternehmerischen Mehrwert. Zunächst einmal kann argumentiert werden, dass die Übernahme wirtschaftlicher, sozialer und ökologischer Verantwortung notwendig geworden ist, um die license to operate zu erhalten. Dabei handelt es sich um eine gesellschaftliche Lizenz, d. h. die Akzeptanz der Stakeholder, ohne die kein wirtschaftlicher Betrieb aufrechterhalten werden kann (Schaltegger und Burritt 2010). Denn verschiedene Anspruchsgruppen erwarten zunehmend, dass Unternehmen nachhaltig handeln (Veleva 2010; Yuan et al. 2011).

Aus diesem Grund ist es auch nicht erstaunlich, dass die Übernahme gesellschaftlicher Verantwortung einen Wettbewerbsvorteil darstellen und die Reputation des Unternehmens fördern kann, was von Managern in Studien als primäre unternehmerische Zielsetzung von CSR genannt wird (Ditlev-Simonsen und Midttun 2011). Gerade in einer Branche wie der Textilindustrie, die in allen Segmenten stark umkämpft ist, können Reputationsvorteile entscheidend sein. Die in den letzten Jahren eingetretene Sensibilisierung der Konsumenten – vor allem für Arbeitsbedingungen in der Lieferkette – verstärkt die Notwendigkeit einer guten Reputation.

In Hinblick auf die Kunden ergeben sich aber auch Vorteile über eine Verbesserung von Wahrnehmen und Vertrauen hinaus. Durch das Angebot sozial und ökologisch verantwortlicher Produkte können neue Kundengruppen gewonnen werden. Vor dem Hintergrund, dass immer mehr Konsumenten sozio-ökologische Aspekte bei der Kaufentscheidung berücksichtigen, was etwa anhand der rasch wachsenden Umsätze im Fairen Handel festgemacht werden kann, ergibt sich hier erhebliches Potential.

Auch im Wettbewerb um Kapitalgeber kann strategisches CSR positiv wirken, denn es erfordert die Auseinandersetzung mit Themen, die im Hinblick auf die Reputation ein Risiko für Unternehmen darstellen. Beispielhaft können hier Kinderarbeit oder Umweltkatastrophen genannt werden. Solche Fehlhandlungen werden in der medialisierten Welt binnen von Minuten global „transportiert" und führen zu einer Rufschädigung. Investoren achten – auch aus puren Renditeüberlegungen – auf CSR als Bestandteil eines umfassenden Risikomanagements, denn sie wissen, dass jede Schädigung der Reputation die Rendite beeinträchtigt.

Solche Innovationen können aber auch Kostensenkungspotentiale für das Unternehmen schaffen, vor allem in ökologischer Perspektive. Gelingt es, die Ökoeffizienz zu steigern, d. h. das gleiche Angebot mit weniger Ressourceneinsatz zu erbringen oder mit dem gleichen Ressourceneinsatz mehr Angebot zu schaffen, so reduziert das nicht nur die Umwelt-, sondern auch die Kostenbelastung für die Organisation. Hier ist zu bemerken, dass dies häufig eines der „greifbarsten" Argumente für die Einführung eines CSR-Management ist, da sich die Einsparungen leicht quantifizieren und damit auch monetarisieren lassen, was etwa bei der Loyalität der Mitarbeiter nicht der Fall ist.

Dennoch besteht im Hinblick auf die Mitarbeiter zweifelsfrei ein gewichtiger Business Case für CSR. Denn Unternehmen, die im Ruf stehen, sozial und ökologisch verantwortlich zu handeln, fällt es leichter, Mitarbeiter zu rekrutieren – gerade unter Menschen jüngeren Alters (Riordan et al. 1997; Fox 2007). Die sogenannte „Generation Y" legt bei der Wahl des Arbeitgebers mehr Wert auf Möglichkeiten der Selbstverwirklichung, der Sinnstiftung und die Chance, sich über die Arbeit gesellschaftlich einzubringen, als die vorausgehenden Generationen (Blumberg 2007). Unter der existierenden Belegschaft fördert CSR die Loyalität und Motivation (Rodrigo und Arenas 2008). Gerade der CSR-Bericht kann hier als sinnstiftendes Element wirken.

5 Fazit

Dieser letzte Aspekt reflektiert erneut den Kerngedanken strategischen CSR-Managements. Dieser geht nicht von einem „Trade Off" zwischen Unternehmen und gesellschaftlicher Verantwortung aus. Die Annahme, dass die Übernahme von Verantwortung zu Lasten des finanziellen Erfolgs geht und umgekehrt, ist überholt. Modernes CSR-Management folgt dem Paradigma eines „gemeinsamen Wertes", also der Möglichkeit, durch verantwortliches Handeln gleichsam einen Mehrwert für Unternehmen und Gesellschaft zu generieren.

In der Textilindustrie, die unter „öffentlicher Beobachtung steht", ist ein solcher Ansatz schon im Hinblick auf die Reputation notwendig. Doch gerade deshalb wird CSR von vielen Unternehmen eher als image-orientiertes „window dressing" und weniger als strategisches Element gesehen. Dies führt zu vereinzelten Aktivitäten, die einen übergeordneten Zusammenhang vermissen lassen und eine umfassende Auseinandersetzung mit der Materie bleibt aus. Diese kann in der Tat zunächst abschreckend sein, denn CSR ist ein „großer Blumenstrauß", der eine derart große Vielfalt an Themen umfasst, dass sich Unternehmen mit scheinbar unlösbaren Aufgaben konfrontiert sehen. Allerdings geht es bei CSR nicht um Wunder- oder Allheilmittel und dementsprechend sollten Unternehmen nicht versuchen, alle zu identifizierenden Probleme unmittelbar zu adressieren. Dafür fehlen die Mittel und Ressourcen. Wie bei jeder Strategie ist deshalb die Konzentration auf das Wesentliche entscheidend und die Implementierung von CSR-Strategien und -Programmen muss als ein kontinuierlicher Prozess verstanden werden. Unternehmen, die am Anfang der Implementierung von CSR in ihrer Organisation stehen, sollten mit einer kleinen Auswahl an Themen beginnen, die für sie selbst und ihre Stakeholder von großer Bedeutung sind. Graduell können neue Themen hinzugenommen und so das Spektrum der CSR-Handlungsfelder und -Maßnahmen erweitert werden.

Aufgrund der zunehmenden sozialen und ökologischen Probleme – Klimawandel, demographischer Wandel, Ressourcenknappheit, Fachkräftemangel oder unkontrollierbare Migrationsbewegungen – werden Unternehmen früher oder später ohnehin gezwungen sein, sich mit diesen Themen auseinanderzusetzen. Dann allerdings handelt es sich um eine bloße Reaktion bzw. Schadensbegrenzung, die keinen strategischen Wert mehr hat. Strategisches Handeln ist von proaktiver Natur und bietet dadurch die Möglichkeit, CSR so zu gestalten, dass es Wettbewerbsvorteile schafft.

Die Textilindustrie war in den letzten 20 Jahren massiven Veränderungen unterworfen: Neue Lieferketten, immer kürzer werdende Kollektionszyklen, ein massiver Verdrängungswettbewerb und der Eintritt neuer, ausschließlich digital handelnder Marktakteure sind nur einige Beispiele. Die Bewältigung der massiven sozialen und ökologischen Probleme, mit denen die Branche konfrontiert ist, wird zu den Herausforderungen der nächsten 20 Jahre gehören. Strategisches CSR-Management ist ein wichtiger Schlüssel, um sie zu bewältigen.

Literatur

ArmedAngels (2017) Philosophie. https://www.armedangels.de/about-us/. Zugegriffen: 20. Mai 2017
Barnard C (1938) The functions of the executive. Harvard University Press, Cambridge
Baumgartner R (2014) Managing corporate sustainability and CSR: A conceptual framework combining values, strategies and instruments contributing to sustainable development. Corp Soc Responsib Environ Manag 21:258–271
Bleicher K (1996) Das Konzept Integriertes Management. Campus, Frankfurt/Main
Blumberg M (2007) Zwischen Philantropie und Strategie – Corporate Volunteering als Instrument der Organisationsentwicklung in Deutschland, brands & values. Vortrag vom 19.07.2007. (www.brandsandvalues.com/?s=file_download&id=53. Abgerufen am: 23. Mai 2011)
Bowen HR (1953) Social responsibilities of the businessman. Harper & Brothers, New York
Carroll AB (1979) A three-dimensional conceptual model of corporate social performance. Acad Manag Rev 4(1):497–505
Carroll AB (1991) The pyramid of corporate social responsibility: toward the moral management of organizational stakeholders. Bus Horiz 34(4):39–48
CSR Europe (2008) Proactive stakeholder engagement. http://www.larrge.eu/uploads/tx_larrgeguide/Stakeholder_engagement.pdf. Zugegriffen: 25. Mai 2016
Ditlev-Simonsen CD, Midttun A (2011) What motivates managers to pursue corporate responsibility? A survey among key stakeholders. Corp Soc Responsib Environ Manag 18:25–38
Dodd EM (1932) For whom are corporate managers trustees? Harv Law Rev 45(8):1365–1372
Elkington J (1997) Cannibals with forks: the triple bottom line of 21st century business. Capstone Publishing, Oxford
Europäische Kommission (2011) Eine neue EU-Strategie (2011–14) für die soziale Verantwortung der Unternehmen (CSR). Kom (2011) 681. Europäische Kommission, Brüssel
Fifka MS (2011a) Corporate Citizenship in Deutschland und den USA – Gemeinsamkeiten und Unterschiede im gesellschaftlichen Engagement von Unternehmen und das Potential für einen transatlantischen Transfer. Gabler, Wiesbaden
Fifka MS (2011b) Sustainability, Corporate Social Responsibility und Corporate Citizenship – ein Abgrenzungsversuch im Begriffswirrwarr. In: Haunhorst E, Willers C (Hrsg) Nachhaltiges Management – Sustainability, Supply Chain, Stakeholder. IFNM, Bonn, S 29–49
Fifka MS (2013) Corporate Responsibility Reporting and Its Determinants in Comparative Perspective – A Review of the Empirical Literature and a Meta-Analysis. Bus Strategy Environ 22(1):1–35
Fifka MS (2017) Strategisches CSR-Management im Tourismus. In: Lund-Durlacher D, Fifka MS, Reiser D (Hrsg) CSR und Tourismus. Springer Gabler, Berlin, S 3–16
Fifka MS, Adaui LCR (2015) Corporate social responsibility reporting – administrative burden or competitive advantage. In: O'Riordan L, Zmuda P, Heinemann S (Hrsg) New perspectives on corporate social responsibility: Locating the missing link. Springer Gabler, Wiesbaden, S 283–298
Fifka MS, Berg N (2014) Managing corporate social responsibility for the sake of business and society. Corp Soc Responsib Environ Manag 22(5):253–257
Fox A (2007) Corporate social responsibility pays off. Hr Mag 43–49
Freeman RE (1984) Strategic management: a stakeholder approach. Pitman, Boston
Galbreath J (2009) Building corporate social responsibility into strategy. Eur Bus Rev 21(2):109–127
Hahn T, Schermesser M (2006) Approaches to corporate sustainability among German companies. Corp Soc Responsib Environ Manag 13(3):150–165

ISO (2010) ISO 26000 – Leitfaden zur gesellschaftlichen Verantwortung. Beuth Verlag
McGuire J (1963) Business and Society. McGraw Hill, New York
Mitchell RK, Agle BR, Wood DJ (1997) Toward a theory of stakeholder identification and salience: defining the principle of who and what really counts. Acad Manag Rev 22(4):853–886
Nachhaltig leben (2017) Ganz schön durstig: Unglaublicher Wasserverbrauch für Jeans. https://www.nachhaltigleben.ch/themen/oekomode/kleidung/virtuelles-wasser-eine-jeans-hat-wasserverbrauch-von-8000-litern-2729. Zugegriffen: 21. Mai 2017
Porter ME, Kramer MR (2011) Creating shared value. Harv Bus Rev 89(1/2):62–77
Puma (o.J.). The Puma Vision and Mission Statement. http://jobs.puma.com/wp-content/themes/aboutPUMA_theme/media/pdf/PUMAVision.pdf. Abgerufen am: 20. Mai 2017
Riordan CM, Gatewood RD, Barnes J (1997) Corporate image: employee reactions and implications for managing corporate social performance. J Bus Ethics 16(4):401–412
Rodrigo P, Arenas D (2008) Do employees care about CSR programs? A typology of employees according to their attitudes. J Bus Ethics 83:265–283
Schaltegger S, Burritt R (2010) Sustainability accounting for companies. Catchphrase or decision support for business leaders? J World Bus 45(4):375–384
Sharp Z, Zaidman N (2010) Strategization of CSR. J Bus Ethics 93:51–71
Veleva VR (2010) Managing corporate citizenship: a new tool for companies. Corp Soc Responsib Environ Manag 17:40–51
Wagner M (2009) Innovation and competitive advantages from the integration of strategic aspects with social and environmental management in European firms. Bus Strategy Environ 18:291–306
Wheeler D, Elkington J (2001) The end of the corporate environmental report? Or the advent of cybernetic sustainability reporting and communication? Bus Strategy Environ 10(1):1–14
Yuan W, Bao Y, Verbeke A (2011) Integrating CSR initiatives in business: an organizing framework. J Bus Ethics 101:75–92

Prof. Dr. Matthias S. Fifka ist Vorstand des Instituts für Wirtschaftswissenschaft sowie Professor für Betriebswirtschaftslehre, insbesondere Strategisches und Werteorientiertes Management, an der FAU Erlangen-Nürnberg. Zudem ist er Gastprofessor an der Shanghai Jiao Tong University, der University of Dallas, der Wirtschaftsuniversität Wien und der Maastricht School of Management. In Forschung und Lehre beschäftigt er sich mit strategischem Management, insbesondere der strategischen Implementierung von Sustainability und Corporate Social Responsibility, CSR-Reporting, Unternehmensethik sowie Corporate Governance. Er ist Vorsitzender der Nachhaltigkeitskommission des Verbandes der Hochschullehrer für Betriebswirtschaft und Mitglied in zahlreichen weiteren Kommissionen, u.a. bei der Europäischen Kommission, dem Bundesministerium für Arbeit und Soziales sowie dem Bundesdeutschen Arbeitskreis für Umweltbewusstes Management e. V. (B.A.U.M. e. V.).

Vom Konsumenten zum Fashion User – CSR und der sozial-ökologische Wandel

Dominique Ellen van de Pol

Das Thema Nachhaltigkeit hat sich innerhalb der letzten zehn Jahre fest im gesellschaftlichen Diskurs etabliert und damit verbunden auch ein steigender Anspruch an Unternehmen, ihrer sozialen und ökologischen Verantwortung gerecht zu werden. In entsprechenden CSR- bzw. CR-Berichten kann sich die Öffentlichkeit neuerdings über konkrete Unternehmensaktivitäten informieren und diese Informationen ganz bewusst in ihre Kaufentscheidungen miteinfließen lassen. Auch in der Modebranche wird bereits seit fast zehn Jahren über Green Fashion und Nachhaltigkeit diskutiert und regelmäßig berichtet. Hier stellt sich die Frage, ob es sich beim Thema Nachhaltigkeit lediglich um eine kurzlebige Modeerscheinung handelt oder ob wir nicht vielleicht Zeugen eines gesellschaftlichen Wertewandels sind, dessen Anfänge viel weiter zurückreichen.

Von der Nische in die Mitte der Gesellschaft

Blättert man heutzutage durch eines der zahlreichen Modemagazine, so gibt es wenige andere Kleidungsstile wie den Hippie-Look, der die Modelandschaft erfolgreich jedes Jahr von neuem zu prägen scheint. Spätestens zum April jeden Jahres, wenn wieder die neuesten Looks und Outfits der Stars vom weltweit bekannten *Coachella Valley Music and Arts Festival* in Kalifornien in allen Modemagazinen und auf Social-Media-Plattformen erscheinen, erwacht der Hippie-Trend ein weiteres Mal zum Leben. Dabei übersehen wir jedoch meist, dass unsere Gesellschaft der damaligen Hippie-Jugendkultur wesentlich mehr zu verdanken hat als modische Klischees wie Batiktuniken und Flechtsandalen. Die Hippies bildeten die Speerspitze einer neuen Haltung zur Welt. Das Jahr 1969 mit *Woodstock* als zentralem Event der Jugendbewegung markiert die Blüte der Hippie-Kultur und zugleich den Beginn eines tiefgreifenden gesellschaftlichen Wandels hin zur Ökologie.

D. E. van de Pol (✉)
Selbstständige Mode- und Nachhaltigkeitsexpertin – Master of Arts in Fashion, Design & Strategy, Dominique Ellen van de Pol – Green Fashion Communications
Essen, Deutschland
E-Mail: mail@dominique-vandepol.com

P. Heinrich (Hrsg.), *CSR und Fashion*, Management-Reihe Corporate Social Responsibility,
https://doi.org/10.1007/978-3-662-57697-7_3

Dieser Wertewandel verbreitete sich über mehrere Jahrzehnte hinweg sukzessive von der Nische hin zu breiteren Gesellschaftsschichten. Dies zeigt sich beispielsweise in der Entstehung der Bürgerbewegung *Die Grünen* und ihrer offiziellen Parteigründung im Jahre 1980. In der gleichen Dekade sorgte diese neue Attitüde auch in der Modewelt für Furore. Die britische Designerin *Kathrine Hemnett,* eine der vehementesten Modeaktivistinnen ihrer Zeit, machte Mode zur Projektionsfläche für Umweltaktivismus und Pazifismus. Mit ihren berühmten Slogan-Shirts brachte sie 1984 sogar die britische Premierministerin Margaret Thatcher während eines Staatsempfangs in Verlegenheit und ging mit ihrer hochpolitischen Aktion in die Modegeschichte ein.

Der aktuelle Nachhaltigkeitstrend ist daher keine kurzzeitige Modeerscheinung, sondern vielmehr zeitgenössischer Ausdruck einer neuen Haltung, die bereits seit vielen Dekaden an Bedeutung gewinnt. Ein generationenübergreifender Wertewandel, der immer deutlicher auch die Mitte der Gesellschaft erreicht. Doch was verbirgt sich hinter diesem schleichenden Wertewandel, der mit der neuen Haltung der Hippies seinen Anfang nahm?

1 Von der industriellen Gesellschaft hin zur *Dream Society*

Die industrielle Revolution, die im 18. und frühen 19. Jahrhundert ihren Anfang nahm, brachte neben zahllosen technischen Neuerungen auch tiefgreifende kulturelle und sozioökonomische Veränderungen mit sich. Moderne Erfindungen wie die Dampfmaschine, die industrialisierte Massenfertigung und die Fließbandarbeit hatten eine dramatische Steigerung der Produktivität zur Folge. Diese neue Dimension technologischen Fortschritts wurde durch eine neue Haltung zur Arbeit möglich: Rationalität, Effizienz und Standardisierung lauteten die neuen Ideale, die alle nachfolgenden Jahrhunderte grundlegend prägen sollten und bis zum heutigen Tage greifen. Die industrielle Massenproduktion machte die wunderbaren Warenwelten plötzlich für jedermann erschwinglich. Konsumgüter, die zuvor einen unerreichbaren Luxus darstellten, waren jetzt nicht mehr länger nur dem Adel und den Eliten vorbehalten. Die meisten Menschen hierzulande hatten so erstmals die Möglichkeit, ihre materiellen Bedürfnisse zu befriedigen. Dieser willkommene, ungewohnte Zustand materiellen Wohlstands entwickelte sich fortan zum gesamtgesellschaftlichen Lebensziel. Materieller Reichtum wurde zum Inbegriff von Glück und Sicherheit vor existenziellen Nöten. Mit dem Aufkommen der Hippie-Bewegung Mitte des 20. Jahrhunderts jedoch gerieten diese rein materiellen Ideale der schönen neuen Konsumgesellschaft spürbar ins Wanken. Was war geschehen?

Bereits im Jahr 2004 veröffentlichte das *Copenhagen Institute for Future Studies* dazu die visionäre Gesellschaftsstudie „Creative Man" – eine Publikation, die genau diesen Wertewandel anschaulich und eindrucksvoll auf den Punkt bringt:

Erhöht sich der Lebensstandard einer Gesellschaft langfristig, so können wir unsere persönlichen, materiellen Bedürfnisse einfacher befriedigen. „Ab einem bestimmten Grad des Wohlstands jedoch steigert sich unser Konsum nicht mehr bis ins Unendliche immer weiter. Stattdessen begeben wir uns immer stärker auf die Suche nach immateriellen Werten oder Produkten und Dienstleistungen mit immateriellem Mehrwert. Vielmehr als materielle Produkte konsumieren wir heutzutage damit verbundene Geschichten und Gefühle. Daher favorisieren wir Produkte mit integrierten Geschichten und bestimmten Emotionen gegenüber anderen ‚seelenlosen' Produkten, die uns unberührt lassen." (Mogensen 2004, S. 20).

Für die Entstehung dieser neuen Haltung zum Leben und zum Konsum prägte das *Copenhagen Institute for Future Studies* den Begriff der sogenannten „Dream-Society" (Mogensen 2004, S. 20), einer gesellschaftlichen Strömung, die für eine Sehnsucht nach immateriellen Inhalten und intensiven Erfahrungen steht, die es dem Einzelnen erlaubt, aus seiner Alltagsroutine auszubrechen, um sich selbst zu spüren und lebendig zu fühlen. Die Werte der Dream Society sind emotionale Tiefe und zwischenmenschliche Begegnungen, die unser heutiges Konsumverhalten sowie den heutigen Modekonsum ganz maßgeblich prägen. Die Dream Society feiert Menschen, die authentische Geschichten zu erzählen haben. Sie verkörpern das neue gesellschaftliche Ideal auf anschauliche Art und Weise: andere mit dem eigenen Schaffen zu inspirieren und emotional zu berühren. Materieller Wohlstand gilt somit nicht länger als allumfassendes Lebensziel. Vielmehr geht es der Dream Society darum, der eigenen Individualität sowie neuen Werten, wie emotionaler Verbundenheit, Ausdruck zu verleihen.

2 Zurück in die Vergangenheit

Auf der Suche nach Authentizität und Individualität richtet sich der Blick vieler Menschen daher zurück auf unsere gemeinsame Vergangenheit. Denn im Zeitalter anonymer Massenwaren bieten vergangene Dekaden eine gemeinsame historische und emotionale Heimat. Dies ist der Grund, weshalb wir seit einigen Dekaden in der Mode eine solche Aufwertung der Vergangenheit erleben. Die neue Sehnsucht der Dream Society nach „echten" Geschichten hat zu einer grundlegenden Aufwertung von gebrauchter Kleidung und Vintage-Mode geführt. Im Vergleich zur Massenware von der Stange lockt die Jagd nach gebrauchten Kleiderschätzen und individuellen Unikaten mit Vorgeschichte. Egal ob man dazu einen klassischen Flohmarkt besucht, einen der beliebten „Weiberkram"-Märkte frequentiert oder aber auf online-basierte Plattformen wie z. B. *Kleiderkreisel* und *ebay* zurückgreift – gebrauchte Mode ist angesagt wie noch nie. In einer Verbraucherstudie aus dem Jahr 2015 für Greenpeace Deutschland zum Thema Kleiderkonsum wurde deutlich, dass deutsche Frauen und Mädchen dem Thema Secondhand-Kleidung mittlerweile sehr offen gegenüber stehen. Demnach kauft circa die Hälfte aller deutschen Frauen (56 %) sporadisch bis regelmäßig gebrauchte Kleidung.[1]

[1] https://www.greenpeace.de/files/publications/20151123_greenpeace_modekonsum_flyer.pdf, S. 5.

Abb. 1 Plakat eines Retro-Styling-Events im Stil der Goldenen Zwanziger Jahre

Fast Fashion meets Street Credibility
Im Rahmen von Asos Marketplace erleben wir beispielsweise, wie sich global agierende Fast Fashion Marken erfolgreich mit lokalen Vintage-Boutiquen verbünden. Das Ziel von Asos: Durch die Einbindung ausgewählter Einzelhändler mit subkulturellem Einschlag pushen sie das Asos Markenimage und verleihen ihren textilen Erzeugnissen so einen authentischeren und individuelleren Beigeschmack.

Die Aufwertung des Vergangenen zeigt sich ebenfalls ganz deutlich im sogenannten „Used Look", besonders in der Denimbranche seit vielen Jahren ein anhaltender Trend, bei dem neue Textilien aufwendig „auf alt" gemacht werden. Hier wird ganz bewusst versucht, eine Aura von Authentizität, individueller Geschichte und jugendlicher Provokation zu konstruieren, oft in Anlehnung an subkulturelle Jugendmoden des 20. Jahrhunderts, wie z. B. dem Punk und dem Grunge.

Darüber hinaus repräsentieren die allgegenwärtigen Retrotrends ein weiteres Phänomen, das permanent auf vergangene Modedekaden verweist. Dieser heutigen Sehnsucht nach Nostalgie habe ich seit dem Jahr 2014 ein eigenes Workshop-Format gewidmet. Unter dem Titel „*Miss Charleston Makeover*" entwickelte ich einen neuen Selbsterfahrungs-Workshop für Frauen, der zu einer interaktiven Zeitreise in die goldenen 1920er Jahre einlädt (siehe Abb. 1).

Diese Retromoden werden jede Saison aufs Neue von der gesamten Branche durchexerziert und immer wieder neu gemischt. In der aktuellen Mode kann man beispielsweise Folgendes beobachten: Da trifft die Culotte-Hose, deren Wurzeln bis in die französische Männermode des 17. Jahrhunderts zurückreichen, auf Plateauschuhe (vgl. Frühjahr-Sommerkollektion 2017 aus dem Hause Gucci) aus der Disko-Ära der 1970er Jahre und wird wie selbstverständlich kombiniert mit einer Cateye-Sonnenbrille im Stil der 1950er Jahre. Die vestimentäre Strategie der Stunde lautet Mix ‚n' Match. Sie mündet in einen omnipräsenten Eklektizismus, dem es immer wieder gelingt, die unterschiedlichsten Retrostile zu neuen, zeitgemäßen Outfits zu verweben und in neue Beziehungen zu setzen.

Das Fazit: In der neu aufkeimenden Dream Society, spürbar in den Jugendbewegungen des 20. Jahrhunderts, erhoben sich immaterielle Werte wie Individualität, authentische Geschichten und emotionale Verbundenheit zum neuen gesellschaftlichen Ideal. Diese Sehnsucht nach immateriellen Inhalten hat jedoch nicht etwa dazu geführt, dass der Konsument den materiellen Gütern den Rücken zugekehrt hätte. Vielmehr hat eine grundsätzliche Verschiebung in der Vermarktung von Produkten und Dienstleistungen stattgefunden, die durch professionelles Marketing und Branding-Strategien ganz bewusst mit immateriellen Werten verwoben werden.

3 Von der Dream Society hin zum Fashion User 2.0

Um die Jahrtausendwende herum erscheint plötzlich eine neue Generation auf der Bildfläche, die als *Generation Y* bzw. *Millennials* bezeichnet wird und als erste Generation sogenannter *Digital Natives* gilt. Eine Generation junger Erwachsener (in etwa geboren in den Jahren 1980–1999), die händeringend versuchen, ihren Eintritt ins Berufsleben zu meistern. Sie sehen sich konfrontiert mit einem Arbeitsmarkt, der ihnen kaum noch Perspektiven oder Sicherheiten zu bieten scheint und allzu oft prekäre Lebensverhältnisse zur Folge hat. Befristete Projektverträge bringen zwangsläufig häufig wechselnde Arbeits- und Wohnorte mit sich. Wer regelmäßig umziehen muss, den vermeintlichen Jobperspektiven auf den Fersen und kein Geld für den Luxus eines Umzugsunternehmens übrig hat, der sieht sein Hab und Gut plötzlich in ganz neuem Licht. Je leichter das Gepäck, desto angenehmer die Reise. Materieller Besitz wird plötzlich zum Ballast.

Statt beliebige Dinge anzuhäufen, gilt es vielmehr, seine sieben Sachen auf das Wesentliche zu reduzieren und trotzdem über die volle Bandbreite an Möglichkeiten verfügen zu können. Auch im Bereich Mode hat der neue Minimalismus in den letzten Jahren spürbar an Präsenz gewonnen. So wird in vielen Modeblogs eifrig das Thema „Caspule Wardrobe" diskutiert und die Fashion User modisch angeleitet. Der digitale Raum hat die analoge Realität ins Unermessliche erweitert. Die Digitalisierung ermöglichte den Zugriff auf zahllose Inhalte, ohne sie dazu besitzen zu müssen. Gedruckte Wörterbücher oder Lexika, die vorher ein absolutes Statussymbol im privaten Bücherschrank darstellten und ein Vermögen kosteten, wurden schlagartig abgelöst von kostenlosen Online-Datenbanken wie Wikipedia und Duden.de. Heilige Besitztümer wie der Taschenkalender, das private Adressbuch, der PC im Büro bzw. zuhause oder die Armbanduhr wurden durch wenige multifunktionale, digitale Geräte wie Laptop und Smartphone ersetzt. Die Generation der mobilen Nomaden war überall zuhause bzw. im mobilen Office mit vollem Zugriff auf alle nötigen Inhalte. Ganz unverhofft ging so mit der beruflichen Unsicherheit eine ganz neue Unabhängigkeit einher. Die Freiheit, ganz allein entscheiden zu können, wann und wo es einem heute beliebt zu arbeiten, hat sich zu einem neuen Ideal entwickelt. Statt Großraumbüro und Festanstellung hieß es von nun an Café und Coworking. Den Schlüssel zum mobilen Lebensstil bilden dabei zahlreiche digitale Werkzeuge, neudeutsch „Tools", wie kostenlose Vorlagen (sogenannte „Templates"), die es „Usern" plötzlich erlaubten, diverse Formate und Produkte weit stärker (mit-) zu gestalten als zuvor.

User Generated Lifestyle

Dank zahlloser Desktop-Publishing Vorlagen für Print-Erzeugnisse, für die Erstellung eigener Homepages oder mobiler Foto-Apps wie Instagram haben von nun an selbst Laien die Möglichkeit, mit Hilfe neuer digitaler Werkzeuge großartige Ergebnisse zu erzielen. Auch im Bereich Mode eröffnen digitale Tools sowohl Designern als auch Konsumenten ganz neue Gestaltungsmöglichkeiten:

Ein inspirierendes Beispiel bietet das gerade erfolgreich finanzierte Crowdfunding-Projekt *Kniterate*[2], das kleinen Modelabels und Designern eine kompakte, stylische und smarte Strickmaschine an die Hand gibt und ihnen eine lokale On-Demand-Produktion von Stricktextilien und fertigen Strickwaren ermöglicht.

---

[2] https://www.kickstarter.com/projects/kniterate/kniterate-the-digital-knitting-machine, am 24.05. 2017.

Konsum „to go"

Bedingt durch das moderne Nomadentum fand sukzessive eine Verschiebung von materiellem Besitzstreben hin zum neuen Ideal maximalen Zugriffs und der freien Nutzung von Inhalten bei Bedarf statt. Die Konsumenten gewöhnten sich an diese neue Dimension der Verfügbarkeit von Produkten, die nach und nach auch unseren Umgang mit Kleidung verändert: Online-Shopping-Portale wie Zalando, Amazon und Ebay erlauben es uns, rund um die Uhr nach neuen Kleiderschätzen zu suchen und 24/7 zu erwerben. Einen Schritt weiter gehen bereits mobile Shopping-Apps, wie z. B. von Ebay Kleinanzeigen oder Kleiderkreisel, die den Absatz und den Verkauf von textilen Waren zusätzlich ankurbeln und den Konsumenten noch interaktiver involvieren. Als innovative Sales-Kanäle im Bereich Mode haben sich ebenfalls die mobilen Apps *Instagram* und jüngst auch *Snapchat* etabliert.

Chatvertizing

Instagram hat sich in der Fashionbranche seit Jahren zu einem der beliebtesten Kommunikationskanäle entwickelt. Gerade, wenn es darum geht, die neuesten Looks von den Laufstegen der Welt in Echtzeit online hochzuladen und damit der versammelten Modegemeinde zugänglich zu machen. Seit dem letzten Jahr jedoch etabliert sich Snapchat immer stärker in der Modewelt, besonders bei Berichterstattungen über internationale Modenschauen. Auch die Zeitschrift Vogue ist auf den Zug der neuen digitalen Tools aufgesprungen und hat 2016 ihren eigenen „Snapchat Discover Channel" vorgestellt, der es interessierten Fashionistas erlaubt, zweimal wöchentlich einen exklusiven Blick hinter die Kulissen der schillernden Modewelt zu werfen (Tauer 2016). Die Social Media-affine Modedesignerin Misha Nonoo ging jedoch noch einen Schritt weiter. Sie machte bereits im Jahr 2016 Schlagzeilen, da sie ihre Frühjahr-Sommer-Kollektion 2016 ausschließlich über Instagram präsentierte. Auf der Suche nach neuen, innovativen Wegen ihre Mode an die Kundin zu bringen, entwickelte Nonoo ein völlig neues Format: Unter dem Titel „Live Lookbook"[3] präsentierte sie im September 2016 ihre neue Kollektion im Rahmen eines exklusiven Online-Modehappenings. Die User konnten in Echtzeit das Fotoshooting der gesamten neuen Kollektion miterleben sowie eine Live-Illustratorin, die zu jedem Outfit eine digitale Zeichnung anfertigte. Ihre Live-Lookbook-Fashion Show wurde über den beliebten Snapchat-Kanal *Refinery 29* verbreitet und war der Öffentlichkeit nur für einen kurzen Zeitraum von 24 h zugänglich. Misha Nonoo demonstriert hiermit, wie sich neue digitale Apps nutzen lassen, um neue B2C Verbindungen zwischen Designern und Kunden zu schaffen und die eigenen Produkte direkt auf die Smartphones der User zu bringen.

Content SHARING

Mit der neuen User-Kultur, deren Ideal den freien Zugriff auf Produkte und Dienstleistungen darstellt, entstand nach und nach die sogenannte *Shareconomy*. Neue, online-

[3] https://mishanonoo.com/pages/fall-16-live-snapchat-lookbook, am 27.05.2017.

gestützte Unternehmen, welche die gemeinsame Nutzung materieller Güter (wie z. B. Autos oder Immobilien) ermöglichten und organisierten, erschienen immer zahlreicher auf dem Markt: Zu altbekannten Namen wie Ebay gesellten sich in Windeseile neue Online-Plattformen wie Airbnb und diverse Carsharing- und Citybike-Dienstleister. In der Modebranche jedoch steckt die Shareconomy, abgesehen von Secondhand-Plattformen, vergleichsweise noch in den Kinderschuhen. Hervorzuheben ist hier die Plattform Kleiderkreisel mit ihrer großen Community, die über die Website gebrauchte Kleidung kauft, weiterverkauft oder untereinander tauscht. Über die Community werden von den Usern außerdem private Kleidertauschpartys organisiert und angekündigt. Auch Greenpeace veranstaltet immer wieder öffentliche Kleidertauschpartys. Am 13. Juni 2015 veranstaltete Greenpeace beispielsweise zeitgleich in 40 deutschen Städten öffentliche Tauschevents und liefert auf der Unternehmenswebsite diverse hilfreiche Impulse, um den eigenen Fashion Swap auf den Weg zu bringen.[4]

Abb. 2 Flyer eines Kleidertausch-Events in Essen von Dominque Ellen van de Pol

[4] https://www.greenpeace.de/themen/endlager-umwelt/textilindustrie/tauschen-ist-chic, am 27.05.2017.

Abb. 3 Foto einer Kleidertauschparty von Dominique Ellen van de Pol in der Goldbar in Essen

Innerhalb der letzten fünf Jahre habe ich selbst eine Vielzahl von Kleidertauschpartys von öffentlich bis privat veranstaltet (siehe Abb. 2 und 3) und erlebt, wie groß das Interesse vieler Frauen und Mädchen an derartigen Modeevents ist.[5]

Die Organisation großer, öffentlicher Tauschevents bedeutet für den Veranstalter jedoch relativ viel Aufwand, der sich kaum auf den Eintrittspreis herunterrechnen lässt. Daher bin ich dazu übergegangen, regelmäßig kleinere Tauschpartys im privaten Rahmen zu veranstalten, die kaum Aufwand bedeuten und mir selbst eine aktive Teilnahme ermöglichen.

STREAMING meets Fashion

Innerhalb der letzten Jahre haben sich zahlreiche Online-Plattformen, wie z. B. Netflix und Amazon-Prime etabliert, die den Usern die Nutzung diverser Inhalte ermöglichen. Gegen ein monatliches Entgelt erhalten die User unbegrenzten Zugriff auf z. B. Filme und Serien. – egal ob auf dem heimischen TV oder auch mobil per Smartphone. In der Mode hat sich das Streaming bisher nur ansatzweise etabliert. Ein spannendes Konzept liefert hier z. B. die *Kleiderei* mit ihrer „Kleiderflatrate“[6] für 39 € monatlich (inklusive Versand). Zwar geht es hier um das altbekannte Prinzip leihen statt kaufen, jedoch als Fashion-Abo hochkarätiger Designer und Vintage-Mode. Die Kleiderei hat eine Vielzahl von

[5] http://dominique-saal.com/kleidertauschparty-am-28-november-2014/, am 27.05.2017.
[6] https://kleiderei.com/, am 27.05.2017.

jungen Designern und exklusiven Green Fashion-Labels im Angebot und beliefert ihre Kunden monatlich mit einem personalisierten Paket mit jeweils vier individuell zusammengestellten Styles. Ein anderer interessanter Anbieter im Bereich Fashion Streaming ist die deutsche Online-Plattform Kilenda, über welche die User ganz einfach Baby- und Kinderkleidung auswählen und tagesgenau mieten können, genau so lange, wie die Kleidung tatsächlich genutzt wird – gerade im Segment Kinderbekleidung ein überaus spannender Ansatz.[7]

Fashion ON DEMAND

Der Zugriff auf Inhalte und Produkte „on demand", ergo zu jeder Tages- und Nachtzeit und damit völlig unabhängig vom lokalen Einzelhandel, stellt in Zeiten von Zalando und Co. keine Neuigkeit mehr dar. Nun erscheinen jedoch auch erste Modelabels, die ihre Produkte „on demand" fertigen lassen und somit einen alternativen Ansatz zur industriell vorproduzierten Massenware liefern.

Das Unternehmen Selfnation[8] beispielsweise liefert innovative, ökologische Maßjeans „on demand". Über die Website können sich die Kunden ihre Lieblingsjeans in gewünschter Passform, Waschung und optional personalisierten Stickdetails auf Maß konfigurieren. Nach Eingang der Bestellung benötigt Selfnation nur circa 14 Tage, bis die neue Jeans den Kunden erreicht. Als besonderen Mehrwert bezüglich Transparenz und Nachhaltigkeit informiert Selfnation die Kunden in Echtzeit per E-mail über jeden Produktionsschritt und lässt sie so an der Entstehung des Produkts teilhaben.

4 Fazit

Bereits seit Mitte des 20. Jahrhunderts hat sich ein gesellschaftlicher Wertewandel hin zu immateriellen Werten vollzogen, der über verschiedene Etappen hinweg schließlich in eine neue User-Kultur mündete. Neben der zunehmenden Digitalisierung rückten innerhalb der letzten Jahre zahlreiche Krisen in den gesellschaftlichen Fokus, die bis heute unser modernes Selbstverständnis und unseren Konsum prägen: Von weltweiten Banken- und Finanzkrisen, über den Klimawandel und seine ökologischen und sozialen Folgen bis hin zum katastrophalen Zusammensturz der Textilfabrik Rana Plaza am 24. April 2013 in Bangladesch, der das strahlende Image der Modebranche tief erschütterte. In diese Krisenstimmung hinein entwickelte sich das Thema Nachhaltigkeit zum festen Bestandteil des gesellschaftlichen Diskurses. Ein neues globales Gewissen war erwacht und mit ihm eine tiefe Sehnsucht nach den richtigen „Tools" für eine bessere Welt – ohne Krisen und ökologische Katastrophen. An die Stelle von Religion oder politischen Ideologien sind heute vielfach eine neue Konsumspiritualität und der „bewusste Konsum" getreten, während sich das Thema „Nachhaltigkeit" zum kollektiven Hoffnungsträger

[7] https://kilenda.de/, am 27.05.2017.
[8] https://www.selfnation.ch/?gclid=CLHg4vaik9QCFRO3GwodqYgJAg, am 27.05.2017.

erhoben hat. Nachhaltigkeit als heiliger Gral der Postmoderne, der im Bereich CSR konkrete Strategien für eine strahlendere, gerechtere und ökologisch verträglichere Zukunft an die Hand gibt. Der Studie *Fashion 2025* (zur Zukunft des Fashion-Markts in Deutschland) zufolge, rechnen 42 % der befragten Experten, Händler und Hersteller damit, dass das Thema Nachhaltigkeit bis 2025 deutlich an Bedeutung zunehmen und in der Mitte der Gesellschaft ankommen wird, während lediglich 13 % davon ausgehen, dass es ein reines Nischenthema bleibt.[9] Eine starke und transparente CSR-Politik und die authentische Kommunikation entsprechender Aktivitäten besitzen das Potential, die Märkte von morgen entscheidend mitzugestalten.

Literatur

Mogensen K (2004) Creative man. Copenhagen

Tauer K (2016) Vogue magazine launches Snapchat Discover channel. http://www.latimes.com/fashion/la-ig-vogue-20160906-snap-story.html. Zugegriffen: 27. Mai 2017

Dominique Ellen van de Pol, Jahrgang 1982, ist freie Beraterin/Publizistin/Trendforscherin für Mode, Nachhaltigkeit und Kommunikation. Nach Abschluss ihres internationalen Studiums *Master of Fashion, Design and Strategy* (Hochschule der Künste Arnheim/Niederlande) war sie in den letzten Jahren für eine Vielzahl internationaler Marken und Institutionen in Europa, der Schweiz und Asien im Bereich Fashion Communication tätig. Vom Ruhrgebiet aus schreibt sie über achtsamen Modekonsum, gibt Experteninterviews (z. B. für die Welt am Sonntag) und entwickelt eigene Vorträge und Workshops. Im Rahmen des Jubiläumsjahres *European Green Capital 2017* der Stadt Essen war Dominique Ellen van de Pol in unterschiedlichsten Medien (z. B. der FAZ, dem WDR und im Kinofilm zur Green Capital 2017) präsent.

[9] http://www.mitteldeutschland.com/sites/default/files/uploads/2016/01/28/kpmgfashion2025-studiezurzunkunftdesfashion-marktsindeutschland.pdf, S. 41.

CSR-Maßnahmen in Zusammenarbeit mit Bloggern erfolgreich kommunizieren

Jessica Kunstmann

Blogger schreiben über alle möglichen Themen, die von größerer oder geringerer gesellschaftlicher Relevanz sein können. Dabei legen sie häufig einen sehr persönlichen Stil an den Tag. Wer Blogs aufgrund dessen allerdings als irrelevante Online-Tagebücher abtut, der unterschätzt ihren Machtfaktor sowie ihren Einfluss auf Leser und die öffentliche Meinung.

Blogs gewannen in den vergangenen Jahren immer mehr an Bedeutung. In der deutschen Medienlandschaft spiegelt sich dies beispielsweise durch die fortwährende Berichterstattung über ihre Professionalisierung und Monetarisierung wieder. Sie stoßen inzwischen auf große Akzeptanz. Dies zeigt sich auch in der Tatsache, dass sich Bloggen gerade als Berufsbild etabliert. Denn nicht nur für Leser, sondern auch für Werbetreibende wird die Berichterstattung via Blog immer interessanter.

Es gibt eine Vielzahl von Punkten, die für die Zusammenarbeit mit Bloggern sprechen. Zum einen kommunizieren sie ihre eigenen Meinungen und Erfahrungen, was ihre Berichterstattung besonders authentisch macht. Deshalb genießen sie eine sehr hohe Glaubwürdigkeit (vgl. Zerfaß und Boelter 2005, S. 35). Weiterhin sind Blogs von ihrer Struktur her sehr gut an die Algorithmen von Suchmaschinen angepasst. Sie finden sich bei der Suche über Google und Co. ganz selbstverständlich unter den ersten Treffern neben Wikipedia und bekannten Online-Magazinen.

Und nicht nur auf Suchmaschinen sind sie sehr präsent. Die meisten Blogger nutzen die gängigen Social-Media-Kanäle, um ihre Inhalte zu verbreiten und blicken hier auf eine Zahl an Followern, die nicht selten größer ist, als die der Unternehmen über die sie berichten. Blogs weisen zudem – selbst in der Nische – häufig enorme Reichweiten auf.

J. Kunstmann (✉)
Alabaster Blogzine, Jessica Kunstmann
Leipzig, Deutschland
E-Mail: jess@alabasterblogzine.de

P. Heinrich (Hrsg.), *CSR und Fashion*, Management-Reihe Corporate Social Responsibility,
https://doi.org/10.1007/978-3-662-57697-7_4

Auch kann der Bericht auf einem Blog den Sprung in die Massenmedien bedeuten, wie eine explorative Studie des Instituts für Kommunikations- und Medienwissenschaft der Universität Leipzig zeigte. Denn für Journalisten sind Blogs wichtige Recherche-Tools und dienen der Themenfindung, als Inspirationsquelle und zum Trendspotting. Weiterhin werden sie von Journalisten als Mittel zur eigenen Meinungsbildung und ebenso zur Beobachtung der Lesermeinungen bzw. deren Entwicklung genutzt (vgl. Zerfaß und Boelter 2005, S. 56–59).

Blogs bieten daher großes Potential für die Bekanntmachung von Produkten und Dienstleistungen sowie der eigenen Botschaft und CSR-Bemühungen. Wer bisher also noch nicht in Blogger Relations investiert hat, sollte spätestens jetzt damit beginnen. Welche Erfahrungen ich als Bloggerin mit der CSR-Kommunikation via Blog gemacht habe und wie man allgemein bei der Zusammenarbeit mit Bloggern vorgeht, möchte ich in diesem Beitrag erläutern.

1 Praxisbeispiel: CSR Kommunikation über nachhaltige Mode – ein persönlicher Erfahrungsbericht

1.1 Kommunikation über Nachhaltigkeit und CSR auf dem ALABASTER BLOGZINE

Das Thema Nachhaltigkeit sowie die CSR-Maßnahmen der Unternehmen, deren Produkte ich kaufe, sind mir in meinem privaten Leben seit vielen Jahren sehr wichtig. Daher ist es mir ein großes Anliegen, ebensolche Marken, die in diesem Sinne vorbildlich agieren, als Bloggerin zu repräsentieren. Was ich privat nicht kaufen würde, gebe ich auch nicht als Empfehlung an meine Leserschaft weiter.

Das ALABASTER BLOGZINE vereint mehrere Autoren und befasst sich übergeordnet mit einem smarten Lifestyle. Dazu zählen verschiedene Themen wie Beauty, Health, Food, Fitness, Interior und auch Fashion. Mode entspricht für mich einem smarten Lebensstil, wenn sie nicht nur Style, Funktion und Qualität vereint, sondern die Labels darüber hinaus auch Verantwortung übernehmen.

Kommen nachhaltige Materialien zum Einsatz? Wird zu fairen Bedingungen produziert? Welche CSR-Maßnahmen werden darüber hinaus ergriffen? Gerade wenn ein Label das erste Mal auf dem ALABASTER BLOGZINE präsentiert wird, ist die Beantwortung solcher Fragen Bestandteil der Vorstellung.

1.2 Leser zum Thema nachhaltige Mode erreichen

Bei der Berichterstattung ist es mir stets sehr wichtig, nicht mit dem erhobenen Zeigefinger zu kommunizieren, denn so erreicht man meiner Meinung nach nur ein sehr kleines Publikum. Zwar fühlen sich diejenigen Leser bestätigt, die sich sowieso schon mit der

Nachhaltigkeitsstrategie sowie der sozialen Verantwortung von Unternehmen beschäftigen, doch eine neue Zielgruppe wird man auf diese Weise kaum erschließen.

Mein Anspruch ist es, ein möglichst breites Publikum auf nachhaltige Mode aufmerksam zu machen und dafür zu begeistern. Daher kommt bei mir der Spaß an der Mode und die Freude über die Optik sowie die Funktionalität von Bekleidung nie zu kurz. Es ist mir ein Anliegen, zu zeigen, dass der Kauf von nachhaltiger Kleidung nicht mit Verzicht einhergehen muss und grüne Mode in Sachen Style und Funktion konventioneller Bekleidung kaum mehr in etwas nachsteht.

Auf diese Weise werden auch Konsumenten auf nachhaltige Mode aufmerksam, die sich bisher weniger oder gar nicht für dieses Thema interessiert haben. Umweltfreundliche Materialien, eine faire Produktionsweise und ein verantwortungsvoller Umgang mit Ressourcen werden diesen Lesern als zusätzliche Benefits nahegebracht. So möchte ich ein Bewusstsein schaffen, ohne das bisherige oder generelle Konsumverhalten der Leser zu verurteilen.

1.3 Eigene Erfahrungen mit nachhaltiger Mode

Die beschriebene Vorgehensweise basiert unter anderem auf meinen eigenen Erfahrungen mit nachhaltiger Mode. Nachdem ich bereits bei Lebensmitteln vorwiegend bio und regional kaufte und von konventioneller auf Naturkosmetik umgestiegen bin, entschied ich mich vor einigen Jahren, auch beim Thema Kleidung anders zu konsumieren. Zu dieser Zeit habe ich mich sehr intensiv mit den Missständen in der Fast Fashion Industrie beschäftigt und mich fortan nachhaltigeren Labels verschrieben.

Die Auswahl war damals noch deutlich geringer als heute – gerade mit einem studentischen Budget. Auch stand nicht immer und zu jeder Zeit eine gute Alternative aus dem Secondhand Shop zur Verfügung. Speziell wenn ich auf der Suche nach einem ganz bestimmten Kleidungsstück war, hat sich diese oft als sehr schwer erwiesen. Die Stichworte dazu lauten Bade- und Abendmode, Funktions- und Fitnessbekleidung oder Lingerie. Das frustrierte mich auf Dauer und ich verlor eine Zeit lang komplett den Spaß an nachhaltiger Mode.

Seither ist die Auswahl stark gewachsen. In den letzten Jahren sind immer mehr junge Labels nachgerückt, die frischen Wind in die Branche bringen. Manch ein etabliertes Unternehmen hat neue Wege beschritten, produziert nun umweltfreundlicher und achtet auf faire Entlohnung. Und selbst bei spezieller Bekleidung stoße ich bei meinen Recherchen immer wieder auf neue Labels.

Dadurch habe ich die Freude an der nachhaltigen Mode wiedergefunden. Der Austausch mit anderen Bloggern sowie Freunden und Bekannten, die ebenfalls Wert auf Nachhaltigkeit legen, hat mir gezeigt, dass ich mit dieser Erfahrung nicht allein bin. Daher ist es mir besonders wichtig, das Thema Eco und Fair Fashion nicht ausschließlich mit Ernst und Fakten anzugehen. In gleichem Maße möchte ich zeigen, dass es eine immer größere Auswahl an nachhaltiger Mode gibt, die einfach Spaß macht.

1.4 Die Reaktionen von Lesern auf das Thema Nachhaltigkeit

Von den Lesern werden das Thema Nachhaltigkeit sowie die individuellen Bemühungen einzelner Produzenten allgemein sehr positiv bewertet. Dies sehe ich nicht nur anhand der Kommentare bei meinen eigenen Veröffentlichungen. Auch die Leserreaktionen auf Beiträge meiner bloggenden Kollegen, die auf verschiedene CSR-Maßnahmen bestimmter Brands eingehen, sind in aller Regel anerkennend und zustimmend.

Ausnahmen gibt es dann, wenn sich Unternehmen, die bisher nur wenig nachhaltig agiert haben, aufgrund vereinzelter Maßnahmen ein völlig grünes Image verpassen möchten – Stichwort Greenwashing. Dieses wird – wenn nicht bereits durch den Blogger selbst – spätestens durch den aufmerksamen Leser entlarvt und thematisiert.

Honoriert wird hingegen Ehrlichkeit. Der offene Umgang damit, dass man sich als Marke gerade erst auf dem Weg zu mehr Nachhaltigkeit und Verantwortung befindet, ist daher auf Dauer deutlich besser für das Image, als sich bloß ein grünes Mäntelchen umzuhängen und zu hoffen, dass es niemandem auffällt.

1.5 Wie sich die Kommunikation über Blogs zu klassischen Medien unterscheidet

Neben den einleitend genannten Punkten, wie Suchmaschinenplatzierung, Authentizität oder Reichweite, ist auch das direkte Leserfeedback ein Argument, welches für die Zusammenarbeit mit Blogs bzw. Bloggern spricht. In den klassischen Medien wie TV, Radio und Print ist direktes Feedback nur bedingt möglich.

Ein weiterer Unterschied gegenüber den klassischen Medien ist die Dauer der Präsenz. Ein Magazin ist im darauffolgenden Monat nicht mehr aktuell, geschweige denn einfach verfügbar. Sobald die Ausstrahlung in TV bzw. Rundfunk gelaufen ist, kann diese maximal noch für einen gewissen Zeitraum in der Mediathek des Senders gefunden werden. Blogbeiträge – insofern nicht anders vereinbart – bleiben dauerhaft online, so lang der Blog Bestand hat.

Weiterhin ist es quasi für jedermann möglich, mit Bloggern in Kontakt zu treten und Blogger Relations aktiv voranzutreiben. Wer in diesem Bereich bisher wenig oder gar keine Erfahrung hat, dem werden die folgenden Seiten ein hilfreicher Leitfaden sein.

2 Blogger – das unbekannte Wesen? Wie man mit Blogs erfolgreich kooperiert

2.1 Recherche und Auswahl thematisch passender Blogs

Blogs gibt es heute zu allen möglichen Themen. Sie sind extrem stark ausdifferenziert und so vielfältig wie ihre Betreiber. Eine Gesamtübersicht aller relevanten Blogs zu den einzelnen, unterschiedlichen Themen gibt es leider nicht. Daher beginnen erfolgreiche Blogger Relations im Normalfall mit einer entsprechenden Recherche.

Dabei sollte man sich stets fragen: Welcher Blog bzw. Blogger passt zu meinem Produkt oder Kommunikationsanliegen und kann meine Botschaft authentisch transportieren? Auch der Blogger wird diese Bemühung zu schätzen wissen. Nicht selten bekommt man als Blogger Anfragen, die thematisch überhaupt nicht zu den bisherigen Publikationen passen. Zwar ist eine freundliche Absage schnell geschrieben, trotzdem bedeutet es unnötige Arbeit für beide Seiten.

Dennoch kann es sinnvoll sein, über den Tellerrand der eigenen Branche hinauszublicken und sich bei passenden verwandten Themen umzuschauen. Es soll um Nachhaltigkeit in Verbindung mit der Modeindustrie gehen? Natürlich wird man sich dann zuerst einen Überblick zu Bloggern aus dem Modebereich allgemein sowie speziell zum Thema Fair und Eco Fashion verschaffen. Warum nicht aber auch mit Blogs zu den Themen Gesundheit, Veganismus, Elternschaft oder Lifestyle kooperieren? Auch diese erreichen Zielgruppen, welche für das eigene Label von Relevanz sein können.

Nachdem man sich einen Überblick verschafft hat, sollte man eine konkrete Auswahl treffen und die Blogs bzw. Blogger auswählen, welche am besten zum Label und den Produkten passen und diese kontaktieren.

2.2 Die Ansprache der ausgewählten Blogger

Für eine erste Kontaktaufnahme empfiehlt sich das Schreiben einer E-Mail. Die Kontaktmöglichkeit findet sich zumeist im „About" des Blogs, einem speziellen Kontaktformular oder dem Impressum. So ist es möglich, dass sich der Blogger aufgrund der Webpräsenz in Ruhe einen Eindruck über das entsprechende Unternehmen machen kann, bevor er antwortet. Weiterhin sollte man bedenken, dass nur ein Teil der Blogautoren auch hauptberuflich als Blogger tätig ist. Hobbyblogger sind zu den regulären Arbeitszeiten selbst mit Beruf, Ausbildung oder Studium beschäftigt und werden die Kommunikation via E-Mail daher präferieren.

Standardisierte Anschreiben nach dem Prinzip Gießkanne sollten vermieden werden. Blogger, die bereits viele Jahre tätig sind, erkennen solche Standardansprachen sofort, erhalten diese täglich und haben häufig kaum Interesse an dieser wenig wertschätzenden Art der Kommunikation. Auch sollten Blogger nicht ungefragt in Presseverteiler aufgenommen werden.

Im besten Falle wendet man sich an jeden Blogger mit einem individuellen Anschreiben. Bei der ersten Kontaktaufnahme ist es sinnvoll, die Marke kurz vorzustellen und zu erfragen, ob generelles Interesse an einer Kooperation besteht. Ist die Antwort positiv, kann man Möglichkeiten für eine Zusammenarbeit erfragen.

Auch können zu diesem Zeitpunkt bereits Vorschläge und Wünsche unterbreitet werden. Blogger ist allerdings nicht gleich Blogger. Unter Punkt 1 habe ich einige Einblicke gegeben, wie ich persönlich CSR-Botschaften beim Bloggen vermittle bzw. einbette und aufgrund welcher Erfahrungen diese Vorgehensweise zustande kam. Diese unterscheidet sich ggf. stark von der Herangehensweise anderer Blogger. Die Arbeitsweisen und Ansprüche an eine Kooperation können höchst unterschiedlich sein. Daher sollten Vorschläge stets ohne Bevormundung oder Forderungen und immer auf Augenhöhe kommuniziert werden.

2.3 In langfristige Beziehungen investieren

Wenngleich die Arbeit mit Bloggern nicht völlig mit Pressearbeit vergleichbar ist, gibt es doch gewisse Parallelen. Eine einzelne Erwähnung auf einem Blog ist sicher nicht schlecht. Eine dauerhafte bzw. wiederkehrende Präsentation über einen langen Zeitraum hinweg ist deutlich besser. So sind vor allem langfristige Beziehungen, die von gegenseitigem Vertrauen geprägt sind, gewinnbringend.

Solche Beziehungen müssen natürlich erst einmal aufgebaut und schließlich gepflegt werden. Daher sollte man sich keine Illusionen über die Kosten machen. Blogger Relations kosten Zeit und – je nach Platzierung – auch Geld. Denn neben reinen Hobbybloggern gibt es immer mehr Autoren, die ihre Blogs haupt- oder nebenberuflich betreiben.

Grob – wenngleich diese Punkte nicht immer in gleichem Maße zutreffen mögen – kann man sagen, dass hauptberufliche Blogger regelmäßiger publizieren, die Leserschaft und der Bekanntheitsgrad entsprechend größer sind und die Qualität von Text und Bild sowie die Usability der Seite stetig weiterentwickelt werden.

Entgegen des landläufigen Glaubens steckt hinter einem Blog sehr viel Arbeit. Diese sollte entsprechend fair entlohnt werden. Wenn man in einem Magazin Werbung schaltet, erwartet man auch nicht, dass diese kostenlos ist. Für bestimmte Platzierungen muss man also bereit sein, Geld in die Hand zu nehmen, um die Arbeit von Bloggern auch monetär wertzuschätzen.

2.4 Möglichkeiten der Zusammenarbeit mit Bloggern

Wie bereits erwähnt, kann die Zusammenarbeit mit Bloggern sehr unterschiedlich aussehen. Auf die gängigsten Möglichkeiten soll an dieser Stelle dennoch eingegangen werden. Gleichwohl ist darauf hinzuweisen, dass nicht jeder Blogger jede dieser Optionen auch anbietet.

Eine häufig genutzte Möglichkeit der Zusammenarbeit ist die Bemusterung mit Samples. In der Regel werden dem Blogger dabei kosten- und bedingungslos Produkte der Marke zur Verfügung gestellt. Der Blogger entscheidet schließlich selbst, ob, wann und in welchem Umfang diese auf dem Blog erscheinen. Empfehlenswert ist es, nicht ungefragt Samples zu senden, sondern im Vorfeld abzuklären, was konkret für den Blogger von Interesse ist.

Weiterhin gibt es verschiedene Formen der Werbung auf Blogs, wie beispielsweise die klassische Bannerwerbung. In den letzten Jahren gewinnen allerdings bezahlte Artikel, die sogenannten Sponsored Posts, immer mehr an Relevanz. Diese können höchst unterschiedlich ausfallen. Die Literatur trennt zwischen Advertorials und Reviews. Erstere entsprechen redaktionellen, werblichen Texten mit persönlicher Note des Bloggers. Sie werden im Sinne des Unternehmens verfasst und fallen dementsprechend positiv aus. Reviews sind durch den Blogger freier in der Gestaltung und können durchaus auch Kritikpunkte beinhalten (vgl. Jodeleit 2010, S. 94).

Da die Bezeichnungen Sponsored Post, Advertorial und Review in der Praxis meist synonym verwendet werden, empfiehlt es sich, vorher konkret abzuklären, um welche Form es sich handelt bzw. welche Erwartungen man hat. Je nach Blog können die Preise für Sponsored Posts stark schwanken. Einplanen sollte man einen drei- bis vierstelligen Betrag pro Artikel. Manche Blogger bieten zudem kleinere Platzierungen in sogenannten Roundup Artikeln an. Diese sind entsprechend günstiger. Allerdings sollte man sich darüber bewusst sein, dass man ggf. zusammen mit anderen Marken präsentiert wird. Als weitere Alternative können auch einzelne Sharings, wie beispielsweise auf Facebook, Twitter oder Instagram, eine Form der Zusammenarbeit darstellen.

Eine große Zahl an Bloggern arbeitet zudem mit Affiliate Links. Sollte man als Marke ein Affiliate Programm anbieten, so kann es durchaus sinnvoll sein, den Blogger darauf hinzuweisen.

Neben diesen geläufigsten Möglichkeiten der Zusammenarbeit lohnt es sich, die ausgewählten Blogger nach weiteren Optionen zu fragen oder konkrete Vorschläge zu unterbreiten. Manche Blogger bieten beispielsweise das Erstellen von Videobotschaften an und können als Speaker bzw. Referenten oder Moderatoren für Veranstaltungen gebucht werden. Auch ist es nicht unüblich, dass Blogger als Autoren für Corporate Blogs und andere Publikationen tätig sind oder Unternehmen beratend zur Seite stehen.

Für die Kommunikation von CSR-Inhalten bietet sich eine enge und dauerhafte Zusammenarbeit an. Hier könnten verschiedene Artikel über einen bestimmten Zeitraum hinweg mit kleineren Maßnahmen kombiniert werden, sodass ein sinnvoller Mix entsteht. Professionell arbeitende Blogger kennen ihre Leser und liefern in der Regel selbst proaktiv Vorschläge, sodass die Zusammenarbeit für beide Seiten erfolgreich ist.

3 Fazit

Aufgrund ihrer spezifischen Besonderheiten sollten Blogs als Kommunikationskanal nicht vernachlässigt werden. Durch ihre authentische Art und Weise der Berichterstattung genießen Blogger bei ihren Lesern ein hohes Maß an Glaubwürdigkeit und bieten für die Verbreitung von CSR-Inhalten großes Potential.

Die Authentizität beruht vor allem auf der individuellen Persönlichkeit, die jeder Blogger in seine Publikationen einbringt. Aufgrund dessen kann sich auch die Arbeitsweise verschiedener Blogger teilweise stark voneinander unterscheiden. Der Aufwand für Beziehungsaufbau, Erarbeitung von Kooperationen und Kontaktpflege sollte daher nicht unterschätzt werden, ist jedoch eine lohnenswerte Investition.

Literatur

Jodeleit B (2010) Social Media Relations. Leitfaden für erfolgreiche PR-Strategien und Öffentlichkeitsarbeit im Web 2.0, 1. Aufl. Dpunkt Verlag, Heidelberg

Zerfaß A, Boelter D (2005) Die neuen Meinungsmacher. Weblogs als Herausforderung für Kampagnen, Marketing, PR und Medien, 1. Aufl. Nausner & Nausner, Graz

Jessica Kunstmann, geboren 1984, hat Kommunikations- und Medienwissenschaft studiert. In ihrer Masterarbeit beschäftigte sie sich – anhand einer explorativen Studie – mit der erfolgreichen Monetarisierung von Weblogs. Während des Studiums gründete sie mit einer zweiten Autorin das Smart Lifestyle Blog ALABASTER BLOGZINE. Ihre Themenschwerpunkte sind Naturkosmetik, nachhaltige Mode und alles was sich unter dem Begriff Sustainability subsumieren lässt. Inzwischen ist Jessica hauptberuflich als Bloggerin und Content Creator für das ALABASTER BLOGZINE tätig. Zudem unterstützt sie Unternehmen mit Inhalten für Corporate Blogs sowie im Bereich Blogger & Influencer Relations.

Nachhaltigkeit und Mode. Wie relevant ist das Thema für die Medien?

Jonas Schützeneder und Isabel Bracker

1 Mode in den Medien

Vielen sind die Bilder der eingestürzten Fabriken in Bangladesch vom April 2013 noch sehr präsent. Gebäudeteile, dazwischen bunte Kleiderberge und verzweifelte Näherinnen, die den Reportern schildern, was sich zugetragen hat. Gleichzeitig ist es die Welt der Shopping Queen oder jene von Heidi Klum und ihren „Mädchen", für die Mode und Aussehen die zentralen Themen sind, und ihren eigenen sozialen Regeln zu folgen scheint, die uns über die Medien in unsere Wohnzimmer transportiert wird. Abgestimmt dazu gibt es in den Werbepausen Schminktipps und Online-Shops zu sehen, die uns endlich richtig inspirieren sollen. Auch die Themenseite von sueddeutsche.de zur „Textilindustrie" ist gut gefüllt. Hier finden sich jedoch vor allem Artikel über Ausbeutung, Proteste und Umweltschäden – trotz wertneutraler Suche (vgl. sz.de 2017a).

Dabei integrieren mittlerweile einige Akteure der Textil- und Bekleidungsbranche das Thema Nachhaltigkeit. Bspw. setzen große Unternehmen wie S. Oliver oder Otto u. a. vermehrt auf Bio-Baumwolle oder entwickeln Produktvariationen, um Ressourcen besser wieder- und weiterzuverwenden. So stellte C&A im Frühjahr 2017 ein kompostierbares T-Shirt vor (c&a.com 2017; sz.de 2017b). Daneben bauen meist jüngere und kleinere Player der Branche ihr Geschäft direkt auf Nachhaltigkeit auf, bieten bspw. Jeans zum Leasen an, Skijacken aus recyceltem Polyester, Accessoires aus Lachshaut, die als Abfall bei der

J. Schützeneder (✉)
Wissenschaftlicher Mitarbeiter, KU Eichstätt/Journalistik
Eichstätt, Deutschland
E-Mail: Jonas.Schuetzeneder@ku.de

I. Bracker
Manager Communications & Social Media, CGS Publishing Technologies International
Hainburg, Deutschland
E-Mail: isabel.bracker@cgs-oris.com

P. Heinrich (Hrsg.), *CSR und Fashion*, Management-Reihe Corporate Social Responsibility,
https://doi.org/10.1007/978-3-662-57697-7_5

Lebensmittelherstellung anfällt, oder Leder, das mit Rhabarber gegerbt wurde (vgl. Enorm Magazin 2013, S. 17–25).

Weil die Globalisierung Produktionsketten teilweise über mehrere Kontinente zerteilt, ist die massenhafte Herstellung von Mode eine globale Angelegenheit geworden. Dafür erlebt jedoch kaum ein Konsument hierzulande mehr direkt, welche Auswirkungen das auf Menschen und die Umwelt hat. Hier offenbart sich die elementare Rolle des Journalismus, dessen zentrale Funktion es ist, diese Beobachtung für die Gesellschaft zu übernehmen, Umstände zu recherchieren und die Gesellschaft über die Vorgänge zu informieren (vgl. Meier 2007, S. 13). Nur so erlangt sie das Wissen darüber (vgl. Luhmann 2009, S. 9).

In Anbetracht der Funktionslogik des Journalismus erstaunt es wenig, wenn es vor allem die großen Unternehmen sind, über die berichtet wird, die negativen, kontroversen Vorkommnisse, die überraschend eintreten und große Tragweite haben (vgl. u. a. Schulz 2011, S. 91 ff.). Im Allgemeinen gilt kurz gesagt häufig: „Only bad news are good news". Nicht die hundert erfolgreich gelandeten Flugzeuge sind Veröffentlichungen wert, sondern das eine, das abstürzt (vgl. Boetzkes 2008, S. 59). Generell ist dies zunächst einmal auf alle Themen übertragbar. Demnach auch darauf, wenn es um Mode (und Nachhaltigkeit) geht.

Es werden aber auch bewusst andere Schwerpunkte gesetzt: Beispielsweise widmete das Enorm Magazin, das „Wirtschaft für den Menschen" ins Zentrum rückt, dem Thema „Fair Fashion" bereits im Mai 2013 die Titelgeschichte, in der es vor allem um diejenigen geht, die es besser machen wollen. Mit dabei ist ein Guide, in dem Enorm mit dem Netzwerk „Get Changed" über 150 nachhaltige Modelabel und Shops des deutschsprachigen Raums vorstellt (vgl. Enorm Magazin 2013). Auch werden verschiedene Siegel beschrieben, die den Kunden eigentlich helfen sollen, nachhaltige Mode selbst zu erkennen, und was sich hinter ihnen verbirgt. Das ist nämlich überhaupt nicht einfach. Zum einen sind es mittlerweile sehr viele, zum anderen werden häufig nicht alle Dimensionen der Nachhaltigkeit berücksichtigt: Wurde zwar darauf geachtet, dass die Mode ökologisch unbedenklich hergestellt wurde, bedeutet dies noch nicht, dass die Menschen, die sie gemacht haben, auch fair bezahlt wurden. Positiv bewertet werden von Experten das GOTS-Siegel, das IVN West-Siegel sowie „fair wear foundation" und „fairtrade" (vgl. faz.net 2014). Eine Hilfestellung für den Verbraucher, um eine gute Wahl zu treffen, soll auch siegelklarheit.de der Bundesregierung sein.

Interessant ist, dass Studien, die branchenunabhängig das Thema Nachhaltigkeit bzw. Corporate Social Responsibility in den Medien untersucht haben, aufzeigen, dass die Berichterstattung darüber erstens zunimmt und dass sie zweitens mehrheitlich positiv ist (vgl. Bracker 2017, S. 144 ff.).[1] Wie stellt sich dies aber für die Bekleidungsindustrie dar? Wie wird über das Thema berichtet und welche Aspekte sind dabei von Bedeutung? Diese Fragen werden im vorliegenden Beitrag untersucht. Aufgrund der zentralen Rol-

[1] Einschränkend muss bemerkt werden, dass die Studien mehrheitlich mit Suchworten wie CSR oder Nachhaltigkeit arbeiteten und nur eine direkt mit negativen Suchworten wie Corporate Social Irresponsibility (CSI) oder unverantwortlichem Handeln.

le des Journalismus in der Gesellschaft liegt der Fokus dabei auf der journalistischen Berichterstattung über Nachhaltigkeit, (un-)verantwortliches Handeln und Engagement ausgewählter Bekleidungsunternehmen.[2] Zuvor werden die wichtigsten Begriffe geordnet und der Forschungsstand knapp umrissen.

2 Theoretische Grundlagen

Das Gute am Begriff Nachhaltigkeit ist, dass er vermag, verschiedene Dimensionen und Ebenen gleichzeitig zu fassen. Er reicht weit in Raum, aber auch in Zeit. Gleichsam ist dies sein Manko, seine Komplexität und Vielschichtigkeit verstellt ihm einiges. Das gilt auch für mediale Aufmerksamkeit. Bevor dies tiefer gehend betrachtet wird, soll aufgezeigt werden, was in diesem Beitrag unter Nachhaltigkeit, Corporate Social Responsibility (CSR) und Corporate Citizenship (CC) verstanden wird, um die notwendige Basis zu legen.

2.1 Begriffe: Nachhaltigkeit, Unternehmen und Medien

Nachhaltigkeit wird als Leitbild und Zustand betrachtet, für dessen Verwirklichung alle Akteure der Gesellschaft etwas beitragen sollten, um die Erde zu erhalten. Sie arbeiten an einer nachhaltigen Entwicklung, die sich zum einen vertikal – in ihrer einfachsten Differenzierung – auf eine soziale, die ökologische und die ökonomische Dimension bezieht und zum anderen auf der horizontalen Ebene zeitlich entfaltet (vgl. Grunwald und Kopfmüller 2012, S. 11–12). Damit müssen bei allen Handlungen die Fragen nach den Implikationen für gegenwärtig lebende Menschen, Tiere und die Umwelt gestellt werden sowie auf nachfolgende Generationen und die Zukunft – und das in Bezug auf alle Dimensionen.

Für Wirtschaftsakteure, wie jene der Bekleidungsindustrie, sind zur Integration und Umsetzung vor allem die Konzepte Corporate Social Responsibility (CSR) und Corporate Citizenship (CC) relevant. Denn sie sind einschlägig, wenn es darum geht, wie Unternehmen über das Gesetz hinaus ihre gesellschaftliche Verantwortung wahrnehmen und sich gesellschaftlich engagieren, um ihren Beitrag zur nachhaltigen Entwicklung der Gesellschaft zu leisten, deren Teil sie sind, aus deren Umwelt sie Ressourcen entnehmen und der sie Güter und Dienstleistungen zur Verfügung stellen (vgl. Bracker 2017, S. 40 ff., 192 ff.). Darum müssen sie Verantwortung für ihre positiven wie negativen Auswirkungen auf ihr Umfeld übernehmen und auf die Verantwortungszuschreibungen dieses reagieren.

[2] Die Konkretisierung auf Journalismus wird bewusst vorgenommen, da der Forschungsstand Lücken im gesamten Feld der öffentlichen Kommunikation aufweist. Daher soll zunächst ein Beitrag geleistet werden, Erkenntnisse über das journalistische Fremdbild zu gewinnen.

Daneben ist für den vorliegenden Beitrag, der Nachhaltigkeit und Mode in den Medien betrachtet, bedeutsam, auch bei der Unterscheidung von Medien(unternehmen) und Journalismus sorgsam zu sein (vgl. Altmeppen 2006, 2011). Medienunternehmen werden – wie Bekleidungsunternehmen auch – als Wirtschaftsakteur aufgefasst. Sie betreiben ein Geschäft, u. a. mit dem Vertrieb ihrer Produkte. Dabei handelt es sich zum Teil um Journalismus. Bspw. ist das Medium „Zeitung" meist ein Bündel aus journalistischen Artikeln und Werbung in Form von Anzeigen (vgl. Altmeppen u. a. 2006). Dies ist strikt zu trennen – ist Journalismus doch mit einem gesellschaftlichen Auftrag versehen und gemeinwohlorientiert und der verkaufte Werbeplatz wird von Unternehmen genutzt, ihre Botschaft bzw. ihr Selbstbild zu kommunizieren (vgl. Altmeppen und Bracker 2017, S. 245–246).

Im vorliegenden Beitrag wird untersucht, wie ausgewählte Bekleidungshersteller in der journalistischen Berichterstattung im Hinblick auf Nachhaltigkeit und CSR-/CC-Aktivitäten dargestellt werden, d. h. welches Fremdbild von ihnen diesbezüglich gezeichnet wird.

2.2 Forschungsstand: Mode, Medien und Nachhaltigkeit

Zur Bekleidungsindustrie finden sich zahlreiche Arbeiten, die verschiedene Aspekte der Branche, ihrer Entwicklung und Herausforderungen beleuchten. Sie widmen sich der Branche in bestimmten Epochen oder tun dies in Bezug auf ausgewählte Standorte und die Entwicklung jener (vgl. u. a. Bräutigam 1997; Rouette 1992; Peters 1992; Hermann 1996 oder Breitenacher 1991). Ebenso setzen sie sich mit der Globalisierung der Industrie und Internationalisierungsstrategien auseinander, um nur einige Aspekte zu nennen (vgl. u. a. Schneider 2003; Müller 1995; Tücking 1999).

Vermehrt neuere Arbeiten problematisieren das Thema Nachhaltigkeit und Verantwortung in der Bekleidungsindustrie. Einige wurden angestoßen durch konkrete Fälle, wie den Einsturz des Rana Plaza in Bangladesch 2013 (vgl. Hira und Benson-Rea 2017). Zentrale Schlagwörter sind Sustainable, Green, Eco oder Slow Fashion. Hierunter finden sich Arbeiten, auch viele Bachelor- und Masterarbeiten (vgl. u. a. Piegsa 2010), die das Thema Mode und Nachhaltigkeit in der Bekleidungsindustrie z. B. anhand der Wertkette analysieren (vgl. Choi und Cheng 2015) oder CSR in der chinesischen Textilindustrie untersuchen (vgl. Habich 2008) oder spezielle Unternehmen ins Zentrum rücken. So konzentriert sich Seidel (2010) auf das Modelabel Armedangels, das als nachhaltiges Label gilt, und dessen CSR-Aktivitäten.

Andere stellen die Frage in den Fokus, inwiefern ausgewählte Stakeholder, wie Aktionäre, Verantwortung tragen (vgl. Blank 2014) oder wie die Generation Y zu nachhaltiger Mode steht (vgl. Yildiz et al. 2015). Dabei wollen die Autoren erschließen, was für die Generation Y überhaupt Nachhaltigkeit im Modekontext ist, was für ihre Kaufentscheidung wichtig ist und was Treiber oder Barrieren beim Kauf nachhaltiger Mode sind (vgl. Yildiz et al. 2015, S. 8). Deutlich wird dabei, dass die Generation Y zwar „eine vielfältige und ausdifferenzierte Vorstellung von Nachhaltigkeit in der Modebranche hat", ihr aber

„die politischen Rahmenbedingungen für kontrollierte Siegel [fehlen], die durch Medien und Unternehmen kommuniziert und etabliert werden, um sie gut genug zu informieren, damit sie ihrer Rolle als ‚mächtiger Konsument' gerecht werden können" (Yildiz et al. 2015, S. 24).

Dies weist auf die zentrale Rolle der Medien, in erster Linie des Journalismus, hin. Wird dieser Themenkomplex der Nachhaltigkeit/Verantwortung und Mode in den Medien konkret betrachtet, offenbart sich jedoch eine Lücke. Zwar findet sich Literatur über Modejournalismus, z. B. auch seine Rolle in Verbindung mit der Entstehung von Trends, aber es finden sich keine Antworten auf die Frage, wie die Bekleidungsindustrie in den Medien v. a. mit dem speziellen Blick auf Nachhaltigkeit und Verantwortung dargestellt wird. Hier wurde angesetzt und eine erste Inhaltsanalyse mit dem Ziel durchgeführt, Erkenntnisse darüber zu erlangen, wie die Bekleidungsindustrie in Form von ausgewählten Unternehmen in den Medien dargestellt wird, d. h. hier konkret wie über sie journalistisch berichtet wird. Im nächsten Abschnitt werden die Untersuchungsanlage und die im Fokus stehenden -objekte näher beleuchtet.

3 Bekleidungsunternehmen in der Berichterstattung: eine Inhaltsanalyse

Als Methode wurde für dieses Forschungsvorhaben die qualitative Inhaltsanalyse ausgewählt. Diese ist in der Forschungspraxis eine „Kombination aus qualitativen Urteilen über Botschaften, die quantitativ verdichtet und ausgewertet werden" (Rössler 2010, S. 18). Konkret soll eine Inhaltsanalyse die Komplexität der Berichterstattung dadurch reduzieren, dass zentrale Muster eben dieser nachvollziehbar herausgearbeitet werden (vgl. ebd., S. 19).

3.1 Vorgehensweise: Mediensample, Datenbanken und Auswertung

Als Untersuchungszeitraum wurden die letzten zwei Jahre festgelegt, um einen möglichst aktuellen Überblick erarbeiten zu können. Die Analyseeinheiten (Artikel) wurden folglich im Zeitraum 27. Juni 2015 bis 27. Juni 2017 veröffentlicht. Als nächstes wurden Medien ausgewählt, die einen aussagekräftigen Überblick geben können. Leitmedien zeichnen sich nach Krüger (2013, S. 97) dadurch aus, dass sie für Journalisten und andere Medien als wichtige Informationsquelle genutzt werden und dadurch einen hohen Einfluss auf die öffentliche Meinungsbildung besitzen. In Deutschland sind dies bspw. Bild, Süddeutsche Zeitung, Frankfurter Allgemeine Zeitung und die Taz. Für die vorliegende Forschungsfrage wurden Teile dieser Leitmedien mit relevanten Magazinen ergänzt. Brand eins bspw. berichtet regelmäßig über Trends, Probleme und Folgen von Nachhaltigkeit. So entstand der folgende Pool aus insgesamt neun Medien, deren Artikel zum Thema analysiert wurden:

Süddeutsche Zeitung, Frankfurter Allgemeine Zeitung (inkl. Sonntagsausgabe FAS), Welt (inkl. Sonntagsausgabe WamS und Welt kompakt), Taz, Frankfurter Rundschau, Zeit (inkl. Zeit-Magazin), Brand eins, Focus, Spiegel

Zur Artikelsuche wurde die Online-Datenbank Nexis verwendet. Hier wurden die oben beschriebene zeitliche Grenze und das Mediensample[3] eingetragen und mit folgenden Suchbegriffen[4] versehen:

Verantwortung, Engagement, Nachhaltigkeit, Gesellschaft, unverantwortlich, verantwortungslos

Diese Suchbegriffe wurden mit den jeweiligen Untersuchungsgegenständen kombiniert, d. h. mit den Unternehmen, die im Rahmen der Analyse hinsichtlich der journalistischen Berichterstattung näher betrachtet werden sollten. Dazu wurden bewusst fünf Unternehmen aus der Branche ausgewählt, die in unterschiedlichem Maße mit dem Thema Nachhaltigkeit/Verantwortung in Verbindung gebracht werden, um ein breites Spektrum abzudecken. Diese fünf sind:

Hugo Boss Das Unternehmen aus Baden-Württemberg (ca. 14.000 Mitarbeiter und 2,8 Mrd. € Umsatz) zählt zu den bekanntesten Modemarken Deutschlands. Dabei unterscheidet das Unternehmen die beiden Marken Boss (Business-Kleidung) und Hugo Boss (progressiv und trendig), will Premium-, aber keine Luxusmarke sein (vgl. hugoboss.com 2017).

C&A 1841 in den Niederlanden gegründet, ist das Unternehmen (über 35.000 Mitarbeiter, ca. 7 Mrd. € Umsatz) heute nach Eigendarstellung der Anbieter für „günstige Mode in Top-Qualität" (vgl. c&a.com 2017).

Hessnatur Häufig als „Pionier der nachhaltigen Mode" beschrieben, steht das Unternehmen (ca. 350 Mitarbeiter und 70 Mio. € Umsatz) seit 1976 für natürliche Kleidung, die weder Mensch noch Natur schadet (vgl. hessnatur.de 2017).

Vaude Im Jahr 1974 gegründet. Heute ist das Unternehmen aus Baden-Württemberg vor allem für nachhaltige Outdoor-Mode bekannt. Im Jahr 2015 wurde Vaude (ca. 100 Mio. € Umsatz, 500 Mitarbeiter) „Deutschlands nachhaltigste Marke" (vgl. vaude.com 2017).

[3] Da SZ und FAZ/FAS nicht über Nexis zugänglich sind, wurde das jeweilige Online-Archiv genutzt und mit den obigen Suchbegriffen durchsucht.

[4] Da andere Studien, die deutschsprachige Medien untersuchten, zeigten, dass Anglizismen, wie Corporate Social Responsibility, nur selten alleine auftreten, wurde nur mit deutschen Suchbegriffen gearbeitet (vgl. Bracker 2017, S. 387 ff.).

Zalando Schrei vor Glück – mit diesem Werbeslogan und der aggressiven Vermarktungsstrategie wuchs das Unternehmen aus Berlin nach der Gründung 2008 in kurzer Zeit zu einem der führenden Online-Händler Europas. Heute hat Zalando über 13.000 Mitarbeiter und 3,6 Mrd. € Umsatz (vgl. zalando.de 2016), steht aber auch wegen schlechter Arbeitsbedingungen in der Kritik (vgl. taz 2016; Zeit Campus 2016).

Diese Unternehmen, kombiniert mit den o. g. Suchbegriffen, lieferten insgesamt 76 Artikel. Mittels der Software MAXQDA (Version 12.0) wurden die Analyseeinheiten geordnet. Anschließend wurde die Stichprobe auf 55 Artikel bereinigt und unpassende Artikel aussortiert. Der Großteil der eliminierten Artikel war deshalb für das Vorhaben wertlos, weil das Unternehmen nur als kurzes Beispiel in einem größeren Zusammenhang auftauchte (z. B. „Unternehmen wie Zalando haben den Markt verändert"), aber daraus keinerlei Mehrwert für die Untersuchung im Hinblick auf die fokussierte Thematik hervorging. Die qualitative Inhaltsanalyse der 55 Analyseeinheiten erfolgte mithilfe eines Kategoriensystems. Dieses suchte vor allem nach den jeweiligen CSR[5]-Themen, konkreten Handlungen der Unternehmen und der Bewertung dieser. Einige quantitative Aspekte wurden mit erhoben. Nachfolgend werden die Ergebnisse der Inhaltsanalyse komprimiert dargelegt.

3.2 Ergebnisse

Zunächst zeigt sich, dass das Unternehmen Boss am häufigsten in den untersuchten Artikeln vorkommt (15 Nennungen), gefolgt von C&A (12 Nennungen) und Vaude (11 Nennungen). Zalando und Hessnatur werden etwas seltener thematisiert (jeweils 9 Nennungen; n = 55).

Veröffentlicht wurden die meisten Artikel in der Süddeutschen Zeitung (SZ) sowie in Welt-Medien[6] mit jeweils 14 Nennungen (vgl. nachfolgende Abb.). Mit 10 Artikeln folgt darauf die Taz, die Frankfurter Rundschau (FR) und Brand eins mit jeweils 5 Artikeln (n = 55). In allen weiteren Medien, wie der Frankfurter Allgemeine Zeitung (FAZ), der Zeit, dem Spiegel und dem Focus, wurden weniger als fünf Artikel veröffentlicht. Abb. 1 visualisiert daneben, welches Medium über welches Unternehmen im Zusammenhang mit CSR-Themen schrieb. Die SZ bspw. berichtete mit Ausnahme von Zalando über alle ausgewählten Unternehmen. Gleiches gilt für die Welt Gesamt-Medien und die Taz. FR und FAZ berichteten hingegen nur über drei, die restlichen Medien nur über zwei oder ein Unternehmen.

Am häufigsten erschienen die Artikel im Wirtschaftsressort (oder einem Ressort, das Wirtschaftsthemen und weitere Themen verbindet, z. B. „Menschen & Wirtschaft" oder

[5] Um die Lesbarkeit zu verbessern, werden CSR, CC, Verantwortung und Nachhaltigkeit unter CSR zusammengefasst; es sei denn die Unterscheidung ist relevant.

[6] In der Ergebnisdarstellung wurden Die Welt, Welt am Sonntag und Welt kompakt zusammengefasst.

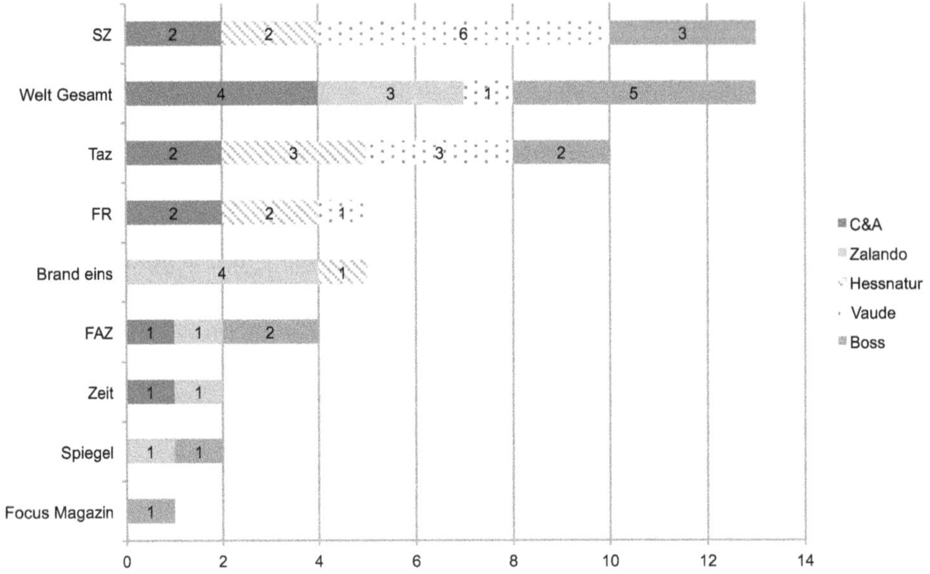

Abb. 1 Menge thematisierte Unternehmen je Medium, Häufigkeiten, n = 55

„Wirtschaft & Umwelt", 20 Nennungen). Weitere erschienen im Ressort „Schwerpunkt" als Sonderthema oder Spezial. Sie wurden zusammengefasst (9 Nennungen). Andere wurden im Politik- (3 Nennungen) oder Gesellschaft-/Panoramaressort (2 Nennungen, n = 41) veröffentlicht. Die Tatsache, dass die Artikel in über zehn verschiedenen Ressorts auftreten, bestätigt, dass das Thema CSR ein Querschnittsthema ist, für das wenige Medien einen festen Platz haben.

Aufgegriffen wurden die Texte am häufigsten, da das Wort Nachhaltigkeit enthalten war (34 Nennungen), darauf folgt Verantwortung (19 Nennungen; inkl. soziale Verantwortung oder Corporate Social Responsibility, was jeweils aber nur einmal genannt wurde). Auch wurde die Gesellschaft explizit in Verbindung mit den Unternehmen/der Unternehmenstätigkeit thematisiert (13 Nennungen) oder Engagement genannt (5 Nennungen). Einzeln kamen Gemeinwohl oder Umweltschutz vor (n = 73)[7].

Angesprochen werden meist durchgeführte Aktivitäten (31 Nennungen), seltener werden geplante Aktivitäten der Unternehmen thematisiert (11 Nennungen, n = 41). Dafür liefern die insgesamt 29 Textpassagen über konkrete Ressourcen der jeweiligen Unternehmen interessante Aufschlüsse. Während bei Hessnatur die konkreten Ressourcen ein eher bescheidenes Geschäftsmodell transportieren, werden bei den großen Anbietern wie Zalando oder C&A stets die wuchtigen Gesamtzahlen im Stil einer Bilanz erwähnt. Das untersuchte Material verrät so bspw., dass für Hessnatur beim Verkaufspreis von 90 € ei-

[7] Pro Artikel wurden alle einschlägigen Begriffe codiert, so dass es hier zu einer höheren Anzahl an Nennungen kommt als bisher.

ner Jeans nur gut drei Euro Gewinn bleiben. Gleichzeitig gehen je Hose etwa 50 Cent in den Etat für CSR. Die Geschäftsräume sind deutlicher kleiner (jeweils unter 1000 m^2) und bei einem Umsatz von gut 65 Mio. € im Jahr 2015 blieb zuletzt laut der Artikel kein Gewinn übrig. Anders als die großen Player der Mode-Industrie: Hier werden in den Analyseeinheiten mehrfach die hohen Umsätze von Zalando (über 3,5 Mrd. €) oder Hugo Boss (2,7 Mrd. €) aus den jeweiligen Geschäftsberichten detailliert erläutert und die jeweiligen strategischen Entscheidungen (z. B. Zalando investierte 200 Mio. € in neue Technologien) aus betriebswirtschaftlicher Sicht aufgearbeitet, während die konkreten Ressourcen bei den kleineren Anbietern eher im Sinne ihrer Ausrichtung als verantwortungsvoller Produzent und Händler tendenziell positiv geschildert wurden. Ein weiterer Beleg dafür: Während C&A bei leicht fallenden Umsätzen deutlich negativ dargestellt wird, ist die entsprechende Textpassage bei Hessnatur (keine Gewinne im abgelaufenen Jahr) positiv vermerkt. Heißt konkret: Der Branchen-Gigant muss Gewinne liefern, dem nachhaltigen kleinen Anbieter wird nachgesehen oder er wird gar gelobt, wenn er nachhaltig agiert und (mitunter deshalb) keine Gewinne verzeichnen kann. Außerdem stehen bei den großen Anbietern Zalando und C&A immer wieder Arbeitsbedingungen (in Deutschland) im Fokus, u. a. wird mehrfach der starke Druck auf die Angestellten kritisiert. In Verbindung mit Hessnatur und Vaude finden sich keine Passagen zu Arbeitsbedingungen.

Diese spielen auch in der jeweiligen Selbstdarstellung der Unternehmen nur eine geringe Rolle. Hierzu wurden insgesamt 32 Nennungen verzeichnet. Auch hier wird der Unterschied schnell deutlich: Hessnatur und Vaude stellen sich selbst als selbstbewusste Alternativen dar, die die Konsumwelt ein Stück verändert haben (Hessnatur) oder mit familienfreundlicher Unternehmensführung Nachhaltigkeit und Natur als Erkennungsmerkmale (Vaude) bewerben. Die Selbstdarstellung der großen Anbieter klingt anders – schlicht unternehmerisch, wachstums- und profitorientiert. Es ist von Verantwortung für Produktionsbedingungen (C&A) zu lesen oder dass das Unternehmen künftig mindestens fünf Prozent des Modemarkts kontrollieren will (Zalando). Hugo Boss sieht sich selbst derweil als Premium- und nicht als Luxusmarke, strebt dafür laut Vorstand Mark Langer nachhaltiges Wachstum an. Nachhaltigkeit taucht als Begriff bei jedem Unternehmen auf. Konkret werden dabei aber nur Hessnatur (50 Cent pro Jeans für CSR-Aktivitäten), Vaude (Investitionen in nachhaltige und familienfreundliche Produktionsabläufe) und C&A (kompostierbares Shirt). Die jeweiligen Aussagen sind als solche aber häufig ähnlich formuliert. Was wiederum zeigt: Die Unternehmen haben unabhängig von ihrer Größe und den primären Elementen ihres Markenkerns verstanden, dass unternehmerische Verantwortung und Nachhaltigkeit zentrale Aspekte von externer Kommunikation sind. Die Art und Weise wie die eigene Position formuliert und übermittelt wird, unterscheidet sich dann aber wiederum nach Größe und strategischer Ausrichtung der Unternehmen. Große Unternehmen sprechen häufiger in allgemeinen Phrasen, die kleinen betonen häufiger selbstbewusst konkrete Maßnahmen und Ziele.

Wie aber werden die Unternehmen insgesamt in der journalistischen Berichterstattung bewertet? In den Artikeln finden sich am häufigsten konkrete neutrale Passagen über die Unternehmen und ihre CSR-Aktivitäten (20 Nennungen). Daneben sind es 16 lobende

Passagen und 12 kritische (n = 48). Am meisten wird in positiver Weise über Vaude und Hessnatur – mit jeweils 6 Nennungen – berichtet. Darauf folgt C&A mit 4 Nennungen. Über Boss und Zalando finden sich in den untersuchten Artikeln keine lobenden Passagen, dafür wird sich in den Texten dreimal kritisch geäußert. Häufiger negativ wird nur C&A eingeordnet (4 Nennungen), womit die Berichterstattung über das Unternehmen am ambivalentesten ist. In Bezug auf Vaude und Hessnatur ist jeweils nur eine kritische Passage im Material enthalten. Über Boss wird dafür am häufigsten neutral berichtet (9 Nennungen, n = 48).

Prozentual, d. h. wenn die Nennungen trotz ihrer geringen Anzahl im Verhältnis zur der Artikelmenge betrachtet werden, um sie zu vergleichen, zeigt sich, dass über Hessnatur in der untersuchten Berichterstattung das positivste Bild besteht, gefolgt von Vaude. Zalando kommt am schlechtesten weg, gefolgt von Boss. Das Bild über C&A ist, wie bereits erwähnt, sehr heterogen (vgl. nachfolgende Abb. 2).

Im Hinblick auf die thematisierenden Medien zeigt sich u. a., dass beide konkrete Äußerungen der FAZ über eins der ausgewählten Unternehmen Kritik enthalten. Der Spiegel hingegen betrachtet die Unternehmen und ihre Aktivitäten neutral. Generell gilt: Kommen mehr konkrete Äußerungen vor, wird auch das Bild der Art der Äußerung differenzierter. Das heißt SZ, Welt Gesamt und Taz beinhalteten mehr als zehn Äußerungen über die Unternehmen und darunter sind auch aus allen Bereichen (lobende, kritische oder neutrale) Nennungen vorhanden. SZ und Welt Gesamt beinhalten jedoch deutlich weniger lobende Worte als die Taz (53,8 %). Beispielsweise schreibt die Taz: „Jetzt geht es also doch:

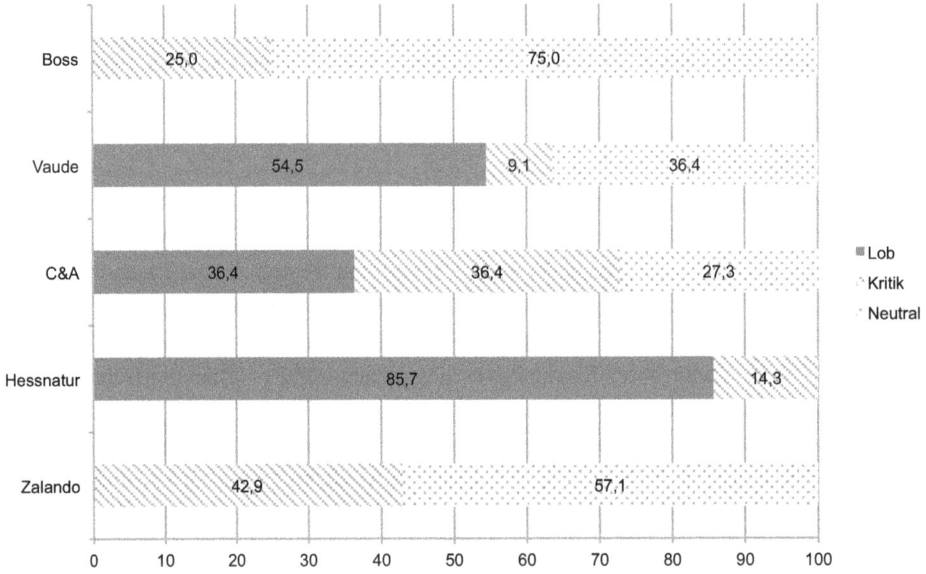

Abb. 2 Verteilung lobende, kritische und neutrale Passagen je Unternehmen, Prozente, n = 48 (Boss: n = 12, Vaude: n = 11, C&A: n = 11, Hessnatur: n = 7, Zalando: n = 7)

Outdoor-Hersteller kündigen im Wochenrhythmus an, künftig umweltschädliche Chemikalien zu ersetzen. Jüngst teilte Vaude aus dem baden-württembergischen Tettnang mit, ab Sommer nächsten Jahres 95 % der Bekleidung PFC-frei zu produzieren. Damit liegt das Familienunternehmen im Branchenvergleich weit vorne: Vergangene Woche hatte die Firma Gore angekündigt, ihr Angebot wenigstens um einige PFC-freie Produkte zu erweitern" (V5: 24–28). Gleichsam finden sich hier aber auch kritische Worte (23,1 %, n = 13).

Hingegen weisen SZ und Welt Gesamt mehr neutrale Passagen auf (54,5 und 63,6 %, n = 11). Beispielsweise listet die SZ nüchtern auf: „Hugo Boss, Timberland: Es gibt kaum eine bekannte Marke, die nicht in Indien produzieren lässt."

Im letzten Kapitel werden zentrale Erkenntnisse zum Thema Mode und Nachhaltigkeit in den Medien zusammengefasst sowie im Hinblick auf weitere Forschung reflektiert.

4 Fazit und Ausblick

In diesem Beitrag wurde das bislang wenig untersuchte Thema Mode und Nachhaltigkeit in den Medien beleuchtet. In einer ersten fokussierten Inhaltsanalyse ausgewählter journalistischer Berichterstattung konnte festgestellt werden, dass dies zwar aufgegriffen wird, es aber nicht in großem Maße in den letzten zwei Jahren geschah. Insgesamt wurden 55 Artikel analysiert, die zu diesem Themenkomplex in Bezug auf ausgewählte Unternehmen erschienen sind.

Diese zeigen u. a., dass nicht über die größten Unternehmen am meisten berichtet wird und dies in sehr unterschiedlichen Ressorts passiert sowie dass über jene, die Nachhaltigkeit als Kernelement ihrer Marke definieren, am positivsten geschrieben wird. Aus Sicht der Unternehmen lässt sich daraus schlussfolgern, dass die Integration „nachhaltiger Gesichtspunkte" diesbezüglich sinnvoll ist, was die untersuchten Unternehmen auch erkannt haben. In Folge dient dies aber auch als Messlatte.

Aber auch generell weist die Berichterstattung mehr positive Passagen über die Unternehmen auf als neutrale oder negative. Hier spiegelt sich demnach wider, was sich bereits in branchenübergreifenden Untersuchungen zeigt, obwohl hier auch negative Suchworte eingebunden wurden. Denkbar ist, da wenige Artikel auf die Suchanfrage (Kombination aus Unternehmen und ausgewählten Suchbegriffen) reagierten, dass eine Kontextualisierung durch den Journalismus der unternehmerischen Handlungen und Vorkommnisse mit Nachhaltigkeit/Verantwortung nicht immer explizit erfolgt und ggf. dass vor allem negative Ereignisse nicht mit Begriffen aus dem Feld „verantwortungslos/wenig-engagiert" verknüpft werden. Hieran gilt es weiter zu arbeiten.

Zugrunde liegen kann auch das (ökonomische) Problem, dass mit global ablaufenden Wertketten auch das Maß an Komplexität zunimmt und die Schwierigkeit für Journalisten, Abläufe nachzuvollziehen und (auf nachhaltige Gesichtspunkte hin) zu überprüfen (vgl. Jarolimek 2012, S. 139), was jedoch als Basis für genaues und kritisches Hinterfragen natürlich unabdingbar ist. Auch eine Zersplitterung der Abläufe darf nicht davor schützen, Verantwortung zu übernehmen.

Im Hinblick darauf, dass Mode gerade für Jugendliche eine wichtige Rolle spielt und sie gerne zu „Fast Fashion" greifen (vgl. IFH Köln 2015, Ehapa Verlag n.d., GIK n.d.), kommt auch dem Journalismus eine große Verantwortung zu. Er muss Aufklärung betreiben und ein Bewusstsein dafür schaffen, welche Prozesse und Menschen mit der gekauften Mode zusammenhängen, und mediale Formate, die Mode in den Fokus rücken, kritisch begleiten. Gerade der Modejournalismus, wenn er maßgeblich eine junge Zielgruppe adressiert, ist in der Pflicht.

Die Thematik eröffnet damit für viele Akteure, wie Konsumenten, Bekleidungsunternehmen und Journalisten, Verantwortungsbereiche und birgt Optimierungspotential. Wurde denn die Mode ökologisch und fair produziert, mit denen die Moderatoren ausgestattet werden und deren Herstellernamen im Abspann einiger Nachrichtenmagazine zu sehen sind?

Die Erkenntnisse dieses Beitrags liefern damit einen ersten Baustein in diesem wenig erforschten Feld. Außerdem wäre ein Blick auf die Social-Media-Plattformen von großer Bedeutung. Immerhin spielen diese für CSR-Kommunikation eine entscheidende Rolle. Sie machen einen wesentlichen Aspekt von CSR möglich, nämlich den Dialog und darüber hinaus einen Austausch der jungen Zielgruppe über Trends. Deshalb sollten diese Medien in künftige Forschungsaktivitäten einbezogen werden. Auch lohnt es sich, einen dezidierten Blick auf Modejournalismus und die Thematisierung von Nachhaltigkeit und gesellschaftlicher Verantwortung zu werfen.

Literatur

Altmeppen K-D (2006) Journalismus und Medien als Organisationen. Leistungen, Strukturen und Management. VS, Wiesbaden

Altmeppen K-D (2011) Journalistische Berichterstattung und Media Social Responsibility: Über die doppelte Verantwortung von Medienunternehmen. In: Raupp J, Jarolimek S, Schultz F (Hrsg) Handbuch CSR. Kommunikationswissenschaftliche Grundlagen, disziplinäre Zugänge und methodische Herausforderungen. Mit Glossar. VS, Wiesbaden, S 247–268

Altmeppen K-D, Bracker I (2017) Nur Kommunikation macht Verantwortung sichtbar. Zur kommunikativen Grundlegung gesellschaftlicher Verantwortung von Unternehmen aus Perspektive der Kommunikationswissenschaft. In: Backhaus-Maul H, Kunze M, Nährlich S (Hrsg) Gesellschaftliche Verantwortung von Unternehmen in Deutschland. VS, Wiesbaden, S 233–253

Blank M (2014) Der Aktionär als moralischer Verantwortungsträger? Dargestellt am Beispiel der Bekleidungsindustrie in Bangladesch. Kath. Univ. Eichstätt-Ingolstadt, Wirtschaftswiss. Fak., Masterarbeit

Boetzkes C (2008) Organisation als Nachrichtenfaktor. Wie das Organisatorische den Content von Fernsehnachrichten beeinflusst. VS, Wiesbaden

Bracker I (2017) Verantwortung von Medienunternehmen. Selbstbild und Fremdwahrnehmung in der öffentlichen Kommunikation. Nomos, Baden-Baden

Bräutigam P (1997) Mittelständische Unternehmer im Nationalsozialismus: wirtschaftliche Entwicklungen und soziale Verhaltensweisen in der Schuh- und Lederindustrie Badens und Württembergs. Oldenbourg, München

Breitenacher M (1991) Die Textil- und Bekleidungsindustrie der neuen Bundesländer im Umbruch. Ifo-Institut für Wirtschaftsforschung, München

c&a.com (2017) http://www.c-and-a.com/de/de/corporate/company/nachhaltigkeit/c2c/. Zugegriffen: 12. Juli 2017

Campus ZEIT (2016) In einer Beziehung mit Zalando. Ausgabe 5/2016, S 56

Choi T-M, Cheng TCE (Hrsg) (2015) Sustainable fashion supply chain management. From Sourcing to retailing. Springer, Cham

Ehapa Verlag (n.d.) Wofür gibst Du am häufigsten Geld aus? https://de.statista.com/statistik/daten/studie/154439/umfrage/wofuer-jugendliche-am-haeufigsten-ihr-geld-ausgeben/. Zugegriffen: 26. Aug. 2017

Enorm Magazin (2013) Fair Fashion. Wie nachhaltige Labels an der Mode der Zukunft arbeiten. Heft 5, Okt./Nov. 2013

faz.net (2014) Grün, grün, grün sind alle meine Kleider. http://www.faz.net/aktuell/finanzen/meine-finanzen/geld-ausgeben/oekomode-liegt-voll-im-trend-die-angesagtesten-label-12933625.html. Zugegriffen: 12. Juli 2017

GIK (n.d.) Kauf ausgewählter Modemarken bei Frauen in Deutschland nach Altersgruppen im Jahr 2013. https://de.statista.com/statistik/daten/studie/261883/umfrage/markenbesitz-modemarken-bei-frauen-in-deutschland-nach-altersgruppen/. Zugegriffen: 26. Aug. 2017

Grunwald A, Kopfmüller J (2012) Nachhaltigkeit. Campus, Frankfurt

Habich S (2008) Corporate Social Responsibility in der chinesischen Textilindustrie. Universität Würzburg, Philosophische Fak., Masterarbeit

Hermann M (1996) Standortsicherung in der Textil- und Bekleidungsindustrie: strategische Optionen für die Textil- und Bekleidungsindustrie der Industrienationen vor dem Hintergrund steigender Importe und zunehmender Produktionsverlagerungen in Niedriglohnländer. Lang. Wirtschaftsuniv. Wien, Diss., Frankfurt am Main [u.a.]

hessnatur.de (2017) Nachhaltigkeitsbericht. http://www.hessnatur.com/corporate/wp-content/uploads/2016/04/Nachhaltigkeitsbericht-13_FINAL_Ansicht_Download.pdf. Zugegriffen: 24. Aug. 2017

Hira A, Benson-Rea M (Hrsg) (2017) Governing corporate social responsibility in the apparel industry after Rana Plaza. Palgrave Macmillan, New York

hugoboss.com (2017) Geschäftsbericht 2016. http://group.hugoboss.com/de/investor-relations/finanzberichte/. Zugegriffen: 24. Aug. 2017

Jarolimek S (2012) CSR-Kommunikation. Begriff, Forschungsstand und methodologische Herausforderungen. Umweltwirtschaftsforum 19(3–4):135–141

Köln IFH (2015) Die Bedeutung der Kaufkriterien bei Mode nach Altersgruppen. In: Fashion 2025. Studie zur Zukunft des Fashion-Markts in Deutschland von KPMG, BTE und IFH. KPMG, BTE und IFH, Köln, S 36

Krüger U (2013) Meinungsmacht: Der Einfluss von Eliten auf Leitmedien und Alpha-Journalisten – eine kritische Netzwerkanalyse. C.H. Beck, München

Luhmann N (2009) Die Realität der Massenmedien, 4. Aufl. VS, Wiesbaden

Meier K (2007) Journalistik. UVK, Konstanz

Müller F (1995) Auslandsaktivitäten der Bekleidungsindustrie: Strukturwandel und Anpassungsstrategien unter Berücksichtigung von Erfahrungen deutscher Unternehmer in Portugal. Techn. Hochsch. Aachen, Diss.

Peters H (1992) Die Entwicklung und Struktur der Oberbekleidungsindustrie im Raum Aschaffenburg. Inst. für Wirtschafts- und Sozialgeographie, Diss., Universität Frankfurt/Main

Piegsa E (2010) Green Fashion: Ökologische Nachhaltigkeit in der Bekleidungsindustrie. Diplomica, Hamburg

Rössler P (2010) Inhaltsanalyse, 2. Aufl. UVK, Konstanz

Rouette H-K (1992) Aachener Textilgeschichte(n) im 19. und 20. Jahrhundert: Entwicklungen in Tuchindustrie und Textilmaschinenbau der Aachener Region. Meyer und Meyer, Aachen

Schneider A (2003) Internationalisierungsstrategien in der deutschen Textil- und Bekleidungsindustrie: eine empirische Untersuchung. Techn. Hochsch. Aachen, Diss.

Schulz W (2011) Politische Kommunikation. Theoretische Ansätze und Ergebnisse empirischer Forschung, 3. Aufl. VS, Wiesbaden

Seidel T (2010) Corporate Social Responsibility in der Textilbranche. Eine Fallanalyse am Beispiel des Modelabels Armedangels. Hochschule Mittweida, Bachelorarbeit

sz.de (2017a) Themenseite Textilindustrie. http://www.sueddeutsche.de/thema/Textilindustrie. Zugegriffen: 12. Juli 2017

sz.de (2017b) Das voll kompostierbare T-Shirt kommt. http://www.sueddeutsche.de/news/kultur/mode-das-voll-kompostierbare-t-shirt-kommt-dpa.urn-newsml-dpa-com-20090101-170516-99-467942. Zugegriffen: 24. Aug. 2017

taz.de (2016) Arbeitsrechte bei Zalando: Pausenstreit der Picker und Packer. https://www.taz.de/Arbeitsrechte-bei-Zalando/!5365037/. Zugegriffen: 24. Aug. 2017

Tücking E (1999) Die deutsche Bekleidungsindustrie im Zeitalter der Globalisierung: eine Marktanalyse unter besonderer Berücksichtigung außenwirtschaftlicher Rahmenbedingungen. Univ. Münster (Westfalen), Diss.

vaude.com (2017) CSR-Report des Unternehmen. http://nachhaltigkeitsbericht.vaude.com/gri/vaude/unsere-mitarbeiter.php. Zugegriffen: 24. Aug. 2017

Yildiz Ö, Herrmann-Linß C, Friedrich K, Baumgarth C (2015) Warum die Generation Y nicht nachhaltig kauft - Eine adaptierte ZMET Studie zum nachhaltigen Modekonsum der Generation Y. Working Papers of theInstitute of Management Berlin at the Berlin School of Economics and Law, Berlin

zalando.de (2016) Geschäftsbericht 2016. https://corporate.zalando.de/de/jahresabschluesse?field_publication_date_value%5Bvalue%5D%5Byear%5D%3D=2016. Zugegriffen: 24. Aug. 2017

Jonas Schützeneder, M.A., Redakteur, geb. 1991, ist wissenschaftlicher Mitarbeiter am Studiengang Journalistik an der Katholischen Universität Eichstätt-Ingolstadt. Nach journalistischen Stationen bei verschiedenen Zeitungen und der britischen Performgroup forscht er am Lehrstuhl Journalistik überwiegend zu den Themen Crossmedia, Sport- und Lokaljournalismus.

Dr. Isabel Bracker, geb. 1987, war wissenschaftliche Mitarbeiterin am Studiengang Journalistik der Katholischen Universität Eichstätt-Ingolstadt. In ihrer Dissertation (2017) analysierte sie die gesellschaftliche Verantwortung und das bürgerschaftliche Engagement von Medienunternehmen. Aktuell ist sie in der Unternehmenskommunikation eines international agierenden Softwareunternehmens tätig.

Der Deutsche Nachhaltigkeitskodex

Einstieg in die strategische Berichterstattung für die Bekleidungs- und Textilbranche

Yvonne Zwick

Der Deutsche Nachhaltigkeitskodex (DNK) wird seit Anfang 2012 vom Rat für Nachhaltige Entwicklung als freiwilliger Standard zur Offenlegung unternehmerischer Nachhaltigkeitsleistungen etabliert. Er wurde aus einem Stakeholderdialog unter breiter Beteiligung von Unternehmen und Investoren entwickelt. Bis dato (Stand August 2017) wenden 223 Unternehmen diesen Transparenzstandard praktisch an. Darunter sind große und mittelständische Unternehmen gleichermaßen. Aus der Textil- und Bekleidungsindustrie nutzen ihn derzeit zwei Unternehmen.

Der DNK besticht durch einen pragmatischen Ansatz, der den Einstieg in die strategische Berichterstattung durch klare Orientierung und Fokussierung auf das Wesentliche erleichtert. In zwanzig Kriterien und einer Auswahl von Leistungsindikatoren beschreiben Unternehmen kurz und knapp, wie sie mit den Herausforderungen einer nachhaltigen Entwicklung umgehen, welche Chancen und Risiken für das unternehmerische Handeln sich daraus ergeben und wie sie die Verankerung im Kerngeschäft vorantreiben wollen.

Die Erfahrungen zeigen, dass der Umfang von Broschüre (80 Seiten DIN A5) und KMU-Leitfaden (70 Seiten DIN A4) offenbar die Schwelle so niedrig halten, dass ein signifikanter Anteil von mittelständischen Unternehmen den Einstieg wagt und schafft. Unternehmen mögen selbst entscheiden, ob diese Kommunikationsform über das Nachhaltigkeitsmanagement in Hinblick auf Märkte, Kunden oder Geschäftspartner ein probates Mittel der Wahl sein kann. Der Artikel leistet einen Überblick über Hintergründe, Ziele und Struktur des Instrumentes.

Y. Zwick (✉)
Leiterin Büro Deutscher Nachhaltigkeitskodex, Rat für Nachhaltige Entwicklung
Berlin, Deutschland
E-Mail: yvonne.zwick@nachhaltigkeitsrat.de

P. Heinrich (Hrsg.), *CSR und Fashion*, Management-Reihe Corporate Social Responsibility,
https://doi.org/10.1007/978-3-662-57697-7_6

1 Ein Transparenzstandard, sein Absender und seine Ziele

Nachhaltigkeit ist ein wohlklingendes Wort und immer mehr Unternehmen nutzen es, um sich oder die Produkte und Dienstleistungen im Wettbewerb zu unterscheiden. Doch gibt es bis dato keine allgemeingültige Festlegung, welche Themen den Kanon von Nachhaltigkeit ausmachen. Das führt zu einer vielfältigen Berichtspraxis, vielfältigen Bewertungs- und Beurteilungsgrundlagen in Ratings und Rankings und damit zu signifikantem Aufwand für Berichterstatter und Informationsbeschaffer gleichermaßen.

Standardisierung liegt nahe, soll Nachhaltigkeit zu einem belastbaren Differenzierungsmerkmal werden. Das Interesse an Standardisierung wächst nicht zuletzt auf Seite der Unternehmen, um Nachhaltigkeit zu einer wirkungsvollen Wert- und damit Werteorientierung zu machen und so die Basis für einen Wettbewerb um zukunftsorientierte Produktlösungen und Dienstleistungen sowie konkrete Honorierung über den Markt zu fördern.

Globale Megatrends fordern je nach Geschäftsfall mehr oder weniger zukunftsorientiertes Management heraus, das Lösungen schafft, statt Probleme zu verschärfen: Klimawandel und die steigende Zahl von extremen Wetterereignissen, steigende Energie- und Rohstoffpreise, der demografische Wandel mit unterschiedlicher Ausprägung im nationalen und internationalen Kontext fordern Marktakteure auf der ganzen Welt. Um bereits heute ein Bewusstsein über die unterschiedlichen Ausgangspunkte für die Befassung von Nachhaltigkeit zu schaffen, aber auch bereits existierende unternehmerische Lösungsansätze sichtbar zu machen, schien es dem Rat für Nachhaltige Entwicklung (RNE) sinnvoll, eine allgemein zugängliche Informationsbasis aufzubauen. Ziel ist es, proaktives Handeln durch Marktanreize und politische Anerkennung zu belohnen, einen breiten Schub für nachhaltiges Wirtschaften auszulösen und damit letzten Endes Freiheitsgrade für unternehmerisches Handeln zu erhalten. Je länger Unternehmen warten – auf steigende Rohstoffpreise und Vulnerabilitäten in sogenannten „weichen" Themen wie Menschenrechten –, umso mehr wird der Handlungsdruck steigen und reaktives Handeln weniger Möglichkeit lassen, das Geschäftsmodell behutsam umzubauen.

Der Nachhaltigkeitsrat hat deshalb den Deutschen Nachhaltigkeitskodex (DNK) entwickelt. Er wird allen Unternehmen und Organisationen zur freiwilligen Anwendung empfohlen.

Der Nachhaltigkeitskodex wurde nach seiner Verabschiedung im November 2011 als Projekt des Nachhaltigkeitsrates etabliert. Das Büro Deutscher Nachhaltigkeitskodex wird von der RNE-Geschäftsstelle organisiert. Unterstützung und regionale Verbreitung erfolgt mithilfe eines qualifizierten DNK-Schulungspartner-Netzwerkes.

Der RNE verfolgt mit dem DNK das Ziel, innerhalb normativer Festlegungen, die er in politischen Empfehlungen und Grundsatzpapieren vornimmt, den Prozesscharakter von Nachhaltigkeit sichtbar zu machen. Empfehlungen des Rates können als Orientierung dienen, werden aber nicht mit dem Instrument DNK verknüpft. Der Nachhaltigkeitskodex selbst und seine Berichtsanforderungen bleiben neutral. Mit diesem Ansatz wird den unterschiedlichen Ausgangspunkten für die Befassung mit Nachhaltigkeitsthemen qua

Unternehmenszweck und -größe, Standort, Wirkungsradien und Einflussmöglichkeiten Rechnung getragen. Der Nachhaltigkeitsrat macht Entsprechenserklärungen zum standardisierten Referenzrahmen in einer Datenbank zentral verfügbar, was dem Ziel dient, den wettbewerblichen Vergleich sowie die Honorierung über den Markt selbst zu stärken. Der direkte Vergleich eröffnet Lernmöglichkeiten für Anwender und soll zugleich anspornen, Informationsqualität, Ziele und Anstrengungen stetig weiterzuentwickeln.

Es wurde wiederholt festgestellt, dass Investoren und Konsumenten gleichermaßen erwarten, dass Unternehmen ökologische und soziale Faktoren bei ihren Tätigkeiten berücksichtigen. Eine gute Unternehmensführung wird insbesondere bei „Made in Germany" als selbstverständlich vorausgesetzt. In diesen Themen liegt erhebliches Reputationsrisiko. Zugleich stehen über Nachhaltigkeitsthemen berichtende oder mit Nachhaltigkeit werbende Unternehmen unter dem Verdacht, Greenwashing zu betreiben. Unter diesen Vorzeichen hat der Rat für Nachhaltige Entwicklung bewusst einen Nachhaltigkeitskodex entwickelt. Auch im internationalen Kontext gewinnt unternehmerische Nachhaltigkeit zunehmend an Bedeutung. Dies könnte eine Basis sein, auf der im Zusammenhang der Diskussionen um nachhaltiges Wirtschaften (Green Economy), ausgehend von einem realistischen Bild glaubwürdiger Unternehmenspraxis, ein Beitrag zu einem international tragfähigen Konsens über die Kernthemen der Nachhaltigkeit geleistet werden kann. Die Erfahrungen in der praktischen Anwendung des Transparenzstandards teilt der Nachhaltigkeitsrat bereitwillig mit seinen Partnern und der interessierten Öffentlichkeit, um die Diskussion über marktgängige Berichtsformate und unternehmerische Beiträge zu einer nachhaltigen Entwicklung zu befördern. Er bietet das Instrument auch auf internationaler Ebene als konstruktiven Diskussionsbeitrag und zur praktischen Anwendung an.

2 Der Deutsche Nachhaltigkeitskodex – ein Referenzrahmen für Nachhaltigkeit

Der Rat für Nachhaltige Entwicklung hat gemeinsam mit Vertretern des Finanzmarktes und Unternehmen den Sachverhalt fehlender Vergleichbarkeit und Standardisierung aufgegriffen und sucht mit dem Deutschen Nachhaltigkeitskodex (DNK) diese Lücke zu füllen. Dieser global anwendungsfähige Transparenzstandard zielt auf Anwendung durch die Akteure und auf Wirkung am Markt selbst. Er wurde im November 2011 vom Rat für Nachhaltige Entwicklung als Empfehlung an Unternehmen, Zivilgesellschaft und Politik beschlossen.

2.1 Zielgruppen und Ziele des DNK

Ziel des Rates für Nachhaltige Entwicklung ist es, Nachhaltigkeitsleistungen von Unternehmen mit einer höheren Verbindlichkeit transparent und vergleichbar zu machen sowie die Basis für die Umsetzung von Nachhaltigkeit zu verbreitern. Durch die Anwendung des DNK ergibt sich eine Reihe potenzieller Wirkungen. Ökonomische Stakeholder wie Investoren und Finanzanalysten beziehen die Informationen in einer standardisierten Form in ihre Analyse ein. Marktineffizienzen, etwa die Über- bzw. Unterbewertung von Unternehmenswerten, können dadurch verringert und die Kapitalallokation optimiert werden. Durch eine erhöhte Transparenz werden somit Chancen und Risiken für Unternehmen besser erkennbar und vergleichbar. Ebenfalls kann so erreicht werden, dass der Wettbewerb und damit die Differenzierung am Markt durch Innovationen für eine nachhaltige Entwicklung gefördert werden. Für Unternehmen mit etabliertem Nachhaltigkeitsmanagement können durch die Offenlegung praktizierten Nachhaltigkeitsmanagements Wettbewerbsvorteile generiert werden. Stetig steigende Transaktionskosten durch divergierende Anforderungen von Rating-Agenturen, Investoren, Analysten und sonstigen Initiativen können durch standardisierte Inhalte und Indikatoren eingedämmt werden. Dies wird durch den DNK insbesondere unterstützt, indem die von Unternehmen in der Datenbank veröffentlichten Informationen via Universal-Schnittstelle an weitere Nutzer und Bewertungssysteme automatisiert weitergegeben werden können. Dadurch werden die Bewertungsansätze selbst transparenter, indem sie auf dem DNK als Mindeststandard aufsetzen. Die Möglichkeit zur Differenzierung bleibt durch unterschiedliche Schwerpunktsetzungen, Zielgruppen und Bewertungsmethoden indes erhalten.

Trotz Standardisierung werden zugleich Gestaltungsspielräume für die Unternehmen und die Möglichkeit zur Differenzierung am Markt durch freiwillige Branchenergänzungen gewahrt, mit denen spezifische Detailinformationen in Entsprechenserklärungen zum DNK integriert werden können. Die Anforderungen lassen mit dem Comply-or-explain-Ansatz graduelle Erfüllung und Erklärung bei Nicht-Offenlegung aus verschiedenen Gründen zu. Auch für kleine und mittlere Unternehmen kann der DNK als Einstieg in die strategische Nachhaltigkeitskommunikation genutzt werden. Diese dokumentieren als Zulieferer Nachhaltigkeit in ihrer Wertschöpfungskette für große Unternehmen und globale Marken und decken damit das steigende Interesse an Nachhaltigkeitsinformationen.

Wesentliches Element ist, dass der Nachhaltigkeitskodex an bestehende, einschlägige internationale allgemeine Standards (UN Global Compact, ISO 26.000) und Berichterstattungsstandards (GRI SRS www.globalreporting.org, EFFAS KPIs for ESG www.effas-esg.com) anknüpft. Der bestehende Markt nachhaltiger Investments mit den spezifischen Anforderungen und der methodischen Bewertungstiefe wird ergänzt um ein standardisiertes Instrument für die bislang kaum an Nachhaltigkeit orientierten Kapitalmarktteilnehmer (Mainstreaming), die laut Auskunft des Forums Nachhaltige Geldanlagen 2016 97,8 % des investierten Kapitals im deutschen Markt repräsentieren.

Anreize zur Kodexerfüllung liegen aktuell in erster Linie in der politischen Anerkennung. Der RNE zielt jedoch mittelfristig auf Honorierung über den Markt, z. B. leichterem Zugang zu Aufträgen und Kapital, Aufnahme in Aktienindizes, Vereinfachung der Auswahl von Lieferanten. Der DNK unterstützt bei der individuellen Bewertung von langfristig orientiertem Handeln und den damit verbundenen unternehmerischen Chancen und Risiken.

Nach Auffassung des Rates ist es sinnvoll, wenn die öffentliche Hand als eigenständiger Akteur Anreize setzt, den Markt für nachhaltige Geldanlagen in Deutschland weiterzuentwickeln, etwa indem die Gemeinwohlorientierung in der öffentlichen Altersvorsorge sowie in Rückstellungen des Bundes für Pensionen gestärkt und dabei der DNK genutzt wird. Die Standardisierung kann dazu führen, dass Nachhaltigkeit auch in anderen Anlageklassen, z. B. Unternehmensanleihen, aber auch im Kreditgeschäft als Bewertungskriterium an Bedeutung gewinnt. Durch die steigende Bedeutung des passiven Fondsmanagements wird es für Unternehmen wichtiger, in verschiedenen Indizes vertreten zu sein. Hier kann der DNK als ergänzendes Auswahlkriterium für Indexanbieter dienen. Der Nachhaltigkeitsrat treibt das Thema nachhaltige Finanzwirtschaft seit Anfang 2017 mit einem neuen Themenschwerpunkt gemeinsam mit Marktakteuren in einem Hub for Sustainable Finance (H4SF) voran.

In einer auf Nachhaltigkeit orientierten Beschaffung von Unternehmen und der öffentlichen Hand kann die Erfüllung des DNK zum Auswahlkriterium für Vertragspartner werden. Eine höhere Sensibilisierung der Konsumenten für Produkte und Dienstleistungen nachhaltiger Unternehmen ist möglich. Die hohe Performance deutscher Unternehmen, die am Standort Deutschland in der Sozialen Marktwirtschaft bereits heute höheren Anforderungen genügen müssen, kann zur Messlatte nachhaltigen Wirtschaftens weltweit werden. Die vermeintlichen Nachteile höherer Transparenz und höherer gesetzlicher Anforderungen können durch eine ambitionierte Standardisierung in Wettbewerbsvorteile am globalen Markt umgewandelt werden. Zuletzt haben sich auch die Regierungschefs der G20 darauf geeinigt, Nachhaltigkeit in der Lieferkette in ihrer sozialen und ökologischen Dimension und ihren positiven wirtschaftlichen Entwicklungsmöglichkeiten insbesondere für ärmere Länder gemeinsam voranbringen zu wollen.

Die Verbindlichkeit erhält der DNK über den Markt. Das heißt, die Qualität und die Glaubwürdigkeit der Informationen werden durch Akteure am Markt, beispielsweise durch kritische Nachfragen, entwickelt. Auf diese Weise erhalten Unternehmen direktes Feedback über die konkrete Nutzung der bereitgestellten Informationen.

2.2 Geltungsbereich

Der Deutsche Nachhaltigkeitskodex wird Unternehmen jeder Größe und Rechtsform, allen Organisationen, Stiftungen, NGOs, Gewerkschaften, Universitäten, Wissenschaftsorganisationen und Medien zur Anwendung empfohlen. Öffentliche Unternehmen, insbesondere mit Beteiligung des Bundes, wurden von der Bundesregierung wiederholt aufgefordert, als Vorreiterunternehmen den DNK anzuwenden.

2.3 Anwendung

Die Unternehmen erklären für das jeweilige Kodexkriterium entweder die Übereinstimmung („comply") oder die Begründung der Abweichung („explain"). Verweise auf Informationen in anderen Berichtsformaten sind möglich und werden im Sinne einer Erklärung gewertet, weil die Informationen nicht direkt in der Datenbank erfasst werden und damit nicht der direkten Begutachtung durch Dritte zur Verfügung stehen.

Mithilfe einer Auswahl von Leistungsindikatoren qualifizieren Unternehmen die Befassung mit den Anforderungen des DNK. Ob GRI oder EFFAS-Indikatoren herangezogen werden, legt das Unternehmen abhängig vom verwendeten Berichtsstandard und der angesprochenen Zielgruppe fest. Die Indikatoren sind monothematisch gefasst, sodass Nutzer eigenständig und abhängig vom konkreten Geschäftsfall Bezüge herstellen können. Darüber hinausgehende Gestaltungsspielräume ergeben sich auf freiwilliger Basis durch branchenspezifische Ergänzungen (Sector Supplements) der GRI oder der sektorspezifischen KPIs der EFFAS. Branchenspezifische Ergänzungen wurden von den Verbänden der Wohnungswirtschaft (GdW/AGW), den Sparkassen- und Giroverbänden (DSGV), der Ernährungsindustrie (BVE), der Abfallwirtschaft und Stadtreinigung (VKU) entwickelt. Eine branchenspezifische Anpassung des DNK für Hochschulen und Wissenschaftsbetriebe wird 2017 in einer Beta-Version praktisch getestet.

Die Entsprechenserklärung kann auf Deutsch und/oder Englisch mithilfe eines kostenlosen Online-Tools oder wahlweise herunterladbaren, beschreibbaren PDF zur Veröffentlichung vorbereitet werden (www.deutscher-nachhaltigkeitskodex.de). Nach der formalen Prüfung durch die Geschäftsstelle des Nachhaltigkeitsrates wird sie in der DNK-Datenbank sowie wahlweise auf der Webseite der Unternehmen, im Geschäftsbericht und, soweit vorhanden, in einem eigenständigen oder integrierten Nachhaltigkeitsbericht veröffentlicht. Der Rat für Nachhaltige Entwicklung stellt den Unternehmen für die öffentliche Kommunikation ein Signet zur Verfügung.

Um eine Vergleichbarkeit zur finanziellen Berichterstattung herzustellen, bezieht sich der DNK in der Regel auf den gleichen Konsolidierungskreis der in den Konzernabschluss einzubeziehenden Unternehmen. Sollte hiervon abgewichen werden, weisen die Unternehmen hierauf hin und begründen die Abweichung. In vielen Unternehmen mit einer geringen Wertschöpfungstiefe kann es wichtig sein, insbesondere über die Nachhaltigkeit in der ausgelagerten Wertschöpfungskette zu berichten.

Als Einstiegslevel im Sinne der Selbstauskunft verlangt der DNK keine externe Überprüfung, um eine verlässliche Basis bei der Auswahl von Geschäftspartnern und Lieferanten darzustellen. Dies ist insbesondere für mittelständische Unternehmen Option. Um die Wirksamkeit und Verlässlichkeit für Kapitalmärkte zu erhöhen, wird die Glaubwürdigkeit der Entsprechenserklärung durch ein Testat unabhängiger Dritter im Sinne der limited assurance erreicht.

3 Inhalt und Anforderungen des DNK

Der DNK umfasst die Beschreibung eines Nachhaltigkeitskonzeptes und die Kapitel Strategie, Prozessmanagement, Umwelt, Gesellschaft und Governance. Diese Struktur ergibt sich aus den für den Kapitalmarkt relevanten Themen sowie dem Themenkanon der Berichtspflicht zur Offenlegung nichtfinanzieller Informationen für große kapitalmarktorientierte Unternehmen.

Im Kapitel „Strategie" wird erfasst, wie sich das Unternehmen strategisch hinsichtlich der eigenen Nachhaltigkeit positioniert und ob es eine Nachhaltigkeitsstrategie verfolgt. Zudem wird erfasst, wie Nachhaltigkeit in die Wertschöpfungskette integriert ist und welche Nachhaltigkeitsziele in der Wertschöpfungskette und für die verschiedenen Märkte formuliert wurden. Auf Kriterien Bezug nehmende Beispielaufzählungen für Standards, Verweise etc. werden im Glossar erläutert.

Neben der strategischen Verankerung von Nachhaltigkeitsaspekten spielt die Implementierung in den verschiedenen Prozessebenen des Unternehmens eine wesentliche Rolle. Deswegen wird im Kapitel „Prozessmanagement" erfasst, welche Regeln und Prozesse das Unternehmen implementiert hat. Hierzu zählt neben den Besonderheiten aus Funktionsbereichen (z. B. Einkauf, Produktion, Forschung) die Berücksichtigung im Risikomanagement und in der internen Unternehmenssteuerung. Dies ist erforderlich, da Nachhaltigkeit in die Managementsysteme integriert werden sollte, wenn es materiell für den Unternehmenserfolg ist. Aufbauend auf den Kurzberichten zu Strategie und Prozessmanagement werden im DNK die inhaltlichen Fragen zu ESG, den Themen Umwelt, Gesellschaft und Unternehmensführung (Governance) adressiert.

3.1 Die zwanzig Kriterien des Deutschen Nachhaltigkeitskodex (DNK)

Kriterien 1–10: Nachhaltigkeitskonzept
Kriterien 1–4 zu STRATEGIE

Kriterium 1. Strategische Analyse und Maßnahmen
Das Unternehmen legt offen, ob es eine Nachhaltigkeitsstrategie verfolgt. Es erläutert, welche konkreten Maßnahmen es ergreift, um im Einklang mit den wesentlichen und anerkannten branchenspezifischen, nationalen und internationalen Standards zu operieren.

Kriterium 2. Wesentlichkeit
Das Unternehmen legt offen, welche Aspekte der eigenen Geschäftstätigkeit wesentlich auf Aspekte der Nachhaltigkeit einwirken und welchen wesentlichen Einfluss die Aspekte der Nachhaltigkeit auf die Geschäftstätigkeit haben. Es analysiert die positiven und negativen Wirkungen und gibt an, wie diese Erkenntnisse in die eigenen Prozesse einfließen.

Kriterium 3. Ziele
Das Unternehmen legt offen, welche qualitativen und/oder quantitativen sowie zeitlich definierten Nachhaltigkeitsziele gesetzt und operationalisiert werden und wie deren Erreichungsgrad kontrolliert wird.

Kriterium 4. Tiefe der Wertschöpfungskette
Das Unternehmen gibt an, welche Bedeutung Aspekte der Nachhaltigkeit für die Wertschöpfung haben und bis zu welcher Tiefe seiner Wertschöpfungskette Nachhaltigkeitskriterien überprüft werden.

Kriterien 5–10 zu PROZESSMANAGEMENT

Kriterium 5. Verantwortung
Die Verantwortlichkeiten in der Unternehmensführung für Nachhaltigkeit werden offengelegt.

Kriterium 6. Regeln und Prozesse
Das Unternehmen legt offen, wie die Nachhaltigkeitsstrategie durch Regeln und Prozesse im operativen Geschäft implementiert wird.

Kriterium 7. Kontrolle
Das Unternehmen legt offen, wie und welche Leistungsindikatoren zur Nachhaltigkeit in der regelmäßigen internen Planung und Kontrolle genutzt werden. Es legt dar, wie geeignete Prozesse Zuverlässigkeit, Vergleichbarkeit und Konsistenz der Daten zur internen Steuerung und externen Kommunikation sichern.

Kriterium 8. Anreizsysteme
Das Unternehmen legt offen, wie sich die Zielvereinbarungen und Vergütungen für Führungskräfte und Mitarbeiter auch am Erreichen von Nachhaltigkeitszielen und an der langfristigen Wertschöpfung orientieren. Es wird offengelegt, inwiefern die Erreichung dieser Ziele Teil der Evaluation der obersten Führungsebene (Vorstand/Geschäftsführung) durch das Kontrollorgan (Aufsichtsrat/Beirat) ist.

Kriterium 9. Beteiligung von Anspruchsgruppen
Das Unternehmen legt offen, wie gesellschaftliche und wirtschaftlich relevante Anspruchsgruppen identifiziert und in den Nachhaltigkeitsprozess integriert werden. Es legt offen, ob und wie ein kontinuierlicher Dialog mit ihnen gepflegt und seine Ergebnisse in den Nachhaltigkeitsprozess integriert werden.

Kriterium 10. Innovations- und Produktmanagement
Das Unternehmen legt offen, wie es durch geeignete Prozesse dazu beiträgt, dass Innovationen bei Produkten und Dienstleistungen die Nachhaltigkeit bei der eigenen Ressour-

cennutzung und bei Nutzern verbessern. Ebenso wird für die wesentlichen Produkte und Dienstleistungen dargelegt, ob und wie deren aktuelle und zukünftige Wirkung in der Wertschöpfungskette und im Produktlebenszyklus bewertet wird.

KRITERIEN 11–20: Nachhaltigkeitsaspekte
Kriterien 11–13 zu UMWELTBELANGEN

Kriterium 11. Inanspruchnahme natürlicher Ressourcen
Das Unternehmen legt offen, in welchem Umfang natürliche Ressourcen für die Geschäftstätigkeit in Anspruch genommen werden. Infrage kommen hier Materialien sowie der Input und Output von Wasser, Boden, Abfall, Energie, Fläche, Biodiversität sowie Emissionen für den Lebenszyklus von Produkten und Dienstleistungen.

Kriterium 12. Ressourcenmanagement
Das Unternehmen legt offen, welche qualitativen und quantitativen Ziele es sich für seine Ressourceneffizienz, insbesondere den Einsatz erneuerbarer Energien, die Steigerung der Rohstoffproduktivität und die Verringerung der Inanspruchnahme von Ökosystemdienstleistungen gesetzt hat, welche Maßnahmen und Strategien es hierzu verfolgt, wie diese erfüllt wurden bzw. in Zukunft erfüllt werden sollen und wo es Risiken sieht.

Kriterium 13. Klimarelevante Emissionen
Das Unternehmen legt die Treibhausgas (THG)-Emissionen entsprechend dem Greenhouse Gas (GHG) Protocol oder darauf basierenden Standards offen und gibt seine selbst gesetzten Ziele zur Reduktion der Emissionen und die bisherigen Ergebnisse an.

Kriterien 14–20 zu GESELLSCHAFT
Kriterien 14–16 zu Arbeitnehmerbelangen

Kriterium 14. Arbeitnehmerrechte
Das Unternehmen berichtet, wie es national und international anerkannte Standards zu Arbeitnehmerrechten einhält sowie die Beteiligung der Mitarbeiterinnen und Mitarbeiter im Unternehmen und am Nachhaltigkeitsmanagement des Unternehmens fördert, welche Ziele es sich hierbei setzt, welche Ergebnisse bisher erzielt wurden und wo es Risiken sieht.

Kriterium 15. Chancengerechtigkeit
Das Unternehmen legt offen, wie es national und international Prozesse implementiert und welche Ziele es hat, um Chancengerechtigkeit und Vielfalt (Diversity), Arbeitssicherheit und Gesundheitsschutz, Mitbestimmung, Integration von Migranten und Menschen mit Behinderung, angemessene Bezahlung sowie Vereinbarung von Familie und Beruf zu fördern und wie es diese umsetzt.

Kriterium 16. Qualifizierung
Das Unternehmen legt offen, welche Ziele es gesetzt und welche Maßnahmen es ergriffen hat, um die Beschäftigungsfähigkeit, d. h. die Fähigkeit zur Teilhabe an der Arbeits- und Berufswelt aller Mitarbeiterinnen und Mitarbeiter, zu fördern und in Hinblick auf die demografische Entwicklung anzupassen und wo es Risiken sieht.

Kriterium 17 zu MENSCHENRECHTEN
Das Unternehmen legt offen, welche Maßnahmen, Strategien und Zielsetzungen für das Unternehmen und seine Lieferkette ergriffen werden, um zu erreichen, dass Menschenrechte weltweit geachtet und Zwangs- und Kinderarbeit sowie jegliche Form der Ausbeutung verhindert werden. Hierbei ist auch auf Ergebnisse der Maßnahmen und etwaige wesentliche Risiken einzugehen.

Kriterium 18 zu SOZIALES/GEMEINWESEN
Das Unternehmen legt offen, wie es zum Gemeinwesen in den Regionen beiträgt, in denen es wesentliche Geschäftstätigkeiten ausübt.

Kriterien 19–20 zu COMPLIANCE

Kriterium 19. Politische Einflussnahme
Alle wesentlichen Eingaben bei Gesetzgebungsverfahren, alle Einträge in Lobbylisten, alle wesentlichen Zahlungen von Mitgliedsbeiträgen, alle Zuwendungen an Regierungen sowie alle Spenden an Parteien und Politiker sollen nach Ländern differenziert offengelegt werden.

Kriterium 20. Gesetzes- und richtlinienkonformes Verhalten
Das Unternehmen legt offen, welche Maßnahmen, Standards, Systeme und Prozesse zur Vermeidung von rechtswidrigem Verhalten und insbesondere von Korruption existieren, wie sie geprüft werden, welche Ergebnisse hierzu vorliegen und wo wesentliche Risiken liegen. Es stellt dar, wie Korruption und andere Gesetzesverstöße im Unternehmen verhindert, aufgedeckt und sanktioniert werden.

3.2 Die ergänzenden Leistungsindikatoren

Tab. 1 Strategie: Kriterien 1–4: Strategische Analyse und Maßnahmen, Wesentlichkeit, Ziele, Tiefe der Wertschöpfungskette

Prozessmanagement: Kriterien 5–7: Verantwortung, Regeln und Prozesse, Kontrolle
SRS-102-16: Beschreiben Sie die Werte, Grundsätze sowie Verhaltensstandards und -normen (Verhaltens- und Ethikkodizes) der Organisation.
EFFAS S06-01: Anteil aller Lieferanten und Partner innerhalb der Lieferkette, die auf die Einhaltung von ESG-Kriterien bewertet wurden.
EFFAS S06-02: Anteil aller Lieferanten und Partner innerhalb der Lieferkette, die auf die Einhaltung von ESG-Kriterien auditiert wurden.
Prozessmanagement: Kriterium 8: Anreizsysteme
SRS-102-35a: Vergütungspolitik – Berichten Sie über die Vergütungspolitik für das höchste Kontrollorgan und die leitenden Führungskräfte.
SRS-102-38: Nennen Sie das Verhältnis der Jahresvergütung des höchstbezahlten Mitarbeiters in jedem Land mit signifikanten geschäftlichen Aktivitäten zum mittleren Niveau (Median) der Jahresgesamtvergütung aller Beschäftigten (ohne den höchstbezahlten Mitarbeiter) im selben Land.
Prozessmanagement: Kriterium 9: Beteiligung von Anspruchsgruppen
SRS-102-44: Nennen Sie die wichtigsten Themen und Anliegen, die durch die Einbindung der Stakeholder aufgekommen sind und wie die Organisation auf jene wichtigen Themen und Anliegen reagiert hat, einschließlich durch ihre Berichterstattung. Nennen Sie die Stakeholdergruppen, die die wichtigen Themen und Anliegen jeweils angesprochen haben.
Prozessmanagement: Kriterium 10: Innovations- und Produktmanagement
G4-FS11: Prozentsatz der Finanzanlagen, die eine positive oder negative Auswahlprüfung nach Umwelt- oder sozialen Faktoren durchlaufen.
EFFAS E13-01: Verbesserung der Energieeffizienz der eigenen Produkte im Vergleich zum Vorjahr.
EFFAS V04-12: Gesamtinvestitionen (CapEx) in Forschung für ESG-relevante Bereiche des Geschäftsmodells, z. B. ökologisches Design, ökoeffiziente Produktionsprozesse, Verringerung des Einflusses auf Biodiversität, Verbesserung der Gesundheits- und Sicherheitsbedingungen für Mitarbeiter und Partner der Lieferkette, Entwicklung von ESG-Chancen der Produkte, u. a. in Geldeinheiten bewertet, z. B. als Prozent des Umsatzes.
Umweltbelange: Kriterien 11–12: Inanspruchnahme von natürlichen Ressourcen, Ressourcenmanagement
SRS-301-3: Eingesetzte Materialien nach Gewicht oder Volumen.
SRS-302-1: Energieverbrauch innerhalb der Organisation.
SRS-302-4: Verringerung des Energieverbrauchs.
SRS-303-1: Gesamtwasserentnahme nach Quellen.
SRS-306-2: Gesamtgewicht des Abfalls nach Art und Entsorgungsmethode.
EFFAS E04-01: Gesamtgewicht des Abfalls.
EFFAS E05-01: Anteil des gesamten Abfalls, der recycelt wird.
EFFAS E01-01: Gesamter Energieverbrauch.

Tab. 1 (Fortsetzung)

Umweltbelange: Kriterium 13: Klimarelevante Emissionen
SRS-305-1: Direkte THG-Emissionen (Scope 1).
SRS-305-2: Indirekte energiebezogene THG-Emissionen (Scope 2).
SRS-305-3: Weitere indirekte THG-Emissionen (Scope 3).
SRS-305-5: Reduzierung der THG-Emissionen.
EFFAS E02-01: Gesamte THG-Emissionen (Scope 1, 2, 3).
Arbeitnehmerbelange: Kriterien 14–16: Arbeitnehmerrechte, Soziale Prozesse, Beschäftigungsfähigkeit
SRS-403-2: Art der Verletzung und Rate der Verletzungen, Berufskrankheiten, Ausfalltage und Abwesenheit sowie die Gesamtzahl der arbeitsbedingten Todesfälle nach Region und Geschlecht.
SRS-403-4: Gesundheits- und Sicherheitsthemen, die in förmlichen Vereinbarungen mit Gewerkschaften behandelt werden.
SRS-404-1: Durchschnittliche jährliche Stundenzahl für Aus- und Weiterbildung pro Mitarbeiter nach Geschlecht und Mitarbeiterkategorie.
SRS-405-1: Zusammensetzung der Kontrollorgane und Aufteilung der Mitarbeiter nach Mitarbeiterkategorie in Bezug auf Geschlecht, Altersgruppe, Zugehörigkeit zu einer Minderheit und andere Diversitätsindikatoren.
SRS-406-1: Gesamtzahl der Diskriminierungsvorfälle und ergriffene Abhilfemaßnahmen.
EFFAS S03-01: Altersstruktur und -verteilung (Anzahl VZÄ nach Altersgruppen).
EFFAS S10-01: Anteil weiblicher VZÄ an der Gesamtmitarbeiterzahl.
EFFAS S10-02: Anteil weiblicher VZÄ in Führungspositionen im Verhältnis zu gesamten VZÄ in Führungspositionen.
EFFAS S02-02: Durchschnittliche Ausgaben für Weiterbildung pro VZÄ pro Jahr.
Kriterium 17: Menschenrechte
SRS-412-3: Gesamtzahl und Prozentsatz der signifikanten Investitionsvereinbarungen und -verträge, die Menschenrechtsklauseln enthalten oder unter Menschenrechtsaspekten geprüft wurden.
SRS-412-1: Gesamtzahl und Prozentsatz der Geschäftsstandorte, die in Hinblick auf Menschenrechte oder menschenrechtliche Auswirkungen geprüft wurden.
SRS-414-1: Prozentsatz neuer Lieferanten, die anhand von Menschenrechtskriterien überprüft wurden.
SRS-414-2: Erhebliche tatsächliche und potenzielle negative menschenrechtliche Auswirkungen in der Lieferkette und ergriffene Maßnahmen.
EFFAS S07-02 II: Prozentsätze alle Einrichtungen, die nach SA 8000 zertifiziert sind.
Kriterium 18: Soziales/Gemeinwesen
SRS-201-1: Direkt erwirtschafteter und verteilter wirtschaftlicher Wert.
Kriterien 19 – 20 zu Compliance *Kriterium 19: Politische Einflussnahme*
SRS-415-1: Gesamtwert der politischen Spenden, dargestellt nach Land und Empfänger/Begünstigtem.
EFFAS G01-01: Zahlungen an politische Parteien in Prozent vom Gesamtumsatz.

Tab. 1 (Fortsetzung)

Kriterium 20: Gesetzes- und richtlinienkonformes Verhalten
SRS-205-1: Gesamtzahl und Prozentsatz der Geschäftsstandorte, die in Hinblick auf Korruptionsrisiken hin geprüft wurden, und ermittelte erhebliche Risiken.
SRS-205-3: Bestätigte Korruptionsfälle und ergriffene Maßnahmen.
SRS-419-1: Monetärer Wert signifikanter Bußgelder und Gesamtzahl nicht monetärer Strafen wegen Nichteinhaltung von Gesetzen und Vorschriften.
EFFAS V01-01: Ausgaben und Strafen nach Klagen und Prozessen wegen wettbewerbswidrigen Verhaltens, Kartell- und Monopolverstößen.
EFFAS V02-01: Prozent vom Umsatz in Regionen mit einem Transparency International Corruption Index unter 60.

4 Eine erste Bilanz in der Anwendung des DNK

Der Nachhaltigkeitskodex ist ein politisch anerkanntes Instrument. Die EU-Kommission, die Bundesregierung und andere Akteure haben ihn wiederholt als einen positiven Beitrag zum nachhaltigen Wirtschaften bezeichnet. Das Instrument wird von der Bundesregierung gewürdigt und unterstützt. Das erleichtert die Arbeit des Nachhaltigkeitsrates hinsichtlich der Verbreitung des Instrumentes und ist zugleich Ansporn, den Nachhaltigkeitskodex weiterzuentwickeln. Er wird als Informationsbasis für Marktakteure profiliert, damit Unternehmen einen dauerhaften Nutzen von dieser Form der Berichterstattung haben, im wettbewerblichen Vergleich gegenüber Nicht-Berichterstattern im Vorteil sind und sich durch die vielfache Verbreitung der in der DNK-Datenbank veröffentlichten Informationen der Aufwand für die Erstellung einer Entsprechenserklärung rechtfertigt. Dieser ist wesentlicher Faktor für die Akzeptanz bei Unternehmen.

Die Nutzung des Standards selbst ist kostenlos und der Aufwand, den Standard zu lesen und anzuwenden ist vergleichsweise gering. In einer Anfang 2016 veröffentlichten Umfrage unter Anwendern wurde der Aufwand für die Erstellung einer Entsprechenserklärung zwischen 0,5 und 100 Tagen beziffert. Im Median sind es 27 Tage, die für die Vorbereitung, Erstellung und Abstimmung einer Entsprechenserklärung aufgewandt werden. Wie hoch der Aufwand im Einzelfall ist, hängt davon ab, ob Informationen zu den Kriterien bereits im Unternehmen vorliegen und lediglich neu strukturiert werden oder ein Berichtswesen komplett aufzubauen ist. Es sei jedoch auf die Möglichkeit des Nachhaltigkeitskodex verwiesen, auf ein noch aufzubauendes Berichtswesen, fehlende Daten oder Irrelevanz im konkreten Geschäftsfall hinzuweisen, und dennoch eine vollwertige Entsprechenserklärung abgeben zu können. Nachvollziehbare Erklärungen der Abweichung schränken die Glaubwürdigkeit nach Auffassung des Rates nicht ein.

Um insbesondere kleinen und mittleren Unternehmen den Einstieg in die Nachhaltigkeitsberichterstattung zu erleichtern, hat der RNE ein Schulungskonzept entwickelt, das Unternehmen bei der Anwendung des DNK unterstützt. Dazu gehört ein Netzwerk aus knapp 120 DNK-Schulungspartnern, die in den Bundesländern Veranstaltungen zum DNK anbieten und Unternehmen individuell beraten.

Branchenspezifische Leitfäden erleichtern den jeweiligen Unternehmen, ihre Nachhaltigkeitsleistungen sichtbar zu machen und bieten umfassende und hilfreiche Informationen rund um die Anwendung des DNK. Der Nachhaltigkeitsrat setzt auch hier auf Netzwerke und Partner. So haben sowohl die Bundesvereinigung der Deutschen Ernährungsindustrie (BVE) als auch der Spitzenverband der deutschen Wohnungswirtschaft (GdW) sowie der Bankenverband Branchenleitfäden entwickelt, um ihren Mitgliedern den Einstieg in die Berichterstattung zu erleichtern.

Neben der ab 2017 geltenden Berichtspflicht zur Offenlegung nichtfinanzieller Informationen ist die Marktrelevanz von Nachhaltigkeitsthemen der entscheidende Treiber für gute Nachhaltigkeitsinformationen. Unternehmen und Kapitalmarktakteure beklagen die fehlende bzw. unklare Marktrelevanz von Nachhaltigkeitsinformationen generell und dem DNK im Besonderen. Für Kapitalmarktakteure ist es schwierig, wenn die Daten bei Datenprovidern nicht verfügbar sind und daher keine unmittelbar verfügbare Arbeitserleichterung darstellen.

Unternehmen könnten ihre Treiberrolle an den Kapitalmärkten stärker wahrnehmen, indem sie ihre Investitionen ebenfalls unter Nachhaltigkeits-Gesichtspunkten anlegen – eine Transparenz-Anforderung des DNK, die Kapitalmarktakteure durchaus als Glaubwürdigkeitskriterium bezeichnen. Damit könnten die Kapitalmarktakteure unter Druck kommen, von denen bislang lediglich 5 % der Asset Manager, Asset Owner, Sell-and-Buy-Analysten, Analysten von Ratingagenturen und sonstige den DNK auf Unternehmensebene oder Ebene des Asset Managements implementiert haben.

Es ist naheliegend, mit einer verbesserten Kommunikation eine verständliche und konkrete Zieldefinition des RNE deutlicher zu machen. Dies kann differierende Ziele zwischen den Anspruchsgruppen beseitigen und die Akzeptanz des DNK auf Seite der Unternehmen und der potenziellen Nutzer erhöhen. Mit dem Aufbau eines Schulungspartner-Netzwerkes in Deutschland sowie der direkten Ansprache der Industrie- und Handelskammern konnte 2015 eine Basis für eine stärker regional orientierte Informationsstruktur gelegt werden.

Es ist zu erwarten, dass die erfolgreiche Umsetzung in Deutschland insbesondere bei Noch-Nicht-Berichterstattern auch wichtige Impulse für die Standardisierung von Nachhaltigkeit auf europäischer Ebene sowie Konzepten zum Kompetenzaufbau in weiteren EU-Mitgliedsstaaten gegeben werden können.

Der DNK wird regelmäßig an die weitere Entwicklung auf Ebene der Berichtsstandards und weitere allgemeingültige Normen angepasst. Dazu gehören sicher das Klimaschutzabkommen von Paris, die Nachhaltigkeitsziele der Vereinten Nationen sowie die nationale Gesetzgebung zur Offenlegung nichtfinanzieller Informationen. Sie spricht vor allem Unternehmen mit mehr als 500 Mitarbeitern an. Nach Einschätzung einiger Unternehmen wird diese Berichtspflicht Kettenwirkungen durch die Lieferkette erzeugen. Die Einschätzung von Investoren ist, dass durch die Regulierung Informationen zu Nachhaltigkeitsthemen leichter verfügbar und damit relevanter im Beurteilungsprozess von Investoren und Kreditgebern werden.

Der Nachhaltigkeitsrat gewährleistet die Kompatibilität des DNK mit gesetzlichen und völkerrechtlichen Anforderungen. Welche Strukturen dafür geschaffen oder genutzt werden sollen, wird mit seinen Stakeholdern zu diskutieren sein. Zu ihnen gehören maßgeblich die Anwenderunternehmen und die kritische Öffentlichkeit.

Yvonne Zwick Dipl. Theol., Jg. 1976, studierte an der Albert-Ludwigs-Universität Freiburg katholische Theologie mit dem Schwerpunkt christliche Gesellschaftslehre und Moraltheologie.

In der Geschäftsstelle des Rates für Nachhaltige Entwicklung arbeitet sie seit 2004 zu den Themen nachhaltiger Konsum und Lebensstile, unternehmerische Verantwortung (Corporate Social Responsibility) und sozialethische Investments. „Der nachhaltige Warenkorb", ein Ratgeber für nachhaltigen Konsum, gibt es als Ratsprojekt bereits seit 2003. Sie leitet außerdem das Büro Deutscher Nachhaltigkeitskodex, eine freiwillige Transparenzinitiative zur Offenlegung unternehmerischer Nachhaltigkeitsleistungen, die der Rat Ende 2011 beschlossen hat.

CSR – Kommunikation und Instrumente

Unternehmerische Verantwortung überzeugend vermitteln

Peter Heinrich

1 Einleitung

Immer mehr Verbraucher wollen wissen, woher ihre Kleidung kommt und unter welchen Bedingungen sie hergestellt wird. Unterstützt durch die kritische Berichterstattung der Medien hat diese Entwicklung bei vielen Unternehmen zu einem Umdenken geführt – in Richtung fairer und sicherer Arbeitsbedingungen sowie einer umweltverträglichen Produktion. Doch es reicht nicht, gesellschaftliche Verantwortung zu übernehmen – worauf es vor allem ankommt, ist die Kommunikation der Maßnahmen.

Ein gutes CSR-Konzept kann seine Wirkung nur entfalten, wenn eine durchdachte Kommunikation stattfindet. So kann CSR unter anderem zu einem besseren Image des Unternehmens, zur Positionierung im Wettbewerb, zur Erschließung neuer Kundengruppen und zur langfristigen Kundenbindung beitragen. Diese Vorteile kommen jedoch nur dann zum Tragen, wenn das Engagement auch einer breiten Öffentlichkeit kommuniziert wird. Dazu „(...) ist eine zielgerichtete, glaubwürdige und transparente Nachhaltigkeitskommunikation notwendig, welche den Verbraucher tatsächlich erreicht.“ (Bundesverband 2012)

2 CSR-Kommunikationsinstrumente – Aus der Vielzahl die Richtigen auswählen

Wenn es darum geht, die CSR eines Unternehmens glaubwürdig und transparent darzustellen, kann aus einer Vielzahl an Kommunikationsinstrumenten ausgewählt werden. Bei der Planung und Auswahl kommt es darauf an, festzulegen, was das Unternehmen leisten

P. Heinrich (✉)
HEINRICH – Agentur für Kommunikation
Ingolstadt, Deutschland
E-Mail: peter.heinrich@heinrich-kommunikation.de

P. Heinrich (Hrsg.), *CSR und Fashion*, Management-Reihe Corporate Social Responsibility,
https://doi.org/10.1007/978-3-662-57697-7_7

kann, welche Ziele erreicht werden sollen und welche Maßnahmen sich für die entsprechenden Dialoggruppen am besten eignen. Die richtige Kombination spielt dabei eine wichtige Rolle. Sie sorgt für Synergieeffekte und ist ein entscheidender kommunikativer Erfolgsfaktor.

Um einen wesentlichen Beitrag zur Erreichung der CSR-Ziele zu leisten, sollten die eingesetzten Kommunikationsinstrumente folgenden Kriterien entsprechen (vgl. Lühmann 2003, S. 43, 44):

- Dialogorientierung
- Ganzheitliche Leistungsdarstellung
- Aktualität
- Zielgruppenorientierung

Glaubhafte CSR-Kommunikation ermöglicht den Dialog mit den verschiedenen Anspruchsgruppen. Deshalb müssen dialogorientierte, rekursive Maßnahmen eingesetzt werden, um Rückmeldungen auf die ausgesendeten Informationen und Botschaften zu erhalten. Diese Maßnahmen sollten so angelegt sein, dass die Leistungen ganzheitlich im Sinne der CSR und entsprechend den Ansprüchen der Stakeholder dargestellt werden, das heißt in Hinsicht auf die ökonomischen, ökologischen und sozialen Auswirkungen. Darüber hi-

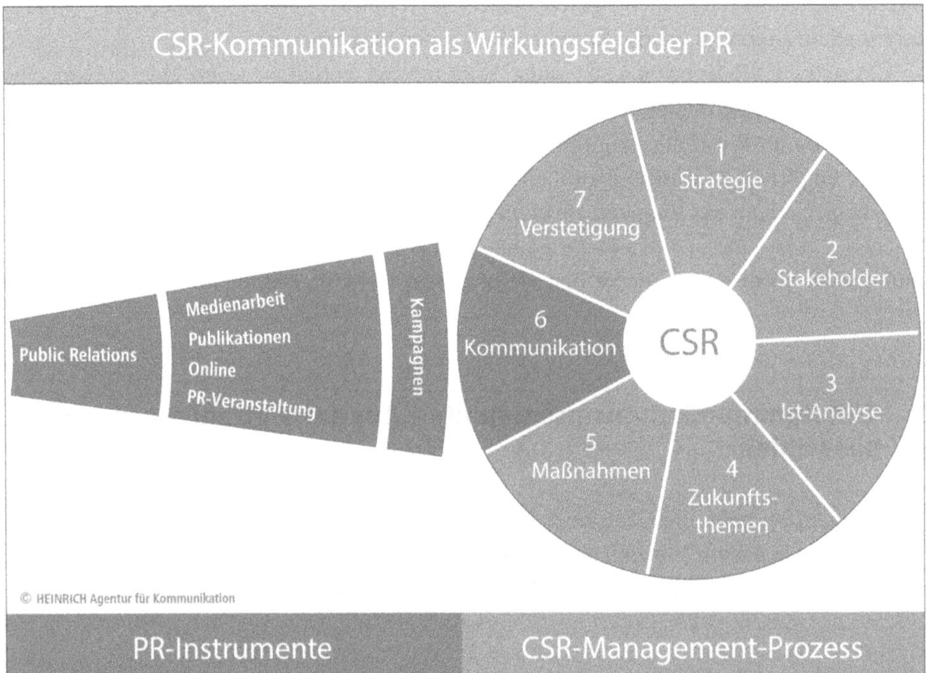

Abb. 1 CSR-Kommunikation als Wirkungsfeld der PR. (Eigene Darstellung)

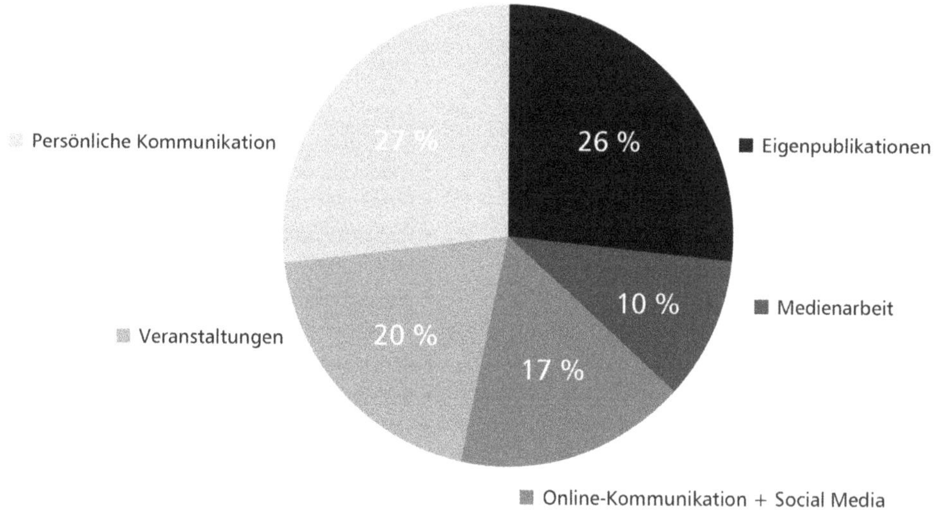

Abb. 2 Die wichtigsten Kanäle für die Kommunikation von CSR-Aktivitäten. (IMB Institute of Management Berlin 2015, S. 20)

naus dienen sie dazu, neue Informationen aktuell und gegebenenfalls in Echtzeit an die Dialoggruppen zu bringen. Außerdem muss sichergestellt werden, dass alle relevanten Anspruchsgruppen zielgruppenorientiert erreichbar sind (vgl. Lühmann 2003, S. 45). Aus dieser Sicht eignen sich dazu die fünf typischen PR-Instrumente sehr gut (s. Abb. 1). Bei der Auswahl und Gestaltung der passenden Instrumente ist eine hohe Kreativität gefragt, denn nicht immer wird sich eine gewisse Nähe zur klassischen Werbung vermeiden lassen.

Im Rahmen des Forschungsprojektes „MitCSR“ des IMB Institute of Management Berlin, einer qualitativen Studie mit fragebogengestützten Interviews zum Thema Mitarbeiterrekrutierung und -bindung durch CSR, wurden die teilnehmenden Unternehmen in Interviews gefragt, welche die jeweils wichtigsten CSR-Kommunikationskanäle für sie darstellen (vgl. IMB Institute of Management Berlin 2015). Danach setzen 27 % der Befragten in der CSR-Kommunikation auf persönliche Kommunikation, dicht gefolgt von Eigenpublikationen wie Nachhaltigkeitsberichte, Newsletter und Broschüren. Lediglich 17 % der Unternehmen erachten Online-Kommunikation und Social Media für die Kommunikation ihrer CSR-Aktivitäten als bedeutend (s. Abb. 2).

3 Die Instrumente – Ein Überblick

Im Folgenden sind die Instrumente der CSR-Kommunikation aufgeführt und beschrieben. Ziel ist es, an dieser Stelle einen umfassenden Überblick über mögliche taktische Maßnahmen zu bieten.

Es müssen nicht immer alle Maßnahmen gleichzeitig eingesetzt werden, denn je nach CSR-Programm und Kommunikationszielen kommt es darauf an, die richtige Kombina-

Kommunikationswege		
	Intern	**Extern**
Medienarbeit	• Clippingbuch • Presseinformationen	• Presseverteiler – Journalistendatenbanken • Presseinformationen • Fachartikel/Autorenbeiträge • Pressefotos • Pressekonferenzen • Pressegespräch/Interview • Redaktionsbesuche • Basispressemappe • Themenentwicklung und Agenda-Setting • Medienmonitoring und Evaluation
Publikationen	• Newsletter • Mitarbeiterzeitung • Broschüre (Imagebroschüre, Mitarbeiterbroschüre etc.) • Stellenausschreibungen	• Nachhaltigkeitsberichte/Geschäftsberichte • Newsletter • CSR-Themen im Kundenmagazin • Imagebroschüren und Infobroschüren • Fach-, Image- und PR-Anzeigen • Stellenausschreibungen
Online	• Intranet • Wiki • Website	• Unternehmens- und Aktions-Website/ Landing-Page • Internet-Redaktion • Online-Presseportal • Social Media • Podcast/Video
Veranstaltungen/persönliche Kommunikation	• Schwarzes Brett • Inhouse-Schulungen/Mitarbeiter-workshops • Aktionsprogramme • Meetings/Teamrunden • Mitarbeitergespräche • E-Mails/Rundmail • Diverse Thementage und Veranstaltungen (Dialogtag, Managementtag, Mitarbeitertag, Umwelttag…) • Geschäftsführer-Rundschreiben • Workshops	• Stakeholder-Dialog: Bilateraler Stakeholder-Dialog, Dialogforum • Roadshows • Events: Expertengespräche, Messen, Podiumsdiskussionen, Konferenzen • Tag der offenen Tür • Event-Kalender • Jobbörsen • Bewerbungsgespräche • Mundpropaganda © HEINRICH Agentur fürKommunikation

Abb. 3 Instrumente der CSR-Kommunikation. (Eigene Darstellung)

tion zu wählen. In diesem Zusammenhang werden wir auch viele Instrumente der klassischen Public Relations wiederfinden, da sie auch für die CSR-Kommunikation eines Unternehmens zum Tragen kommen. Die Gliederung erfolgte in diesem Beitrag nach Sachlichkeit und Mediengattungen (s. Abb. 3). Es ist auch möglich, die Instrumente beispielsweise nach internen und externen Kriterien zu gliedern. Je nach Relevanz bietet sich eine dieser Varianten der Kategorisierung an.

3.1 Professionelle Medienarbeit

In der Medien- oder auch Pressearbeit geht es vorrangig darum, seriöse, vertrauensvolle und partnerschaftliche Beziehungen zu Redakteuren, Journalisten und beispielsweise Bloggern aufzubauen. Die regelmäßige Vermittlung sachlicher und wahrheitsgemäßer, journalistisch aufbereiteter Informationen steht dabei im Mittelpunkt. Wenn sich CSR-Kommunikation nämlich auf reine Effekthascherei beschränkt, läuft das kommunizierende Unternehmen Gefahr, als unglaubwürdig und/oder unseriös wahrgenommen zu werden. Der offene Dialog und das persönliche, intensive Gespräch können hier helfen, Vertrauen aufzubauen.

Zur Medienarbeit gehört auch das sogenannte Themenmanagement. Das bedeutet, einerseits zu versuchen, selbst Themen auf die öffentliche Agenda zu setzen, und zum anderen, auf aktuelle Themenentwicklungen zu reagieren. Letzteres ist insbesondere für die Krisenkommunikation relevant. Denn, betrachtet man CSR-relevante und -kritische Ereignisse näher, so ist häufig das Überraschende, dass sie bei näherem Hinsehen gar nicht so überraschend hätten sein müssen. Es kommt also darauf an, Stimmungen und auch schwache Signale, die von einem kontroversen, aber auch vielleicht aussichtsreichen Unternehmensthema ausgehen, möglichst früh und vor allem rechtzeitig wahrzunehmen. Entscheidend für das frühzeitige Erkennen potenzieller Themen ist dabei die systematische Beobachtung und Analyse einer möglichst breiten und vielfältigen Medienbasis.

Darüber hinaus sollten sich die Kommunikationsverantwortlichen stets bewusst sein, dass bei der CSR-Kommunikation thematisch das gesellschaftliche Engagement klar im Vordergrund steht und zwar in ökonomischer, ökologischer und sozialer Hinsicht. Hier kommt es auf eine interessante und vollständige Beschreibung der Maßnahmen und ihres Erfolges aus der Stakeholderperspektive an. Je besser sich die Stakeholder hier wiederfinden, desto besser kommen die in diesem Kontext vermittelten Botschaften auch an.

Medienarbeit kann sowohl Inhouse als auch durch eine externe PR-Agentur erfolgen. Im Folgenden finden sich nun wichtige Maßnahmen, die zu einer professionellen Medienarbeit gehören.

Presseverteiler – Journalistendatenbank

Alles beginnt mit den richtigen Kontakten. Ein treffsicherer, auf die relevanten Stakeholder zugeschnittener Presseverteiler ist das Herzstück der CSR-Medienarbeit. Er enthält jeweils die Ansprechpartner in den Redaktionen, die Auflagen, alle relevanten Kontaktdaten sowie weitere mögliche Details. In manchen Fällen reicht es, den vorhandenen Journalistenverteiler zu überarbeiten und regelmäßig zu pflegen. Es empfiehlt sich, diesen nach verschiedenen Zielgruppen und Mediengattungen zu ordnen. Je nach Datenmenge kann es hilfreich sein, eine Datenbank einzurichten, in der auch Kontakthistorien und andere Informationen festgehalten werden können.

Presseinformationen

Presseinformationen dienen der Information aller relevanten Bezugsgruppen. Sie werden regelmäßig oder aus aktuellem Anlass an die verschiedenen Redaktionen (Print, Funk und Online) mit dem Ziel gesendet, Berichterstattung zu generieren. Wichtig ist dabei die Relevanz der Themen und Kontinuität, damit die Redakteure immer wieder auf neue Textideen gebracht und an das Unternehmen erinnert werden. Die richtige Aufbereitung der Texte spielt ebenfalls eine große Rolle. Denn es ist ein Unterschied, ob man für Printmedien, Rundfunk oder Online-Medien schreibt. Generell gilt die Faustregel: Pressetexte bringen das Wichtigste sachlich gleich zu Beginn auf den Punkt. Der Text sollte so aufgebaut sein, dass er vom Ende her jederzeit vom Redakteur gekürzt werden kann, ohne wichtige Informationen zu verlieren. Der Stil einer Presseinformation sollte dem Medium und den Rezipienten, also Lesern, Hörern, Zuschauern, angepasst werden.

Fachartikel/Autorenbeiträge

Fachartikel sind Autorenbeiträge, die unter dem Namen eines Unternehmenssprechers veröffentlicht werden. In der Regel geschieht dies in Print- und Online-Medien oder Fachblogs. Für die CSR-Kommunikation sind diese Beiträge von großer Bedeutung. Zum einen werden die Autoren als Experten anerkannt, denn ihre Kompetenz lässt sich auch auf das Unternehmen zurückführen. Zum anderen lassen sich für das Unternehmen wichtige CSR-Themen auf diese Weise verbreiten. Da es sich bei dieser Art von Artikel um eine anspruchsvolle Leserschaft handelt, ist es wichtig, dass die Beiträge exakt, neutral und journalistisch aufbereitet sind. Für einen besonders gut aufbereiteten Fachartikel – beispielsweise über nachhaltiges Engagement im Unternehmen – interessiert sich auch meist die Fachpresse. Dies sichert die Glaubwürdigkeit des Unternehmens und lässt nur wenig Spielraum für Zweifel (vgl. Reiter 2006, S. 44).

Pressefotos

Foto ist nicht gleich Foto. Jedes Bild vermittelt eine Botschaft, die wirksamer sein kann als jeder Text. Daher sind aussagekräftige Bilder gerade für CSR-Themen ein wirksames Mittel der Kommunikation. Auch die Pressefotos eines Unternehmens sollten den Kriterien der PR folgen: Pressefotos sind keine Hochglanz- oder Werbefotos, sondern sollten die Realität zeigen. Dennoch empfiehlt sich, für die Erstellung der Fotos professionelle Fotografen hinzuzuziehen und vorab genau mit ihnen zu erarbeiten, welche Botschaft im Bild bzw. in der Bilderwelt einer Kampagne vermittelt werden soll.

Pressekonferenzen

Pressekonferenzen sind ein bewährtes Mittel, um eine große Zahl von Journalisten zeitgleich und persönlich zu erreichen sowie in regelmäßigen Abständen aus erster Hand zu informieren. Sinn einer Pressekonferenz ist es, möglichst viele Informationen in möglichst kurzer Zeit bereitzustellen. Denn Journalisten haben einen straffen Zeitplan. Daher gilt: Nur wichtige Themen brauchen eine Pressekonferenz. Schon alleine aus dem Grund, da sie sehr aufwendig zu organisieren ist (vgl. Cornelsen 2002, S. 145 f.).

Interview

CSR-Themen können über Interviews transportiert werden. Die Unternehmen gehen entweder aktiv auf die Medien zu oder sie werden von den Medien angefragt. Man unterscheidet drei Arten von Interviews: Rechercheinterview, Berichtsform und Live-Interview. Beim Rechercheinterview stellen die Journalisten Fragen, um Informationen für ihren Beitrag zu erhalten. Bei der Berichtsform ist die Recherche bereits abgeschlossen und aus diesen Informationen heraus werden die Fragen gestellt. Das Gespräch wird als Beitrag abgedruckt. Live-Interviews werden für Radio, TV oder das Internet geführt. Sie werden entweder live ausgestrahlt oder aufgezeichnet, geschnitten und dann gesendet (vgl. Cornelsen 2002, S. 159). Der Kontakt zu wichtigen Medien wird durch das Anbieten exklusiver Interviews vertieft (Laumer 2003, S. 68).

Redaktionsbesuche/Pressegespräche

Bei einer Redaktionsreise besuchen die Kommunikationsbeauftragten eines Unternehmens die wichtigsten Journalisten in den Redaktionen oder die Journalisten kommen in das Unternehmen. Redaktionsreisen oder -besuche sind geeignete Instrumente, um ausgesuchte Medien und Journalisten vor Ort in einem persönlichen Rahmen über CSR-Entwicklungen im Unternehmen sowie aktuelle CSR-Themen zu informieren und den Kontakt zu halten. Für beide Seiten soll der Besuch von Nutzen sein, daher ist im Vorfeld zu klären, welche Informationen man dem Journalisten anbietet und welche Themen in welcher Form weitergegeben werden können.

Basispressemappe

Die Basispressemappe enthält alle grundlegenden Informationen, die der Journalist über das Unternehmen und die Ansprechpartner wissen muss. Analog dazu finden sich in einer thematisch fokussierten CSR-Pressemappe alle wichtigen Eckdaten zu diesem Thema. Sie wird zu einem aktuellen Anlass ausgegeben oder versendet. In der Regel wird die Basispressemappe zum Download im Online-Presseportal zur Verfügung gestellt. Hier spielt auch die Verpackung der Botschaften eine wichtige Rolle. Die Journalisten sollen das Unternehmen klar (wieder)erkennen können. Eine individuelle Pressemappe und entsprechend gestaltete Pressepapiere im Corporate Design gehören deshalb zur Grundausstattung. Zudem ist es wichtig, dass die Journalisten das Verantwortungsbewusstsein des Unternehmens aus dieser Pressemappe entnehmen können.

Themenentwicklung und Agenda-Setting

Bei diesem Punkt geht es darum, Themen gezielt in der Öffentlichkeit zu positionieren. Dabei spielt auch der richtige Zeitpunkt eine Rolle. Wenn Unternehmen gezielt und mediengerecht kommunizieren, können sie sich damit bei den Dialoggruppen als glaubwürdige und relevante Ansprechpartner positionieren und Vertrauen aufbauen. Aus den Ansatzpunkten zu den verschiedenen CSR-Handlungsfeldern ergeben sich mögliche Themen, die dann über verschiedene Medien kommuniziert werden können. Denn jeder Ansatzpunkt ist prinzipiell auch ein Berichtsanlass, beispielsweise in Form einer Pressemitteilung. Beim Themenmanagement im Bereich der CSR-Kommunikation gibt es drei große Themenfelder: Ökologie, Ökonomie und Soziales. Ein weiteres wichtiges Themenfeld ist das Mitarbeiterengagement: Auch dies gilt es effektiv zu kommunizieren – um künftige Mitarbeiter zu werben und bestehende High Potentials zu halten. Um die eigenen CSR-Aktivitäten auf diese Themenschwerpunkte abzustimmen, empfiehlt es sich, zu

Abb. 4 Mögliche CSR-Themen. (Eigene Darstellung)

Beginn eines Jahres einen Themenkalender aufzustellen. Er dient dazu, zum passenden Zeitpunkt mit Fachartikeln oder Presseinformationen in den relevanten Medien präsent zu sein.

Abb. 4 zeigt mögliche Themen in den einzelnen Handlungsfeldern auf, die den Erwartungen der jeweiligen Stakeholdergruppen gerecht werden könnten. Darauf aufbauend können die Botschaften entwickelt werden (s. Abb. 4).

Medienmonitoring und Evaluation

Um festzustellen, ob die Kommunikationsmaßnahmen auch den gewünschten Erfolg bringen, sind eine laufende Medienbeobachtung (Monitoring) und die kontinuierliche Evaluation der Berichterstattung notwendig. Monitoring und Evaluation helfen auch dabei, Krisen und kritische Themenentwicklungen frühzeitig zu erkennen und darauf zu reagieren.

Für die Medienbeobachtung gibt es Dienstleistungsunternehmen, die individuelle Monitoring- und Analysetechnologien anbieten. Sie scannen Medienquellen – Print, Online, Weblogs, TV und Radio – und stellen Pressespiegel sowie Medienresonanzanalysen zur Verfügung. So kann das Unternehmen ständig mit hochaktuellen Informationen zu den relevanten CSR-Themen versorgt werden. Die Evaluation wird in der Regel mit einer Medienresonanzanalyse durchgeführt. Dabei werden im Vorfeld die Kriterien festgelegt, wonach die Berichterstattung untersucht werden soll. Die Analyse muss für jedes Unternehmen individuell aufgebaut werden, denn sie hängt von den jeweiligen Zielen und der Art des CSR-Programms ab.

3.2 Berichtswesen/Publikationen

Für Unternehmen spielt die Information von Öffentlichkeit, Politik, Kunden, Lieferanten, Behörden, Medien, Verbrauchern u. v. m. eine wichtige Rolle. Bereits in den Geschäftsberichten bzw. in den Jahresabschlüssen und Lageberichten werden die wichtigsten Informationen über das jeweilige Unternehmen strukturiert und systematisch aufbereitet in Berichtsform dargestellt. Im Bereich der CSR- oder Nachhaltigkeitsberichterstattung geht es nun auch darum, gezielt zu kommunizieren, welchen Wert ein Unternehmen innerhalb der Gesellschaft stiftet, sowohl durch unternehmerisches Handeln, verantwortungsvollen Umgang mit Ressourcen, als auch durch soziales, kulturelles und karitatives Engagement.

Insbesondere im Gleichschritt mit der internationalen Nachhaltigkeitspolitik, die 1992 durch den Rio-Weltgipfel und die Agenda 21 angestoßen wurde, dokumentieren Unternehmen den von ihnen wahrgenommenen Teil der Verantwortung für nachhaltige Entwicklung. In den letzten Jahren haben sich sogenannte CSR- oder Nachhaltigkeitsberichte etabliert. Daneben nutzen Unternehmen derzeit eine breite Palette an eigenen Publikationen, um die Stakeholder entsprechend zu informieren – so fließen CSR-Inhalte in Geschäftsberichte, Kundenmagazine, Broschüren und weitere Unternehmensmedien ein.

CSR-Reports allgemein

„CSR-Reports, CSR-Berichte, Nachhaltigkeitsberichte" – die Begrifflichkeiten werden zum Teil synonym verwendet. Laut „IÖW/future-Ranking der Nachhaltigkeitsberichte 2015" des Instituts für ökologische Wirtschaftsforschung und future e. V. (iöw) legen immer mehr Unternehmen Informationen über ihre Nachhaltigkeitsleistung offen. So steigt die Zahl der Nachhaltigkeitsberichte kontinuierlich: Von den 150 größten deutschen Unternehmen veröffentlichten 2015 72 einen eigenen Nachhaltigkeitsbericht oder einen integrierten Geschäftsbericht. Auch bei den KMU hat die Zahl der erfassten Nachhaltigkeitsberichte von 127 auf 165 deutlich zugenommen (Ranking der Nachhaltigkeitsberichte).

Mit der verbindlichen Einführung der CSR-Berichtspflicht ab dem Geschäftsjahr 2017 durch das EU-Parlament müssen kapitalmarktorientierte Unternehmen, Versicherungen sowie Kreditinstitute mit mehr als 500 Mitarbeitern und Umsatzerlösen von mehr als 40 Mio. € oder einer Bilanzsumme von mehr als 20 Mio. € Angaben zu ihrem Nachhaltigkeitsengagement machen – über Umwelt-, Sozial- und Arbeitnehmerbelange sowie über Menschenrechte, Korruption und Diversität. International für die Berichterstattung anerkannt sind die Standards der Global Reporting Initiative (GRI). Neben den Richtlinien des GRI gibt es mittlerweile zahlreiche andere Standards, wie beispielsweise den Deutschen Nachhaltigkeitskodex (DNK). Der DNK ist vor allem im nationalen Bereich interessant. Im Entwurf für das CSR-Richtlinie-Umsetzungsgesetz heißt es: „Nationale, internationale und europäische Rahmenwerke (beispielsweise die Leitsätze der OECD für multinationale Unternehmen, GRI G4, der Deutsche Nachhaltigkeitskodex, das Umweltmanagement- und -betriebsprüfungssystem EMAS, der UN Global Compact, die VN Leitprinzipien für Wirtschaft und Menschenrechte, die ISO 26000 der Internationalen Organisation für Normung, die Dreigliedrige Grundsatzerklärung über multinationale Unternehmen und Sozialpolitik der Internationalen Arbeitsorganisation) können Rahmen darstellen, an denen sich die Kapitalgesellschaft bei der Berichterstattung orientieren kann." (CSR-Berichtspflicht 2016) Im Folgenden werden die aus unserer Sicht fünf wichtigsten Berichtsstandards vorgestellt.

Global Reporting Initiative (GRI)

Die GRI-Leitlinien sind international als Standard der nachhaltigen Berichterstattung für Organisationen verschiedener Größen und Branchen anerkannt und damit auch für die Umsetzung der Berichtspflicht geeignet. Die Richtlinien werden kontinuierlich im internationalen Dialog mit Vertretern der Wirtschaft, Gewerkschaft, Gesellschaft und Wissenschaft weiterentwickelt. Die sogenannten „GRI Sustainability Reporting Standards" (SRS) setzen sich aus drei universellen und 33 themenspezifischen Standards zusammen. Letztere sind wiederum nach den drei Dimensionen der Nachhaltigkeit – Ökonomie, Ökologie und Soziales – strukturiert.

Deutscher Nachhaltigkeitskodex (DNK)

Der DNK baut auf bestehenden Berichtsstandards, wie denen der Global Reporting Initiative (GRI) oder des Global Compact der Vereinten Nationen (UN Global Compact) auf.

Er reduziert die teils komplexen Anforderungen auf das Wesentliche und ist damit vor allem für kleine und mittlere Unternehmen (KMUs) geeignet. Innerhalb der Standards des DNK geben festgelegte Leistungsindikatoren einen Leitfaden für die Berichterstattung und garantieren, dass alle wesentlichen Informationen zu den Nachhaltigkeitsleistungen eines Unternehmens im Bericht enthalten sind – dadurch wird er vergleichbar. Darüber hinaus ist der DNK der einzige nationale Standard, den die EU-Kommission für die ab 2017 geltende Berichtspflicht empfohlen hat.

UN Global Compact (UNGC)
Mit über 9000 Unternehmen und insgesamt 12.500 Teilnehmern (Stand 2017) ist der UN Global Compact (UNGC) das weltweit größte und wichtigste Netzwerk für unternehmerische Verantwortung. Mit dem Beitritt zum Global Compact erklärt ein teilnehmendes Unternehmen ausdrücklich, die zehn Global Compact-Prinzipien umzusetzen. Dazu gehören der Schutz von Menschenrechten und Vereinigungsfreiheit ebenso wie die Bekämpfung von Korruption, die Förderung des allgemeinen Umweltbewusstseins sowie umweltfreundlicher Technologien. Die GRI hat für die zehn Prinzipien des UN Global Compact ein Set von Berichterstattungsleitlinien und -indikatoren entwickelt. Diese sollen den UNGC-Mitgliedern helfen, ihre eingegangene Verpflichtung zu erfüllen sowie transparent über Fortschritte zu berichten.

ISO 2600
Die ISO 26000 ist eine Standardnorm zur sozialen und gesellschaftlichen Verantwortung von Unternehmen und Organisationen. Der Leitfaden enthält „erstrebenswerte beispielhafte Anwendungen" – Best Practices – wie Unternehmen Werte wie Achtung und Respekt, Verantwortungsbewusstsein und Nachhaltigkeit in die Unternehmenskultur integrieren können. Die ISO 26000 wurde mit Fachleuten aus mehr als 90 Ländern und 40 internationalen und regionalen Organisationen erarbeitet. Entsprechend ausführlich ist die Publikation im Vergleich zu anderen Berichtsstandards. Inhaltlich und strukturell lehnt sich die ISO 26000 an etablierte Standards wie die GRI und den UN Global Compact an. Mit ihrer Definition von universellen Prinzipien und Empfehlungen bietet sie einen Leitfaden für die CSR-Berichterstattung und kann darüber hinaus als ausführliches Nachschlagewerk verstanden werden.

Eco-Management and Audit Scheme (EMAS)
EMAS steht für „Gemeinschaftssystem für Umweltmanagement und Umweltbetriebsprüfung" und ist ein von der Europäischen Union (EU) entwickeltes, freiwilliges Instrument für Unternehmen und Organisationen, die ihre Umweltleistung kontinuierlich verbessern wollen. In Form einer jährlich erscheinenden EMAS-Umwelterklärung berichten die Unternehmen über ihre selbst gesteckten Nachhaltigkeitsziele und deren Umsetzung – z. B. zu den Themen Energieverbrauch, Emissionen, Abfall, Abwasser sowie Biodiversität. Ein Umweltgutachter überprüft und validiert die Erklärung. Bei erfolgreicher Prüfung werden Organisationen in ein öffentlich zugängliches Register aufgenommen und dürfen das

EMAS-Logo nutzen. Das öffentlich-rechtliche EMAS-System deckt alle Umweltaspekte von CSR zuverlässig ab.

Integrierter Bericht nach IIRC

Es gibt darüber hinaus die Möglichkeit einer integrierten Berichterstattung. Die reine Finanzberichterstattung wird um Nachhaltigkeitsthemen erweitert, um Investoren und anderen Stakeholdern ein umfassenderes Bild zur Situation eines Unternehmens zu bieten. Sowohl die finanzielle Performance als auch die langfristige Strategie eines Unternehmens, Geschäftsmodell, Zukunftsorientierung, Unternehmensführung und Organisation, Chancen und Risiken usw. werden darin unter dem Gesichtspunkt beleuchtet, wie sie zur Wertschöpfung beitragen, und zwar kurz-, mittel- und langfristig. 2013 veröffentlichte das International Integrated Reporting Council (IIRC) erstmals Leitlinien für die integrierte Berichterstattung, das sogenannte International Integrated Reporting Framework (IR). Das IR Framework ist prinzipienbasiert und enthält dementsprechend keine konkreten Indikatoren oder Kennzahlen für die Berichterstattung. Durch die CSR-Berichtspflicht wird die Bedeutung von integrierter Berichterstattung in Zukunft weiter zunehmen.

Doch gerade für Unternehmen, die sich zum ersten Mal mit dem Thema CSR beschäftigen, kann es zu aufwändig sein, einen Bericht nach GRI- oder IIRC-Standard zu erstellen. Auf dem Weg dahin hat es sich in der Praxis bewährt, erst einmal in kleinerem Rahmen zu beginnen und CSR-Themen beispielsweise in bereits vorhandene unternehmenseigene Publikationen zu integrieren. Im Folgenden finden sich einige Beispiele.

Newsletter

Man muss nicht gleich mit einem großen Bericht starten. Auch Unternehmens-Newsletter in gedruckter oder elektronischer Form können für den Anfang ein wirksames Mittel zur Kommunikation von CSR-Themen sein. Hierbei eignen sich sowohl interne Newsletter für die Mitarbeiter als auch externe, die sich an Kunden, Partner oder andere Stakeholder richten. Sie geben aktuelle, kurze und prägnante Informationen über Entwicklungen und Aktivitäten des Unternehmens. Durch die regelmäßige Information kann die Vertrauensbildung weiter verstärkt werden, da verschiedene Stakeholdergruppen regelmäßig mit dem Unternehmen in Kontakt kommen. Zu beachten ist, dass die Inhalte je nach Zielgruppe adäquat aufbereitet werden müssen. Auch die Form der Präsentation, also ob print oder online, wirkt sich auf die Inhaltszusammenstellung aus.

CSR-Themen in Kundenmagazinen

Je nachdem, welche Zielgruppen angesprochen werden, kann es nützlich sein, CSR-Themen in unternehmenseigenen Kundenzeitschriften zu platzieren. In den vergangenen Jahren hat sich Corporate Publishing äußerst dynamisch entwickelt: Derzeit existiert eine Vielzahl von Kundenzeitschriften in Deutschland, darunter sowohl kleine, unscheinbare Hefte als auch aufwändig gestaltete, anspruchsvolle Zeitschriften. Allerdings ist das Leseverhalten und Anspruchsniveau der Kunden oft von Kaufzeitschriften am Kiosk bestimmt. Deshalb muss sich jedes Unternehmen, das Erfolg haben will, diesem Vergleich stellen. Das bedeutet, dass die CSR-Inhalte zwar emotional, aber dennoch sachlich und journalistisch aufbereitet sein sollten, um das nötige Vertrauen und Glaubwürdigkeit bei den Lesern zu wecken. Werbung hat an dieser Stelle keinen Platz (vgl. Szameitat 2003, S. 177 f.). Zusammenfassend lässt sich sagen, dass sich Beiträge in Kundenzeitschriften besonders eignen, um eine bestimmte Zielgruppe zu erreichen. Sie erscheint in regelmäßigen Abständen und nimmt konkreten Bezug auf die Bedürfnisse und Wünsche der Stakeholder. In den Beiträgen wird Bezug auf Unternehmensthemen genommen und der Leser wird über Firmenspezifisches und Aktuelles informiert. Die Inhalte sollen sich an den Bedürfnissen und Wünschen der Leser orientieren. Je anspruchsvoller und ausführlicher die Zeitschrift ist, desto glaubwürdiger kommen die Themen beim Leser an und desto mehr Vertrauen schenken die Leser dem Unternehmen und interessieren sich auch dafür, was „hinter den Kulissen" geschieht.

Mitarbeiterzeitung/Mitarbeiterbrief

Mitarbeiter und ihre Familien gehören zu den wichtigsten Stakeholdern eines Unternehmens mit einem ganz konkreten Informationsanspruch. Die umfassende Information und Einbindung der Mitarbeiter ins Unternehmensgeschehen gehört zu den zentralen Aufgaben der nachhaltigen Kommunikation. Die Mitarbeiterzeitung oder auch ein Mitarbeiterbrief oder persönliche Informationen sind besonders geeignet, um Mitarbeiter beziehungsweise deren direkte Kontaktpersonen, wie Familienangehörige, zu erreichen. Zudem ist es eines der ältesten und wichtigsten Instrumente der internen Kommunikation eines Arbeitgebers. Sie hilft, die Mitarbeiter eines Unternehmens miteinander bekanntzumachen, baut Vorurteile gegenüber dem Unternehmen ab, bietet Anregung und Unterstützung zur persönlichen Weiterbildung und täglichen Arbeit. Außerdem vermittelt sie einen Blick über den Tellerrand und verhindert somit Falschinformationen und ermöglicht es Mitarbeitern, leichter Entscheidungen zu treffen. Als Mittel der CSR-Kommunikation erfüllt sie zwei Funktionen: Zum einen erfüllt sie das Gebot der transparenten Information und Einbindung der Mitarbeiter, zum anderen ist sie ein ideales Mittel, um auch innerhalb der Belegschaft für das Thema CSR um Verständnis zu werben. Ist die Mitarbeiterzeitung gut aufbereitet, kann sie auch an ehemalige Mitarbeiter, Geschäftspartner oder an Journalisten für die weitere Informationsverwertung verschickt werden (vgl. Herbst 2003, S. 216 ff.).

Imagebroschüren und Infobroschüren

Im etwas kleineren Rahmen können auch Image- oder Informationsbroschüren genutzt werden, um CSR-Inhalte zu verbreiten, insbesondere wenn die Inhalte in einer Image- oder Informationsbroschüre im journalistischen Stil verfasst sind. Diese beiden Arten von Broschüren sind nämlich keine reinen Werbemedien. Ihr Ziel ist es, mit sachlichen Informationen Vertrauen und Sympathie bei den Lesern zu wecken und einen guten Eindruck bei den Stakeholdern zu hinterlassen. Deshalb bietet es sich an, ein besonderes Engagement des Unternehmens zu betonen und in die Image- oder Informationsbroschüre mitaufzunehmen. Die Imagebroschüre vermittelt einen schnellen Überblick zur Struktur und Entwicklung eines Unternehmens sowie zu seinen Werten und zur Philosophie. Darüber hinaus werden in der Regel die Geschäfts- bzw. Produktbereiche dargestellt. In ihr findet sich Platz, um kurz und prägnant über das CSR-Engagement des Unternehmens zu informieren. Damit bietet sie eine gute Gelegenheit, um in die CSR-Kommunikation einzusteigen. Da sich das Umfeld, der Markt und das Unternehmen in stetigem Wandel befinden, ist es wichtig zu berücksichtigen, dass Imagebroschüren nicht von ewiger Gültigkeit sind. Somit ist es ratsam, alle zwei Jahre die Imagebroschüre zu aktualisieren. Informationsbroschüren werden vor allem bei konkreten aktuellen Anlässen oder zu spezifischen Kampagnen und Aktionen eingesetzt. Wenn sie prägnant, sachlich und transparent informieren, können Informationsbroschüren mögliche Ängste beseitigen oder Widerstände auflösen. Sie sind wie Visitenkarten ein Aushängeschild für das Unternehmen. Zudem ist der Leser nicht an Computer oder Internetzugang gebunden und kann die Informationsbroschüre jederzeit an Dritte weitergeben (vgl. Unternehmer). Bei der Erstellung einer Broschüre sollten folgende Aspekte berücksichtigt werden (vgl. Marketing-Börse):

- Für welche Zielgruppe wird die Broschüre eingesetzt?
- Welche Ziele verfolgt die Broschüre?
- In welcher Form wird die Broschüre eingesetzt?
- Was ist die Kernbotschaft der Broschüre?
- Wo und bei welcher Gelegenheit wird sie verteilt?
- Wie lange soll die Broschüre ihre Gültigkeit behalten?
- In welchen Sprachen wird sie ggf. benötigt?
- Wie ist die Broschüre gestaltet?

Schwarzes Brett

Kleine Dinge können große Wirkung erreichen. So eignet sich beispielsweise ein Schwarzes Brett besonders für Mitarbeiter, die keinen direkten oder geeigneten Zugang zum Internet haben oder die über Printmedien nicht erreicht werden können. Hinzu kommt, dass sich Mitarbeiter beispielsweise über die dort veröffentlichten Informationen oftmals zusammen mit Kollegen austauschen können. So entstehen Gespräche, Austausch und neue Ideen. Voraussetzung: Pflege und Aktualisierung des Schwarzen Bretts.

Fach-, Image- und PR-Anzeigen

CSR-Themen können auch gut mit Fach-, Image- und PR-Anzeigen transportiert werden. Insbesondere die klassische Medienarbeit wird damit unterstützt. Bei der Gestaltung und Formulierung kommt es wegen der Nähe zur klassischen Werbung besonders auf Transparenz und Glaubwürdigkeit an. Denn keinesfalls darf beim Leser der Eindruck von Inszenierung oder gar Manipulation entstehen. Redaktionelle beziehungsweise PR-Anzeigen sind meist im redaktionellen Teil von Zeitungen, Zeitschriften oder Publikationen untergebracht: Sie sind als „Anzeige" zu kennzeichnen und unterscheiden sich in ihren Gestaltungsmerkmalen wie Aufmachung und Schrift kaum vom redaktionellen Umfeld. Sie eignen sich gut für die Darstellung von CSR-Themen, wenn sie sachlich und objektiv getextet und gestaltet sind.

3.3 Online Kommunikation

Das Internet ist ein unverzichtbares Instrument zur Übermittlung nachhaltiger Kommunikation. Nirgendwo sonst ist es möglich, innerhalb kürzester Zeit in einen Dialog mit einer großen Anzahl an Personen zu treten und Informationen auszutauschen – und das weltweit.

Gerade für die CSR-Kommunikation bietet das Internet Herausforderungen und Möglichkeiten in einem: Zum einen können die Stakeholder jederzeit öffentlich ihre Ansprüche an das Unternehmen diskutieren und so auch Druck aufbauen, zum anderen können die Unternehmen das Internet als Kommunikationskanal verwenden. Diese Nutzung kann passiv oder aktiv erfolgen. Bei passiver Nutzung werden die Möglichkeiten des Internets gebraucht, um Anforderungen und Erwartungen der Stakeholder in Bezug auf das gesellschaftliche Engagement des Unternehmens zu beobachten, zu erkennen und auszuwerten. Aktiv kann das Internet genutzt werden, um zum einen die relevanten Stakeholder zu informieren und zum anderen mit ihnen in einen Dialog zu treten und so die Beziehungen zu gestalten. Darüber hinaus können CSR-Themen transportiert und beeinflusst werden.

Social Media bieten hier eine besondere Plattform, denn hier dreht sich alles um den Dialog und direkten Austausch: Der User ist nun sowohl Konsument und Rezipient als auch Teilnehmer und Hersteller interaktiver Handlungen (vgl. Walter 2010, S. 100 ff.). Stakeholder haben dadurch einen direkteren Einfluss auf die Reputation des Unternehmens.

Benchmark-Studie: Wie nutzen Unternehmen CSR

NetFed untersucht regelmäßig die CSR-Webseiten von ausgewählten, großen deutschen Unternehmen mit Konzernstruktur: Die Studie betrachtet den allgemeinen Stellenwert von CSR-Aktivitäten auf der jeweiligen Unternehmens-Website und veranschaulicht, wie die Unternehmen mit den zentralen CSR-Themen umgehen. Der NetFed CSR Benchmark 2016 kommt zu dem Schluss, dass deutsche Unternehmen in der Breite zurückhaltend sind und kaum unterscheidbare spezifische Aussagen zu ihren CSR-Zielen und Strategien machen. Hier empfiehlt der Herausgeber der Studie, dass Unternehmen ihr Engagement noch viel stärker in Form von Einzelprojekten vorstellen müssen, um einen nachhaltigen und überzeugenden Eindruck von ihren CSR-Aktivitäten zu schaffen. Nur die Hälfte der untersuchten Unternehmen machten genauere Angaben zu ihren CSR-Zielen. Auch werden die technischen Möglichkeiten vielfach nicht genutzt, z. B. indem Links zu Social-Media-Kanälen im CSR-Bereich eingebunden werden. Ein weiteres Ergebnis der Studie bezieht sich auf den Bereich Storytelling: Stories in Form von Projektvorstellungen oder Interviews bleiben besser in Erinnerung und sind glaubwürdiger. Lediglich rund ein Viertel der Unternehmen vermittelt seine CSR-Aktivitäten in Form von Interviews und lässt Stakeholder zu Wort kommen (vgl. Net Fed – Corporate online solutions).

Unternehmens- und Aktions-Website/Landing-Page

Für die Online-Kommunikation ist ein zentraler Ausgangspunkt im Internet wichtig: sei es als eigener CSR-Bereich auf der Unternehmens-Website oder auf einer eigenen Aktions-Website für spezifische CSR-Kampagnen.

Auf der Unternehmens-Website sollte das gesamte CSR-Engagement des Unternehmens prägnant dargestellt sein und auch erklärt werden, warum sich das Unternehmen in diesem Bereich engagiert. Die User sollten die Möglichkeit haben, auf die relevanten Materialien und Informationen schnell und einfach zugreifen zu können. Von der Firmenwebsite bzw. Aktions-Website aus sollten dann alle weiteren Kanäle erreichbar sein, beispielsweise:

- Abonnementmöglichkeit zum CSR-Newsletter (wenn vorhanden)
- Verbindung zum Unternehmens-/CSR-Blog
- Verbindung zu Facebook, XING, Twitter oder YouTube-Kanal
- Verbindung zu einer spezifischen Aktions-Website/Kampagnen-Seite, wo der User eine gewünschte Aktion ausführen kann (z. B. abstimmen, spenden, diskutieren, Inhalte teilen etc.).

Seitens der CSR-Kommunikation ist die Aktions-Website eine einfache Methode des Informationstransfers sowohl für Webseitenbesucher als auch für das Unternehmen. Der Besucher kann so bequem und ohne Verzögerung auf die von ihm gewollten Informationen zugreifen. Gleichzeitig dient es dem Unternehmen dazu, ihre Zielgruppe zu informieren und Streuverluste zu vermeiden.

Internet-Redaktion

Grundsätzlich kommt es beim Texten darauf an, kurz, einfach, sowie bildhaft zu schreiben und auf präzise und objektive Fakten zu achten. Bei der Redaktion für das Internet spielen darüber hinaus das Nutzerverhalten und die technischen Möglichkeiten eine besondere Rolle. So schätzen Experten, dass am Monitor ein Drittel langsamer gelesen wird als in Printmedien, vielmehr surft der Webleser. Das bedeutet, er entscheidet in Sekundenschnelle nach Nutzwert, springt zwischen Texten hin und her, nimmt wichtige Infos auf, ist zwischendurch selbst aktiv, schreibt Kommentare, markiert Lesezeichen, erledigt Downloads und klickt nach wenigen Sekunde wieder weiter. Darüber hinaus hat er die Wahl zwischen Buttons, Links, Fotos, Videos oder Animationen. Auf diese Herausforderungen müssen Unternehmen achten, wenn sie ihre CSR-Botschaften im Web publizieren. Die Texte sollten den Nutzer in den Bann ziehen sowie anschaulich, aktiv und einfach sein. Die zentrale Botschaft steht am Beginn, Absätze und Zwischentitel sollten den Leser führen. Die Inhalte müssen präzise, objektiv, fair und auf die CSR-Themen zugeschnitten sein. Sinnvoll ist es, Bilder, Videos und Links in die Texte zu integrieren. Um im Internet auch gefunden zu werden, müssen die Texte suchmaschinenoptimiert werden. Darunter versteht man die Integration von sogenannten Keywords, mit denen die Suchmaschinen die Website bzw. den Beitrag finden. Generell sollten alle Inhalte vom CSR-

Kommunikationsteam betreut werden, um transparente, korrekte und qualitativ hochwertige Informationen sicherzustellen.

Online-Presseportal

Das Online-Presseportal ist ein wichtiger Bestandteil der gesamten Unternehmenskommunikation. Somit sollten CSR-Inhalte darüber verfügbar gemacht werden. Das Ziel eines Presseportals ist, allen internen und externen Bezugsgruppen einen einheitlichen Informationsstand über die erfolgten Veröffentlichungen zu gewährleisten. Auch das gehört zum Gebot der Transparenz innerhalb der CSR-Kommunikation. Es empfiehlt sich daher, speziell die Informationen, die an die Medien gehen, tagesaktuell in einem unternehmenseigenen Webportal einzupflegen. Dazu gehören insbesondere Presseinformationen und Foto-Angebote ebenso wie alle veröffentlichten Berichte. Das hat den Vorteil, dass sich Journalisten, Investoren und andere Stakeholder zeitnah über den aktuellen Stand informieren können. Darüber hinaus entfällt das aufwändige Zusammenstellen und Verschicken von CDs oder Pressemappen. Auch für die Mitarbeiter ist das Presseportal sehr hilfreich: Es hilft sicherzustellen, dass nur freigegebene und aktuelle Textversionen verwendet werden. Ergänzend dazu kann im Rahmen eines Presseinfodienstes die Medienberichterstattung über ein Unternehmen periodisch zusammengestellt, kommentiert und per E-Mail an einen festgelegten Verteiler ausgesendet werden. So bleiben Mitarbeiter, Kunden und andere Stakeholder direkt und unmittelbar über relevante Veröffentlichungen in den Medien informiert.

Social Media

Als Social Media werden alle Medien zusammengefasst, in denen Internet-User Meinungen, Eindrücke, Erfahrungen, Informationen austauschen oder Wissen sammeln. Internetplattformen wie Facebook, Twitter, Wikipedia und Co. sind dabei prominente Beispiele (vgl. What Is). Social Media ist ein Instrument, mit dem Unternehmen Zielgruppen ansprechen können, die sie mit den traditionellen Informationskanälen nur schwer bzw. gar nicht erreichen.

CSR-Themen eignen sich äußerst gut für die Verbreitung via Social Media oder Blogs. Es können Projekte vorgestellt werden, Erfolge gemeldet und Bilder gezeigt werden. Außerdem kann die interessierte Öffentlichkeit an der Nachhaltigkeitsarbeit direkt teilnehmen. Darüber hinaus finden sich die typischen Charakteristika von Social Media wie Transparenz, offener Dialog, Gleichheit und direkter Anspruch von Stakeholdergruppen in der CSR wieder. Dadurch entstehen wiederum neue Chancen und Herausforderungen für eine verantwortungsvolle Unternehmensführung. Heutzutage ermöglicht das Internet unterschiedlichen Interessensgruppen, Beziehungen zum Unternehmen aufzubauen und bestimmte Themen auf die Unternehmensagenda zu setzen. Die Entwicklung ist von den Unternehmen unbedingt als Chance zur Interaktion zu sehen und als direktes Feedback der Stakeholder zu nutzen (vgl. CSR-News).

Kaum ein Unternehmen kommt am Einsatz von Social Media noch vorbei. 94 % der Unternehmen weltweit sind mittlerweile auf Facebook aktiv. Auch auf Twitter, LinkedIn

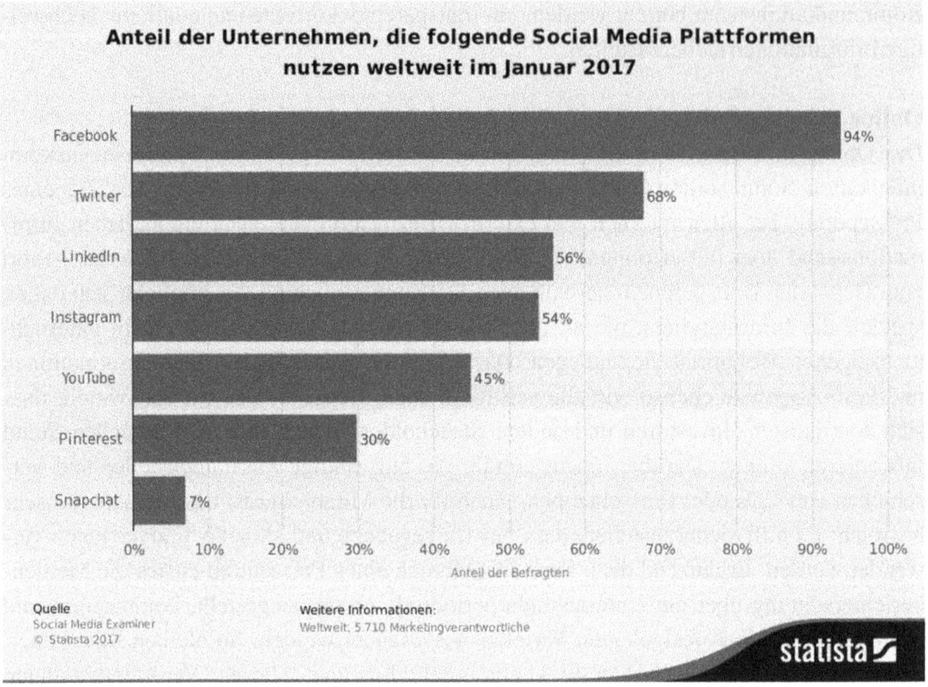

Abb. 5 Einsatz von Social-Media-Plattformen durch Unternehmen weltweit (Stand: Januar 2017)

und Instagram sind bereits mehr als die Hälfte der Unternehmen vertreten (vgl. statista 2017; Abb. 5). Aufgrund der Vielzahl der Kanäle sollte die Social-Media-Kommunikation sorgfältig in die gesamte Kommunikationsstrategie eingebettet werden.

Podcast/Video
Podcasts und Videos haben großes Potenzial, Unternehmensbotschaften schnell, persönlich und mit geringem Streuverlust an Stakeholder zu übermitteln. Podcasts sind Audiobeiträge im Internet, die sich herunterladen lassen. Ähnlich wie Radioshows können Podcasts von beliebigen Personen zu beliebigen Themen produziert werden. Dabei dienen sie entweder dem Zweck der Unterhaltung oder der Information (vgl. Itwissen). Analog arbeiten Videocasts zusätzlich mit Bildern.

3.4 Persönliche Kommunikation/Veranstaltungen

Bei allen technischen Möglichkeiten bleibt die persönliche Kommunikation der Schlüssel für ein funktionierendes Unternehmen. Denn sie macht es für Kommunikationspartner möglich, im direkten Gespräch auf Fragen, Kritik oder Anreize einzugehen und einen gemeinsamen Ansatz zur Problemlösung zu finden. Neben Sachinhalten vermittelt die persönliche Kommunikation auch Emotionalität und Glaubwürdigkeit, die das Wesen des Unternehmens erlebbar machen (vgl. Grupe 2011, S. 247).

Deshalb gilt es, regelmäßige Anlässe zu schaffen bzw. Anlässe zu nutzen, um mit verschiedenen Stakeholdern persönlich in Kontakt zu kommen. Tage der offenen Tür, Gespräche und Informationsveranstaltungen mit Anwohnern oder Umweltverbänden, Dialoge mit Mitarbeitern – den Möglichkeiten des Meinungs- und Informationsaustausches von Unternehmen sind keine Grenzen gesetzt. Der Dialog zwischen Unternehmen und einem oder mehreren interessierten Stakeholdern dient der Vermittlung von Informationen, der Transparenz, der Erhöhung der Glaubwürdigkeit und Akzeptanz des Unternehmens.

Wenn es darum geht, externe Stakeholdergruppen persönlich zu erreichen und Inhalte zu emotionalisieren, gehören Veranstaltungen zu den effektivsten Kommunikationsinstrumenten. Fast alle CSR-Themen lassen sich auf Veranstaltungen oder Messen kommunizieren und wirken so gleichzeitig als Instrument der Beziehungspflege. Ein Vorteil von Events bzw. Veranstaltungen gegenüber klassischer Medienarbeit ist es, Inhalte erlebbar zu machen und somit eine emotionale Beziehung zu den Inhalten der Veranstaltung herzustellen.

Aus kommerzieller Sicht kann dabei im Rahmen des Veranstaltungsmarketings das Ereignis selbst zum Gegenstand der Vermarktung werden (wie Open-Air-Konzerte oder Sportveranstaltungen) oder das Ereignis wird im Rahmen der Unternehmenskommunikation genutzt bzw. inszeniert. Eventmarketing im engeren Sinne bezieht sich in diesem Kontext nur auf unmittelbar für die Marke inszenierte Events, da im Vergleich zum Sponsoring nur diese wirkliches Gestaltungspotential für die Kommunikationspolitik bieten.

Die deutsche Wirtschaft führt seit vielen Jahren einen aktiven Dialog über ökologische, wirtschaftliche oder soziale Themen und Aktivitäten, sodass sich für viele Unternehmen eine Dialog-Kultur gebildet hat, die fortlaufend verbessert und den Ansprüchen und Zielen von Unternehmen und Stakeholdern angepasst wird.

Stakeholder-Dialog

Die Erwartungen und Ansprüche der Stakeholder sind im CSR-Prozess die härteste Währung. Um diese in Erfahrung zu bringen und so die wichtigen Themen herauszuarbeiten, muss ein langfristig angelegter und permanenter, vertrauensvoller Dialog zu allen relevanten Stakeholdergruppen aufgebaut werden. So können Ideen ausgetauscht, kritische Themen identifiziert und auch solche Themen diskutiert werden, die möglicherweise in Zukunft für die Unternehmensstrategie entscheidend sind.

Bilateraler Stakeholder-Dialog

Der persönliche Austausch unter vier Augen oder auch in kleineren Gruppen darf nicht unterschätzt werden. Gerade in vertraulicher Atmosphäre besteht die Möglichkeit, auch sehr offen zu sein und Ideen auszutauschen. In der internen Kommunikation sollten CSR-Themen auch in Team-Besprechungen, Mitarbeitergespräche, aber auch in Bewerbungsgespräche einfließen.

Abb. 6 360-Grad-Stakeholder-Perspektive. (Eigene Darstellung)

Dialogforum

Ein Stakeholder-Dialogforum ist eine Unternehmensveranstaltung, die alle Anspruchsgruppen sozusagen an einen Tisch bringt, um über CSR-Themen des Unternehmens zu diskutieren. Dabei bringen die Stakeholder sowohl ihren „Blick von außen" auf das System des Unternehmens als auch ihre eigenen Interessen und Ansprüche der eigenen Netzwerke mit ein. Der Zugewinn aus diesem Dialog kann für die Unternehmen das frühzeitige Erkennen des Handlungsbedarfs sowie der Chancen und Risiken sein. Darüber hinaus sollen die Stakeholder als Multiplikatoren für die eigene Kommunikation der CSR-Aktivitäten gewonnen werden, sozusagen als CSR-Botschafter. Bei der Auswahl der relevanten Stakeholder sollte das gesamte Unternehmensumfeld im Sinne einer 360-Grad-Perspektive in Betracht gezogen werden (Abb. 6).

Roadshows

Wenn der Kunde nicht zum Unternehmen kommt, muss das Unternehmen auf den Kunden zugehen. Aus diesem Anlass machen es sich Unternehmen zu Nutze, mit Roadshows von Ort zu Ort oder Land zu Land zu reisen, um das Unternehmen, Dienstleistungen, Produkte oder Projekte zu präsentieren. Im Grunde genommen sind Roadshows mobile Messen, die für jedermann zugänglich und erreichbar sind.

Sie sind besonders effektiv, denn die verschiedenen Stakeholder können direkt angesteuert werden. Durch den persönlichen und engen Kontakt bietet sich für Unternehmen die Möglichkeit eines Informationsaustausches und die Stakeholder bekommen die gewünschten Informationen aus erster Hand.

Events: Expertengespräche, Messen, Podiumsdiskussionen, Konferenzen
Auch Events und Veranstaltungen, die nicht vom Unternehmen selbst initiiert und organisiert werden, eignen sich als Kommunikationsplattformen. Durch die Teilnahme an Messen, Podiumsdiskussionen, Konferenzen oder Expertengesprächen zu verschiedenen Themen, die für die CSR relevant sind, können Unternehmen den Dialog fördern und Vertrauen bilden. Imageverbesserung, Kontaktpflege sowie, insbesondere bei Messen, die Präsentation neuer Produkte und Dienstleistungen sind weitere positive Effekte. Allerdings kommt es auf die richtige Auswahl der Veranstaltungen an. Dabei sollte jeweils die Zielgruppe genau erfasst werden.

Inhouse-Schulungen/Mitarbeiterworkshops
Mithilfe von Inhouse-Schulungen und Mitarbeiterworkshops können Mitarbeiter und Führungskräfte aller Abteilungen eines Unternehmens „interne Arbeitskreise zu unterschiedlichen Themen bilden, bei denen die Kommunikation über bereichs- oder unternehmensspezifische Themen im Vordergrund steht. Durch Bildung von (informellen) Gruppen können z. B. Vorschläge zu ökologischen, ökonomischen oder sozialen Verbesserungen im Betriebsablauf häufig mit höherer Realisierungswahrscheinlichkeit erzielt werden als bei Einzelarbeit. Zu den klassischen Formen einer solchen Kleingruppenarbeit gehören z. B. ‚Projektteams' oder ‚Task-Forces'. Modernere Ansätze sind sogenannte Lernwerkstätten oder Qualitätszirkel, bei denen die Mitarbeiter die zu bearbeitenden Themen selber wählen" (Lühmann 2003).

Tag der offenen Tür – Blick hinter die Kulissen
Ein Tag der offenen Tür ist sinnvoll, um in ungezwungener Atmosphäre Kontakte zu verschiedenen Stakeholdergruppen herzustellen, Beziehungen zu stärken und CSR-Themen zu vermitteln. So können z. B. Anwohner oder Familien der Mitarbeiter das Unternehmen aus erster Hand kennenlernen und einen Blick hinter die Kulissen werfen. Durch den persönlichen Kontakt bieten diese Veranstaltungen Chancen für das Unternehmen, Missverständnisse, Unsicherheiten und Ängste der Besucher zu erfahren und abzubauen sowie Vertrauen durch Seriosität aufzubauen. Wenn dies gelingt, leistet der Tag der offenen Tür einen positiven Beitrag zur Imageverbesserung (vgl. Herbst 2007, S. 141–142).

Event-Kalender
Um zielgerichtet CSR-Themen kommunizieren zu können, empfiehlt es sich einen Event-Kalender zu erstellen, der die wichtigsten Veranstaltungen des Jahres beinhaltet, auch die internen Veranstaltungen bzw. Dialogforen. Die Erstellung des Kalenders muss ebenso

sorgfältig erfolgen wie die eines Themenkalenders oder Presseverteilers. Folgende Kategorien sollten darin aufgeführt sein:

- Titel der Veranstaltung
- Art der Veranstaltung (Messe, Podiumsdiskussion, Konferenz etc.)
- Unternehmenseigene Veranstaltung/Fremdorganisiert
- Veranstaltungsort und Datum
- Kontaktperson inkl. Kontaktdaten
- Zielgruppe und Publikum
- Weitere eingeladene Redner/Referenten
- Themenspektrum der Veranstaltung
- Thema des Unternehmens (womit möchte man sich positionieren)
- Art der Präsentation (Referat, Workshop, Seminar, Keynote, Diskussionsteilnehmer)
- Abgabetermine

3.5 Weitere Möglichkeiten der CSR-Kommunikation

Neben den oben beschriebenen Standardinstrumenten gibt es noch eine Vielzahl von weiteren Möglichkeiten der CSR-Kommunikation. Insbesondere in der Entwicklung dieser Instrumente und Maßnahmen liegt die hohe Kunst der Kommunikation. Es kommt auf die zündende Idee an, um die Dialoggruppen nachhaltig zu erreichen. Eine Möglichkeit ist die Bewerbung um Preise.

Es gibt im Segment CSR eine Vielzahl von Wettbewerben, die das nachhaltige Engagement von Unternehmen auszeichnen. Eine Beteiligung des eigenen Unternehmens kann aus zwei Gründen empfehlenswert sein: Zum einen erfährt das Unternehmen, wo es derzeit im Bereich CSR steht, denn in der Regel werden im Rahmen der Preisvergabe Befragungen und/oder Prüfungen durchgeführt. So können Netzwerke erweitert werden und Raum für neue Ideen entstehen. Zum anderen bietet eine Teilnahme die Chance, als vorbildhaftes Unternehmen ausgezeichnet zu werden. Die öffentliche Anerkennung wirkt wiederum vertrauensbildend nach innen und außen und bietet einen sehr guten Anlass, seine Nachhaltigkeitsthemen an die relevanten Stakeholder zu kommunizieren. Darüber hinaus helfen sie Verbrauchern Unternehmen zu erkennen, die freiwillig gesellschaftliche Verantwortung übernehmen (vgl. Bundesministerium für Ernährung, Landwirtschaft und Verbraucherschutz).

Zu den wichtigsten CSR-Preisen gehören derzeit
In den letzten Jahren hat die Anzahl von Wettbewerben, die das besondere Nachhaltigkeitsengagement von Unternehmen auszeichnen, stark zugenommen. Inzwischen gibt es laut der Universität Hohenheim mehr als 100 solcher Wettbewerbe mit fast 500 Preiskategorien (Stand Frühjahr 2017, vgl. Lietsch 2017).

CSR-Preis der Bundesregierung

„Ausgezeichnet werden Unternehmen, die vorbildlich faire Geschäftspraktiken und eine mitarbeiterorientierte Personalpolitik umsetzen, natürliche Ressourcen sparsam nutzen, Klima und Umwelt schützen, sich vor Ort engagieren und Verantwortung auch in der Lieferkette übernehmen." (CSR-Preis der Bundesregierung) Die deutsche Bundesregierung fördert diese Ansätze und zeichnet Unternehmen, die ein sehr bewusstes und verantwortungsvolles Verhalten in den Sparten Ökonomie, Ökologie und Gesellschaft vorweisen, mit dem CSR-Preis aus. Hier wird Wert darauf gelegt, dass CSR keine zusätzliche Maßnahme, sondern fest in die Unternehmensgrundlage verankert ist. Die Auszeichnung soll anderen Unternehmen einen Anreiz zur Nachahmung geben (vgl. CSR-Preis).

Deutscher CSR-Preis

Der Deutsche CSR-Preis wird jedes Jahr im Rahmen des „Deutschen CSR-Forums – Internationales Forum für Nachhaltigkeit und Zukunftsfähigkeit" verliehen. Der Preis würdigt herausragende Leistungen im Bereich der gesellschaftlichen Verantwortung von Unternehmen oder Personen im deutschsprachigen Raum. Kategorien sind unter anderem: CSR-Engagement, Klimaschutz, Biodiversitätsmanagement oder kulturelles Engagement (vgl. Deutsches CSR-Forum o. J.).

Deutscher Nachhaltigkeitspreis

Der Deutsche Nachhaltigkeitspreis prämiert sowohl Unternehmen also auch Städte und Gemeinden oder Forschungseinrichtungen für ihr nachhaltiges Engagement. Der Preis wurde erstmals 2008 verliehen. Die teilnehmenden Unternehmen wurden auf ihr Nachhaltigkeitsmanagement entlang der Wertschöpfungskette und ihre Nachhaltigkeitskommunikation hin untersucht und bewertet. Über die Vergabe entscheidet eine interdisziplinär besetzte Jury, die Sachkompetenz und kritische Sichten aus Umweltschutz, Politik, Berufsverbänden, Industrie, Wissenschaft und Consulting einbringt (vgl. Deutscher Nachhaltigkeitspreis).

Sustainable Entrepreneurship Award (SEA)

Mit dem SEA werden Personen und Unternehmen ausgezeichnet, die ein vorbildliches und nachhaltiges Unternehmensmodell verfolgen und dieses auch gezielt umsetzen. Der Preis wird unabhängig von Branche und Unternehmensgröße verliehen (vgl. Sustainable Entrepreneurship Award).

In unseren Nachbarländern Österreich und der Schweiz gibt es folgende, wichtige Nachhaltigkeitspreise:

KMU-Preis der Zürcher Kantonalbank

Mit dem ZKB KMU-Preis werden kleine und mittlere Schweizer Unternehmen ausgezeichnet, die herausragende nachhaltige Leistungen erbringen (vgl. ZKB KMU-Preis).

TRIGOS

Der TRIGOS ist einer der wichtigsten Nachhaltigkeitspreise Österreichs und wird in den Kategorien „Ganzheitliches CSR-Engagement", „Beste Partnerschaft" und „Social Entrepreneurship" vergeben (vgl. TRIGOS).

Daneben gibt es spezielle Rankings. Zu den wichtigsten im Bereich Nachhaltigkeit gehören derzeit:

IÖW-future-Ranking

Das Institut für ökologische Wirtschaftsforschung (IÖW) und future e. V. führen seit 1994 ein Ranking der Nachhaltigkeitsberichte durch. Bewertet werden Berichte großer sowie kleiner und mittelständischer Unternehmen aus ganz Deutschland (vgl. Ranking der Nachhaltigkeitsberichte).

Good Company Ranking

Seit 2006 wird der CSR-Wettbewerb der DAX 30 Unternehmen vom Hamburger Beratungsunternehmen Kirchhoff Consult und der HHL Leipzig Graduate School of Management durchgeführt (vgl. Good Company Ranking).

Darüber hinaus gibt es die Möglichkeit, an Awards im Bereich Kommunikation teilzunehmen, die eine Unterkategorie CSR anbieten. Hier einige Beispiele:

Econ Award

Der Award wird in der Kategorie Nachhaltigkeits-/CSR-Berichte (Print und Digital) vom Econ Verlag und der Handelsblatt-Gruppe verliehen (vgl. Econ Award).

Internationaler Deutscher PR-Preis der DPRG

Der Preis wird in der Kategorie Kommunikationsmanagement im Bereich „Verantwortungs- und Nachhaltigkeitskommunikation" vom Berufsverband Deutsche Public Relations Gesellschaft e. V. (DPRG) vergeben (vgl. PR-Preis (DPRG)).

PR Report Awards

In der Kategorie Corporate wird ein Preis im Bereich „Corporate Social Responsibility" vom Fachmagazin PR Report verliehen (vgl. PR-Report Awards).

4 Fazit

Es gibt, das zeigt dieser Beitrag, eine Fülle von Maßnahmen und Instrumenten, die für eine wirkungsvolle Kommunikation der CSR-Aktivitäten eingesetzt werden können. Es liegt also am „Tun" und nicht an den Möglichkeiten, wenn Unternehmen ihr Engagement nicht entsprechend nach innen und außen tragen. Zu diesem Ergebnis kam auch die repräsentative Studie „Corporate Social Responsibility MONITOR 2016" des Marktforschungsinstituts Dr. Grieger & Cie. Marktforschung (heute SPLENDID RESEARCH

GmbH). Der Umfrage zufolge werden Unternehmen von den Konsumenten bevorzugt, wenn sie als nachhaltig handelnd wahrgenommen werden. Über 76 % der Befragten sind sogar bereit, mehr für Produkte sozial engagierter Unternehmen zu zahlen. Dazu müssen sich die Unternehmen um eine transparente und umfassende Kommunikation ihres nachhaltigen Engagements kümmern und die richtigen CSR-Tools wählen. In dieser Hinsicht machen viele Unternehmen aus der Fashion-Branche noch zu wenig aus ihrer Nachhaltigkeit und verschenken vorhandene Potenziale. Hier herrscht also großer Nachholbedarf in Sachen Kommunikation.

Die Verantwortlichen brauchen also keine Scheu zu haben, das gesamte Instrumentarium der Kommunikation auch zu spielen und über Aktivitäten und Entwicklungen im Bereich CSR zu berichten – im Gegenteil: „Tu Gutes und sprich auf allen Kanälen darüber" ist die Devise. Im Fokus stehen dabei die Erwartungen der Anspruchsgruppen. Sie wollen wissen, was das Unternehmen bereits tut und auch in Zukunft tun möchte, sie suchen die Partnerschaft und den Dialog. Insbesondere der Dialog spielt eine große Rolle. Aus dem Feedback können wertvolle Schlüsse über die Akzeptanz der CSR-Bemühungen gezogen werden. Darüber hinaus kommt es auf Glaubwürdigkeit, Transparenz sowie den thematischen Bezug zu den Handlungsfeldern der CSR an.

Literatur

Bundesministerium für Ernährung, Landwirtschaft und Verbraucherschutz (BMELV) (2009) Gesellschaftliche Verantwortung von Unternehmen. http://www.bmel.de/cae/servlet/contentblob/430706/publicationFile/. Zugegriffen: 3. Nov. 2017

Bundesministerium für Umwelt, Naturschutz, Bau und Reaktorsicherheit (BMUB) (2014) Eine Orientierungshilfe für Kernthemen und Handlungsfelder des Leitfadens DIN ISO 26000. http://www.bmub.bund.de/fileadmin/Daten_BMU/Pools/Broschueren/csr_iso26000_broschuere_bf.pdf. Zugegriffen: 3. Nov. 2017

Bundesverband (2012) „Die Verbraucherinitiative e.V.", Jahresbericht 2012 (S. 4, 5). http://www.verbraucher.org/pdf/346.pdf. Zugegriffen: 7. Nov. 2017

Cornelsen C (2002) Das 1·1 der PR, so haben Sie mit Public Relations die Nase vorn, 4. Aufl. Haufe, München

CSR-Berichtspflicht (2016) http://dip21.bundestag.de/dip21/btd/18/099/1809982.pdf. Zugegriffen: 3. Nov. 2017

CSR-Germany. http://www.csrgermany.de/www/csr_cms_relaunch.nsf/id/aus-der-vielzahl-an-instrumenten-auswaehlen-de. Zugegriffen: 3. Nov. 2017

CSR-Germany. CSR-Preis der Bundesregierung. http://www.csr-in-deutschland.de/DE/CSR-Preis/csr-preis.html. Zugegriffen: 3. Nov. 2017

CSR-Germany. Deutscher Nachhaltigkeitspreis. www.deutscher-nachhaltigkeitspreis.de. Zugegriffen: 3. Nov. 2017

CSR-Germany (2017) CSR-News. https://www.csr-news.net/news/2017/04/11/social-media-und-csr-kommunikation/. Zugegriffen: 3. Nov. 2017

Deutsches CSR-Forum. https://www.csr-in-deutschland.de/DE/CSR-Preis/csr-preis.html. Zugegriffen: 3. Nov. 2017

DNK. http://www.deutscher-nachhaltigkeitskodex.de/de/startseite.html. Zugegriffen: 3. Nov. 2017

Econ Award. http://www.econforum.de/econ-awards/kategorien. Zugegriffen: 3. Nov. 2017
EMAS. http://www.emas.de/ueber-emas/was-ist-emas/. Zugegriffen: 3. Nov. 2017
Freidank C-C, Müller S, Velte P (2015) Handbuch Integrated Reporting. Erich Schmidt, Berlin
Good Company Ranking. https://www.kirchhoff.de/fileadmin/user_upload/161011_GCR_final.pdf. Zugegriffen: 3. Nov. 2017
Grayling-Studie. https://pr-journal.de/nachrichten/csr-unternehmensverantwortung/12921-grayling-pulse-studie-soziale-verantwortung-kommt-von-innen.html. Zugegriffen: 3. Nov. 2017
GRI. https://www.globalreporting.org/standards. Zugegriffen: 3. Nov. 2017
Gründerszene Lexikon. https://www.gruenderszene.de/lexikon/begriffe/roadshow. Zugegriffen: 3. Nov. 2017
Grupe (2011) Public Relations – ein Wegweiser für die PR- Praxis. Springer, Berlin, Heidelberg
Handbuch Usability. http://www.handbuch-usability.de/definition-landingpage.html. Zugriff am: 3. Nov. 2017
Heinrich – Agentur für Kommunikation (2016) Imalog Imagebroschüre, Wir sorgen für Ihren guten Ruf
Herbst (2003) Unternehmenskommunikation – Professionelles Management – Kommunikation mit wichtigen Bezugsgruppen – Instrumente und spezielle Anwendungsfelder, 1. Aufl. Cornelsen Verlag, Berlin
Herbst (2007) Public Relations – Konzeption und Organisation – Instrumente – Kommunikation mit wichtigen Bezugsgruppen, 3. Aufl. Cornelsen Verlag, Berlin
http://dqs-cfs.com/de/2016/09/neu-die-gri-sustainability-reporting-standards-ueberblick-ueber-die-wesentlichen-aenderungen/. Zugegriffen: 3. Nov. 2017
IIRC. http://integratedreporting.org/. Zugegriffen: 3. Nov. 2017
IMB Institute of Management Berlin (2015) Mitarbeiterrekrutierung und -bindung durch CSR. Erkenntnisse aus sechs Fallstudien. Autoren: A. Pelzeter, S. Bustamante, A. Deckmann [u.a]. https://www.mba-berlin.de/fileadmin/user_upload/MAIN-dateien/1_IMB/Working_Papers/2016/WP_87_WorkingPaperPelzeter.pdf. Zugegriffen: 3. Nov. 2017
Interbrand. ISO 26000. https://www.iso.org/iso-26000-social-responsibility.html. Zugegriffen: 3. Nov. 2017
Itwissen. http://www.itwissen.info/Podcast-podcast.html. Zugegriffen: 3. Nov. 2017
Laumer (2003) Verlags-PR – Ein Praxisleitfaden, 1. Aufl. transcript, Bielefeld
Lietsch F (2017) And The Winner Is ... You! Deutsche Nachhaltigkeitspreise im Portrait. In: forum Nachhaltig Wirtschaften, 01/2017. http://www.forum-csr.net/News/11058/NachhaltigkeitspreiseaufdemVormarsch.html?_newsletter=142&_abo=7627. Zugegriffen: 3. Nov. 2017
Lühmann B (2003) Entwicklung eines Nachhaltigkeitskommunikationskonzeptes im Unternehmen, Lüneburg. http://www2.leuphana.de/umanagement/csm/content/nama/downloads/download_publikationen/35-1downloadversion.pdf. Zugegriffen: 6. Mai 2013
Marketing-Börse. https://www.marketing-boerse.de/Fachartikel/details/1303-Vom-Intranet-zum-Mitarbeiterportal/40256. Zugegriffen: 3. Nov. 2017
Marketing-Börse. https://www.marketing-boerse.de/Fachartikel/details/1708-10-Tipps-fuer-starke-Broschueren/137356. Zugegriffen: 3. Nov. 2017
Nautiluspolitikberatung. http://www.nautilus-politikberatung.de/main/e107_files/downloads/Falk%20Schillinger%20CSR%20in%20%20der%20Unternehmenskommunikation.pdf, S. 27. Zugegriffen: 3. Nov. 2017
Net Fed – Corporate online solutions. http://www.csr-benchmark.de/corporate-social-responsibility-benchmark-2016/ergebnisse. Zugegriffen: 3. Nov. 2017

Online Marketing Praxis. http://www.onlinemarketing-praxis.de/glossar/landing-page-landeseite. Zugriff am: 3. Nov. 2017

Pflaum D, Pieper W (1989) Lexikon der Public Relations, 1. Aufl. Verlag Moderne Industrie, Landsberg/Lech

PR-Preis (DPRG). http://pr-preis.de/kategorien/kategorien-uebersicht. Zugegriffen: 3. Nov. 2017

PR-Report Awards. http://prreportawards.de/kategorien/kategorien-uebersicht/. Zugegriffen: 3. Nov. 2017

Ranking der Nachhaltigkeitsberichte. http://www.ranking-nachhaltigkeitsberichte.de/data/ranking/user_upload/2015/Ranking_Nachhaltigkeitsberichte_2015_Ergebnisbericht.pdf. Zugegriffen: 3. Nov. 2017

Reiter (2006) Öffentlichkeitsarbeit – die wichtigsten Instrumente – die richtige Kommunikation – der beste Umgang mit den Medien. Süddeutscher Verlag, München

SPLENDID RESEARCH (2016) https://www.splendid-research.com/Marktforschung/Studienflyer-CSR-Monitor-2016.pdf. Zugegriffen: 3. Nov. 2017

Statista (2017) 2017 Social Media Marketing Industry Report, Seite 19. https://de.statista.com/statistik/daten/studie/71251/umfrage/einsatz-von-social-media-durch-unternehmen/. Zugegriffen: 3. Nov. 2017

Sustainable Entrepreneurship Award. http://www.se-award.org/de. Zugegriffen: 3. Nov. 2017

Szameitat D (2003) Public Relations in Unternehmen, ein Praxis-Leitfaden für die Öffentlichkeitsarbeit. Springer, Heidelberg

TRIGOS. http://www.trigos.at/trigos/home. Zugegriffen: 3. Nov. 2017

UN Global Compact. https://www.unglobalcompact.org/

Unternehmer. http://www.unternehmer.de/marketing-vertrieb/122221-die-10-wichtigsten-vorteile-von-broschuren. Zugegriffen: 3. Nov. 2017

Walter BL (2010) Verantwortliche Unternehmensführung überzeugend kommunizieren – Strategien für mehr Transparenz und Glaubwürdigkeit. Gabler, Wiesbaden

What Is. http://whatis.techtarget.com/definition/social-media. Zugegriffen: 3. Nov. 2017

ZKB KMU-Preis. https://www.zkb.ch/de/gs/kmu-preis.html. Zugegriffen: 3. Nov. 2017

Peter Heinrich ist geschäftsführender Gesellschafter von HEINRICH – Agentur für Kommunikation in Ingolstadt. Seit über fünfzehn Jahren berät und begleitet der Kommunikationsfachmann und zertifizierte CSR-Manager (IHK) mittelständische und große Unternehmen in Fragen der Public Relations und CSR. Im Bereich CSR liegt sein Schwerpunkt auf der Strategieberatung, Stakeholder-Dialogen, Kommunikation und Nachhaltigkeitsberichten. Vor seiner Selbstständigkeit war der studierte Betriebswirt 20 Jahre als Geschäftsführer in einem mittelständischen, marktführenden Unternehmen mit über 500 Mitarbeitern tätig. Er verfügt damit über langjährige Expertise auf Agentur- und Unternehmensseite.

Nachhaltige Geschäftsmodelle in der Modebranche

Anna Haddick

1 Einleitung – Die Bedeutung von nachhaltiger Mode

„Ich glaube, dass sich die Art und Weise, wie Leute einkaufen, in den nächsten Jahren ändern wird. Es wird wieder cooler sein, Kleidung zu kaufen, die einen längeren Lebenszyklus hat“, erläutert der deutsche Designer Michael Michalsky in einem Interview gegenüber dem WWF (WWF 2017). Das Zitat des Designers verdeutlicht den Trend der grünen Mode, da in den letzten Jahren Nachhaltigkeit ein allgegenwärtiges Thema geworden ist.

Immer öfter geraten Textilunternehmen in die Schlagzeilen aufgrund unmenschlicher Produktionsbedingungen. Erst kürzlich gab es einen Aufstand der Textilarbeiter in einer Fabrik in Myanmar, die gewaltsam für bessere Arbeitsbedingungen eintraten. Die Mitarbeiter protestieren seit Anfang 2017 gegen die Arbeitsbedingungen und fordern unter anderem eine Gesundheitsversicherung. Laut dem Guardian gehört diese Fabrik zu einem der 40 Zulieferer der internationalen Modekette H&M (Myint und Lee 2017). Darüber hinaus gilt die Modeindustrie als eine der umweltschädlichsten Industrien weltweit aufgrund umweltbelastender Anbau- sowie Herstellungsmethoden von Rohstoffen und langen Transportwegen (Strähle 2017, S. 8). Christopher et al. (2004) definieren den Modemarkt anhand der folgenden Kriterien: kurze Produktlebenszyklen, hohe Marktvolatilität und eine große Anzahl an Impulskäufen. Diese Charakteristika werden von den sogenannten Fast Fashion-Unternehmen gefördert, die in immer kürzer werdenden Abständen Kollektionen auf den Markt bringen.

Aus diesem Grund scheint die Zeit für ein Umdenken in der Modebranche hin zu grüner Mode gekommen. Unterstrichen wird diese Notwendigkeit unter anderem durch die von der UN vereinbarten Ziele für nachhaltige Entwicklung, die sogenannten Sustainable Development Goals (SDGs). Die Ziele umfassen die Verminderung beziehungsweise Eli-

A. Haddick (✉)
Köln, Deutschland

P. Heinrich (Hrsg.), *CSR und Fashion*, Management-Reihe Corporate Social Responsibility,
https://doi.org/10.1007/978-3-662-57697-7_8

minierung von 17 ökologischen und sozialen weltweiten Problemen bis zum Jahre 2030 um die Hungernöte zu beenden, den Planeten zu retten und Wohlstand für alle zu gewährleisten. Um diese Ziele zu erreichen, müssen alle beteiligten Gruppen etwas unternehmen: die Regierungen, die Wirtschaft sowie die Gesellschaft (UN 2017).

Um nachhaltige Mode zu gewährleisten, müssen ebenso alle Akteure zusammenarbeiten. In diesem Artikel wird die Modeindustrie betrachtet und überlegt, welchen Beitrag diese leisten kann, um den Lebenszyklus von Kleidung zu verlängern. Durieu argumentiert, dass Modeunternehmen durch ihren großen Einfluss auf Produktionsprozesse und Konsumverhalten eine nachhaltigere Produktion sowie Kaufentscheidungen erreichen können (Durieu 2003, S. 7).

Dies erfordert innovative Geschäftsmodelle, die ökonomische sowie soziale Werte vereinen. Doch wie kann ein Unternehmen den Gedanken der Nachhaltigkeit in sein Geschäftsmodell einbringen? Darüber hinaus ist es letztendlich der Endkonsument, von dem der Erfolg grüner Mode abhängt.

Im Folgenden wird daher diskutiert, wie Nachhaltigkeit von Grund auf in ein Geschäftsmodell implementiert werden kann. Dazu wird zunächst der Begriff eines nachhaltigen Geschäftsmodells definiert. Außerdem wird die Implementierung in die Wertschöpfungskette betrachtet, da sie den Kernprozess globaler Modeunternehmen darstellt. Das schwedische Unternehmen Filippa K hat diesen Gedanken bereits in seiner Vision integriert und Maßnahmen ergriffen, das Geschäftsmodell nachhaltiger zu gestalten. Slow Fashion und Circular Economy bilden dabei die theoretische Grundlage. Eine Analyse des Konsumverhaltens soll Aufschluss über die Anwendung der Kernidee der Circular Economy auf nachhaltige Mode geben. Das Konsumverhalten in Bezug auf grüne Mode wird analysiert, um daraus das Erfolgspotential der Circular Economy abzuleiten.

2 Was ist ein nachhaltiges Geschäftsmodell?

Das Konzept der Geschäftsmodelle wurde erstmals im Jahr 1954 aufgegriffen. Daraufhin wurde das Thema in der Wirtschaftsinformatik weiterentwickelt und später in der Organisationstheorie und im strategischen Management aufgenommen (Ahrend 2016, S. 9). Porter definiert ein Geschäftsmodell als „Konzept wie ein Unternehmen wirtschaftet und Gewinn generiert" (Porter 2001, S. 73). Davon abgegrenzt muss die Unternehmensstrategie betrachtet werden, die als Umsetzung des Geschäftsmodells beschrieben werden kann (Seddon und Lewis 2003, S. 11). In diesem Sinne ist erst das Geschäftsmodell vorhanden, auf dem anschließend die Unternehmensstrategie aufgebaut wird. Andere Autoren betrachten wiederum das Geschäftsmodell als Abbild der Strategie. In diesem Verständnis beschreibt das Geschäftsmodell die benötigten Aktivitäten, um die Unternehmensstrategie umzusetzen (Osterwalder und Pigneur 2011, S. 17). Zusammenfassend können die Unternehmensstrategie und das Geschäftsmodell als dynamisches Konzept beschrieben werden, in dem es Wechselwirkungen gibt.

Das Konzept nachhaltiger Geschäftsmodelle stellt keinen Gegensatz zum traditionellen Verständnis dar, sondern vereint die Ansätze, Gewinn zu generieren sowie einen sozialen Beitrag zu leisten. Die Implementierung von CSR sollte den Gewinn des Unternehmens steigern, damit sich ökonomische und soziale Interessen in einem Geschäftsmodell verbinden lassen (Schreck 2012, S. 71).

Der Shared-Value-Ansatz von Porter und Kramer (2011) bietet eine theoretische Grundlage, Nachhaltigkeit in ein Geschäftsmodell zu integrieren. Die Theorie basiert auf der Annahme, dass Wirtschaft und Gesellschaft untrennbar miteinander verbunden sind. Die Ökonomen gehen von der Wertschöpfungskette als Zentrum eines Unternehmens aus, in dem strategische Entscheidungen getroffen werden. Daher betrachten sie diese als Ausgangspunkt, um gemeinsame Interessen von Unternehmen und Gesellschaft zu identifizieren. Nach dem Shared-Value-Ansatz kann der langfristige Unternehmenserfolg nur durch die Einbeziehung der Interessen und Herausforderungen der Gesellschaft gesichert werden. Um dies zu erreichen, schlagen Porter und Kramer drei zusammenhängende Möglichkeiten vor: Shared Value kann erstens durch neue oder verbesserte Produkte oder deren Einführung in unbeachtete Märkte, zweitens durch eine Neukombination der Wertkette und drittens durch die Unterstützung von Clusterentwicklungen geschaffen werden (Porter und Kramer 2011, S. 58–75).

Auf Grundlage des beschrieben Shared-Value-Ansatzes und dessen Fokus auf die Wertschöpfungskette wird im Folgenden beschrieben, wie Nachhaltigkeit in der textilen Wertschöpfungskette implementiert werden kann.

2.1 Nachhaltiges Supply Chain Management

Traditionell hat sich das Konzept des Wertschöpfungsmanagements aus der klassischen Logistik entwickelt. Während in den 70er Jahren die Logistik als Optimierung abgegrenzter Funktionen wie Beschaffung, Produktion und Absatz definiert wurde, entwickelte sich in den 80er Jahren ein Verständnis für funktionsübergreifende Abläufe. In den 90er Jahren integriert schließlich die Logistik Funktionen zu Prozessketten und Unternehmen zu Wertschöpfungsketten. Mit der zunehmenden Globalisierung und Verflechtung von Warenströmen umfasst das Supply Chain Management seit Anfang des 21. Jahrhunderts die Integration von Wertschöpfungsketten zu globalen Netzwerken (Baumgarten 2008, S. 14). Kuhn und Hellingrath definieren das Supply Chain Management als „die integrierte, prozessorientierte Planung und Steuerung der Waren-, Informations-, und Geldflüsse entlang der gesamten Wertschöpfungskette vom Kunden bis zum Rohstofflieferanten mit den Zielen Verbesserung der Kundenorientierung, Synchronisation der Versorgung mit dem Bedarf, Flexibilisierung und bedarfsgerechte Produktion, Abbau der Bestände entlang der Wertschöpfungskette“ (Kuhn und Hellingrath 2002, S. 10).

Die Wertschöpfungsketten in der Textilbranche sind durch die schwere Prognostizierbarkeit der Nachfrage gekennzeichnet, da Verkaufsprognosen nur bedingt von Vergangenheitsdaten abgeleitet werden können. Aus diesem Grund werden gegebenenfalls die

Verkaufsdaten zu Beginn einer Saison genutzt, um daraufhin genaue Prognosen für die restliche Saison zu ermitteln und die benötigte Ware zu produzieren (Heil 2006, S. 51 ff.). Eine weitere Besonderheit der Fashionbranche sind die Fast Fashion-Modeunternehmen. Sie realisieren mehrere Kollektionswechsel innerhalb einer Saison mithilfe eines flexiblen Supply Chain Managements und reagieren damit schnell auf die neusten Trends sowie auf die Nachfrage der Kunden. Diese Unternehmen benötigen von der Entwicklung einer Kollektion bis hin zu deren Auslieferung in den Einzelhandel lediglich 15 bis 30 Tage, während das klassische Modeunternehmen etwa vier bis zwölf Monate benötigt. Die immer kürzer werdenden Lebenszyklen einzelner Kollektionen überlagern mittlerweile die klassischen Kollektionen Frühling/Sommer und Herbst/Winter. Stattdessen werden relativ geringe Stückzahlen produziert und ausverkaufte Designs durch die neue Kollektion ersetzt. Dementsprechend liegen die Belieferungszyklen bei Fast Fashion-Unternehmen bei etwa zwei Anlieferungen pro Woche (Oberländer 2008, S. 43 f.).

Heutzutage stellt Nachhaltigkeit durch das steigende Interesse der Konsumenten sowie der Gesellschaft eine der größten Herausforderungen im Supply Chain Management dar. Nachhaltiges Supply Chain Management kann als Supply Chain Management definiert werden, welches soziale, umweltbezogene und ökonomische Einflüsse in den Lebenszyklus von Produkten und Dienstleistungen integriert (UN Global Compact 2015, S. 5).

Die folgende Abb. 1 zeigt die textile Wertschöpfungskette von traditioneller Konfektionsware.

Die textile Kette bildet ein komplexes, globales Netzwerk, wobei jeder Produktionsschritt seine eigene Problematik hat. Im Allgemeinen sind traditionelle Textilwertschöpfungsketten geprägt von einem hohen Chemikaliengebrauch, einem hohen Verbrauch von Wasser und Energie, Müllproduktion, Emissionen und langen Transportwegen (Strähle 2017, S. 13). Der Bereich der Faser-, Gewebe- und Textilproduktion ist insbesondere durch hohen Chemikalieneinsatz gekennzeichnet. Aus diesem Grund hat die Auswahl der Rohstoffe einen großen Einfluss auf die Nachhaltigkeit des Endproduktes. Generell kann bei der Rohstoffgewinnung zwischen Chemiefasern und Naturfasern unterschieden werden. Die Naturfasern können wiederrum in tierische und pflanzliche Fasern unterteilt werden. Aus der pflanzlichen Faser Baumwolle wird aktuell rund die Hälfte aller Kleidungsstücke gefertigt (Felbeck und Hollensteiner 2007, S. 7). Beim konventionellen

Abb. 1 Die textile Wertschöpfungskette. (Nach Piegsa 2010, S. 3; Müller-Stewens und Lechner 2005, S. 294)

Anbau von Baumwolle ist ein hoher Einsatz von Chemikalien wie Entfärbungsmitteln Schädlingsbekämpfungs- und Unkrautbekämpfungsmitteln üblich. Ein hoher Wasserverbrauch führte sogar unter anderem zum Austrocknen des Aralsees (Umweltbundesamt 2017). Neben dem konventionellen Anbau gibt es zusätzlich den integrierten und den ökologischen Anbau. Bei dieser Methode wird durch den Einsatz von biologischen Produkten und selektiv wirkenden Pflanzenschutzmitteln die Nutzung von Pestiziden vermieden oder verringert (Piegsa 2010, S. 5 ff.). Die Produktion von Chemiefasern verbraucht ebenfalls nicht-erneuerbare Energien und es werden Chemikalien eingesetzt, was wiederrum zu einer hohen Abwasser- sowie Abluftbelastung führt (Umweltbundesamt 2017). Als umweltfreundliche Alternative wurde das Lyocell-Verfahren entwickelt. Der für die Herstellung von Lyocell benötigte Stoff ist umweltverträglich, biologisch abbaubar und kann zu fast 100 % zurückgewonnen werden (Piegsa 2010, S. 10).

Dies zeigt, dass es neben den traditionellen Anbaumethoden bereits alternative Verfahren gibt, die deutlich weniger umweltschädlich sind.

Eine erste Hilfestellung für Unternehmen, Nachhaltigkeit zu implementieren, kann die Norm ISO 14000 geben. Die von der ISO erlassenen Standards und Richtlinien für Managementsysteme im Bereich des Umweltmanagements beinhalten Qualitätsnormen, mit deren Hilfe eine Organisation die Umweltauswirkungen ihrer Geschäftstätigkeit bewerten kann. Die ISO 14000 lässt sich auf jede Organisation, unabhängig von ihrer Größe oder Struktur, anwenden und dient dazu, Umweltmanagement handhabbar zu gestalten (ISO 2017).

2.2 Die nachhaltige Supply Chain von Filippa K

Vor dem Hintergrund der nachhaltigen Geschäftsmodelle hat das schwedische Modeunternehmen Filippa K im Jahr 2014 eine neue Vision entwickelt. Das Unternehmensziel ist, in Zukunft mithilfe nachhaltiger Mode zu wachsen und daher nach und nach das Geschäftsmodell anzupassen. Die Geschäftsführung ist überzeugt, dass sich die Modeindustrie ändern muss und der langfristige Unternehmenserfolg durch die Umstellung auf nachhaltige Mode gesichert werden kann. Dazu muss das gesamte Geschäftsmodell überdacht werden. Zusammen mit ihren Partnern, Zulieferern und Mitarbeitern stellt Filippa K die traditionelle Modeindustrie in Frage, um einen Weg hin zu nachhaltiger, gewinnbringender sowie innovativer Mode zu zeigen (Filippa K 2015, S. 5). In ihrem Nachhaltigkeitsbericht stellt das Unternehmen eine ganzheitliche, langfristige Strategie dar, um ihre Ziele zu erreichen.

Am Anfang der Wertschöpfungskette steht das Design. Dabei werden bereits die Materialien definiert, die verarbeitet werden sollen. Filippa K setzt auf ein zeitloses Design und hochqualitative Materialien, um eine lange Lebensdauer der Kleidung zu gewährleisten. Filippa K ersetzt aktuell die Baumwolle aus konventionellem Anbau durch alternative Materialien, wie zum Beispiel Baumwolle aus ökologischem Anbau, Lyocell sowie Leinen. Da manche Stoffe eine andere Struktur aufweisen und daher keinen äquivalenten Ersatz zu der konventionellen Baumwolle darstellen, investiert Filippa K in die Entwicklung neuer Materialien. Bereits 42 % der aktuellen Kollektion bestehen zum größeren Teil aus nachhaltigen Materialien und die Bestseller-Modelle aus Baumwolle konnten bereits komplett aus Baumwolle aus ökologischem Anbau produziert werden (Filippa K 2015, S. 24). Außerdem ist sich das Unternehmen darüber bewusst, dass Kleidung schwieriger zu recyceln ist, wenn sie aus einem Materialmix aus Natur- und Chemiefasern besteht. Daher unterstützen sie die Forschung in diesem Bereich, um erfolgreiches Recyceln in der nahen Zukunft zu ermöglichen. Um ihre Kunden darauf aufmerksam zu machen, ist in jedem Kleidungsstück ein Schild eingenäht, welches die Kunden dazu auffordert, das Kleidungsstück entweder jemand anderem oder Filippa K zu geben, um es zu recyceln, falls es nicht mehr gebraucht wird.

Darüber hinaus gewährleistet Filippa K eine vollständig transparente Lieferkette. In ihrem Nachhaltigkeitsbericht werden alle Partner und Lieferanten aufgelistet. Zudem stellt das Unternehmen sicher, dass all diese Partner nach denselben Werten und Standards in Bezug auf Nachhaltigkeit arbeiten (Filippa K 2015, S. 30). Um den gesamten Produktionsprozess umweltfreundlicher zu gestalten, arbeitet Filippa K mit der Sweden Textile Water Initiative zusammen. Mit deren Hilfe konnte der Wasser-, Energie- und Chemieverbrauch in der Wertschöpfungskette minimiert werden. Außerdem kooperiert das Unternehmen mit weiteren Netzwerken, um einheitliche Nachhaltigkeitsrichtlinien in der Modeindustrie voranzutreiben. In diesem Sinne achtet Filippa K darauf, bei dem Transport der Ware nicht zu viel CO2zu generieren. Dazu gehören Maßnahmen wie die Vermeidung von Luftfrachten und die bedachte Auswahl von Logistikpartnern, deren Priorität ebenso die Umweltschonung ist. Im Hauptsitz sowie in den Filialen wird mit erneuerbaren Energien gearbeitet und der Energieverbrauch mithilfe von LED-Leuchten so weit wie möglich eingegrenzt (Filippa K 2015, S. 40).

Um den nachhaltigen Erfolg zu sichern, setzt Filippa K auf langfristige Partnerschaften mit Schlüssellieferanten. Bereits 41 % des Lieferantenvolumens wird von Produzenten bezogen, bei denen mindestens 10 % von der Produktionskapazität von Filippa K besetzt ist (Filippa K 2015, S. 64). Durch die Vertiefung dieser Partnerschaften soll in Zukunft zusammen eine nachhaltigere Produktion aufgebaut werden. Des Weiteren arbeitet Filippa K langfristig mit verschiedenen Initiativen zusammen, um Themen zu Recycling, innovativen Materialien und alternativem Konsum zu diskutieren und voranzutreiben.

Das Beispiel von Filippa K zeigt, wie vielfältig das Thema Nachhaltigkeit in der textilen Wertschöpfungskette ist. Um ein umweltfreundliches Geschäftsmodell zu implementieren, muss jeder Aspekt betrachtet und überdacht werden. Außerdem ist es eine langfristige Entwicklung, nachhaltige Praktiken auf Dauer einzubringen. Nichtsdestotrotz gibt es einige theoretische Modelle, die eine Grundlage für ein nachhaltiges Geschäftsmodell darstellen.

2.3 Slow Fashion – Was halten die Kunden davon?

Der Kleidungskonsum ist gekennzeichnet durch immer schneller wechselnde Moden. Wie bereits beschrieben, reagieren die führenden Modeunternehmen auf diese Entwicklung mit einer steigenden Anzahl an Kollektionen, die längst die klassischen vier Kollektionen im Jahr abgelöst haben. Das Phänomen der Fast Fashion wird aufgrund günstiger Produktionsprozesse, unter denen die Arbeitsbedingungen sowie die Umwelt leiden, ermöglicht. Um die sozialen und ökologischen Probleme zu mindern, hat sich in den letzten Jahren das Konzept der Slow Fashion entwickelt. Der Begriff beschreibt die Verlängerung der Nutzungsdauer von Kleidung. Slow Fashion wirkt somit den schnell wechselnden Trends und Kollektionen entgegen (Gardemin und Kleinhückelkotten 2017, S. 280). Darunter wird im Allgemeinen sowohl die Produktion aus Bio-Baumwolle oder Naturfasern als auch die Schließung des Wertschöpfungskreislaufes mithilfe von Recycling verstanden. In Deutschland gibt es bereits einige Unternehmen wie Lanius oder Armedangels, die sich in diesem Nischenmarkt etablieren.

Nichtsdestotrotz liegt es letztendlich an der Nachfrage der Konsumenten, ob solche Unternehmen langfristig Erfolg haben werden. Denn eine notwendige Voraussetzung für den Erfolg von Slow Fashion ist zum einen das Bewusstsein der Konsumenten für nachhaltige Kleidung und zum anderen die Bereitschaft, nachhaltige Kleidung zu kaufen. Nach einer repräsentativen Umfrage des Instituts YouGov im Auftrag der dpa empfinden 40 % der Befragten faire Produktionsbedingungen in der Textilbranche als sehr wichtig. Zudem sagten lediglich 31 %, auf keinen Fall ein Produkt zu kaufen, das bekanntlich unter schlechten Produktionsbedingungen hergestellt wurde. Auf der anderen Seite sind 51 % der Befragten der Meinung, dass ein Preis von 10 € für ein T-Shirt angemessen sei. Darüber hinaus zeigt die Studie, dass älteren Kunden sowie Frauen das Thema Nachhaltigkeit wichtiger ist als jüngeren Kunden sowie Männern (YouGov 2014). Die Ergebnisse werden von einer Studie von Greenpeace unterstützt, die sich mit dem Konsum- sowie Kaufverhalten im Bereich Mode beschäftigt. Demnach achten 25 % der Befragten gezielt darauf, nachhaltige, umweltfreundliche oder fair produzierte Mode zu kaufen. Trotzdem wünschen sich 39 % der Befragten, dass die Modeunternehmen zur Rücknahme und Recycling von Kleidung verpflichtet werden (Greenpeace 2015). Zusammenfassend ist festzustellen, dass bereits ein höheres Bewusstsein für die Bedeutung des Themas vorhanden ist, als die eigentliche Bereitschaft, danach zu handeln.

3 Die Bedeutung der Circular Economy in der Modebranche

Der Begriff Circular Economy beschreibt das Prinzip der Kreislaufwirtschaft. Der Grundgedanke ist, die eingesetzten Rohstoffe über den Lebenszyklus hinaus wieder vollständig in den Produktionsprozess einzubringen. Das Ziel ist es, damit den Verbrauch von Ressourcen sowie den anfallenden Abfall zu reduzieren (Lehmacher 2016, S. 24). Dieses Prinzip kann mithilfe der Closed-Loop Supply Chains in die Wertschöpfungsketten der Textilindustrie integriert werden, um ein nachhaltiges Geschäftsmodell aufzubauen.

3.1 Closed-Loop Supply Chains

In den letzten Jahren hat der Begriff „Closed-Loop Supply Chains“ sowohl bei Unternehmen als auch unter Forschern an Bedeutung gewonnen. Das Ziel dieses Prozesses ist es, den Materialkreislauf zu schließen. Closed-Loop Supply Chains entstehen, wenn entweder die klassischen Wertschöpfungsketten separat um die sogenannte Reverse Logistik erweitert werden oder wenn diese in die Supply Chain integriert werden (Beamon und Fernandez 2004, p. 271). Von Reverse Logistik wird im Zusammenhang mit der Kreislaufwirtschaft gesprochen. Dabei bezieht sich der Begriff speziell auf das Recycling der Altprodukte sowie die Wiederverwendung von Ausgangsmaterialien (Sommer 2007, S. 100). Die Autoren Guide und Van Wassenhove definieren Closed-Loop Supply Chains als „Zurücknahme eines Produktes von dem Kunden, um den Mehrwert wiederherzustellen“. Um den Kreislauf zu schließen, gibt es in dem Sinne drei Möglichkeiten: das Produkt als Ganzes, Teile oder das Material wiederzuwenden (Guide und Van Wassenhove 2009, S. 10). In der Praxis wird häufig eine Kombination angewendet. Um die recycelten Produkte, Komponenten oder Materialien erfolgreich in die Wertschöpfungskette zurückzuführen, müssen alle Akteure der Lieferkette dazu beitragen. Dazu gehören unter anderem Lieferanten, Produzenten und Kunden. Der Vorteil einer Closed-Loop Produktion ist die Verlängerung der Lebenszeit von Produkten beziehungsweise Materialen. Dies vermindert den schädlichen Einfluss auf die Umwelt, da weniger neue Rohstoffe bezogen werden. Auf diese Weise wird zudem die Wettbewerbsfähigkeit eines Unternehmens sowie die Kundenzufriedenheit erhöht (Strähle 2010, S. 32).

Die Autoren Esty und Winston beschreiben in diesem Rahmen eine Pyramide, um den Wertschöpfungskreislauf zu schließen. Aufbauend auf dem Leitsatz „Reduce, Reuse, Recycle“ fügen sie in ihrer Theorie den Boden der Pyramide hinzu.

Die folgende Abb. 2 zeigt die 5 R’s des Wertschöpfungskreislaufs.

Laut den Autoren sollten Unternehmen zunächst ihre Produkte in dem Schritt „reimagine“ überdenken und vor dem Hintergrund der Nachhaltigkeit neue innovative Ansätze finden, um ihren Kunden einen Mehrwert zu bieten. Daraufhin folgt der Schritt „redesign“, in dem sie ihre Prozesse ebenso in Hinblick auf die Umweltfreundlichkeit umstrukturieren. Schließlich folgen die traditionellen Schritte, Ressourcen zu schonen und Abfall zu vermeiden („Reduce“), Produkte widerzuwenden („Reuse“) und schließlich zu recyceln (Esty und Winston, S. 196). In seinem Buch Green Fashion Retail (2017) hat der Autor Jochen Strähle daraufhin das 5 R-Konzept auf den Modebereich angewendet. In der Praxis haben bereits bedeutende Modeunternehmen das Konzept, die Produktlebenszyklen ihrer Artikel zu verlängern, aufgegriffen. So hat die schwedische Marke H&M eine

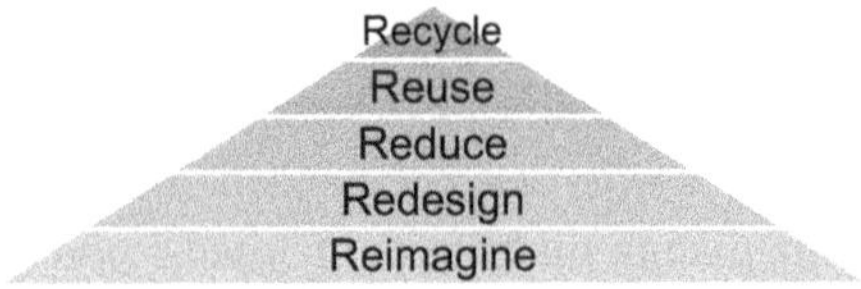

Abb. 2 Die 5 R’s des Wertschöpfungskreislaufs. (Nach Strähle 2017, S. 14 und Esty und Winston 2006, S. 196)

Aktion initiiert, nicht mehr getragene Kleidungsstücke der Kunden in ihren Läden einzusammeln, um sie umzufunktionieren, unabhängig von der Marke, Größe oder Farbe. Abhängig vom Zustand der Ware hat H&M drei Wege entwickelt, diese umzufunktionieren, um den Wertschöpfungskreis zu schließen: Kleidung in einem guten Zustand wird als Secondhand Ware verkauft („Rewear"), ältere Ware, die nicht mehr getragen werden kann, wird zu einem neuen Produkt verarbeitet („Reuse"), alles andere wird schließlich recycelt (H&M 2017).

Im Rahmen der nachhaltigen Strategie hat die schwedische Marke Filippa K ebenfalls vier Verfahren (Reduce, Repair, Reuse und Recycling) entwickelt, um den Kreislauf der Kleidung zu schließen. Da die Begriffe teilweise dasselbe beschreiben, werden im Folgenden die 5 R's nach Esty und Winston erklärt und den Verfahren von H&M und Filippa K zugeordnet.

3.2 Redesign und Reimagine

Reimagine beschreibt die unterste Ebene der Pyramide und dient damit als Basis der folgenden Schritte. Sie zielt darauf ab, schon bei der Kreation eines Produktes umweltfreundlich zu denken beziehungsweise ein Produkt in dieser Hinsicht zu überdenken. Dabei kommt es darauf an, neue, innovative Möglichkeiten zu suchen (Strähle 2017, S. 15). Der Prozess des Redesign beschreibt die Entwicklung eines Produktes auf eine nachhaltige Weise, sodass die negativen Auswirkungen auf die Umwelt reduziert werden. Dabei werden verschiedene Perspektiven vom Produktdesignüber die Auswahl an Materialien bis hin zum Produktionsprozess berücksichtigt (Esty und Winston 2006, S. 195). In Bezug auf die Modeindustrie zielt der Redesign-Prozess auf einen längeren Produktlebenszyklus ab. Da die Kleidung dafür vorgesehen ist, länger und öfter zu benutzt werden, sollten eine hohe Qualität sowie ein zeitloses Design gewährleistet sein.

3.3 Reduce

Reduce bezieht sich auf die Reduzierung des negativen Umwelteinflusses der Wertschöpfungskette. Darunter fallen unter anderem die Vermeidung von Abfall sowie die Ressourcenschonung. In Bezug auf die textile Wertschöpfungskette könnte dies beispielsweise bedeuten, die Rohstoffbeschaffung zu optimieren. Ein lokaler Rohstoffbezug anstatt einer globalen Beschaffungskette führt zu erheblich kürzeren Transportwegen und senkt damit die Umweltverschmutzung. Der Produktionsprozess kann ebenfalls dahingehend optimiert werden, eine effiziente Nutzung der Rohstoffe zu gewährleisten und Ausschuss zu vermeiden (Pui-Yan Ho und Choi 2012, S. 168). Filippa K setzt dieses Konzept im Rahmen der Circular Economy ebenfalls um. Dazu werden etwa alle zwei Jahre bestimmte Artikel ausgewählt, um als Vorreiter von langlebiger Mode zu dienen. Diese Artikel werden daraufhin so nachhaltig wie möglich hergestellt. Bereits beim Design wird Wert auf nachhaltige Materialien und Produktionstechniken gelegt. Konkret werden die Vorreiter nach den folgenden Kriterien gefertigt:

- Nachhaltige Materialien
- Recyclebar
- Transparente Lieferkette
- Minimaler Einsatz von Ressourcen und Chemikalien
- Vermeidung von Abfall
- Minimale Emissionen
- Respekt vor Mensch und Tier
- Lang andauernde Qualität sowie Design
- Gute Tragbarkeit
- Finanziell gesichert

Auf dem erlernten Wissen über mögliche Prozesse und Materialien aufbauend plant Filippa K ab dem Jahr 2030, alle Produkte nach den genannten Kriterien der Vorreiter herzustellen (Filippa K 2015, S. 17).

3.4 Reuse

Eine andere Möglichkeit, den Wertschöpfungskreislauf zu schließen, ist der erneute Gebrauch eines Produktes in seiner ursprünglichen Form, anstatt es wegzuwerfen. Auf diese Weise kann der Lebenszyklus eines Produktes immens verlängert werden (Strähle 2017, S. 14). Die bekannteste Form ist der Secondhand-Handel. In den letzten Jahren wurde er insbesondere durch Plattformen wie Ebay oder Kleiderkreisel gefördert. In diesem Sinne hat das schwedische Label Filippa K bereits 2008 einen eigenen Secondhand-Store eröffnet. Darüber hinaus bietet die Marke seit 2015 in ausgewählten Stores ihre Kollektionen zum Ausleihen an. Damit gibt sie ihren Kunden die Möglichkeit, Kleidungsstücke temporär, zum Beispiel für eine bestimmte Gelegenheit, zu tragen und danach wieder zurückzugeben. Durch das Ausleihen von Kleidung statt eines Kaufes kann ein Kleidungsstück häufiger genutzt werden und die Umweltverschmutzung durch die Modeindustrie wird reduziert (Filippa K 2015, S. 19). In der Studie von Greenpeace (2015) gaben 46 % der Befragten an, schon einmal Kleidung gebraucht gekauft zu haben.

3.5 Recycle

Recycle beschreibt den Prozess des Sammelns und der Wiederverwertung von gebrauchten Materialien, um damit neue Produkte zu schaffen. Im Allgemeinen gibt es zwei Arten von Materialien, die wiederverwertet werden können: Zum einen die Industrieabfälle und zum anderen die Abfälle der Konsumenten (Strähle 2017, S. 14). Während bei den Industrieabfällen die Zusammensetzung des Materials bekannt ist, haben die Konsumentenabfälle seit ihrer industriellen Produktion bereits einige Bearbeitungsprozesse durchlaufen. Um effektiv zu recyceln, müssen alle einzelnen Komponenten eines Materials getrennt werden. Aus diesem Grund erfordert der Recyclingprozess von Konsumentenabfällen einen höheren Kapital- sowie Energieaufwand (Pui-Yan Ho und Choi 2012, S. 162). Wie bereits erwähnt, recycelt H&M die Ware, die nicht mehr getragen oder wiederverwendet werden kann, als letzten möglichen Prozess, um den Wertschöpfungskreislauf zu schließen.

4 Fazit und Ausblick

Sowohl in der Literatur als auch in der Praxis gibt es bereits Ansätze, ein Geschäftsmodell nachhaltig zu gestalten. Theoretisch bedeutet das, ökonomische sowie soziale Interessen zu vereinen. Bezogen auf Modeunternehmen, bietet die globale Wertschöpfungskette zahlreiche Ansatzpunkte, dies zu realisieren. Das schwedische Unternehmen Filippa K hat in diesem Sinne seine Strategie von Grund auf geändert und zeigt verschiedene Maßnahmen, Nachhaltigkeit zu implementieren. Die Kerngedanken von nachhaltiger Mode sind zum einen die Verlängerung der Nutzungsphasen von Kleidung, was sich in der Slow Fashion widerspiegelt und zum anderen das Prinzip der Circular Economy. Anhand der sogenannten Closed-Loop Supply Chains wird der Wertschöpfungskreislauf geschlossen, um den Ressourcenverbrauch und anfallenden Abfall zu reduzieren. Die Autoren Esty und Winston haben einen theoretischen Rahmen entwickelt, Rohstoffe in den Lebenszyklus zurückzuführen. Diese Maßnahmen werden bereits von Modeunternehmen wie H&M und Filippa K umgesetzt. Obwohl sich einflussreiche Unternehmen für nachhaltigere Mode einsetzen und Möglichkeiten zeigen, nachhaltige Geschäftsmodelle umzusetzen, wird deren Erfolg von den Kunden determiniert. Studien zeigen, dass die Einstellung zu grüner Kleidung verhalten ist. Kunden sind oft nicht bereit, mehr zu bezahlen und die Kaufentscheidung fällt meist nach wie vor auf Basis des Designs.

Zusammenfassend kann gesagt werden, dass Kunden genauso wie Unternehmen umdenken müssen, um alternative Geschäftsmodelle in der Modeindustrie umzusetzen. Modeunternehmen haben bereits einen großen Schritt in Richtung Nachhaltigkeit getätigt und befinden sich größtenteils in einem langfristigen Änderungsprozess. Ob Michael Michalsky in Bezug auf das Kundenverhalten Recht behält, wird sich dagegen in den nächsten Jahren zeigen.

Literatur

Ahrend K-M (2016) Geschäftsmodell Nachhaltigkeit. Ökologische und soziale Innovationen als unternehmerische Chance. Springer, Heidelberg

Baumgarten H (2008) Das Beste der Logistik. Innovationen, Strategien, Umsetzungen. Springer, Heidelberg

Beamon B, Fernandez C (2004) Supply-chain network configuration for product recovery. Prod Plan Control 15:270–281

Christopher M, Lowson R, Peck H (2004) Creating agile supply chains in the fashion industry. Int J Retail Distrib Manag 32:367–376. https://doi.org/10.1108/09590550410546188

Durieu X (2003) How Europe's retail sector helps promote sustainable production and consumption. http://www.uneptie.org/division/media/review/vol26no1/UNEP0103.PDF. Zugegriffen: 1. März 2017

Esty D, Winston A (2006) Green to gold: how smart companies use environmental strategy to innovate, create value, and build competitive advantage. Yale University Press, New Haven

Felbek G, Hollensteiner M (2007) Nachhaltige Produkte für den Verbraucher – Ökotextilien/Kosmetik. Höhere Bundeslehranstalt für Mode und Bekleidungstechnik, Krems

Filippa K (2015) Sustainability Report 2015. https://www.filippa-k.com/media/wysiwyg/filippa-k-world/sustainability/reports/Filippa-K-Sustainability-Report-2015.pdf. Zugegriffen: 21. März 2017

Gardemin D, Kleinhückelkotten S (2017) Slow Fashion – Chancen für einen nachhaltigen Kleidungskonsum? In: López I (Hrsg) CSR und Wirtschaftspsychologie: Psychologische Strategien zur Förderung nachhaltiger Managemententscheidungen und Lebensstile. Springer, Heidelberg, S 279–296

Greenpeace (2015) Usage and Attitude Mode/ Fast Fashion, Ergebnisbericht. https://www.greenpeace.de/files/publications/20151123_greenpeace_detox_ergebnisbericht_fast_fashion.pdf. Zugegriffen: 27. März 2017

Guide VDR, Van Wassenhove LN (2009) The evolution of closed-loop supply chain research. Oper Res 57:10–18. https://doi.org/10.1287/opre.1080.0628

H&M (2017) bring it on. http://www.hm.com/us/inspiration/ladies/bring-it-on. Zugegriffen: 22. März 2017

Heil U (2006) Kooperative Risk-Pooling-Strategien im Modehandel. Lang, Frankfurt

ISO (2017) ISO 14000 family – Environmental management. https://www.iso.org/iso-14001-environmental-management.html. Zugegriffen: 7. März 2017

Kuhn A, Hellingrath B (2002) Supply Chain Management. Optimierte Zusammenarbeit in der Wertschöpfungskette. Springer, Heidelberg

Lehmacher W (2016) Globale Supply Chain: Technischer Fortschritt, Transformation und Circular Economy. Springer Gabler, Wiesbaden

Müller-Stewens G, Lechner C (2005) Strategisches Management. Wie strategische Initiativen zum Wandel führen, 3. Aufl. Schäffer-Poeschel, Stuttgart

Myint SYS, Lee Y (2017) H&M supply factory in Maynmar damaged in vilent labour protest. https://www.theguardian.com/global-development/2017/mar/07/hm-hennes-mauritz-supply-factory-in-myanmar-damaged-in-violent-labour-protest. Zugegriffen: 14. März 2017

Oberländer M (2008) Optimale Beschaffungs- und Postponementstrategien in Mode-Supply-Chains: Entscheidungswirkungen alternativer Risikopräferenzen bei hohem Absatzrisiko. Dr. Kovac, Hamburg

Osterwalder A, Pigneur Y (2011) Business model generation – Ein Handbuch für Visionäre, Spielveränderer und Herausforderer. Campus, New York

Piegsa E (2010) Green Fashion. Ökologische Nachhaltigkeit in der Bekleidungsindustrie. Diplomica, Hamburg

Porter ME (2001) Strategy and the Internet. Harv Bus Rev 79:63–78

Porter ME, Kramer R (2011) Die Neuerfindung des Kapitalismus. Harv Bus Manag 2:58–75

Pui-Yan Ho H, Choi T (2012) A Five-R analysis for sustainable fashion supply chain management in Hong Kong: a case analysis. J Fash Mark Manag Int J 16:161–175. https://doi.org/10.1108/13612021211222815

Schreck P (2012) Der Business Case for CSR. In: Schneider A, Schmidpeter R (Hrsg) Corporate Social Responsibility: Verantwortungsvolle Unternehmensführung in Theorie und Praxis. Springer, Heidelberg, S 71–88

Seddon PB, Lewis GP (2003) Strategy and business models: what's the difference. 7th Pacific Asia conference on information systems, Conference Paper, Adelaide

Sommer P (2007) Umweltfokussiertes Supply Chain Management. Am Beispiel des Lebensmittelsektors. Deutscher Universitäts-Verlag, Wiesbaden

Strähle J (2017) Green fashion retail. Springer, Heidelberg

Umweltbundesamt (2017) Die Textilindustrie in Deutschland. http://www.umweltbundesamt.de/themen/wirtschaftkonsum/industriebranchen/textilindustrie#textpart-1. Zugegriffen: 28. März 2017

UN (2017) Sustainable Development Goals, 17 goals to transform our world. http://www.un.org/sustainabledevelopment/sustainable-development-goals/. Zugegriffen: 27. März 2017

UN Global Compact Office (2015) Supply chain sustainability: a practical guide for continuous improvement, 2. Aufl. United Nations Global Compact and BSR, New York

WWF (2017) Nachhaltigkeit im Alltag: „Ist Nachhaltigkeit en vogue?". http://www.wwf.de/zusammenarbeit-mit-unternehmen/abgeschlossene-unternehmenskooperationen-und-charities/michalsky/michalsky-zu-nachhaltigkeitstrends/. Zugegriffen: 27. März 2017

YouGov (2014) Umfrage: Verbraucher wollen bei Kleidung fair und billig zugleich. https://yougov.de/news/2014/08/12/umfrage-verbraucher-wollen-bei-kleidung-fair-und-b/. Zugegriffen: 27. März 2017

Anna Haddick studiert Intercultural Management an der Cologne Business School in Köln als Masterstudiengang. Zuvor hat sie ein duales Bachelorstudium im Bereich Industrie- und Handelsmanagement an der Rheinischen Fachhochschule Neuss absolviert. Im Rahmen des Studiums hat sie in den Praxisphasen bei einem internationalen Modeunternehmen gearbeitet.

Daneben engagiert sich Frau Haddick beim Center for Advanced Sustainable Management der CBS im Bereich CSR und Fashion. Außerdem arbeitet sie als Werksstudentin bei einem nachhaltigen Modeunternehmen.

Green Fashion Tours – Stadttouren zu nachhaltiger Mode

Anna Perrottet und Arianna Nicoletti

1 Einleitung

Berlin steht wie keine andere Stadt für Nachhaltigkeit und Innovation sowie kleine Gewerbe. In Sachen nachhaltiger Mode wird die deutsche Hauptstadt als eine der Welthauptstädte gehandelt. Keine andere Stadt bietet die einzigartige Mischung aus kleinen Designern und besonderen Einzelhandelskonzepten. Diese Vielfalt zu vermitteln, war 2015 mit ein Grund, **Green Fashion Tours** ins Leben zu rufen: geführte Stadttouren durch Berlin zum Thema nachhaltige Mode.

Die *Green Fashion Tours Map*, eine bei Einzelhandel, Veranstaltern und Hotels ausliegende Karte, zeigt über 30 Läden und Ateliers mit nachhaltiger Mode. Darauf basierend werden Stadttouren sowie Workshops und Vorträge zum Thema nachhaltige Mode und zu Unterthemen wie vegane Mode, Upcycling, Nachhaltigkeitsstandards etc. durchgeführt. Green Entrepreneurship und grüne Innovation in der Hauptstadt sowie innovative und nachhaltige Einzelhandelskonzepte sind dabei immer ein wichtiges begleitendes Thema.

Heute unter Schirmherrschaft des **Future Fashion Forward e. V.** startete das Projekt als Kooperation zwischen zwei Pionieren im Bereich faire Mode-Campaigning/-Information: dem Concept Store **The Upcycling Fashion Store** sowie der Online-Plattform **Get Changed!**.

Erstes Anliegen von *Green Fashion Tours* ist es, eine Brücke zwischen Kaufenden und Anbietenden fairer Mode zu schlagen. Einkaufs-Möglichkeiten und Einkleide-Möglichkeiten sollen aufgezeigt und das Bewusstsein für nachhaltigen Konsum gestärkt werden.

A. Perrottet (✉) · A. Nicoletti (✉)
Co-Gründerin, Green Fashion Tours
Berlin, Deutschland
E-Mail: info@greenfashiontours.com

P. Heinrich (Hrsg.), *CSR und Fashion*, Management-Reihe Corporate Social Responsibility,
https://doi.org/10.1007/978-3-662-57697-7_9

Gleichzeitig bietet *Green Fashion Tours* eine Plattform für Akteure der nachhaltigen Modeszene, sich gemeinsam zu präsentieren. Ebenso ist das Projekt ein Netzwerkinstrument zwischen Fach-Besuchern aus aller Welt sowie lokalen Akteuren.

Überrascht über die große Nachfrage aus aller Welt und das gute Feedback sind die Touren inzwischen von einem Nebenprojekt zu einer der Haupttätigkeiten der Gründerinnen gewachsen.

2 Fast Fashion, Slow Fashion und grüne Mode

In der heutigen Lieferkette sind wir als Modeprofi, Firmeninhaberin oder Konsument weit entfernt von den Realitäten der Herstellung. In den letzten Jahrzehnten sind die Lieferketten globaler, komplexer und intransparenter geworden.

Der Kollektionsrhythmus internationaler Modeketten hat sich in kurzer Zeit vervielfacht, während der globale Textil-Konsum zwischen 2000 und 2010 um 47 % gestiegen ist (von Wedel-Parlow 2015) Mode wird im Vergleich zum Einkommen immer billiger – die Menge, die wir besitzen und entsorgen, wird umso größer. Die durchschnittliche Nutzungsdauer eines Kleidungsstücks verkürzt sich. Dieses Phänomen umschreibt das Konzept Fast Fashion.

Als Gegenbewegung hat sich die Slow Fashion Bewegung gegründet. Hier geht es um Qualität und Langlebigkeit. Marken führen maximal zwei Kollektionen pro Jahr oder haben sich gleich ganz von gängigen Kollektionsrhythmen verabschiedet. Bewährte Schnitte werden über mehrere Kollektionen in verschiedenen Farben und Stoffqualitäten variiert. Es wird lokal und auf Nachfrage, zum Teil auch nach Kundenwünschen produziert.

Materialien und Schnitte sind hochwertig, gewährleisten eine lange Tragedauer und zeitlose, durchdachte Designs machen die Teile zu Lieblingsstücken, die nach einer Saison noch lange nicht aus der Mode kommen. Der Käufer soll *für mehr weniger* kaufen – und mehr davon haben.

Auch große Modemarken nehmen Slow Fashion Elemente wie das Customizing von Artikeln, Reparatur-Services oder andere nachhaltige Designansätze und Services mit in ihr Angebot auf.

Definiert nach den **Get Changed! Fairness-Kriterien** (siehe auch Info-Box „Get Changed! Fairness-Kriterien“) nimmt Green Fashion, grüne Mode oder faire Mode, viele dieser Slow Fashion Ideen mit auf, richtet sich aber zusätzlich nach klar definierten, strengen Kriterien im Bereich ökologisch und sozial nachhaltige Produktion (ökologische Materialauswahl und -verarbeitung, soziale Kriterien auf allen Stufen der Lieferkette).

Noch mag die Suche nach nachhaltiger Mode einen Mehraufwand bedeuten – an Recherche und Auseinandersetzung mit dem Thema. Manchmal erfordert sie auch Kompromisse in Bezug auf den Preis oder die Auswahl. In Berlin haben sich aber über alle Kieze hinweg inzwischen viele nachhaltige Modeläden und -ateliers etabliert. Dies sind einerseits einzelne Designer oder Marken, die oft sogar vor Ort produzieren oder zumindest das Design und Prototypen vor Ort entwerfen. Andererseits wächst auch die Zahl der Concept Stores, Läden, die eine kuratierte Auswahl nachhaltiger Brands einkaufen. Gleichzeitig finden über das Jahr zahlreiche Events, Netzwerktreffen, Ausstellungen, Eröffnungen und Vorträge statt – zweimal im Jahr zur Fashion Week veranstaltet die Messe Frankfurt mit *Ethical Fashion Show* und *Green Showroom* eine der weltweit größten Fachmessen/Anbietermessen zum Thema nachhaltige Mode.

3 Idee & Konzept: Green Fashion Tours

Auf der einen Seite steht also – sobald man sich in das Thema einarbeitet – eine große Auswahl an Modemarken, Online- und Offline-Retail. Auf der anderen Seite suchen immer mehr Leute nach nachhaltigerer Mode.

Mehr und mehr Kunden verlieren, bewusst oder unbewusst, die Lust auf klassisches Shopping. Die Umsatzzahlen im Einzelhandel gehen zurück, der Wettkampf um schneller, billiger, mehr fordert Opfer auf allen Stufen der Lieferkette und lässt sich kaum mehr gewinnen.

Weltweit haben sich Informationsplattformen, Initiativen und Kampagnen entwickelt – nicht selten von Modemachern selbst –, die die Modeindustrie verändern, die Kunden informieren und einen Wandel voranbringen wollen. *Green Fashion Tours* ist aus einer Kooperation zweier dieser Projekte im deutschsprachigen Raum entstanden.

Mit *The Upcycling Fashion Store* – über lange Zeit ein zentraler Treffpunkt in der nachhaltigen Modeszene Berlins, als Initiator zahlreicher Projekte, wie dem Strich und Faden Modestammtisch und als Gründer des Labels **Aluc** – hatte sich das Vierer-Team Arianna Nicoletti, Carina Bischof, Jonathan Leupert und Luise Barsch schon lange einen Namen gemacht.

Eines der Projekte des innovativen und engagierten 4er-Teams war die Upcycling Roadmap – eine gedruckte Karte, die Orte mit Upcycling-Produkten in Berlin zeigte und an eben diesen Orten ausgelegt wurde. Damit sollte gezeigt werden, wie verbreitet und stark die Upcycling Design Szene ist. Dieses erste Experiment wurde in Kollaboration mit *Visitberlin* und *Heimtextil* durchgeführt. Die Karte enthielt Stationen zu den Themen Mode, Möbel und Objektdesign.

Get Changed! ist das umfassendste Online-Verzeichnis im deutschsprachigen Raum für Modemarken mit höchsten Ansprüchen an ökologische und soziale Produktionsbedingungen. Der *Fair Fashion Finder* bietet für Deutschland, Österreich und die Schweiz die Möglichkeit, anhand einer digitalen Karte mit Suchfunktion Läden mit fairer Mode in der eigenen Stadt zu finden. Darüber hinaus geben App und Website Auskunft darüber, welche fairen Modemarken in den Läden verkauft werden und zu welchen Bedingungen die nach festen Kriterien ausgewählten Modemarken produzieren. Gegründet wurde *Get Changed!* 2012 in Zürich von Katharina Wehrli und Mark Starmanns, getragen wird es vom *Fair Fashion Network e. V.*

Sowohl mit *The Upcycling Fashion Store* als auch mit *Get Changed*! versuchten die Gründer auf verschiedenen Ebenen Vermittlungsangebote zu schaffen zwischen dem bereits bestehenden Angebot an nachhaltigen Modemarken und den vorhandenen Kundenschichten, die gerne nachhaltigere Produkte kaufen würden. Zu diesen Angeboten zählen der digitale *Fair Fashion Finder* von *Get Changed!*, das *Get Changed!*-Magazin, gedruckte Guides, aber auch der Strich und Faden Modestammtisch, ein lokales Vernetzungsangebot in Berlin.

Durch eine Kooperation der beiden Initiativen wurde die *Upcycling Roadmap* erweitert und der Fokus auf nachhaltige Mode gesetzt. Aus der *Upcycling Roadmap* wurde die *Green Fashion Map* und später die *Green Fashion Tours Map*.

Während *Get Changed!* die Verbreitung und Erstellung der *Green Fashion Tours Map* für Berlin, Hamburg und Zürich mit initiierte, unterstützte und finanzierte und die Liste sowie Daten der nachhaltigen Modeläden beisteuerte, sind auch die Kriterien für die Aufnahme der Läden von *Get Changed!* (siehe Info-Box „Get Changed! Fairness-Kriterien"). Heute steht *Green Fashion Tours* unter Schirmherrschaft des **Future Fashion Forward e. V.** (siehe Info-Box „Future Fashion Forward").

Wie die bisher bestehenden Formate ist *Green Fashion Tours* ein Vermittlungs- und Informationsangebot. *Green Fashion Tours* bietet nun zusätzlich Stadttouren, Workshops, Expert Talks und Bildungspakete an. Neu an der Herangehensweise ist, dass auf zweierlei Art ein direkter Kontakt zu Mode-Suchenden stattfindet: die Vermittler, Guides, Workshop-Leiter und Referenten sind vor Ort und sprechen persönlich mit den Teilnehmern, beantworten Fragen und gehen auf deren besondere Interessen zum Thema Fair Fashion individuell ein. Gleichzeitig ist auch der Kontakt mit Ladenbesitzern, Handwerkern und Verkäufern direkt und unmittelbar. Neu ist also die Direktheit und Unmittelbarkeit des Angebots, das somit nicht nur reines Informationsangebot ist, sondern ein Erleben, Erfahren und Lernen mit allen Sinnen bietet. Es entsteht ein direkter Bezug zu lokalen Akteuren und dem Angebot vor Ort. So wird auch wieder eine emotionale Bindung zur eigenen Kleidung hergestellt.

Future Fashion Forward

Die Idee des *Future Fashion Forward e. V.* ist aus der globalen Kampagne *Fashion Revolution* entstanden. Durch die Kampagnenarbeit zum Fashion Revolution Day haben sich weitere Projekte entwickelt und der Bedarf nach einer einheitlichen Plattform wuchs.

Die langfristige Vision für *Future Fashion Forward* ist die Etablierung einer Plattform, welche die Bevölkerung über die Missstände in der Bekleidungsindustrie informiert und damit zu einem positiven Wandel sowohl in den produzierenden Ländern als auch hier beiträgt.

Durch die Verbreitung von nachhaltigen Lösungskonzepten (öko-faire Modelabels, innovative Projektideen, alternative Wirtschaftsmodelle), Hintergrundinformationen und Fachwissen für Unternehmen als auch Verbraucher wird eine Bewusstseinsveränderung geschaffen, die zum aktiven Handeln anregt – denn nur durch bewusstes Konsumieren und Handeln kann eine Verbesserung auf allen Ebenen der textilen Produktionskette herbeigeführt werden.

Future Fashion Forward organisiert öffentliche Veranstaltungen, Medienkampagnen und arbeitet mit anderen Organisationen zusammen, um einen Austausch und die Vermittlung von Fachwissen zwischen Experten und der Allgemeinheit zu fördern.

4 Umsetzung: Vermittlung und Lernen zum Thema Grüne Mode

Karte

Weshalb eine auf Papier gedruckte Karte im digitalen Zeitalter? Was anfänglich Erstaunen hervorrief und widersprüchlich schien, hat sich als richtige Basis, als wichtiges Informationsinstrument für *Green Fashion Tours* und passendes Werbemittel bzw. Netzwerkplattform für die Akteure herausgestellt.

Wer noch kein Digital Native ist, fühlt sich genauso von der jährlich sorgfältig neu gestalteten Karte angesprochen, wie eine sehr junge Generation, die – täglich von einer Überfülle an digitalen Angeboten überschwemmt – gern auf ein haptisches Angebot zurückgreift. Die Karte lässt sich beim Besuch einer der Läden, bei einer Veranstaltung oder im Hotel gut mitgeben und mitnehmen, ist auf der einen Seite der Theke ein Mittel der Kundenbindung und -kommunikation, auf der anderen Seite ein guter Reminder in der Tasche, auf den man jederzeit zurückgreifen kann (siehe Abb. 1).

Auch digital als PDF ist die Karte zugänglich, wird individuell von Privatpersonen ausgedruckt und/oder auch als Lehrmittel verwendet.

Abb. 1 Die Green Fashion Tours Map für Berlin Map wird regelmäßig herausgebracht und zeigt zum Stand Januar 2018 wiederum über 30 Läden mit sozial und ökologisch gerecht produzierter Mode in Berlin

Green Fashion Tours steht damit nicht alleine da – Karten und Mapping werden in vielen Bereichen zunehmend populärer – sowohl digital wie in Papierform. So existieren für Berlin neben der *Green Fashion Tours Map* auch diverse Karten zu den Themen Essen, Kieze, Nachhaltigkeit etc.

Die *Green Fashion Tours Map* zeigt in ihrer mittlerweile dritten Ausgabe über 30 ausgewählte Stationen in Berlin zum Thema nachhaltige Mode. Klassifiziert wird nach den Kategorien Fair Fashion, Upcycling Fashion, Vegan Fashion, Jewellery (Schmuck) sowie Kids (Kinder) und den Orten Concept Store sowie Atelier.

Dabei befindet sich die Karte, wie die digitalen Ursprungs-Angebote auch, immer im Spannungsfeld zwischen Kommerzialität/Werbung und Information/Aufklärung.

Die Karte ist und soll für die eingetragenen Läden ein Werbeinstrument sein und ein gemeinsames Auftreten ermöglichen. Hier ist jedoch anzumerken, dass die Touren keine verkaufsorientieren Veranstaltungen sind und sein wollen. Erfahrungsgemäß ist der kurzfristige, unmittelbare Mehr-Umsatz durch Tour-Besucher für die Läden und Ateliers eher gering. Die teilnehmenden Läden investieren von sich aus im Gegenzug freiwillig einen nicht unerheblichen Zeitaufwand in den Kontakt vor Ort. Ein Großteil der Besuchszeit in den Läden und Ateliers wird vom gemeinsamen Gespräch bestimmt. Die Läden selbst leisten also eine nicht unerhebliche Investition an Zeit und Aufwand, oft auch aus Überzeugung für die Sache. Die Touren bieten den Läden also die Möglichkeit, Konzept, Entstehung und Produkte relativ detailliert vorzustellen. Die Hoffnung seitens *Green Fashion Tours* ist außerdem, dass durch den direkten, persönlichen Kontakt eine langfristige Kundenbindung und Austausch entstehen. Auch Einladungen der Designer oder Ladenbesitzer zu Kooperationen können und haben sich bereits ergeben.

Läden

Im vorigen Abschnitt wurden bereits kurz die Kategorien der Läden genannt. An dieser Stelle werden die Kategorien näher erläutert und mit Beispielen konkretisiert.

Fair Fashion Concept Stores sind Läden, die große oder kleine, alteingesessene oder neue nachhaltige Modemarken kuratiert einkaufen – oft in Kombination mit Accessoires, Wohn- oder Haushaltsaccessoires oder Papeterie – und weiterverkaufen. Beispiele sind **Möon, Homage Store**, **Standard Saubere Sachen**, **Supermarché** oder **Wertvoll**.

Noch einmal spezialisierter sind **Loveco** und **Dear Goods**, die faire, ausschließlich vegane Produkte verkaufen.

Eine Besonderheit in Berlin ist die Vielfalt an lokal produzierenden Modemarken. Diese Marken, wenn sie zudem mit nachhaltigen (wiederverwendeten oder umweltfreundlich produzierten) Materialien arbeiten, sind natürlich prädestiniert für die *Green Fashion Tours Map*. Beispiele sind **Format**, **Kollateralschaden** oder **KWD**, die lokal in Berlin produzieren, oft auch gleich in Kombination mit einem Ladenlokal.

Dies ermöglicht neben dem direkten Kontakt zum Kunden auch Angebote wie Reparaturservice und Customizing. Ein Grundmodell kann oft in verschiedenen Farben oder Material, mit Längen- oder anderen Detail-Anpassungen bestellt werden und ist innerhalb weniger Wochen abholbereit. Handwerker mit Atelier (ohne Laden) in Berlin sind: **Daniel**

Kroh, Natascha von Hirschhausen. Einen Schwerpunkt auf Upcycling setzen außerdem Dzaino, studioladen, Mayburg Taschen.

Noch weiter treibt das Konzept **Bis es mir vom Leibe fällt** – ein ganz besonderes Schneideratelier in Schöneberg. Kleidung wird hier repariert, erhalten, angepasst, aufgefrischt, angeeignet, „vereinzigartigt", umgestaltet, personalisiert, erneuert und erweitert.

Auch Schmuck hält langsam Einzug auf der Karte: Der erste Schmuck-Laden auf der Karte ist *Fair Traders* – eine erste Version der neuen Schmuckkriterien wurde einer Gruppe von Experten zum Review vorgelegt.

Die Bedeutung der Läden mit ihren Design- und Nachhaltigkeitskonzepten, Retail- und Servicekonzepten geht über das reine Angebot an Modellen hinaus. Einige der Läden leben bereits gut und lange von ihrem Laden oder ihrer Marke, haben sich einen festen Kundenstamm und Namen erarbeitet. Ihre Konzepte und Businessmodelle haben sich bewährt. Viele sind auch gerade in den letzten Jahren und Monaten hinzugekommen. Allen gemeinsam ist, dass sie mit viel Enthusiasmus und Idealismus hinter ihrem Unternehmen stehen. Berlin bildete und bildet mit noch immer relativ günstigen Lebens- und Arbeitsbedingungen einen der besten Nährböden für Experimente im Bereich Retail und Design – und hiermit die Grundlage einer Weiterentwicklung der Modebranche in Richtung Nachhaltigkeit.

Get Changed! Fairness-Kriterien

Die Auswahl der Läden beruht auf den **Get Changed! Fairness-Kriterien**. Diese wurden von einem Komitee von Nachhaltigkeitsexperten entwickelt und werden unter anderem auch von der *Messe Frankfurt* für *Ethical Fashion Show/Green Showroom*, für den *Fair Fashion Guide* sowie die *Green Fashion Tours Map* Berlin angewandt.

Im *Fair Fashion Finder* von *Get Changed!* werden Modemarken bzw. Kollektionen mit sehr hohen sozialen und ökologischen Standards gelistet. Drei Bereiche sind dabei besonders wichtig:

Ökologie

Eine im ökologischen Bereich vorbildliche Modefirma verringert die Umweltauswirkungen in der Produktion der Mode und im kompletten Lebenszyklus.

Menschenrechte und Arbeitsstandards

Eine im sozialen Bereich verantwortliche Modefirma legt großen Wert darauf, dass die Arbeiter in der Produktionskette menschlich und respektvoll behandelt werden.

Transparenz

Eine faire und verantwortlich wirtschaftende Modefirma legt großen Wert auf Transparenz im Hinblick auf die Ziele und die Umsetzung der eigenen Nachhaltigkeitsstrategie.

In einem Laden, der in die *Green Fashion Tours Map* aufgenommen wird, müssen mindestens 80 % der Modemarken im Sortiment den Kriterien entsprechen. Matrix mit detaillierten Kriterien siehe: http://www.getchanged.net/page_fairness-kriterien.asp.

Touren

Das Tour-Angebot teilt sich in öffentliche, gebuchte Touren sowie mehrtägige Programme auf.

Die öffentlichen Touren finden mindestens einmal monatlich statt, sind zugänglich für Einzelpersonen und führen jeweils durch einen bestimmten Kiez der Stadt (aufgeteilt in Schöneberg-Charlottenburg, Prenzlauer Berg-Mitte, Kreuzberg-Friedrichshain, Kreuzberg-Neukölln, Neukölln). Die durchschnittliche Dauer ist 3,5 h, in denen 4 bis 5 Orte besucht werden können. Beworben werden die Touren auf der Website, den Social-Media-Kanälen und Event-Plattformen sowie Kalendern von Kooperationspartnern.

Eine Mehrzahl der jährlich stattfindenden Touren sind auf Anfrage nach Maß konzipierte Touren, zugeschnitten auf Interessengebiet, Wissensstand sowie geographische und zeitliche Kapazitäten der Gruppe.

Neben dem Besuch der Läden und dem persönlichen Kontakt sind die Vermittlung von Inhalten rund um grüne Mode durch die Guides, das Involvieren der Teilnehmer durch interaktive Spiele und weitere Teilnahmemöglichkeiten wichtige Elemente der Touren. Insgesamt sollen durch das Konzept die Barrieren abgebaut und eine kritische Auseinandersetzung mit dem persönlichen Konsumverhalten ermöglicht werden. Didaktische Elemente oder nach Wunsch eingebaute Workshops oder Vorträge schaffen weitere Informations- und Erfahrungsmöglichkeiten, um Dinge nicht nur zu lernen, sondern nachvollziehen und erfahren zu können.

Zielgruppen

Sowohl auf medialer, Fach- und Konsumentenebene haben wir für das Konzept außerordentlich viel positive Rückmeldung bekommen.

Medien begleiten und berichten regelmäßig über uns. Anthropologen und Politikwissenschaftler sowie Umweltwissenschaftler und Wirtschaftswissenschaftler sind mit uns

Abb. 2 Arianna Nicoletti im Gespräch mit Tour-Teilnehmenden

in Kontakt getreten oder haben aus fachlichem Interesse an Touren teilgenommen. Wissenschaftlicher Fachbesuch aus dem Bereich Mode kam unter anderem aus Mode- und Textilinstituten aus Schweden (in Abb. 2 Tour-Teilnehmende der Universität Borås), Brasilien, Israel, USA, Irland, Argentinien, Peru, der Schweiz und auch Deutschland.

Anders als anfänglich erwartet und konzipiert, macht der Besuch von Fachpersonen aus aller Welt einen Großteil der Besucher aus. Sie nutzen den Berlin-Besuch für das Kennenlernen von Innovationen und Berlin-typischen, einzigartigen Unternehmen und Angeboten. Darunter sind vor allem Wissenschaftler und Studenten aus den Fachbereichen Modemanagement, Modedesign und Textildesign Kunst.

Einen weiteren wichtigen Teil der Besucher machen junge Entrepreneurs aus, die Einblick in das Thema Social Entrepreneurship erhalten wollen. Viele Besucher kommen zu den Touren, um sich über Innovation und Nachhaltigkeit zu informieren und sich fortzubilden. Manche kommen auch, um sich von den Styles der nachhaltigen Modeläden in Berlin inspirieren zu lassen. Modeinteressierte Privatpersonen von 16 bis 80 Jahren haben bereits an den Touren teilgenommen.

5 Ziele

Die Touren und die Karte waren und sind als ein weiteres Vermittlungsinstrument zwischen Mode-Machenden und Mode-Suchenden gedacht. Wie die Ausgansprojekte *Get Changed!* und *The Upcycling Fashion Store* hat *Green Fashion Tours* folgende Ziele:

Fair Fashion fördern

Durch Karte und Touren sollen Anbieter nachhaltiger Mode für Mode-Suchende sowie Fachleute sichtbarer und einfacher zugänglich werden. Dies soll wiederum den Bekanntheitsgrad, die Reichweite und somit mittel- bis langfristig die Anzahl an Kunden sowie den Umsatz der Anbieter erhöhen. Am nachhaltigsten ist zwar immer noch die Mode, die nicht eingekauft wird; besteht aber der Wunsch, neue Kleidung zu kaufen, soll dies vermehrt – am besten nur noch – in Form nachhaltiger Produkte geschehen.

Die gedruckte Karte zeigt eine physisch begrenzte Reichweite und eine klare, eng kuratierte Auswahl an Läden. Die Touren stellen in direktem Kontakt von Mensch zu Mensch eine wiederum kleine, kuratierte Auswahl der Läden auf der Karte physisch und detailliert vor. Was wir sogar noch mehr als die Ausgangsprojekte schaffen:

Wissen vermitteln

Wer etwas zum Thema nachhaltige Mode wissen möchte, findet eine Fülle von Artikeln und Quellen – doch es bedarf einiger Recherche, Zeit, Geduld, Ausdauer und dem Willen, sich durch bisweilen trockene Texte zu kämpfen, um sich das Gesuchte aufzuspüren. Wissen ist zwar in Fülle vorhanden, doch während einer *Green Fashion Tour* wird dieses Wissen individuell abgestimmt aufbereitet und in Zusammenhang mit konkreten Beispielen punktuell und über eine Dauer von mehreren Stunden verteilt erzählt.

Möglichkeiten aufzeigen

Green Fashion Tours zeigt ganz konkret, praktisch, physisch und vor Ort, welches Angebot an nachhaltiger Mode es gibt. Wir möchten ein mögliches Bindeglied sein, Vermittler und Katalysator, um das Bewusstsein und das Kaufverhalten in Bezug auf faire Mode zu verändern. Wir tun dies in persönlichem Kontakt mit Mode-Suchenden, direkt von Angesicht zu Angesicht.

Einen Bezug schaffen

Wir schaffen einen Bezug zu Personen, Kleidungsstücken, Abläufen und Prozessen, indem wir durch das Erlaufen, Erfühlen, den Besuch vor Ort und den direkten Kontakt mit Guides (Experten mit Mode-Hintergrund) und Ladenbesitzern sowie Designern die geographische und emotionale Distanz zum komplexen Thema grüne Mode aufheben.

Vernetzung – lokal

Durch den gemeinsamen Auftritt schärfen wir das Profil von Berlin als Design- und Nachhaltigkeitsstadt. Durch unsere Erfahrung im Bereich nachhaltige Mode, Modeverkauf, Modedesign und Kampagnen kennen wir die Chancen, aber auch die Herausforderungen der Branche.

Vernetzung – international

Mit den Ausgansprojekten, den Ladenbesitzern und Designern stärken wir ein lokales und internationales Berufs-Netzwerk.

6 Ausblick: Green Fashion Tours als europaweites Konzept?

Touren zu grüner Mode anzubieten, liegt in Berlin besonders auf der Hand. Doch grünere Mode gibt es weltweit und sie verdient überall mehr Aufmerksamkeit. Wir würden uns freuen, wenn das Modell im doppelten Sinn des Wortes Schule macht und in Zukunft auch in anderen Städten und Ländern angeboten wird. Für die Städte Zürich und Hamburg sind bereits Karten erschienen. In beiden Städten fanden auch schon – zu besonderen Anlässen – Touren statt. Eine Map für München ist gerade in der Vorbereitung und die Green Fashion Tours München werden im Oktober 2018 gelauncht. Mit lokalen Akteuren der nachhaltigen Modeszene in Köln und Hannover sind wir im Gespräch, um Green Fashion Tours in diesen Städten ebenfalls bald anbieten zu können.

In Zukunft möchten wir mit Partnern in anderen Städten ebenfalls *Green Fashion Tours* anbieten. Das Portfolio der Läden sowie das Profil der Touren und die Zielgruppe werden von Stadt zu Stadt variieren – wichtig sind hier das Engagement und die Erfahrung der einzelnen Träger. Um die Übertragung auf andere Städte zu ermöglichen, bauen wir entsprechend übertragbare und passende Strukturen auf. Gleichzeitig gehen wir in Berlin und über Berlin hinaus weiterhin thematisch, fachlich und didaktisch zusätzliche, bereichserweiternde Kooperationen ein – zum Beispiel mit Bildungsprojekten an Schulen und Universitäten, mit Jugendorganisationen und Akteuren aus dem Gast- und Reisegewerbe.

Auch wir lernen durch die direkte Begegnung mit Teilnehmenden: Welchen Wissensstand haben die Besucher? Was fehlt ihnen wirklich, um nachhaltiger einzukaufen? Ist es das Hintergrundwissen, ein persönlicher Bezug, eine Idee, ein Eindruck, ein Tipp? Was schafft wirklich eine bessere Verbindung zwischen Angebot und Nachfrage? Und wo muss das bereits bestehende Angebot an nachhaltiger Mode anders gestaltet oder kommuniziert werden?

Wir hoffen, in Zukunft noch stärker gemeinsam mit den Designern und Ladenbesitzern ein Sprachrohr, eine Identität zu schaffen und so die gemeinsame Sichtbarkeit zu erhöhen – um so wiederum die Zugänglichkeit für Einkaufende zu erleichtern und mehr Menschen ein einprägsames Erlebnis anzubieten, das sie in Zukunft zu einem nachhaltigeren Konsum anregt.

Literatur

von Wedel-Parlow F (2015) Die Zukunft der Mode. Forum Nachhaltig Wirtschaften 2/2015:10

Anna Perrottet ist Mitgründerin der Green Fashion Tours. Hauptberuflich ist sie bei der PCU Deutschland GmbH – Controlunion im Bereich Zertifizierung nachhaltiger textiler Lieferketten tätig. Darüber hinaus ist sie Consultant und Autorin im Bereich Textil und Handwerk.

Arianna Nicoletti ist Modedesignerin und Aktivistin im Bereich nachhaltige Mode. Zusammen mit Anna Perrottet hat sie *Green Fashion Tours* gegründet und koordiniert das Projekt. Zudem ist Frau Nicoletti Mitgründerin und Designerin des nachhaltigen Modelabels *aluc* und Beraterin bei der Agentur *Upcycling Fashion Berlin.*

CSR in der Kleidungsindustrie – aus Verbrauchersicht

Nicole Franken

1 Einleitung

Jeder Mensch braucht Kleidung. Diese Tatsache macht die Textil- und Bekleidungsindustrie[1] (TBI) nach der Telekommunikations-, der Chemie- und der Automobilindustrie zur viertgrößten Industrie der Welt (vgl. Gries et al. 2014).

Kleidung hat mehrere Funktionen. Sie schützt nicht nur vor Wind und Wetter, gemäß des alten Sprichwortes „Kleider machen Leute" ist sie Ausdruck von Individualismus und sozialer Stellung. Obwohl Kleidung zentraler Bestandteil des Lebens ist, schadet ihre Produktion Mensch und Umwelt enorm (vgl. Burckhardt 2013; Engelhardt 2012).

Zahlreiche Medienberichte der vergangenen Jahre über Skandale in der konventionellen Textilproduktion bringen die Missstände der globalisierten TBI ins Verbraucherbewusstsein. Im September 2012 brannte eine Kleiderfabrik in Pakistan, 300 Menschen starben. Im November 2012 brannte eine Kleiderfabrik in Bangladesch, 112 Menschen starben. Im April 2013 stürzte die Kleiderfabrik Rana Plaza ein. 1127 Menschen starben, 1650 Menschen wurden schwer verletzt. Tausende Menschen, Männer und Frauen, Väter und Mütter, sogar Kinder verloren Arme, Beine oder ihr Leben. Solch alarmierende Nachrichten erhöhen die Verbraucherwahrnehmung, allerdings flacht die Aufmerksamkeit in der Regel schnell wieder ab.

Die deutsche Textilindustrie ist bemüht, Fehler der Vergangenheit zu korrigieren. Im Jahr 2014 gründet Bundesminister Gerd Müller als Antwort auf die zahlreichen tödlichen Unfälle in Textilfabriken das Textilbündnis, um Arbeitsbedingungen und Umweltschutz

[1] Im Folgenden wird die Textil- und Bekleidungsindustrie als Ganzes beleuchtet, da Daten ausschließlich über die Bekleidungsindustrie nicht oder nur sehr vereinzelt erhältlich sind.

N. Franken (✉)
Selbständige Beraterin, Trainerin und Dozentin, Nicole Franken Nachhaltige Kommunikation
Köln, Deutschland
E-Mail: kontakt@nicole-franken.de

P. Heinrich (Hrsg.), *CSR und Fashion*, Management-Reihe Corporate Social Responsibility,
https://doi.org/10.1007/978-3-662-57697-7_10

in den globalen Produktionsketten zu verbessern (vgl. Bündnis für nachhaltige Textilien 2018a). Das Textilbündnis der Bundesregierung, eine Multistakeholder-Initiative mit rund 150 Mitgliedern aus Wirtschaft, Politik und Zivilgesellschaft, legt 2017 konkrete Maßnahmen und verbindliche Ziele vor, die ab 2018 umgesetzt werden (vgl. Bündnis für nachhaltige Textilien 2018b, 2018c; Franken 2017a).

Laut einer Studie der WirtschaftsWoche aus dem Jahr 2012 können rund 82 % der deutschen Bevölkerung kein Unternehmen nennen, das für Umwelt- und Klimaschutz steht und gleichzeitig soziale Belange berücksichtigt (vgl. Willmroth 2012). Diese Unwissenheit zeigt großen Handlungsbedarf im Bereich CSR-Kommunikation auf (vgl. Heinrich und Schmidpeter 2013), auch weil es Unternehmen gibt, die Verantwortung demonstrieren, sowohl aus sozialer Sicht, als auch durch umweltschonendes Handeln.

Hat sich die Verbraucherwahrnehmung bezüglich CSR-aktiver Unternehmen in der Kleidungsindustrie dank der Medienberichterstattungen und des Textilbündnisses in den letzten Jahren geändert? Welche Kommunikationsmaßnahmen verfangen beim Konsumenten, welche Botschaften kommen über welche Kanäle an?

Diese und weitere Fragen rund um CSR, Kleidung und Kommunikation beantwortet eine Verbraucherbefragung, deren Ergebnisse mit sieben Expertenmeinungen, u. a. von Wolfgang Grupp, Inhaber der Firma Trigema und Mitarbeitern der Unternehmen VAUDE, hessnatur und GOTS abgeglichen werden (vgl. Franken 2017b).

Zur Einordnung erfolgt zunächst eine Betrachtung der ökonomischen Bedeutung der TBI in Deutschland und ihre Entwicklung, um dann beispielhaft auf ökologische und sozio-ökonomische Auswirkungen der konventionellen TBI einzugehen. Im vierten Kapitel wird das Studiendesign erläutert, woran sich detaillierte Studienergebnisse ausgesuchter Fragen an die Verbraucher sowie Experteneinschätzungen anschließen. Im letzten und abschließenden Kapitel zieht die Autorin das Fazit.

2 Textil- und Bekleidungsindustrie in Deutschland

2.1 Ökonomische Bedeutung der Textil- und Bekleidungsindustrie in Deutschland

Der Großteil der in Europa verkauften Kleidung wird heutzutage aus Kostengründen in Entwicklungs- und Schwellenländern hergestellt (vgl. Starmanns 2010). Das war nicht immer der Fall. Obwohl deutsche Textil- und Bekleidungshersteller einen erwarteten Umsatz von EUR 17,8 Mrd. in 2017 haben (vgl. Statista 2018a) und die TBI die zweitgrößte Konsumgüterindustrie nach der Nahrungsmittelindustrie darstellt, ist die mittelgroße deutsche TBI von vergleichbar geringer ökonomischer Bedeutung. Nichtsdestotrotz hängen in Deutschland viele Arbeitsstellen in anderen Industrien direkt oder indirekt von der heimischen TBI ab, so wie im Maschinenbau, der Chemie- und der Automobilindustrie (vgl. Bundesministerium für Wirtschaft und Energie 2018). Verständlicher wird dieses Ungleichgewicht durch die Bedeutung technischer Textilien und des Textilmaschinenbaus innerhalb der deutschen TBI. Technische Textilien stehen in Abgrenzung zu Bekleidungs- und Heimtextilien und sind textile Materialien und Gebilde wie beispielsweise Cord, Gewebe, Gestricke, Gewirke, Vliesstoffe und Filze. Technische Textilien werden in der Automobilindustrie, in der Luft- und Raumfahrt, im Bauingenieurwesen, in der Architektur sowie im Gesundheits- und Sicherheitswesen eingesetzt (vgl. Technische Universität Dresden 2018).

Im Segment der technischen Textilien ist Deutschland weltweit führend, der globale Marktanteil liegt bei 45 %. Deutschland ist der weltgrößte Exporteur technischer Textilien mit einem Exportwert von schätzungsweise EUR 7,1 Mrd. in 2015. Technische Textilien gehören Analysten zufolge zu den fünf Hightech-Bereichen mit dem höchsten Entwicklungspotential für die Zukunft. Der Anteil technischer Textilien am Gesamtumsatz der deutschen Textilindustrie liegt laut Industrieverband Veredelung, Garne, Gewebe, Technische Textilien (IVGT) bei über 50 %. Vor zehn Jahren waren es noch etwa ein Drittel. Darüber hinaus ist Deutschland seit mehr als 50 Jahren Weltmarktführer im Bereich Textilmaschinen und hat mit 95 % die höchste Exportquote aller deutschen Maschinenbauindustrien. Im Jahr 2015 beschäftigte die Branche 12.159 Mitarbeiter und produzierte in 2016 Textilmaschinen und Zubehör im Wert von EUR 2,9 Mrd. in Deutschland, in ausländischen Werken im Wert von ca. EUR 1 Mrd.

Zusammenfassend ist festzuhalten, dass die Textilindustrie in hohem Maß vom technischen Fortschritt abhängt, damit kapitalintensiv und an Industrieländer gebunden ist. Die Bekleidungsindustrie dagegen ist höchst arbeitsintensiv und ihre Produktionsprozesse in viele Arbeitsschritte aufteilbar (vgl. Bundesministerium für Wirtschaft und Energie 2018; Deutsche Bank Research 2011; Euler Hermes Economic Research 2014; Gries 2006; Verband Deutscher Maschinen- und Anlagenbau 2018).

2.2 Strukturwandel der deutschen Textil- und Bekleidungsindustrie

Die deutsche Textil- und Bekleidungsindustrie erlebt seit 1970 einen massiven Strukturwandel. Die Zahl der Beschäftigten sank von ca. 500.000 zu Beginn der 1990er Jahre auf knapp 78.000 im Jahre 2014, das ist ein Rückgang von 84,4 %. Insgesamt verschwanden von 1970 bis heute in der deutschen Textil- und Bekleidungsindustrie 90 % aller Unternehmen und ihre Beschäftigte. Dieser Strukturwandel hat hauptsächlich drei Gründe (vgl. Beckert 2014; Bundesministerium für Wirtschaft und Energie 2018; Bündnis für nachhaltige Textilien 2016; Grömling und Matthes 2003; Haas und Zademach 2005; Willershausen 2012):

1. Produktivitäts- und Preisunterschiede
Ökonomische Sektoren mit hohen Produktivitätszuwächsen verlieren an Bedeutung. Je produktiver ein Sektor ist, desto größer ist sein Bedeutungsverlust bezogen auf die gesamtwirtschaftliche Beschäftigung und nominale Wertschöpfung.

Die westdeutsche Textilindustrie hat im Beobachtungszeitraum 1960 bis 1991 stetig aufgeholt und ihr Produktivitätsniveau massiv gesteigert. Mit einem überdurchschnittlichen Produktivitätswachstum von 4,4 % pro Jahr übertraf die westdeutsche Textilwirtschaft die westdeutsche Bekleidungsindustrie, die im gleichen Zeitraum ein Produktivitätswachstum von 3 % hatte. Dieser höhere Produktivitätszuwachs ging einher mit einem geringeren Preisanstieg als auf gesamtwirtschaftlicher Ebene, was den Bedeutungsverlust an der nominalen Wertschöpfung erklärt (vgl. Grömling und Matthes 2003).

2. Globalisierung und auslaufende Handelsbeschränkungen
Neben Produktivitätszuwächsen sind die fortschreitende Globalisierung der TBI und das Auslaufen aller Handelsbeschränkungen bis zum Jahre 2005 ursächlich für den Strukturwandel der TBI in Deutschland. Jahrzehntelang war der internationale Textil- und Bekleidungshandel durch institutionelle Eingriffe sehr stark reglementiert. Das Multifaserabkommen, das den textilen Welthandel insgesamt über 20 Jahre lang außerhalb der GATT-Bestimmungen regelte, gilt dabei als Inbegriff des mittels Quoten mengenbeschränkenden Protektionismus (vgl. Grömling und Matthes 2003; Deutsche Bank Research 2011; Haas und Zademach 2005; Schneider 2003).

3. Veränderte Verbraucherbedürfnisse
Um das Bedürfnis nach Unterhaltung, Status und Identitätsbildung durch den Kleidungskauf zu stillen, verlangen Verbraucher heutzutage bis zu zwölf Modekollektionen im Jahr. Dieses Phänomen heißt Fast Fashion und bezeichnet ein Geschäftsmodell des Textilhandels. Gemeint ist niedrigpreisige Kleidung von schlechter Qualität, mit der die Verkaufsflächen ständig neu gestaltet und der Umsatz erhöht wird. Nach dem deutschen Jugendinstitut investieren fast 60 % aller deutschen Jugendlichen ihr Taschengeld in Mode, aber nur selten in teure Markenkleidung. Lieber mehr Teile für weniger Geld in einer Zeit, in der Jugendliche so viel Taschengeld haben wie nie zuvor. Die Käufergruppe von Fast Fashion beinhaltet allerdings mehr als nur Jugendliche. Eine alleinstehende junge Frau kauft ca. 30 kg Kleidung im Jahr – ein Party-Top wird durchschnittlich 1,7 mal getragen, bevor es im Müll landet. Fast Fashion hat den größten Marktanteil in der TBI, der Kleiderkonsum nahm in den vergangenen zwei Jahrzehnten um 400 % zu. Der stetig wachsende Online-Handel befeuert diese Entwicklung zusätzlich (vgl. Euler Hermes Economic Research 2014; Fletcher 2014; Grömling und Matthes 2003; Holdinghausen 2015; Lexikon der Nachhaltigkeit 2015; Nuggets Market Research and Consulting 2015; Zerback 2015).

3 Auswirkungen konventioneller Textil- und Bekleidungsindustrie

3.1 Ökologische Auswirkungen konventioneller Textil- und Bekleidungsindustrie

Die globalen Wertschöpfungsketten in der TBI gehören zu den längsten in der Wirtschaft. Bevor ein T-Shirt in Deutschland im Ladenlokal liegt, absolviert es während des Produktionsprozesses gewöhnlich über 50.000 km (vgl. Abb. 1).

Dabei kommt es zu starker Umweltverschmutzung, auch aufgrund fehlender staatlicher Regulierungen und Standards in den meisten Entwicklungs- und Schwellenländern, vom CO2-Ausstoß auf den Transportwegen abgesehen. Solche Produktionsketten sind heutzutage selbstverständlich, weil sie der kostengünstigste Weg sind, Kleidung für preisbewusste Konsumenten herzustellen (vgl. Burckhardt 2013; Fletcher 2014; Lux 2013; Starmanns 2010).

Baumwolle ist neben Polyester die meistgenutzte Textilfaser in der Kleidungsindustrie, Dabei verursacht die Produktion von Baumwolle eine der größten ökologischen Katastrophen, weil sie höchst ressourcen- und chemieintensiv ist. Die weltweiten Baumwollanbaugebiete haben sich zahlen- und flächenmäßig in den vergangenen 80 Jahren kaum verändert, doch innerhalb dieser Zeit verdreifachte sich der Baumwollertrag durch den Einsatz von Pestiziden. Die Baumwollpflanze alleine verbraucht ca. ein Drittel aller in der Landwirtschaft eingesetzten Insektizide auf der Welt. Die Bewässerung eines einzigen Kilogramms Baumwolle bedarf, je nach Anbauart und klimatischen Bedingungen, ungefähr 3800 l. Der Aralsee in Usbekistan, einst mit 68.000 Quadratkilometern der viertgrößte See der Welt, ist heute weniger als halb so groß und sein Wasservolumen um mehr als 80 % reduziert. Der Grund ist Versalzung, verursacht durch den äußerst wasserintensiven Baumwollanbau. Der immense Einsatz von Chemikalien führte zu starken Erkrankungen in der Bevölkerung, die Fischerei im Aralsee musste deshalb Anfang der 1990er Jahre eingestellt werden. Heute gilt der Aralsee als biologisch tot, gleichzeitig ist Usbekistan der zweitgrößte Baumwollexporteur der Welt. Der Rio Grande in den USA und der Mur-

Baumwollernte	Usbekistan	0 km
Bleichen	Türkei	3.000 km
Weben	China	7.000 km
Färben	Marokko	10.000 km
Herstellen des T-Shirts	Honduras	8.500 km
Bedrucken	China	13.500 km
Etikettieren	Italien	8.000 km
Verkauf	Deutschland	600 km

Abb. 1 Gewöhnlicher Produktionsweg eines in Deutschland verkauften T-Shirts. (Quelle: Nach Lux 2013)

ray River in Australien erfuhren ähnliche Schicksale, hervorgerufen durch den Anbau von Baumwolle (vgl. Engelhardt 2012; Environmental Justice Foundation 2007; Fletcher 2014; Holdinghausen 2015).

3.2 Sozio-ökonomische Auswirkungen konventioneller Textil- und Bekleidungsindustrie

Baumwolle wird überwiegend händisch geerntet und nicht maschinell, was an der technologischen Unterversorgung in Entwicklungs- und Schwellenländern liegt. Zwischen 25 und 77 Mio. landwirtschaftliche Arbeitskräfte leiden unter akuten Vergiftungen durch Pestizide, die auf Baumwollpflanzen aufgebracht werden. Die Symptome reichen von Kopfschmerzen, Erbrechen, Tremor, Atemnot über Bewusstlosigkeit bis hin zum Tod. In Ländern wie Indien oder Usbekistan sprühen Kinder die Pestizide auf die Baumwollpflanzen und ernten sie später ab (vgl. Crane und Matten 2010, 2016; Environmental Justice Foundation 2007; Holdinghausen 2015; Williamson 2014).

Im Jahre 2008 deckten Journalisten in Usbekistan während der Erntezeit massive Kinderarbeit auf. Handelskonzerne wie Asda, Tesco, Marks and Spencer, H&M, Gap und Levi's unterzeichneten daraufhin einen Boykott usbekischer Baumwolle. Die usbekische Regierung erließ im gleichen Jahr ein Verbot, dass Jugendliche unter 16 Jahren keine Baumwolle pflücken dürfen und unterzeichnete die Übereinkommen der internationalen Arbeitsorganisation (ILO), Kinderarbeit zu stoppen. Leider sprechen weitere Berichte über die Ausbeutung von Kindern eine andere Sprache (vgl. Crane und Matten 2010, 2016; Williamson 2014).

Auch in den eingangs erwähnten Kleiderfabriken, den sogenannten Sweatshops, geschehen tagtäglich enorme Menschenrechtsverletzungen. Die überwiegende Zahl der Arbeitskräfte ist weiblich. Genäht wird in Schichten bis zu 16 h, für Hungerlöhne, Körperverletzungen und sexuelle Übergriffe inklusive. In diesen Fabriken wird auch Kleidung für den deutschen Markt genäht (vgl. Bundesministerium für wirtschaftliche Zusammenarbeit und Entwicklung 2015; Burckhardt 2013; Clean Clothes Campaign 2014).

Ein weiteres Beispiel menschenunwürdiger Arbeitsbedingungen in der konventionellen TBI betrifft Denim, der als Jeans einer der beliebtesten und meistgetragenen Baumwollstoffe ist. Zwischen zwei und drei Milliarden Jeanshosen werden pro Jahr auf der Welt verkauft – ausgeblichen sind sie besonders beliebt. Dieser Look wird durch Sandstrahlen erzeugt. Dabei blasen Kompressoren Sand mit hohem Druck durch dicke Schläuche, wodurch der Jeansstoff ausbleicht. Arbeiter halten diese Schläuche und sind dabei feinsten Sandpartikeln ausgesetzt, sogenanntem Silikatstaub. Inhalierter Silikatstaub kann zu schweren Atemwegserkrankungen wie Staublunge und Lungenkrebs führen. Die Türkei, einst Hauptproduzent sandgestrahlter Jeans, verbot das Sandstrahlen im Jahre 2009. Öffentlichen Quellen zufolge forderte das Sandstrahlen 700 Tote und 5000 Erkrankte in der Türkei.

Schätzungen gehen davon aus, dass die Hälfte der 200 Mio. Jeanshosen, die jährlich aus Bangladesch exportiert werden, gesandstrahlt sind und diese von geschätzt 2000 vollzeitbeschäftigten Sandstrahlern produziert werden (vgl. Clean Clothes Campaign 2012; Hell 2009; Holdinghausen 2015; Kohn 2009; Stiftung Warentest 2011).

Die Verbraucher erfahren in den letzten Jahren durch Medienberichte über die zahlreichen Missstände in der konventionellen TBI, die Mensch sowie Natur gleichermaßen betreffen und worüber lange Zeit nicht gesprochen wurde. Die im Folgenden vorgestellte Studie untersucht Verbrauchereinstellungen und kommunikative Wirkungen von Unternehmen in der Bekleidungsindustrie.

4 Studiendesign

4.1 Verbraucherbefragung

4.1.1 Online-Befragung

Die vorliegende Verbraucherbefragung wurde als Online-Befragung mittels eines Panels durchgeführt. Solche Panels oder auch Access Pools sammeln potentielle Umfrageteilnehmer, die sich bei Online-Marktforschungsunternehmen registrieren. Die Umfrageteilnehmer erhalten eine Incentivierung, wenn sie an einer Online-Befragung teilnehmen. Panels sind der Hauptgrund, warum quantitative Online-Marktforschung weltweit die führende Form der Datensammlung ist (vgl. Göritz 2003; Kutsch 2007; Poynter 2010; Welker et al. 2005). Dies resultiert aus den zahlreichen Vorteilen dieser Form der Datenerhebung, die den potentiellen Schwächen überwiegt (vgl. Hauptmanns und Lander 2003; Theobald 2014).

4.1.2 Online-Marktforschungsinstitut

Um die definierte Stichprobengröße der Online-Verbraucherbefragung zu gewährleisten, führte das Online-Marktforschungsinstitut respondi AG die Befragung durch. Das Unternehmen ist als Panelanbieter durch die Internationale Organisation für Normung (ISO) zertifiziert. Die international gültige Norm ISO 26362 ist die erste Zertifizierung, die die Qualität von Online Stichproben-Anbietern überprüft (vgl. ISO 2018; respondi 2018).

4.1.3 Stichprobe

Die Stichprobe der Online-Befragung enthält 504 Frauen aus Deutschland im Alter zwischen 15 und 49 Jahren (vgl. Abb. 2). Die Grundgesamtheit aller Frauen zwischen 15 und 49 Jahren in Deutschland beträgt 17,4 Mio. (vgl. destatis 2016). Die Verteilung der Befragten pro Bundesland wurde in Relation zur Bevölkerungsdichte der Bundesländer in Deutschland gewählt. Die Größe der Altersgruppen ist dabei proportional zu der Größe der Altersgruppen in der Gesamtbevölkerung Deutschlands.

Es werden ausschließlich Frauen befragt, da Frauen im Durchschnitt interessierter sind an Kleidung, öfter Kleidung kaufen und dabei mehr Geld investieren als Männer (vgl. Spiegel 2015a, 2015b). Die Altersspanne 15–49 Jahren ist gewählt, weil die deutsche Be-

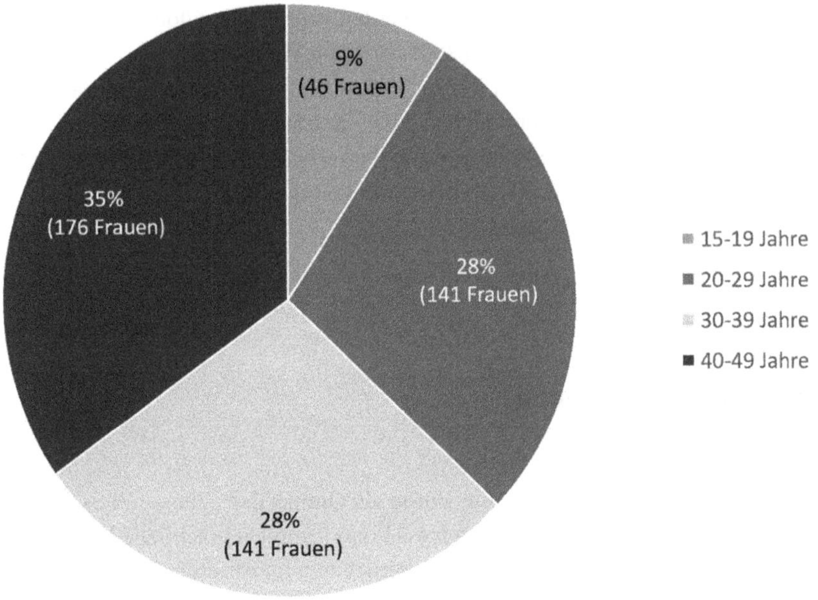

Abb. 2 Stichprobe nach Altersgruppen (n = 504 Frauen). (Quelle: Nach Franken 2017b)

völkerung in diesem Altersrahmen die höchste Kaufkraft hat (vgl. GfK 2010). Außerdem soll die Befragung einen möglichst hohen Grad an Repräsentativität besitzen.

Wie stark eine Stichprobe eine Grundgesamtheit repräsentiert, ist hauptsächlich durch zwei Parameter definiert: Das Konfidenzniveau und den Standardfehler (vgl. Sue und Ritter 2012; Zikmund et al. 2013). Das Konfidenzniveau der vorliegenden Befragung beträgt 95 %, der Standardfehler, auch Stichprobenfehler genannt, liegt bei 4,4 %.

Zu dieser Stichprobe wurden 1598 Frauen eingeladen, was einer Rücklaufquote von 32 % entspricht (vgl. Franken 2017b).

4.1.4 Fragebogen

Eingangs werden drei soziodemographischen Fragen bezüglich Alter, Geschlecht und Bundesland gestellt, anhand derer sich entscheidet, ob die Befragung erfolgt. Entspricht eine Antwort nicht der Stichprobendefinition, endet die Befragung automatisch.

Die inhaltlichen Fragen werden offen, geschlossen und mit der Likert-Skala als Antwortmöglichkeit gestellt. Anhand von Likert-Skalen ist das Ausmaß der Einstellung ersichtlich (vgl. Diekmann 2005; Faulbaum et al. 2009; Kirchhoff et al. 2010).

In der Befragung erscheint grundsätzlich im Anschluss an eine offen gestellte Frage dieselbe Fragen geschlossen, d. h. mit vorgegebenen Antwortmöglichkeiten. Das unterstützt die Befragten, sollten sie die Frage nicht spontan beantworten können.

Grundsätzlich sind die Fragen so kurz, simpel und neutral wie möglich formuliert (vgl. Atteslander 2010; Gläser und Laudel 2010). Obwohl die Fragen so wertfrei wie möglich formuliert sind, fallen manche von ihnen in den Bereich der sozialen Erwünschtheit und sind damit heikle Fragen (vgl. Wolter 2012). Heikle Fragen können zu Antwortverzerrungen führen, was bedeutet, der Interviewte antwortet nicht wahrheitsgemäß, falls die Wahrheit nicht sozial akzeptiert ist. Dieses Phänomen wird Attitude-Behaviour Gap genannt und beschreibt fehlende Validität in der Marktforschung (vgl. Devinney et al. 2010).

4.2 Experteninterviews

Eine erste Annäherung an das Thema der Verbraucherwahrnehmung von CSR in der Kleidungsindustrie erfolgt durch leitfadengesteuerten Experteninterviews (vgl. Gläser und Laudel 2010, Mayring 2003) mit Menschen, die durch ihren beruflichen Hintergrund Expertise in den Bereichen CSR oder Kleidung besitzen. Die Ergebnisse der telefonisch geführten Interviews dienen dem vollumfänglichen Verständnis der Thematik und der Erhärtung der Ergebnisse der Verbraucherbefragung. Außerdem zeigen die Experteninterviews verschiedene Perspektiven aus der Praxis auf und geben Anhaltspunkte für weitere Forschung. Die Interviews fanden in der Reihenfolge statt, in der die Experten aufgeführt sind (vgl. Franken 2017b):

1. Hilke Patzwall, Managerin Nachhaltigkeit und CSR bei VAUDE
2. Dr. Anne Fries, Partnerin der concern GmbH
3. Dr. Mark Starmanns, Mitbegründer von get changed!, dem Fair Fashion Network
4. Claudia Kersten, Direktorin Marketing & Finanzen bei GOTS
5. Peter Blunck, Gründer und CEO von Band of Rascals
6. Sven Bergmann, Mitarbeiter der Unternehmenskommunikation bei hessnatur
7. Wolfgang Grupp, Inhaber von Trigema

5 Studienergebnisse

Im Folgenden werden die Ergebnisse ausgewählter Verbraucherfragen dargestellt, jeweils ergänzt durch Erkenntnisse aus den Experteninterviews (vgl. Franken 2017b). Zur Evaluierung der Verbraucherantworten auf die offenen Fragen werden diese kategorisiert (vgl. Flick 2014). Bei der nächsten Frage werden somit Antworten wie „Faire Behandlung" oder „Wertschätzung" der Kategorie „Gute Arbeitsbedingungen" zugeordnet.

Um die Experteninterviews qualitativ zu analysieren, erfolgt ebenfalls eine inhaltliche Strukturierung (vgl. Diekmann 2005; Gläser und Laudel 2010; Mayring 2003).

Was bedeutet unternehmerische Verantwortung von Firmen in der Bekleidungsindustrie für Sie?					
Offene Frage, mehrere Antwortmöglichkeiten			**Geschlossene Frage, mehrere Antwortmöglichkeiten**		
Frage beantwortet: 339 Frauen (67%) **Frage nicht beantwortet: 165 Frauen (33%)**			**Frage beantwortet: 504 Frauen (100%)**		
Antwortkategorie	**Nennungen**	**Anteil***	**Anteil***	**Nennungen**	**Antwortkategorie**
Faire Löhne (keine Billiglöhne, soziale Sicherung)	142	42%	89%	450	*Keine Kinderarbeit*
Gute Arbeitsbedingungen (faire Behandlung, Wertschätzung, Arbeitssicherheit)	117	35%	88%	441	*Faire Löhne*
Umweltfreundliche Produktion, Nachhaltigkeit	102	30%	87%	438	*Gute Arbeitsbedingungen*
Keine Kinderarbeit	83	24%	78%	391	*Umweltfreundliche Produktion (färben, bleichen, etc.)*
Keine Chemie/kein Gift in Kleidung	37	11%	75%	377	*Schadstofffreie Kleidung*

*Anteil der Befragten, die mindestens einen der Punkte nannten.

Abb. 3 Ergebnisse Frage 1. (Quelle: Nach Franken 2017b)

5.1 Bedeutung von CSR in der Kleidungsindustrie

Die offene Frage nach der Bedeutung, oder anders gesagt nach der Ausgestaltung unternehmerischer Verantwortung von Firmen in der Kleidungsindustrie, beantworten 339 von 504 Frauen. Das bedeutet, mehr als ein Drittel der Befragten, nämlich 33 %, weiß keine Antwort auf diese Frage. Aus diesem Grund wird die Frage anschließend mit neun vorgegebenen Antwortmöglichkeiten, also geschlossen, gestellt und von allen Teilnehmerinnen beantwortet (vgl. Abb. 3).

Die Gegenüberstellung der Ergebnisse der offenen und geschlossenen Frage zeigt, dass sich die fünf meistgenannten Antworten entsprechen und sich lediglich in der Platzierung, teilweise auch nur marginal, unterscheiden. So fällt der größte Platzierungsunterschied auf den Faktor Kinderarbeit. Ungestützt nennen ihn 83 Frauen, was Platz vier in der ersten Fragerunde darstellt. Gestützt nimmt er in der zweiten Fragerunde den ersten Platz mit 450 Nennungen ein.

Die Antworten der Befragten zeugen von einer sehr altruistischen, humanen Grundhaltung. So ist in beiden Frageformen der Aspekt der Schadstoffbelastung in Kleidung an fünfter Stelle. Die Annahme, „Jeder ist sich selbst der Nächste", was auch drei der sieben Experten sagen, wird widerlegt: Die produzierenden Menschen, deren Arbeitsbedingungen und die Umweltschonung scheinen deutschen Frauen wichtiger als die eigene Gesundheit.

Beeindruckend ist, dass die Einschätzungen der befragten Experten mit den Ergebnissen der geschlossenen Frage, die alle 504 Frauen beantworteten, vollkommen übereinstimmen (vgl. Franken 2017b). Auf die Frage, welcher Aspekt unternehmerischer Verantwortung von Kleiderherstellern den Kunden besonders wichtig ist, antworten die sieben Experten an erster Stelle mit guten Arbeitsbedingungen, an zweiter Stelle mit der Umweltschonung und an dritter Stelle mit Chemikalien und Giften in Kleidung. Zur besseren Vergleichbarkeit werden die Antworten der geschlossenen Verbraucherfrage kategorisiert: „Keine Kinderarbeit", „Faire Löhne" und „Gute Arbeitsbedingungen" werden dem Oberbegriff „Gute Arbeitsbedingungen" zugeordnet.

5.2 Relevanz von CSR in der Kleidungsindustrie

Wie wichtig den Verbraucherinnen unternehmerische Verantwortung beim Kleiderkauf ist, zeigen die Ergebnisse in Abb. 4. Mehr als drei Viertel der Befragten, 86 %, sagen wichtig bis sehr wichtig, demgegenüber stehen 14 %, die das eher unwichtig bis unwichtig finden. Auffallend ist, dass der Grad der jeweiligen Relevanz in allen Altersgruppen sehr homogen ist. Als sehr wichtig empfinden jeweils circa ein Viertel der befragten Frauen in allen vier Altersgruppen unternehmerische Verantwortung beim Kleidungskauf. Als wichtig empfinden knapp zwei Drittel der befragten Frauen die CSR-Aktivität von Kleidungsunternehmen. Eher unwichtig empfinden im Schnitt 13 % der Befragten in allen

Wie wichtig ist Ihnen unternehmerische Verantwortung beim Kleidungskauf?										
Antwortkategorie	Insgesamt		15-19 Jahre		20-29 Jahre		30-39 Jahre		40-49 Jahre	
	Nennungen	Anteil*	Nennungen	Anteil*	Nennungen	Anteil*	Nennungen	Anteil*	Nennungen	Anteil*
Sehr wichtig	116	23%	9	20%	31	22%	31	22%	45	26%
Wichtig	316	63%	30	65%	92	65%	88	62%	106	60%
Eher unwichtig	65	13%	6	13%	17	12%	20	14%	22	13%
Unwichtig	7	1%	1	2%	1	1%	2	1%	3	2%
Summe	**504**	**100%**	**46**	**100%**	**141**	**100%**	**141**	**100%**	**176**	**100%**

*Anteil der Befragten.

Abb. 4 Ergebnisse Frage 2. (Quelle: Nach Franken 2017b)

Altersgruppen den Aspekt CSR beim Kleidungskauf und die wenigsten, nämlich ein Prozent oder sieben Frauen, empfinden unternehmerische Verantwortung beim Kleidungskauf als irrelevant.

Dieses Ergebnis spiegelt sich aktuell nicht zwingend im Kaufverhalten wieder, der Aspekt der soziale Erwünschtheit beeinflusst das Umfrageergebnis. Diese Diskrepanz, das sogenannte Attitude-Behaviour Gap, ist Gegenstand zahlreicher Forschungen (vgl. Devinney et al. 2010). Der Unterschied zwischen Einstellung und Verhalten wird ersichtlich durch die Bereitschaft, mehr Geld für nachhaltig hergestellte Produkte zu bezahlen.

Nichtsdestotrotz zeigen die vorliegenden Antworten auf die Frage nach der Wichtigkeit unternehmerischer Verantwortung beim Kleidungskauf eine klare Richtung auf. Bestätigt wird dieses Ergebnis von einer Studie (vgl. Nielsen 2015), die die Bereitschaft von Kunden, mehr Geld für Produkte und Dienstleistungen von CSR-aktiven Unternehmen zu bezahlen, untersucht. Faktoren wie Qualität und Preis-Leistung wiegen laut dieser Erhebung trotzdem noch schwerer als CSR für Verbraucher (vgl. ibid.).

Das Meinungsbild der befragten Experten bezüglich der Frage, wie wichtig den Menschen die unternehmerische Verantwortung von Kleidungsherstellern ist, fällt nicht homogen aus. Drei Experten sind der Meinung, dass die Wichtigkeit von CSR ansteigt. Zwei Experten sagen, dass CSR von Kleidungsherstellern für den Verbraucher relevant ist und ein Experte glaubt, CSR sei für die Gesamtbevölkerung unwichtig (vgl. Franken 2017b).

5.3 Kleidermarken mit wahrgenommenem CSR-Engagement

Über zwei Drittel der befragten Frauen, genau 347, können keine Kleidermarke nennen, die unternehmerisch verantwortlich handelt. Dies geht aus der offen gestellten Frage drei in Abb. 5 hervor. Auch auf die folgende geschlossene Frage mit 23 vorgegebenen Kleidermarken (vgl. Franken 2017b) können immer noch mehr als ein Drittel der Befragten, 38 %, keine Kleidermarke nennen.

Dieses Ergebnis geht in die Richtung der in der Einleitung erwähnten Befragung, bei der 82 % kein Unternehmen nennen können, das für Umwelt- und Klimaschutz steht und gleichzeitig soziale Belange berücksichtigt (vgl. Willmroth 2012).

Bei Betrachtung der meistgenannten Kleidermarken fällt auf, dass H&M sowie C&A in beiden Frageformen, der offenen und der geschlossenen, sehr nah beieinander die oberen Plätze belegen. Diese beiden Marken führen seit Jahren die Liste der beliebtesten Bekleidungsgeschäfte Deutschlands an (vgl. VUMA 2015). Folglich ist es durchaus möglich, dass diese beiden Marken aufgrund Ihrer Popularität automatisch genannt wurden.

Hessnaturs Spitzenplatz in der geschlossenen Variante ist fragwürdig, weil das Wort „Natur" im Markennamen enthalten ist und dadurch zur Nennung verleiten kann, obwohl hessnatur bei der offenen Frage zehn Nennungen erhielt. Allerdings wurde die Kleidermarke Armedangels bei der offenen Frage zwölfmal genannt und geschlossen immerhin 25 mal, obwohl Armedangels keinen Hinweis auf Nachhaltigkeit im Markennamen trägt.

Welche drei Kleidermarken sind Ihnen als unternehmerisch verantwortlich bekannt?					
Offene Frage			Geschlossene Frage		
Frage beantwortet: 157 Frauen (31%) Frage nicht beantwortet: 347 Frauen (69%)			Frage beantwortet: 310 Frauen (62%) Frage nicht beantwortet: 194 Frauen (38%)		
Kleidermarke	**Nenn-ungen**	**Anteil***	**Anteil***	**Nenn-ungen**	**Kleidermarke**
H&M	29	18%	26%	80	*Hessnatur*
Esprit	26	17%	20%	62	*C&A*
C&A	19	12%	19%	60	*H&M*
Trigema	13	8%	19%	58	*Tchibo*
S.Oliver	13	8%	18%	56	*Esprit*
Armed Angels	12	8%	16%	49	*Trigema*
Adidas	10	6%	14%	43	*Adidas*
hessnatur	10	6%	11%	35	*Lidl*
Nike	9	6%	10%	32	*Benetton*
Puma	7	4%	10%	30	*S. Oliver*
Tom Tailor	6	4%	9%	29	*Vaude*
Tchibo	4	3%	9%	27	*Nike*
Lidl	4	3%	8%	25	*Armed Angels*
Zara	4	3%	6%	20	*Puma*
Kik / fairtrade / Desigual Bio / Vero Moda	3	2%	6%	20	*Aldi*

*Anteil der Befragten, die mindestens eine der Kleidermarken nannten.

Abb. 5 Ergebnisse Frage 3. (Quelle: Nach Franken 2017a)

VAUDE als dritte Kleidermarke mit einem CSR-basierten Geschäftsmodell erreicht in der offenen Frage den 17. Platz, in der geschlossenen den elften.

Die Kleidermarken, deren Ränge sich in beiden Frageformen nicht um mehr als drei Plätze unterscheiden sind C&A, H&M, Esprit, Trigema, Adidas und Nike.

5.4 Kommunikationskanäle, über die das CSR-Engagement von Kleidermarken wahrgenommen wird

Frage vier nach den Kommunikationskanälen, über den die Verbraucherinnen von den CSR-Aktivitäten einer Kleidermarke erfuhren, wurde ausschließlich geschlossen und mit elf Antwortmöglichkeiten gestellt. Der meistgenannte Kommunikationskanal ist mit 30 %

Wie haben Sie von der unternehmerischen Verantwortung der genannten Kleidermarke erfahren?		
	Nennungen*	**Anteil****
Im Geschäft	216	30%
Website	171	24%
TV	169	23%
Familie/Freunde	150	21%
Zeitung/Zeitschriften	140	19%
Social Media	125	17%
Außenwerbung	71	10%
Andere	51	7%
Direktmailing	50	7%
Flyer	35	5%
Radio	15	2%

**Nennungen dieses Kommunikationskanals innerhalb aller Kleidermarken.*

***Anteil der Nennungen innerhalb aller Kanäle und Kleidermarken.*

Abb. 6 Ergebnisse Frage 4. (Quelle: Nach Franken 2017b)

der Stimmen das Geschäft bzw. der Point of Sale (PoS). An zweiter Stelle kommt die Website mit 24 % der Nennungen, dicht gefolgt vom TV mit 23 % (vgl. Abb. 6).

Bei Betrachtung der Altersgruppen ist das Geschäft als meistgenannter Kommunikationskanal in allen vier Altersgruppen auch relativ ausgewogen mit 33 % (15–19-Jährige), 26 % (20–29-Jährige), 31 % (30–39-Jährige) und 32 % (40–49-Jährige) vertreten. Die Nutzung der Kanäle bei jüngeren Verbraucherinnen geht nach dem Ladenlokal hin zum Internet mit der Nennung Website und Social Media. Im Umkehrschluss ist das in der Gesamtauswertung dritthäufigst genannte Medium, das Fernsehen, bei älteren, sprich den 30–39-Jährigen und 40–49-Jährigen Verbraucherinnen beliebter. Das TV erscheint bei den 30–39-Jährigen auf Platz drei und steht auch bei den 40–49-Jährigen an dritter Stelle (vgl. Abb. 7).

Dass das Geschäft als Kommunikationskanal und PoS nach wie vor dominiert, bestätigt ebenfalls eine Studie der Verbrauchs- und Medienanalyse (VuMA), laut der im Jahr 2017 für 41 Mio. Menschen in Deutschland der stationäre Bekleidungshandel der bevorzugte Einkaufsort für Mode war (vgl. Statista 2018b). Doch der Online-Handel macht mittlerweile auch hier Konkurrenz: Kauften im Jahre 2014 noch 2,3 Mio. Deutsche Bekleidung hauptsächlich online, taten dies 2017 bereits 3,86 Mio. Menschen, was ein 66-prozentiges Wachstum bedeutet (ibid.).

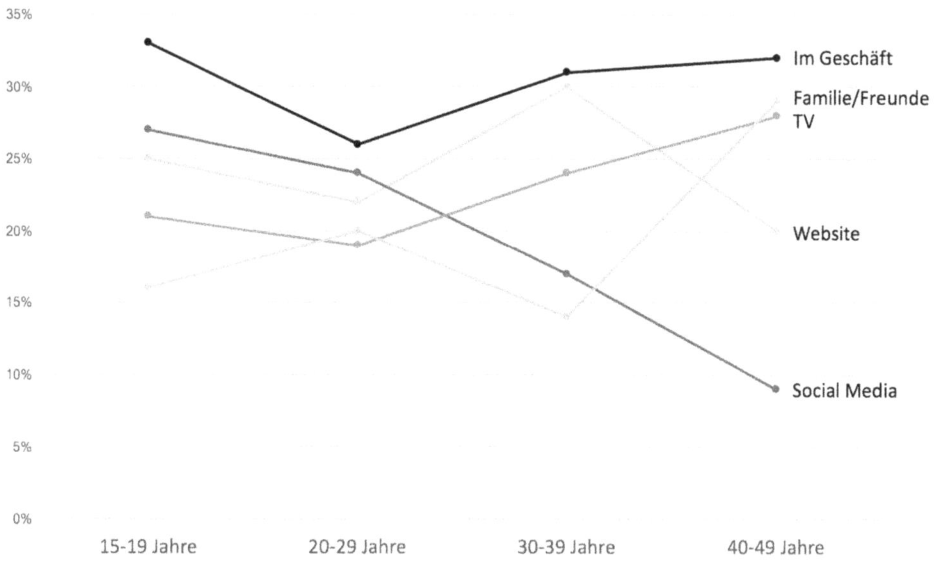

Abb. 7 Darstellung der Nutzung der Kommunikationskanäle nach Altersgruppen. (Quelle: Nach Franken 2017b)

Sechs der sieben befragten Experten stimmen darin überein, dass die Verbraucher über die Online-Kommunikationskanäle sehr gut erreichbar sind. Einer dieser sechs Experten hob besonders die jungen Verbraucher und Social Media hervor. Ein anderer Experte sagte, 99 % der Kleidung werde ohnehin online verkauft (vgl. Franken 2017b).

Weniger als die Hälfte der Experten, nämlich drei von ihnen, nannte das Ladenlokal als wichtigen Kommunikationskanal. Dieses Medium ist interessanterweise überhaupt nicht in der recherchierten Fachliteratur bezüglich CSR-Kommunikation berücksichtigt (vgl. ibid.).

Bemerkenswert ist außerdem, dass keiner der Experten den Kanal TV nannte, der immerhin in der Gesamtauswertung und bei den Altersgruppen 30–39 Jahre sowie 40–49 Jahre an dritter Stelle kommt. Diese Relevanz belegen auch Angaben der Verbraucherinnen in der Befragung. Die Kleidermarke Trigema hat mit Abstand die meisten Nennungen bei TV mit 67 % und die Befragten machen Angaben wie „In Deutschland produziert“ und „Verantwortung für Mitarbeiter und Umwelt“. Genau diese Punkte werden in einer Fernsehwerbung von Trigema genannt (vgl. ibid.; Trigema 2012).

5.5 Relevanz von Textilsiegeln

Das spezifischste CSR-Kommunikationsinstrument in der TBI ist das Textilsiegel. Allerdings beantworten 56 % oder 285 der Frauen die Frage, wie wichtig ihnen Textilsiegel

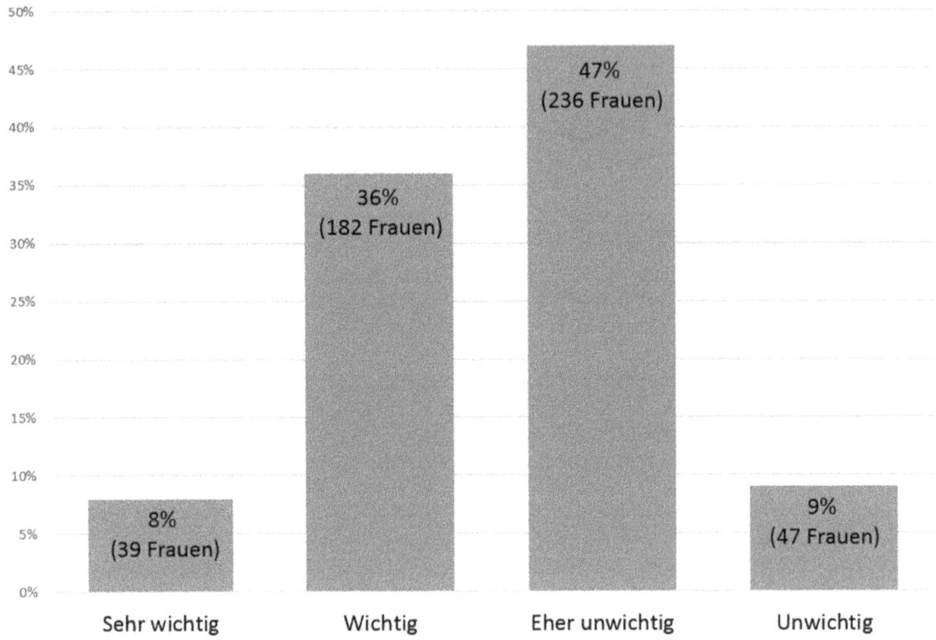

Abb. 8 Wichtigkeit von Textilsiegeln beim Kleidungskauf. (Quelle: Nach Franken 2017b)

beim Kleidungskauf seien, mit eher unwichtig bis unwichtig. Folglich empfinden 44 % der Frauen Textilsiegel als sehr wichtig bis wichtig (vgl. Abb. 8; Franken 2017b).

Werden die Antworten auf die erste Frage nach der Bedeutung unternehmerischer Verantwortung von Bekleidungsfirmen mit vorgegebenen Antwortmöglichkeiten hinzugezogen, kreuzen hier lediglich 113 Frauen „Textilsiegel auf Kleidungsstücken" an und fast doppelt so viele Frauen, nämlich 221, geben bei der aktuellen Frage sehr wichtig bis wichtig an. Daher kann bei den vorliegenden Ergebnissen davon ausgegangen werden, dass der Faktor der sozialen Erwünschtheit die Antworten beeinflusst.

Auch die Expertenmeinungen stimmen mit der Vermutung der Antwortverzerrung durch soziale Erwünschtheit überein. Zwei Experten sagen, Textilsiegel sind unwichtig und zwei Experten äußern, die Bedeutung von Siegeln steigt an. Weitere zwei Experten empfinden Siegel als ein Add-on und ein Experte betrachtet sie zwar als hilfreich für den Verbraucher, doch zu intransparent sowie komplex und gebraucht das Wort „Siegeldschungel" (vgl. Franken 2017b).

5.6 Bekanntheit von Textilsiegeln

Die letzte Frage betrifft die Bekanntheit von Textilsiegeln. Zunächst offen gefragt, beantworten mehr als drei Viertel der Teilnehmerinnen die Frage nicht. Bei der geschlossenen Variante werden die Teilnehmerinnen mit sechs Antwortmöglichkeiten samt Wort-Bild-

Welche Textilsiegel kennen Sie?					
Offene Frage			**Geschlossene Frage**		
Frage beantwortet: 116 Frauen (23%) Frage nicht beantwortet: 388 Frauen (77%)			**Frage beantwortet: 504 Frauen (100%)**		
Textilsiegel	**Nennungen**	**Anteil***	**Anteil***	**Nennungen**	**Textilsiegel**
Fairtrade	29	34%	80%	403	*Textiles Vertrauen nach Öko-Tex Standard 100*
Öko-Tex	13	11%	72%	363	*Blauer Engel*
Blauer Engel	9	8%	70%	354	*Fairtrade Certified Cotton*
Bio	9	8%	11%	55	*GOTS*
Bio Baumwolle	8	7%	7%	36	*Keine*
Bio Cotton	7	6%	6%	31	*Cradle to Cradle*
Textiles Vertrauen	7	6%	4%	19	*IVN (Internationaler Verband der Naturtextilwirtschaft)*
GOTS	7	6%	1%	3	*Andere*

*Anteil der Befragten, die mindestens ein Textilsiegel nannten.

Abb. 9 Ergebnisse Frage 6. (Quelle: Nach Franken 2017b)

Marke des Textilsiegels unterstützt und antworten vollständig. Wobei hier auch 36 Teilnehmerinnen mit „Keine" antworten (vgl. Abb. 9).

Auffällig ist auch hier, dass obwohl bei der vorhergehenden Frage nach der Bedeutung von Textilsiegeln 221 Befragte angeben, Textilsiegel seien sehr wichtig bis wichtig, benennen bei der konkreten Frage nach Kenntnis eines Siegels lediglich 116 Frauen eins. Das ist immerhin ein Unterschied von knapp 100 Frauen, was auch hier die Vermutung der Antwortverzerrung durch soziale Erwünschtheit nährt. Empfindet jemand Textilsiegel als sehr wichtig oder wichtig, sollte er mindestens eins benennen können.

Umgekehrt werden mit dieser letzten Frage die Antworten der 113 Teilnehmerinnen mit „Siegeln auf Kleidungsstücken" auf die geschlossene Eingangsfrage nach der Bedeutung unternehmerischer Verantwortung in der Kleidungsindustrie bestätigt. Hier nennen fast identisch viele Frauen, nämlich 116, mindestens ein Textilsiegel namentlich (vgl. Franken 2017b).

Die Experten bestätigen das Ergebnis der offenen Fragestellung grundsätzlich. Fünf der sieben Expertenmeinungen reichen von „quasi nicht vorhanden" über „nicht besonders hoch" bis hin zu „Kenntnis ist steigend". Zwei Experten schätzen den Kenntnisstand der Verbraucher besser ein: Ein Experte sagt, Textilsiegel seien definitiv bekannt, ein weiterer macht die Kenntnis von der gesellschaftlichen Gruppierung abhängig und sie reiche von groß bis nicht vorhanden.

Auffällig ist außerdem, dass Fairtrade das mit Abstand meistgenannte Siegel in der offenen Frage und das dritthäufigst genannte Siegel in der geschlossenen Frage ist, obwohl es kein ausgewiesenes Textilsiegel ist. Eine Erklärung könnte sein, dass dieses Siegel bereits lange auf dem Markt ist und ursprünglich für Nahrungsmittel wie beispielsweise Kaffee und Schokolade eingesetzt wurde. Ähnlich verhält es sich mit dem zweit- respektive dritthäufigst genanntem Siegel „Der blaue Engel". Dieses Siegel ist kein spezifisches Textilsiegel und gelernt vom Verbraucher, etwa durch seinen Einsatz auf (Toiletten-)Papier.

Das hier auf die geschlossene Frage an erster und auf die offene Frage an zweiter Stelle genannte Textilsiegel „Textiles Vertrauen nach Öko-Tex Standard" ist auch laut einer internationalen Umfrage das bekannteste Textilsiegel (vgl. IfH 2012). Dieses Siegel wurde bereits 1992 gegründet und ist damit bereits lange sichtbar im Markt (vgl. Öko-Tex 2018).

6 Fazit

Die gute Nachricht: Dank der Medienberichterstattungen kommen die massiven Missstände bei der Produktion konventioneller Bekleidung bei den Verbraucherinnen an. Es existiert ein Bewusstsein über den Produktionsprozess und seine Auswirkungen, was für eine durchaus humane Grundhaltung bei den Teilnehmerinnen der Befragung sorgt. Belegt wird dies durch die eindeutigen Ergebnisse der Einstiegsfrage nach der Bedeutung unternehmerischer Verantwortung von Bekleidungsfirmen, was durch die interviewten Experten erhärtet wird. Dieses Wissen sorgt bei über drei Vierteln der Verbraucherinnen dafür, dass CSR von Bekleidungsfirmen als wichtig bis sehr wichtig erachtet wird.

Die schlechte Nachricht: CSR-Kommunikation von Unternehmen ist nicht sehr erfolgreich, womit die angeführte Studie der WirtschaftsWoche bestätigt wird. Über zwei Drittel der Befragten konnte keine CSR-aktive Kleidermarke nennen. Ähnliche Ergebnisse resultieren aus den Verbraucherfragen hinsichtlich Textilsiegeln, dem spezifischsten CSR-Kommunikationsinstrument in der TBI. Textilsiegel scheinen weder besonders relevant noch bekannt zu sein, obwohl das Ergebnis erfolgreicher Kommunikation von lang auf dem Markt bestehenden Siegeln in dieser Erhebung belegt wird.

Die ersten beiden Erkenntnisse der Studie überraschen nicht über Gebühr, allerdings wird der meistgenannte Kommunikationskanal, über den CSR-Engagement von Unternehmen wahrgenommen wird, sowohl von den Experten als auch der hiesigen Fachliteratur unterschätzt. In Zeiten, in denen der Online-Handel floriert, die Digitalisierung sowie damit einhergehend die vermittelte Kommunikation Einzug in alle Lebensbereiche hält, ist das Geschäft laut den befragten Verbraucherinnen der wichtigste CSR-Kommunikationskanal. Besuche in den Ladenlokalen der drei meistgenannten Kleidermarken bei dieser Frage bestätigen dies, was zeigt, dass Bekleidungsunternehmen durchaus noch Gestaltungsspielräume in ihrer CSR-Kommunikation haben.

Literatur

Atteslander P (2010) Methoden der empirischen Sozialforschung. Erich Schmidt, Berlin
Beckert S (2014) King Cotton. C.H. Beck, München
Bundesministerium für Wirtschaft und Energie (2018) Textil und Bekleidung. https://www.bmwi.de/Redaktion/DE/Artikel/Branchenfokus/Industrie/branchenfokus-textil.html. Zugegriffen: 8. Jan. 2018
Bundesministerium für wirtschaftliche Zusammenarbeit und Entwicklung (2015) Bündnis für nachhaltige Textilien. https://www.bmz.de/de/mediathek/publikationen/reihen/infobroschueren_flyer/flyer/textilbuendnis.pdf. Zugegriffen: 2. Jan. 2018
Bündnis für nachhaltige Textilien (2016) Factsheet: Bündnis für nachhaltige Textilien. https://www.textilbuendnis.com/images/pdf/Factsheet/160628_Factsheet_B%C3%BCndnis_f%C3%BCr_nachhaltige_Textilien.pdf. Zugegriffen: 12. Mai 2016
Bündnis für nachhaltige Textilien (2018a) Wer wir sind: Entstehung und Ziele. https:// www.textilbuendnis.com/wer-wir-sind/das-buendnis/. Zugegriffen: 2. Jan. 2018
Bündnis für nachhaltige Textilien (2018b) Aktuelles: Beschluss über verbindliche Zeit- und Mengenziele. https://www.textilbuendnis.com/beschluss-ueber-verbindliche-zeit-und-. Zugegriffen: 2. Jan. 2018
Bündnis für nachhaltige Textilien (2018c) Übersicht der beschlossenen Zeit- und Mengen ziele. https://www.textilbuendnis.com/wp-content/uploads/2017/12/Ziele-im-%C3%9Cberblick.pdf. Zugegriffen: 3. Jan. 2018
Burckhardt G (2013) Corporate Social Responsibility – Mythen und Maßnahmen. Springer Gabler, Wiesbaden
Clean Clothes Campaign (2012) Deadly Denim. https://cleanclothes.org/resources/publications/ccc-deadly-denim.pdf/view. Zugegriffen: 3. Jan. 2018
Clean Clothes Campaign (2014) Im Stich gelassen: Die Armutslöhne der Arbeiterinnen in Kleiderfabriken in Osteuropa und der Türkei. http://lohnzumleben.de/wp-content/uploads/2014/06/CCC-GE-ExSum-GER-DEF-LR-spreads1.pdf. Zugegriffen: 3. Jan. 2018
Crane A, Matten D (2010) Business ethics. Oxford University Press, New York
Crane A, Matten D (2016) Business ethics. Oxford University Press, New York
Destatis (2016) Genesis Online Database. https://www-genesis.destatis.de/genesis/online/data;jsessionid=F7951A5E8D41F469AC5BFADA513F3E9F.tomcat_GO_1_1?operation=abruftabelleBearbeiten&levelindex=1&levelid=1449082731467&auswahloperation=abruftabelleAuspraegungAuswaehlen&auswahlverzeichnis=ordnungsstruktur&auswahlziel=werteabruf&selectionname=12411-0006&auswahltext=%23Z-31.12.2014%23SALT013ALT022%2CALT021%2CALT043%2CALT020%2CALT042%2CALT019%2CALT041%2CALT023%2CALT036%2CALT035%2CALT034%2CALT018%2CALT040%2CALT017%2CALT039%2CALT016%2CALT038%2CALT015%2CALT037%2CALT049%2CALT033%2CALT044%2CALT032%2CALT031%2CALT030%2CALT048%2CALT0-47%2CALT046%2CALT045%2CALT025%2CALT024%2CALT029%2CALT028%2CALT027%2CALT026&nummer=5&variable=2&name=GES&werteabruf=Werteabruf. Zugegriffen: 8. Aug. 2016
Deutsche Bank Research (2011) Textil-/Bekleidungsindustrie: Innovation und Internationalisierung als Erfolgsfaktoren. https://www.suedwesttextil.de/download/uploads/230. Zugegriffen: 6. Jan. 2018
Devinney T, Auger P, Eckhardt G (2010) The myth of the ethical consumer. Cambridge University Press, Cambridge
Diekmann A (2005) Empirische Sozialforschung. Rowohlt, Reinbek bei Hamburg

Engelhardt A (2012) Schwarzbuch Baumwolle: Was wir wirklich auf der Haut tragen. Deuticke im Paul Zsolnay Verlag, Wien
Environmental Justice Foundation (2007) The deadly chemicals in cotton. https://ejfoundation.org//resources/downloads/the_deadly_chemicals_in_cotton.pdf. Zugegriffen: 2. Jan. 2018
Euler Hermes Economic Research (2014) Textil und Bekleidung in Deutschland: Eine Branche mit zwei Gesichtern. http://www.eulerhermes.de/mediacenter/Lists/mediacenter-documents/euler-hermes-branchenbericht-textilindustrie-deutschland.pdf. Zugegriffen: 6. Jan. 2018
Faulbaum F, Prüfer P, Rexroth M (2009) Was ist eine gute Frage? VS, Wiesbaden
Fletcher K (2014) Sustainable fashion and textiles. Routledge, Oxon
Flick U (2014) Qualitiative Sozialforschung. Rohwolt, Reinbek bei Hamburg
Franken N (2017a) Was Verbrauchern wichtig ist. Verantwortung 3:24–25
Franken N (2017b) Corporate Responsibility in the clothing industry. From a consumer's perspective. oekom, München
GfK (2010) Anteil der Kaufkraft der Deutschen nach Altersgruppen. https://de.statista.com/statistik/daten/studie/163248/umfrage/kaufkraft-nach-altersgruppen/. Zugegriffen: 3. Jan. 2018
Gläser J, Laudel G (2010) Experteninterviews und qualitative Inhaltsanalyse. VS, Wiesbaden
Göritz A (2003) Online-Panels. In: Theobald A, Dreyer M, Starsetzki T (Hrsg) Online-Marktforschung. Gabler, Wiesbaden, S 227–240
Gries T (2006) Textiltechnik? Textiltechnik. Textiltechnik! Ferdinand Schöningh, Paderborn
Gries T, Veit D, Wulfhorst B (2014) Textile Fertigungsverfahren. Hanser, München
Grömling M, Matthes J (2003) Globalisierung und Strukturwandel der deutschen Textil- und Bekleidungsindustrie. Deutscher Institutsverlag, Köln
Haas H, Zademach H (2005) Internationalisierung im Textil- und Bekleidungsgewerbe. Geogr Rundsch 2(57):30–38
Hauptmanns P, Lander A (2003) Zur Problematik von Internet-Stichproben. In: Theobald A, Dreyer M, Starsetzki T (Hrsg) Online-Marktforschung. Gabler, Wiesbaden, S 27–40
Heinrich P, Schmidpeter R (2013) Wirkungsvolle CSR-Kommunikation – Grundlagen. In: Heinrich P (Hrsg) CSR und Kommunikation. Springer Gabler, Heidelberg, S 1–25
Hell P (2009) Türkische Textilfabriken: Tödlicher Sand in der Jeans-Maschine. http://www.spiegel.de/panorama/gesellschaft/tuerkische-textilfabriken-toedlicher-sand-in-der-jeans-maschine-a-614541.html. Zugegriffen: 4. Jan. 2018
Holdinghausen H (2015) Dreimal anziehen, weg damit. Westend Verlag, Frankfurt/Main
IfH Institut für Handelsforschung (2012) 20 Jahre Oeko-Tex Standard 100. https://www.oeko-tex.com/media/downloads/OETS_100_Consumer_Survey_2012_de.pdf. Zugegriffen: 10. Jan. 2018
ISO (2018) International Organization for Standardization. https://www.iso.org. Zugegriffen: 2. Jan. 2018
Kirchhoff S, Kuhnt S, Lipp P, Schlawin S (2010) Der Fragebogen. VS, Wiesbaden
Kohn B (2009) Türkei verbietet das Sandstrahlen von Jeans. http://www.br.de/radio/bayern2/sendungen/radiowissen/sandstrahlen100.html. Zugegriffen: 4. Jan. 2018
Kutsch H (2007) Repräsentativität in der Online-Marktforschung. Josef Eul, Köln (Dissertation)
Lexikon der Nachhaltigkeit (2015) Fast Fashion Definition. https://www.nachhaltigkeit.info/artikel/fast_fashion_definition_2012.htm. Zugegriffen: 2. Jan. 2018
Lux W (2013) CSR-Kommunikation im Handel. In: Heinrich P (Hrsg) CSR und Kommunikation. Springer Gabler, Heidelberg, S 133–145
Mayring P (2003) Qualitative Inhaltsanalyse. Beltz, Weinheim
Nielsen (2015) Soziales Engagement, ja bitte! Doch Qualität und Leistung gehen vor. http://www.nielsen.com/de/de/insights/reports/2015/Social-Responsibility.html. Zugegriffen: 4. Jan. 2018

Nuggets Market Research and Consulting (2015) Greenpeace – usage & attitude mode und fast fashion. https://www.greenpeace.de/files/publications/20151123_green-peace_detox_ergebnisbericht_fast_fashion.pdf. Zugegriffen: 2. Jan. 2018
Öko-Tex (2018) Standard 100 by Oeko-Tex. https://www.oeko-tex.com/en/business/certifications_and_services/ots_100/ots_100_start.xhtml. Zugegriffen: 10. Jan. 2018
Poynter R (2010) The handbook of online and social media research. John Wiley & Sons, West Sussex
Respondi (2018) Panelbook. https://www.respondi.com/wpcontent/uploads/2017/09/DE_Panelbook_respondi.pdf. Zugegriffen: 2. Jan. 2018
Schneider A (2003) Internationalisierungsstrategien in der deutschen Textil- und Bekleidungsindustrie – eine empirische Untersuchung (Dissertation). http://publications.rwth-aachen.de/record/61937/files/03_159.pdf. Zugegriffen: 5. Jan. 2018
Spiegel (2015a) Wie häufig kaufen Sie (Frauen) im Allgemeinen für sich persönlich Kleidung? https://de.statista.com/statistik/daten/studie/437661/umfrage/umfrage-unter-frauen-in-deutschland-zur-haeufigkeit-des-kaufs-von-kleidung/. Zugegriffen: 2. Jan. 2018
Spiegel (2015b) Wie häufig kaufen Sie (Männer) im Allgemeinen für sich persönlich Kleidung? https://de.statista.com/statistik/daten/studie/437732/umfrage/umfrage-unter-maennern-in-deutschland-zur-haeufigkeit-des-kaufs-von-kleidung/. Zugegriffen: 2. Jan. 2018
Starmanns M (2010) „Corporate Responsibility" in der Modeindustrie. Geogr Rundsch 4:26–33
Statista (2018a) Prognostizierte Umsatzentwicklung in der Textil- und Bekleidungsindustrie in Deutschland in den Jahren von 2009 bis 2021 (in Milliarden Euro). https://txm.vdma.org/documents/199718/19894887/Branchenportrait.pdf/780e5858-c93d-45ef-a738-b18e40ecb084?t=720540.2. Zugegriffen: 3. Jan. 2018
Statista (2018b) Wenn der Postbote die Mode bringt. https://de.statista.com/infografik/13212/modekauf-im-internet/. Zugegriffen: 15. März 2018
Stiftung Warentest (2011) Jeans CSR: Viele Anbieter mauern. https://www.test.de/Jeans-CSR-Viele-Anbieter-mauern-4281449-0/. Zugegriffen: 4. Jan. 2018
Sue V, Ritter L (2012) *Conducting Online Surveys*. Thousand Oaks: SAGE Publications. Technische Universität Dresden (2018). Technische Textilien und Funktionstextilien. https://tu-dresden.de/ing/maschinenwesen/itm/forschung/forschungsfelder/anwendungsbereiche/technische-textilien-funktionstextilien. Zugegriffen: 2. Jan. 2018
Technische Universität Dresden (2018). Technische Textilien und Funktionstextilien. https://tu-dresden.de/ing/maschinenwesen/itm/forschung/forschungsfelder/anwendungsbereiche/technische-textilien-funktionstextilien. Zugegriffen: 2. Jan. 2018
Theobald A (2014) Handbuch Online-Marktforschung. Books on Demand, Norderstedt
Trigema (2012) Trigema TV-Spot. https://www.youtube.com/watch?v=4v2lSOZpR98. Zugegriffen: 8. Jan. 2018
Verband Deutscher Maschinen- und Anlagenbau (2018) Branchenportrait Textilmaschinen 2017. https://txm.vdma.org/documents/199718/19894887/Branchenportrait.pdf/780e5858-c93d-45ef-a738-b18e40ecb084?t=720540.2. Zugegriffen: 8. Jan. 2018
VUMA (Arbeitsgemeinschaft Verbrauchs- und Medienanalyse) (2015) Beliebteste Bekleidungsgeschäfte und Textilkaufhäuser (Einkauf in den letzten 6 Monaten) in Deutschland von 2012 bis 2015. http://de.statista.com/statistik/daten/studie/171497/umfrage/in-den-letzten-6-monaten-besuchte-bekleidungsgeschaefte/. Zugegriffen: 5. Jan. 2018
Welker A, Werner M, Scholz J (2005) Online Research. dpunkt, Heidelberg
Willershausen F (2012) Die Modelüge – wie deutsche Firmen produzieren lassen. http://www.wiwo.de/unternehmen/industrie/textilindustrie-die-modeluege-wie-deutsche-firmen-produzieren-lassen/7162224.html. Zugegriffen: 7. Jan. 2018

Williamson H (2014) Kinderarbeit auf den Feldern. http://www.fr.de/politik/menschenrechte-in-usbekistan-kinderarbeit-auf-den-feldern-a-529424. Zugegriffen: 3. Jan. 2018

Willmroth J (2012) Umfrage: 82 Prozent kennen kein nachhaltiges Unternehmen. http://www.wiwo.de/technologie/green/biz/umfrage-82-prozent-kennen-kein-nachhaltiges-unternehmen/13544812.html. Zugegriffen: 10. Jan. 2018

Wolter F (2012) Heikle Fragen in Interviews. Springer VS, Wiesbaden (Dissertation)

Zerback S (2015) Kaufkraft ohne Moral? http://www.deutschlandfunk.de/konsumverhalten-von-jugendlichen-kaufkraft-ohne-moral.724.de.html?dram:article_id=327063. Zugegriffen: 2. Jan. 2018

Zikmund W, Babin B, Carr J, Griffin M (2013) Business research methods. Cengage Learning, Canada

Nicole Franken ist selbständige Beraterin, Dozentin, und Trainerin (IHK). Die Schwerpunkte der zertifizierten CSR-Managerin (IHK) sind Kommunikation, Veränderung und Führung. Nicole Franken war seit 2002 für das Bankhaus Sal. Oppenheim, das Institut der deutschen Wirtschaft Köln und die Deutsche Telekom AG in diesen Bereichen tätig. 2017 erschien beim oekom Verlag ihr Buch „Corporate Responsibility in the clothing industry. From a consumer's perspective".

Textilbündnis und Siegelklarheit.de

Wie Wirtschaft, Politik und Gesellschaft gemeinsam die Textil-Lieferkette nachhaltiger gestalten und was Verbraucherinnen und Verbraucher konkret tun können!

Anosha Wahidi

1 Herausforderungen der Textilwirtschaft

Die globale Textilindustrie hat in den letzten Jahrzehnten zu einem gewaltigen Industrialisierungsschub in zahlreichen – vor allem asiatischen – Ländern beigetragen. Insbesondere Frauen haben Arbeitsplätze erhalten und damit die Aussicht auf ein eigenes Einkommen. Doch der Textilboom der asiatischen Länder bietet nicht nur Entwicklungschancen; er hat auch Schattenseiten. Nicht zuletzt Katastrophen wie in den Textilfabriken von Bangladesch und Pakistan zeigen, dass in den Produktionsstätten in Bezug auf Sozial- und Umweltstandards oftmals nicht einmal Mindestanforderungen erfüllt werden. Neben fehlender Gebäudesicherheit und unzureichendem Brandschutz werden nicht selten Löhne gezahlt, die nicht zum Leben reichen. Arbeitszeiten und -bedingungen sind leider in zahlreichen Fabriken unzumutbar, Gesundheits- und Umweltschutz werden vielfach ignoriert.

Als einer der wichtigsten Absatzmärkte für Mode und Textilien sieht sich die Bundesrepublik Deutschland in der Verantwortung, zur Verbesserung der Sozial- und Umweltstandards in der Lieferkette der Textil- und Bekleidungsindustrie beizutragen. Die Bundesregierung engagiert sich deshalb im Rahmen der deutschen Entwicklungszusammenarbeit in diesem Bereich. Themen wie existenzsichernde Löhne und Rechte der Arbeitnehmerinnen und Arbeitnehmer, annehmbare Arbeitszeiten und sichere Arbeitsbedingungen in den Fabriken sowie die rechtlichen Grundlagen sind regelmäßig Teil von Beratungen und Konsultationen zwischen der Bundesregierung und Regierungen der Produktionsländer. In zahlreichen Projekten vor Ort unterstützt die Bundesregierung außerdem den Aufbau von Strukturen und fördert die Verfügbarkeit und Anwendung von Technik und Wissen. Asien ist dabei ein Schwerpunkt. Aber auch auf aufstrebende Beschaffungsmärkte für

A. Wahidi (✉)
Referatsleiterin, Bundesministerium für wirtschaftliche Zusammenarbeit und Entwicklung
Berlin, Deutschland
E-Mail: anosha.wahidi@bmz.bund.de

P. Heinrich (Hrsg.), *CSR und Fashion*, Management-Reihe Corporate Social Responsibility,
https://doi.org/10.1007/978-3-662-57697-7_11

Textilien in Afrika richtet sich der Blick der Bundesregierung. So wurde beispielsweise in Äthiopien 2017 eine Bildungspartnerschaft abgeschlossen, um dabei zu helfen, in einer vergleichsweise noch sehr jungen Textilindustrie gleich von Beginn an die Weichen richtig zu stellen.

Zwei Ansätze ein Ziel!

Globale Lieferketten geraten nicht nur immer mehr in den Fokus von Politik, Gewerkschaften und Nichtregierungsorganisationen, auch Verbraucherinnen und Verbraucher fordern zunehmend faire Waren ein. In Deutschland verfolgt die Bundesregierung deshalb schwerpunktmäßig zwei Ansätze, um mehr Nachhaltigkeit in die Kleiderschränke zu bringen:

Mit dem Bündnis für nachhaltige Textilien werden die Expertise und Stärken unterschiedlicher Akteure zusammengebracht – systematisch sollen im Rahmen dieser Brancheninitiative die Produktionsbedingungen von Textilien transparenter, gerechter und umweltfreundlicher gestaltet werden und zwar entlang der gesamten Lieferkette.

Mit dem Online-Portal und der App Siegeklarheit.de andererseits können Verbraucher/innen nachhaltige Kleidungsstücke erkennen und so informierte Kaufentscheidungen – auch bei Textilien – treffen. Im Folgenden sollen beide Ansätze näher beleuchtet werden.

2 Das Bündnis für nachhaltige Textilien

2013 kostete ein tragischer Unfall in der Textilfabrik Rana Plaza in Bangladesch über 1100 Menschenleben. Das Unglück führte deutlich vor Augen, dass die Arbeitsbedingungen in der Textilindustrie vielerorts gefährlich und menschenunwürdig sind.

Auf Initiative von Bundesentwicklungsminister Dr. Gerd Müller wurde deshalb 2014 das Bündnis für nachhaltige Textilien gegründet: Bundesregierung, Nichtregierungsorganisationen, Gewerkschaften, Standardorganisationen, Verbände und Unternehmen arbeiten hier gemeinsam daran, die Bedingungen in der weltweiten Textilproduktion zu verbessern. Das Textilbündnis hat heute rund 150 Mitglieder, die insgesamt etwa 50 % des Umsatzes des Textileinzelhandels in Deutschland erwirtschaften, bis 2018 sollen es 75 % werden. Die Mitglieder bringen ihre Kompetenzen vor dem Hintergrund ihrer eigenen fachlichen Schwerpunkte und organisationseigenen Ziele in Arbeitsgruppen ein (siehe Abb. 1). Auch beim Erreichen der Ziele werden die individuellen Möglichkeiten der Mitglieder berücksichtigt – dadurch soll auch die Einbindung von kleinen und mittleren Unternehmen der Textilbranche ermöglicht werden. Jedes Mitglied prüft jährlich den eigenen Status, setzt sich Ziele gemäß den Bündnisanforderungen und berichtet über die individuellen Erfolge. Ein gemeinsamer Fortschrittsbericht aller Mitglieder zeigt zudem auf, was das Bündnis insgesamt erreicht hat.

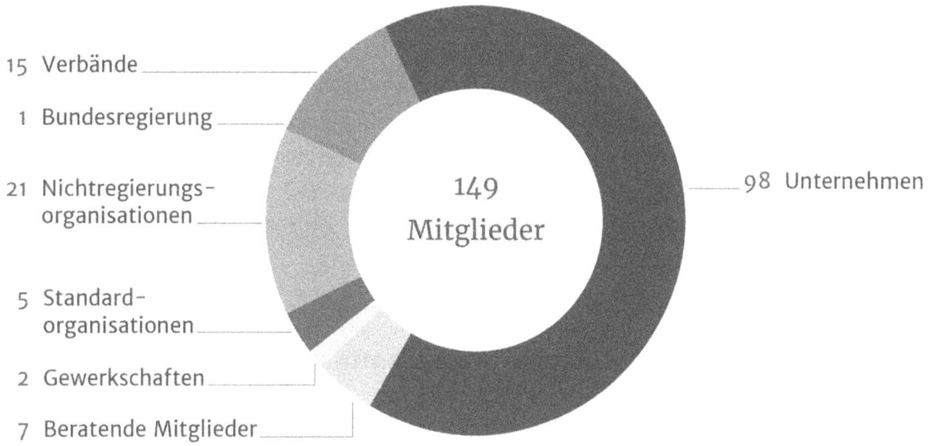

Abb. 1 Die unterschiedlichen Mitglieder im Textilbündnis

2.1 Erfolgsfaktor Multi-Akteurs-Partnerschaft

Im Bündnis für nachhaltige Textilien sind fünf Akteursgruppen vertreten, die gleichberechtigt diskutieren und Entscheidungen treffen. Als Arbeitsgrundlage haben die Mitglieder einen Aktionsplan und Bündnisziele definiert, prioritäre Handlungsfelder identifiziert und einen Arbeitsprozess etabliert. In drei Facharbeitsgruppen werden die Standards definiert, auf deren schrittweise Umsetzung sich alle Bündnismitglieder verpflichtet haben:

Die Arbeitsgruppe Naturfasern betrachtet die Prozessschritte Naturfaseranbau/Tierhaltung und Fasergewinnung. Die Arbeitsgruppe Sozialstandards und existenzsichernde Löhne befasst sich mit Instrumenten, die die Verbesserung der Arbeitsbedingungen und die Einführung existenzsichernder Löhne verfolgen. Die Arbeitsgruppe Chemikalien- und

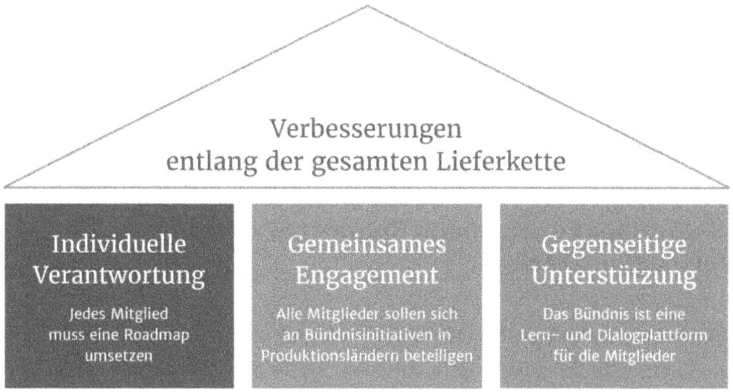

Abb. 2 Die drei Säulen des Textilbündnis

Umweltmanagement arbeitet daran, den Einsatz von giftigen Substanzen in der Textilproduktion zu verringern. Dass Vertreter aus Politik, Wirtschaft und Zivilgesellschaft derart konstruktiv zusammenarbeiten, ist ein Novum und gleichzeitig für die Umsetzung von konkreten Verbesserungen essentiell. Denn die Problemlagen in der Textil-Lieferkette sind so komplex, dass kein Akteur alleine dauerhafte und tiefgreifende Veränderungen bewirken kann.

Das Textilbündnis fußt auf drei Säulen (siehe Abb. 2): individuelle Verantwortung, gemeinsames Engagement und gegenseitige Unterstützung.

2.2 Individuelle Verantwortung: Prozesshafte Verbindlichkeit im Schneeball-Effekt

Das Bündnis für nachhaltige Textilien folgt dem Prinzip der prozesshaften Verbindlichkeit: Alle Mitglieder verpflichten sich zu konkreten individuellen Zielen, verfolgen diese nachweisbar und gestalten sie schrittweise anspruchsvoller. Dazu müssen sie jährliche Maßnahmenpläne erstellen, die auf die Bündnisziele einzahlen. Die individuellen Maßnahmenpläne orientieren sich dabei an Schlüsselfragen und Indikatoren, die gemeinsam in Facharbeitsgruppen definiert wurden. In den Plänen muss ein Mitglied zum Beispiel beantworten, wie es dazu beiträgt, den Einsatz giftiger Chemikalien zu verringern, wie es sicherstellt, dass existenzsichernde Löhne gezahlt werden und wie Landwirte bei der Umstellung auf nachhaltige Anbaumethoden unterstützt werden. Da die Mitglieder des Bündnisses aus sehr verschiedenen organisatorischen Zusammenhängen stammen (Unternehmen, Verbände, Nichtregierungsorganisationen, Standardorganisationen, Gewerkschaften und Ministerien), sind die Fragenraster für jede Akteursgruppe spezifisch angepasst. Nach der Umsetzungsphase wird der Erfolg gemessen und veröffentlicht. Damit alle Angaben Hand und Fuß haben, werden die Pläne von externen Experten auf Plausibilität und Fortschritt geprüft. 2017 wurden die ersten Maßnahmenpläne eingereicht. Über 1500 individuelle Ziele sind allein 2017 in Umsetzung, das sind fast 700 Ziele im Bereich Sozialstandards, über 700 Ziele im Bereich Chemikalien- und Umweltmanagement sowie über 200 Ziele im Bereich Naturfasern. Damit ist ein Schneeball-Effekt ausgelöst, denn das Bündnis hat sich eine Fortschrittsmechanik auferlegt: Jedes Jahr müssen die Ziele ambitionierter werden.

2.3 Gemeinsames Engagement: Bündnisinitiativen in Produktionsländern

Bündnisinitiativen sind konkrete, auf Breitenwirksamkeit zielende Projekte in Entwicklungs- bzw. Textilproduktionsländern, die von mehreren Mitgliedern des Textilbündnis gemeinsam konzipiert, getragen und umgesetzt werden. Sie verbessern die Rahmenbedingungen vor Ort direkt, binden dabei Zulieferer und lokale Akteure ein und schaffen Best

Practices. Die Initiativen leisten somit einen Beitrag zur Erreichung der Bündnisziele und ermöglichen einzelnen Mitgliedern, sich in den Produktionsländern effektiv und effizient für die Verbesserung von Umwelt- und Sozialstandards zu engagieren. Insbesondere aus den individuellen Maßnahmenplänen der Bündnismitglieder ergeben sich zahlreiche Anknüpfungspunkte und Handlungsfelder für künftige potentielle Initiativen entlang der gesamten Textil-Wertschöpfungskette. Aktuell sind drei Bündnisinitiativen angelaufen:

- Verbesserung der Arbeitsbedingungen in Südindien: Im südindischen Tamil Nadu werden in Spinnereien und Textilfabriken systematisch Sozialstandards etabliert und damit insbesondere die Arbeitsbedingungen von Frauen und jungen Mädchen maßgeblich verbessert. Maßnahmen wie die Durchführung von „Change Management Programmen“ in den Spinnereien sollen die Arbeitsbedingungen verbessern, das Nachhaltigkeitsbewusstsein sowie die Kooperationsbereitschaft der lokalen Akteure stärken. Ein weiteres Ziel ist es, die Qualität der staatlichen Kontrollen der Arbeitsbedingungen durch Schulungen der Arbeitsinspektoren zu erhöhen.
- Stärkung des nachhaltigen Chemikalien- und Umweltmanagements im Textilsektor (regionaler Fokus: Asien, darunter Bangladesch, China, Indien, Myanmar und Pakistan): Durch die Einführung eines nachhaltigen Chemikalien- und Umweltmanagements in Produktionsstätten im asiatischen Raum soll der Arbeitsschutz verbessert und die Umwelt geschützt werden. Um das Bewusstsein für einen verantwortungsvollen Umgang mit Chemikalien in den Arbeitsprozessen zu schärfen, soll der Zugang zu entsprechenden Trainings verbessert werden. Nicht nur die Arbeiterinnen und Arbeiter in den Fabriken, die dem direkten Kontakt mit Chemikalien am Arbeitsplatz ausgesetzt sind, sondern auch weitere Akteure wie lokale Behörden, Verbände und NGOs sind Zielgruppen dieser Workshops und Weiterbildungen. Weitere Dialogformate dienen dem Austausch mit Forschungseinrichtungen, Universitäten und der Chemieindustrie.
- Verbesserung des Wassermanagements für eine nachhaltige Wertschöpfungskette im Bereich Baumwolle in Pakistan: In Pakistan startet aktuell ein Projekt zum Wassermanagement, das den extrem hohen Wasserverbrauch in der Herstellung von Baumwolle reduzieren und damit auch den Konflikt um die Konkurrenz zur Trinkwasserversorgung entschärfen soll. Durch eine Verbesserung der Wassersicherheit sowie Optimierung der Wassereffizienz entlang der Wertschöpfungskette für Baumwolle wird ein Wirtschaftswachstum in ausgewählten Regionen Pakistans angestrebt, von dem insbesondere arme Bevölkerungsgruppen profitieren sollen.

Weitere Bündnisinitiativen (zum Beispiel zum Thema existenzsichernde Löhne oder Saatgutverfügbarkeit) sind in Planung.

2.4 Lernen und Dialog – Wissen weiterentwickeln und zur Anwendung bringen

Im Textilbündnis lernen Mitglieder gemeinsam – mit- und voneinander, um schneller zu verstehen, welche Herausforderungen wie am effektivsten bewältigt werden. Dieses Angebot führt schon jetzt dazu, dass sich die Akteure vernetzen, Wissen schneller aufgebaut, weiterentwickelt, weitergetragen und angewendet wird. Zum Beispiel auf der Mitgliederplattform und in den Arbeitsgruppen: Fachkollegen tauschen Informationen aus und diskutieren inhaltliche Fragen – wenn nötig auch unterstützt durch Expertise von außen. Zum Beispiel durch Schulungsangebote: Mitglieder profitieren von wechselnden Angeboten, zum Beispiel Webinaren zum Thema „existenzsichernde Löhne", Workshops zum Thema „Wassermanagement" oder einer Summerschool zum Thema „nachhaltiges Chemikalienmanagement". Zum Beispiel durch Handreichungen und Instrumente: Die tägliche Arbeit der Mitglieder unterstützt das Bündnissekretariat mit praktischen Handreichungen und Instrumenten wie zum Beispiel Berechnungshilfen zur Ermittlung des Baumwollanteils oder einer Aufstellung über Risikoländer.

3 Das Portal Siegelklarheit.de

Siegelklarheit.de ist auf Initiative der Bundesregierung zur Aufklärung von Verbraucherinnen und Verbrauchern entstanden. Das Portal informiert über den inhaltlichen Anspruch und die Glaubwürdigkeit von Umwelt- und Sozialsiegeln und leistet damit einen Beitrag zu nachhaltigen Konsumentscheidungen.

Das Projekt wird von der Deutschen Gesellschaft für Internationale Zusammenarbeit (GIZ) im Auftrag des Bundesministeriums für wirtschaftliche Zusammenarbeit und Entwicklung (BMZ) umgesetzt. An der Entwicklung der Inhalte waren nationale und internationale Experten beteiligt, wie zum Beispiel das Umweltbundesamt (UBA), das Öko-Institut, der WWF, das International Trade Center (ITC) und die ISEAL Alliance.

3.1 Bunte Vielfalt – Textilsiegel

Umwelt- und Sozialsiegel bieten Verbraucherinnen und Verbrauchern eine Orientierung beim Einkauf von Textilien. Solche Produktsiegel kennzeichnen am Endprodukt, dass zuvor festgelegte Standards an verschiedenen Stellen des Produktlebensweges eingehalten werden.

Inzwischen sind sehr viele unterschiedliche Siegel in der Textilbranche in Gebrauch. Allerdings gibt es noch keines, welches die Sozial- und Umweltverträglichkeit im gesamten Lebenszyklus des Kleidungsstücks zertifiziert. Bisher gibt es unterschiedliche Siegel für verschiedene Stufen in der Textil-Lieferkette, zum Beispiel für die Baumwollproduktion oder für Nähereien. Einige Siegel legen den Fokus auf die Arbeitsbedingungen, andere eher auf den Umweltschutz. Nur ganz wenige berücksichtigen bereits Aspekte aus beiden Bereichen in mehreren Phasen des Lebenszyklus.

Wenn Konsumentinnen und Konsumenten wissen möchten, was ein Textilsiegel beinhaltet, so mussten sie bislang viel Zeit und Energie in die Recherche stecken. Einzelne Nachweise mussten identifiziert, die Anforderungen ausfindig gemacht und mit anderen verglichen werden. In der Praxis können und wollen viele das nicht. Hinzu kommt, dass die hinter den Siegeln stehenden Akteure sehr verschieden und die Prozesse unterschiedlich organisiert sind. So gibt es neben „klassischen“ Siegeln von unabhängigen privaten Organisationen auch staatliche Qualitätssiegel, Eigenmarken von Unternehmen, Unternehmens- und Multi-Stakeholder-Initiativen. Da kann man schnell den Überblick verlieren. Ohne Hilfestellung sind die Nachweise kaum miteinander vergleichbar.

Der „Boom“ der Sozial- und Umweltsiegel weckt außerdem Trittbrettfahrer. Unter die vielen anspruchsvollen Siegel mischen sich auch solche, die geringere Ansprüche formulieren oder sich auf Aspekte beziehen, die in der Herstellung des jeweiligen Produkts kaum eine Rolle spielen. Dieses oft als „Greenwashing“ bezeichnete Vorgehen mancher Unternehmen führt zu Verwirrung und Misstrauen bei den Konsumentinnen und Konsumenten. Nicht ambitionierte Siegel schaden „guten“ Siegeln – einige Verbraucherinnen und Verbrauchen entscheiden sich, aus Angst getäuscht zu werden, vielleicht ganz gegen gesiegelte Textilien. Und das, obwohl der Wunsch nachhaltig zu konsumieren durchaus hoch ist.

Mit Siegelklarheit.de adressiert die Bundesregierung ihren politischen Auftrag, Transparenz in der Siegellandschaft zu erhöhen. Das Portal liefert Antworten auf viele Fragen rund um den Textileinkauf und bietet einen schnellen Überblick über vertrauenswürdige Siegel.

3.2 Der Durchblick Dank Siegelklarheit.de: Die Methodik

Mit Siegelklarheit.de können unterschiedliche Systeme von Umwelt- und Sozialsiegeln miteinander verglichen werden. Dabei erfolgt die Analyse in zwei Schritten anhand von drei Dimensionen:

1. Schritt: Erfüllt ein Siegel die Mindestanforderungen im Bereich Glaubwürdigkeit sowie Umwelt- und/oder Sozialverträglichkeit?
2. Schritt: Wenn die Mindestanforderungen erfüllt werden, wird das Siegel anhand eines umfassenden Bewertungsrasters überprüft. Dieses umfasst – an jede Produktgruppe angepasst – eine Auswahl von ca. 300 inhaltlichen Kriterien sowie ca. 100 Glaubwürdigkeitskriterien.

Die an jede Produktgruppe angepassten inhaltlichen Kriterien beziehen sich auf die Anforderungen eines Standards, die umgesetzt werden müssen, damit ein Produkt oder ein Unternehmen das entsprechende Siegel führen darf. Bei der Umweltfreundlichkeit

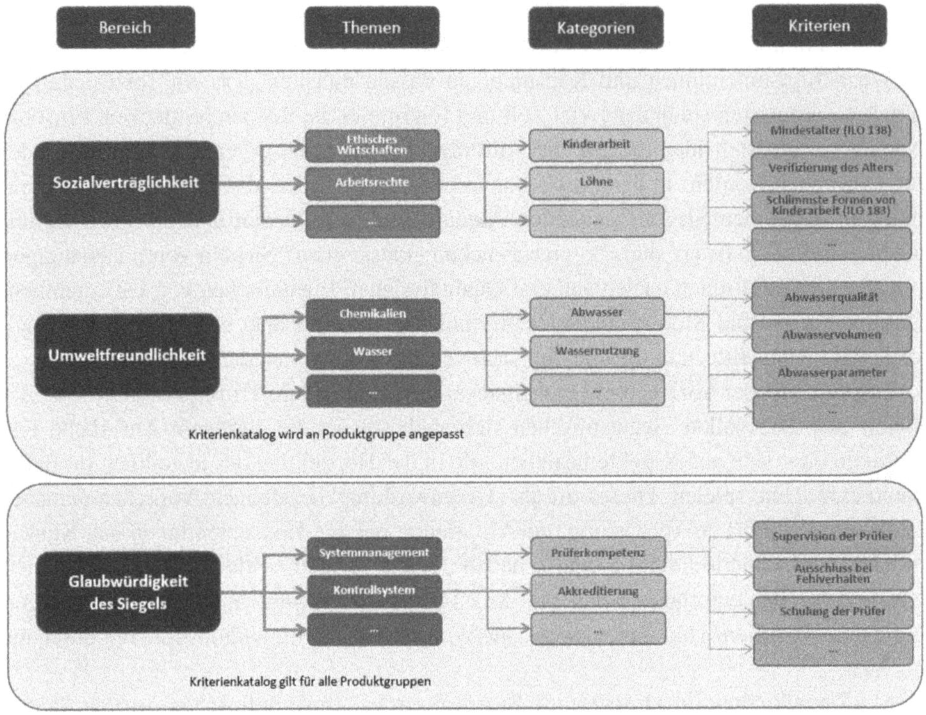

Abb. 3 Auf Siegelklarheit.de werden Umwelt- und Sozialsiegel in drei Dimensionen untersucht und miteinander verglichen

von Textilien geht es zum Beispiel um die Einschränkung von gefährlichen Chemikalien und den Wasserverbrauch sowie um die Abwasserbehandlung. Die Sozialverträglichkeit ergibt sich hauptsächlich aus den Aspekten Arbeitnehmerrechte und Arbeitsbedingungen, wie beispielsweise die Gebäudesicherheit und Gesundheit der Näherinnen und Näher.

Ausschlaggebend für die inhaltliche Analyse der Umwelt- und Sozialsiegel sind also drei Fragen:

- Sind alle relevanten Themen durch den Anforderungskatalog des Standards abgedeckt?
- Wie anspruchsvoll sind die Anforderungen im Standard formuliert?
- Müssen die Anforderungen sofort, in einem bestimmten Zeitraum oder nur als mögliche Option erfüllt sein?

Auf Basis dieser drei Fragen wird eine Punktzahl ermittelt. Diese wiederum wird in der Gesamtschau unterschiedlich gewichtet. Damit wird abgebildet, dass bestimmte Themen in bestimmten Produktgruppen von größerer Bedeutung sind als andere.

Gegenstand der Untersuchung im Bereich Glaubwürdigkeit ist das „System hinter dem Siegel". Hierbei sind die Anforderungen für alle Produktgruppen gleich. Es wird sichergestellt, dass der Standard hinter dem Siegel nicht nur auf dem Papier gut klingt, sondern dass dieser bei der Herstellung der gesiegelten Produkte auch tatsächlich eingehalten wurde. Voraussetzung hierfür ist ein solider Prüfprozess durch eine unabhängige Kontrollinstanz.

Die Analyse der Glaubwürdigkeit umfasst vier Fragen:

- Wurden bei der Entwicklung des Standards alle betroffenen Gruppen einbezogen?
- Ist die siegelgebende Organisation unabhängig von dem Unternehmen, welches das Siegel erwirbt?
- Sind die Entscheidungsprozesse bei der Siegelvergabe transparent und nachvollziehbar?
- Entspricht der „Claim", also die Botschaft des Siegels, dem tatsächlichen Inhalt des Standards?

Der Gesamtanforderungskatalog, auf dem die Methodik von Siegelklarheit.de basiert, wurde umfassend unter Beteiligung von Fachexpertinnen und -experten aus Wissenschaft, Zivilgesellschaft und Privatwirtschaft konsultiert.

Basis für die Anforderungen sind internationale Normen, wissenschaftliche Erkenntnisse sowie Vorgaben von Siegelverbänden wie der ISEAL Alliance oder dem Global Ecolabelling Network.

Der Anforderungskatalog für die Produktgruppe Textilien wurde mit Expertengruppen aus dem Textilsektor erarbeitet und öffentlich konsultiert. Die Expertengruppe spricht eine Empfehlung aus, welche Anforderungen als Mindestanforderungen definiert werden sollten. Textil-Siegel, die auf Siegelklarheit.de als gute und sehr gute Wahl bewertet wurden, gelten als Empfehlung der Bundesregierung.

3.3 Die „Guten" erkennen: Schnelle Orientierung mit grünen Smileys

Siegelklarheit.de richtet sich vor allem an Verbraucherinnen und Verbraucher. Damit diese auf einen Blick erkennen, welche Siegel aus Sicht der Bundesregierung empfehlenswert sind, wurden Smileys als Bewertungssymbole gewählt.

Um einen hellgrünen Smiley und die Bewertung „Gute Wahl!" zu erhalten, muss das Siegel die Mindestanforderungen im Bereich Glaubwürdigkeit sowie im Bereich Umwelt oder Soziales erfüllen. Der breit lächelnde, dunkelgrüne Smiley kennzeichnet Siegel, die als „Sehr gute Wahl!" eingestuft werden. Sie erfüllen nicht nur die Mindestkriterien, sondern schneiden darüber hinaus im Bereich Glaubwürdigkeit und im Bereich Umwelt oder Soziales besonders gut ab (siehe Abb. 4).

Die Smileys geben eine erste Orientierung. Wer mehr Informationen möchte, kann auf Siegelklarheit.de auch die Analyseergebnisse detailliert und übersichtlich einsehen (siehe Abb. 5).

Abb. 4 Die Bewertungslogik hinter der Smiley-Darstellung auf Siegelklarheit.de

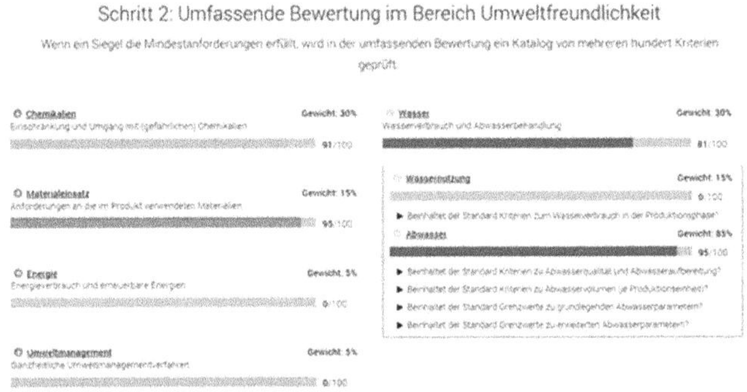

Abb. 5 Detailbewertung aus dem Bereich Umwelt als Beispiel für die Ergebnisdarstellung auf Siegelklarheit.de

3.4 Ein Vergleich ist möglich

Das Portal ermöglicht auch den Vergleich zwischen zwei oder mehreren Siegeln einer Produktgruppe. Die Nutzer erhalten einen tabellarischen Überblick, wie die Siegel in den verschiedenen Bereichen abschneiden (siehe Abb. 6).

Diese Funktion zeigt auf einen Blick, wo der Schwerpunkt der verglichenen Siegel liegt: Ist es ein Umwelt- oder ein Sozialsiegel? Ist es in der Gesamtbewertung eine „Gute Wahl!" oder eine „Sehr gute Wahl!"? Jede Nutzerin und jeder Nutzer kann damit das Siegel finden, das den eigenen Ansprüchen am ehesten gerecht wird.

Siegelklarheit.de und die dahinterstehende Methodik versteht sich als „lernendes System". Als solches trägt das Projekt auch zur Weiterentwicklung der Standards bei. Die standardsetzenden Organisationen berichten, dass die Auseinandersetzung mit dem Anforderungskatalog und die Vergleichsmöglichkeit auf den Portalen interne Verbesserungsprozesse angestoßen haben.

Die Bewertungsergebnisse werden nicht nur auf Siegelklarheit.de dargestellt, sondern bieten auch die Grundlage für den Gütezeichen-Finder auf dem Kompass Nachhaltigkeit,

Abb. 6 Die Vergleichsansicht auf Ebene der Bereiche Glaubwürdigkeit, Umwelt und Soziales. Das Stern-Symbol zeigt an, dass das Siegel in diesem Bereich besonders hohe Anforderungen erfüllt. Ein Häkchen steht für das Erfüllen der Mindestanforderungen, bei einem Kreuz wurden eine oder mehrere Mindestanforderungen in dem Bereich nicht erfüllt

der speziell für Beschaffungsverantwortliche (oeffentlichebeschaffung.kompass-nachhaltigkeit.de) entwickelt wurde.

3.5 Die Textil-Siegel auf Siegelklarheit.de

Auf Siegelklarheit.de sind derzeit 30 verschiedene Siegel (Stand August 2017) in der Produktgruppe Textil zu finden. Es gibt eine Unterscheidung zwischen Baumwollsiegeln und Siegeln, die sich auf die Verarbeitungsstufen in der Textilproduktion beziehen. Für Baumwollsiegel gelten spezielle Kriterien für den Rohstoffanbau, für Siegel der Textilproduktion spezifische Kriterien für die Fertigung. Drei Baumwollsiegel und 13 Siegel der Textilproduktion können miteinander verglichen werden.

Diese 16 der 30 gelisteten Textil-Siegel auf Siegelklarheit.de erfüllen die Mindestanforderungen der Bundesregierung (siehe Abb. 7). Ganze 11 Siegel tragen die Bewertung „Sehr gute Wahl!" und gehen weit über die Mindestanforderungen der Bundesregierung hinaus. Fünf sind in der Kategorie „Gute Wahl!" eingestuft. Diese haben in der Prüfung zwar die Mindestanforderungen erfüllt, erreichen jedoch nicht die notwendige Punktzahl für ein „sehr gut".

Abb. 7 Bewertung von Textilsiegeln, die die Mindestanforderungen der Bundesregierung erfüllen

Insgesamt 14 Siegel sind mit einer grauen Farbe markiert. Diese haben entweder die Mindestanforderungen nicht erfüllt, stimmen einer Veröffentlichung nicht zu oder passen aus anderen Gründen nicht in das Bewertungsschema (siehe Abb. 8). Beispielsweise erreicht ein Siegel nur die graue Farbstufe, wenn die standardsetzende Organisation und das zertifizierte Unternehmen nicht unabhängig voneinander sind – wie es bei unternehmenseigenen Siegeln wie zum Beispiel „H&M Conscious" der Fall ist. Denn dann ist ein Mindestkriterium im Bereich Glaubwürdigkeit nicht erfüllt.

Abb. 8 Textilsiegel, die nicht alle Mindestanforderungen erfüllen

Bis jetzt sind lediglich Baumwollsiegel und Siegel, die sich auf die Verarbeitungsstufen in der Textilproduktion beziehen, auf Siegelklarheit zu finden. Es gibt allerdings bisher keine Siegel, die explizit die Gewinnung von tierischen Fasern abdecken. Jedoch wird Siegelklarheit.de stetig weiterentwickelt. So befinden sich beispielsweise 13 weitere Textil-Standards in der Prüfung bei unabhängigen Gutachtern, darunter einige mit Bezug zu Wolle.

Außerdem befindet sich die separate Produktgruppe Leder in der Entwicklung und wird voraussichtlich noch 2017 online gestellt.

3.6 Die Verbraucherinnen und Verbraucher entscheiden

Laut einer Umfrage von Greenpeace aus dem Jahr 2015, bei der 1011 Personen zwischen 18 und 69 Jahren in Deutschland zu ihrem alltäglichen Umgang mit Mode befragt wurden, finden 50 % der Befragten Siegel zur Erkennung von nachhaltig, umweltverträglich und fair hergestellter Kleidung sehr hilfreich. Bedenklich ist jedoch, dass diese Aspekte nur bei jedem Vierten ein Kaufkriterium sind. Dazu trägt sicher bei, dass sich Verbraucher/innen noch nicht ausreichend im Siegeldschungel zurecht finden (können) und ihnen die Verfügbarkeit und Auszeichnung nachhaltiger Waren noch weiter erleichtert werden muss –

von Seiten der Unternehmen, aber auch von Seiten der Politik und zivilgesellschaftlicher Organisationen.

Der Bedarf an Informationen und Aufklärung ist also weiterhin sehr hoch. Begrüßenswert ist, dass immer mehr Initiativen im Bereich des fairen Handels regionale Einkaufsführer für den Kauf von nachhaltigen Textilien entwickeln. Beispiele lassen sich aus den Städten Bonn, Düsseldorf, Bremen und Mainz anführen. Mit den zumeist auch digital einsehbaren Einkaufsführern können die Verbraucherinnen und Verbraucher sich auch unterwegs ganz einfach informieren: Gibt es ein Geschäft mit nachhaltiger Mode in der Nähe? Welche Siegel kann ich wo finden?

Hierfür bietet auch Siegelklarheit.de eine Lösung. Mit der Siegelklarheit App kann jeder direkt vor Ort erfahren, wie Umwelt- und Sozialsiegel von Siegelklarheit bewertet werden. Dazu muss man sich nur die App auf ein mobiles Endgerät herunterladen und das Siegel an den Kleidungsstücken oder Textilien, die man gerade kaufen möchte, scannen. Umgehend wird die Gesamt- und Detailbewertung des Siegels angezeigt. Auch der Vergleich mehrerer Siegel ist mit der App möglich. Die App ist für mobile Endgeräte wie Smartphones mit Android- oder iOS-Betriebssystemen geeignet.

Literatur

FEMNET e.V. (2017) Fair Fashion Guide, Bonn. http://www.fairfashionguide.de/

Greenpeace (2015) Wegwerfware Kleidung. Repräsentative Greenpeace-Umfrage zu Kaufverhalten, Tragedauer und der Entsorgung von Mode, Hamburg. https://www.greenpeace.de/sites/www.greenpeace.de/files/publications/20151123_greenpeace_modekonsum_flyer.pdf

Anosha Wahidi ist seit Gründung des Bündnisses für nachhaltige Textilien im Oktober 2014 im Bundesministerium für wirtschaftliche Zusammenarbeit und Entwicklung für das Textilbündnis zuständig. Unter ihrer fachlichen Leitung wurde u.a. auch die erste Roadmap der Bundesregierung im Textilbündnis federführend erstellt (https://www.textilbuendnis.com/wp-content/uploads/2017/08/Roadmap-Bundesregierung-Deutschland-2017-1.pdf).

Seit Oktober 2017 ist sie zudem als Referatsleiterin für alle weiteren sektorübergreifenden Fragen der Nachhaltigkeit in globalen Lieferketten, dem Verbraucherportal Siegelklarheit, der EU-Handelspolitik sowie Fragen der unternehmerischen Verantwortung und des Nationalen Aktionsplans Wirtschaft und Menschenrechte zuständig.

Modekonzerne auf dem Catwalk der Greenpeace-Detox-Kampagne

Kirsten Brodde und Volker Gaßner

Seit 2011 kämpft Greenpeace für die Entgiftung der Textilindustrie. 80 weltweit tätige Unternehmen und Händler – vom Sportartikler Adidas bis zum Discounter Aldi, vom Outdoor-Hersteller Vaude bis zur Luxusmarke Burberry – haben sich seitdem der Initiative angeschlossen, Kleidung und Schuhe ohne den Einsatz giftiger Chemikalien herzustellen oder herstellen zu lassen. Greenpeace überprüft im sogenannten Detox-Catwalk regelmäßig, ob den Worten auch Taten folgen. Die Umweltschutzorganisation veröffentlicht dafür Ranglisten von Unternehmen aus der Textilindustrie, die zeigen, wer wirkliche Fortschritte macht und wer nicht. Parallel arbeitet Greenpeace daran, Konsumalternativen wie das Tauschen, Teilen oder Reparieren sichtbar und populär zu machen. Unter dem Motto „Buy nothing, make something" hat Greenpeace im Dezember 2017 erstmals ein weltweites Maker-Festival ausgerichtet. In 32 Ländern fanden über 185 Veranstaltungen statt und begeisterten Menschen, die mehr Spaß am Selbermachen haben, statt online und in Shopping-Malls Schnäppchen zu jagen. MAKESMTHNG ist das jüngste – vor allem online gestützte – Projekt der Detox-Kampagne, die damit auch den Bogen zu anderen Wegwerf-Produkten wie Einweg-Plastik schlägt.

Im November 2012 erklärte der spanische Modegigant Zara, dem Vorbild anderer Modefirmen zu folgen und den Einsatz aller gefährlichen Chemikalien in der Produktion bis 2020 auf Null zu fahren. Nach nur neun Tagen intensiver Kampagne gab der Mutterkonzern Inditex dem öffentlichen Druck von Greenpeace nach. Aktionen im Netz und auf der Straße waren Hand in Hand gegangen. Während Aktivisten mit riesigen Bannern an

K. Brodde (✉)
Global Project lead "Detox my fashion", Greenpeace e.V.
Hamburg, Deutschland
E-Mail: kirsten.brodde@greenpeace.de

V. Gaßner
Leitung Presse & Strategische Kommunikation, Greenpeace e.V.
Hamburg, Deutschland
E-Mail: volker.gassner@greenpeace.de

P. Heinrich (Hrsg.), *CSR und Fashion*, Management-Reihe Corporate Social Responsibility,
https://doi.org/10.1007/978-3-662-57697-7_12

Zara-Läden in 20 Ländern demonstriert hatten, füllte sich die Zara-Facebook-Seite mit Kommentaren von Kunden, die forderten: „Detox now". Ob auf Twitter oder Chinas Microblogging-Dienst Weibo – die Botschaft erreichte Zara in 12 Sprachen und von über sieben Millionen Followern. Mehr als 300.000 Menschen unterzeichneten eine Online-Petition, die Greenpeace initiiert hatte und mehrere Zehntausend schrieben dem Konzern direkt.

Das Verhandlungsteam der Greenpeace-Detox-Kampagne stand in den Monaten zuvor mit Inditex und dem spanischen Hauptquartier in Kontakt, doch erst der öffentliche Druck bewegte den Textilgiganten, einen ambitionierten Entgiftungsplan zu veröffentlichen.

Die Angst vor einem Reputationsschaden ist ein starker Treiber von Firmen – niemand bewegt sich aus innerer Einkehr. Bis heute schneidet Inditex bei Greenpeace-Rankings gut ab, zuletzt beim Detox-Catwalk 2016 (detoxcatwalk.de). Soll heißen: Wer einmal den Schalter umgelegt hat, setzt sehr viel Geld und Zeit ein, um Worten auch Taten folgen zu lassen – zumal Greenpeace ein wachsames Auge auf die Fortschritte der Firmen hat.

War in der Frühphase der Kampagne noch sehr viel Druck notwendig, ging es nach den Verpflichtungen der ersten Branchengrößen immer leichter. Als Greenpeace 2014 große Supermarktketten und Händler attackierte, brauchte es nur die Ankündigung von bundesweiten Aktionen vor Läden, um etwa Tchibo zu einem Detox-Commitment zu bewegen. Innerhalb von sechs Monaten war der ganze Sektor aufgerollt, von Aldi über Lidl bis zu Rewe und Penny. Später folgte Kaufland und zuletzt der britische Supermarktriese Tesco.

Detox ist eine globale Kampagne, die sich allerdings von Anfang an sehr auf giftige Chemikalien und weltweite Wasserverschmutzung fokussiert und nicht auf den Baumwollanbau oder die menschenunwürdige Bezahlung von Näherinnen. Diese Themen bearbeiten andere Nichtregierungsorganisationen besser als eine Organisation wie Greenpeace, deren Fokus der Umweltschutz ist. Klar ist aber auch, dass ein verminderter Einsatz von Chemikalien auch den Arbeiterinnen zu Gute kommt.

Im Laufe der Detox-Kampagne wuchs die Einsicht der Umweltschützer, dass der Planet und seine begrenzten Ressourcen nicht wirksam geschützt werden können, wenn es nur um die „Qualität" der Textilien geht – etwa „giftfrei" zu sein. Es ist auch wichtig, die „Quantität" der Textilien zu thematisieren, also die enormen Mengen, die produziert und verkauft werden. Aus Umfragen unter Konsumenten aller Altersschichten wusste Greenpeace, dass vielen Menschen praktische und lösungsorientierte Tipps fehlten, was Alternativen zum ständigen Neukauf von Kleidung betrifft.

1 Du bist, was du anziehst

Als Modekonsumenten werden wir von der Textilindustrie ordentlich vor ihren Karren gespannt. Mode ist zum Konsumgut mit begrenzter Haltbarkeit geworden. Der Trend von heute ist morgen schon von gestern. Das gilt für billige Mode genauso wie für Haute Couture. Das Tempo der Trends in der Mode hat sich in den letzten Jahren erhöht – das „durchgehend geöffnete" Internet hat die Entwicklung noch einmal beschleunigt. Alles ist nur einen Klick entfernt. Und seit wir immer stärker über Bilder und Symbole kommunizieren, wird der wechselnde Look noch wichtiger. Da kommt es schon einem Skandal gleich, wenn man das zweite Mal hintereinander in denselben Sachen erscheint. Und dann muss man auch noch weniger dafür ausgeben als früher, weil die Industrie mit beispiellosen Preiskämpfen Kleidung immer billiger anbietet und so zur Wegwerfware gemacht hat.

Der Kleiderkonsum verdoppelt sich inzwischen alle zehn Jahre. Immer öfter kaufen wir immer billigere Kleidung – nicht selten sind T-Shirts für drei oder Kinderjeans für acht Euro zu finden. Jeder Deutsche kauft im Schnitt 60 neue Kleidungsstücke pro Jahr, Jugendliche sogar deutlich mehr. Entsprechend selten tragen wir die schnell erworbenen Teile: Ein Party-Top im Schnitt 1,7 Mal, bevor wir es ausrangieren. Nach ihrer kurzen Lebensdauer landen drei von vier Kleidungsstücken im Müll, nur ein Viertel wird recycelt.

2 Kleidertauschpartys statt Konsumrausch

Leihen, tauschen, teilen: Wer sich stylisch und individuell kleiden will, muss nicht dem Modediktat der Industrie folgen und immer neue, kurzlebige Teile kaufen. Es gibt jede Menge Alternativen. „Wenn du deine aussortiere Kleidung auch nach Wochen nicht vermisst, wird es Zeit, ihr ein neues Zuhause zu suchen! Schmeiß deine alten Schätze nicht in den Müll, sondern gib sie an Freunde weiter – bring sie auf Kleidertauschpartys, zu Tauschbörsen oder zum Second-Hand Laden." Mit diesen Worten bewirbt Greenpeace von Aachen über Berlin bis München Kleidertauschpartys. In entspannter Atmosphäre tauschen jeweils mehrere hundert Gäste in Kulturzentren, in leeren Fabrikhallen oder in Coworking-Räumen miteinander Kleidung, finden neue Lieblingsstücke und ermöglichen den mitgebrachten Schrankhütern anderer Gäste ein zweites Leben. Die vor allem bei jungen Menschen beliebten Kleidertauschpartys werden als Events bei Facebook angelegt und gezielt beworben. Prominente Unterstützung für dieses Thema erhält Greenpeace unter anderem von Marie Nasemann, Model und Schauspielerin, die auf ihrem Blog fairknallt.de viel über alternativen Modekonsum schreibt. Gemeinsam mit Greenpeace berichtet sie in einer sechsteiligen YouTube-Serie „meet the makers" darüber, wie man mit viel Spaß in seinem Freundeskreis das Thema Kleidertausch (siehe Abb. 1) populär machen kann. Ganz nebenbei fordert Nasemann ihre Follower auf mitzumachen: „Ladet eure Freunde und Freundinnen ein und zeigt uns mit dem Hashtag #makesthmg auf Instagram, YouTube etc., wie eure Kleidertauschaktionen aussehen." Influencer wie Marie Nasemann haben einen großen Einfluss auf ihre Fans – was sie sagen, hat Gewicht. Gerade deshalb arbeiten immer mehr NGOs mit ihnen zusammen. Dabei legt Greenpeace aber Wert auf eine hohe Authentizität der prominenten Mitmacherinnen. Die Glaubwürdigkeit der Botschaften steht an vorderster Stelle.[1]

[1] Kleidertausch (Facebook): www.facebook.com/kleidertausch.de/videos/1555615437870322.

Abb. 1 Kleidertausch-Party in Hamburg. In 40 Städten in Deutschland finden heute Greenpeace-Kleidertauschpartys statt. Jeder kann bis zu 10 Kleidungsstücke mitbringen und diese gegen andere Stücke tauschen. In Hamburg ist die Veranstaltung sehr gut besucht. (© Isadora Tast/ Greenpeace)

3 Grün, grün, grün sind alle meine Kleider

Klassisches Greenwashing, also das Verbreiten von platten Lügen, findet in der Textilindustrie so gut wie nicht mehr statt – zu groß ist das Risiko, erwischt zu werden. Wohl aber werden Fakten verschwiegen, Informationen verdreht oder schlicht politische Initiativen unterstützt, die mehr Schein als Sein sind, um Fortschritte vorzutäuschen.

Vier Beispiele lassen sich hierfür nennen:

1. Großspurige Werbeversprechen
Riesigen Marketing-Wirbel macht die Modekette Hennes&Mauritz mit dem Thema Recycling. „There are no rules in fashion but one: Recycle your clothes" heißt der Slogan im Werbe-Video, gesprochen von Superstar Iggy Pop. Befreit euch von jedem Modediktat: Schmeißt nur keine Sachen weg. H&M brüstet sich damit, alte Kleidung zurückzunehmen und wiederzuverwerten. Wann immer Greenpeace dem Unternehmen Vorschläge gemacht hat, seinen immensen Ressourcenverbrauch zu drosseln, lautete das große Versprechen: Bald werde alles „im Kreislauf geführt" und technische Innovationen würden es schon richten. Das klang nach Sonderanstrengung. Doch dann deckten dänische Journalisten im Oktober 2017 auf, dass H&M tonnenweise unverkaufte Kleidung verbrennt. Allein in Dänemark wurden seit 2013 jährlich 12 t Kleidung verbrannt. Das dänische Fernsehen hatte die Kleidung bis zur Müllverbrennungsanlage in Roskilde verfolgt.

Damit ging auch die H&M-Werbung für Recycling in Rauch auf. Viele Kunden befürchteten, dass die alten Socken und T-Shirts, die man zu H&M in die Läden zurückbringen konnte, nicht recycelt, sondern ebenfalls verbrannt würden. Das Unternehmen entgegnete, die verbrannten Textilien wären Ausschuss-Ware, die weder verkauft, noch verschenkt, noch recycelt werden konnte – Fehlproduktionen. Auf Nachfrage von Greenpeace räumte H&M ein, dass das Verbrennen kein Einzelfall sei, sondern gängige weltweite Praxis. Doch das Vertrauen der Käufer in den Konzern war dahin. Wer glaubt noch einem Vorzeige-Konzern, der einen hochglanzpolierten Nachhaltigkeitsbericht hat, der so dick ist wie ein Roman, aber in dem kein Wort darüber steht, dass das Unternehmen seit Jahren tonnenweise Klamotten in Rauch aufgehen lässt? Das Eis ist ganz schön dünn, wenn man so dick aufträgt. H&M musste auf die harte Tour lernen, wie sensibel Kunden auf Lippenbekenntnisse reagieren. „Wer mit Millionenetat Rücknahme-Aktionen bewirbt, der muss sich gefallen lassen, daran gemessen zu werden", erklärte Greenpeace öffentlich über die weltweiten Social-Media-Kanäle der Organisation. Die Kommunikation mit seinen Fans stellt eine große Chance dar, die Konzerne wie H&M nutzen. Aber jede noch so gut gemeinte CSR-Kommunikation wird ad absurdum geführt, wenn der Konzern nicht nach den eigenen Regeln und Ansprüchen handelt. Das zuvor erfolgreich aufgebaute Vertrauen zur eigenen Zielgruppe wird auf die Probe gestellt und genauso schnell verspielt.

2. Politisches Manöver – Eintreten in einen folgenlosen Debattierzirkel

2014 startete Entwicklungsminister Gerd Müller (CSU) das „Bündnis für nachhaltige Textilien". Daran beteiligten sich Hersteller wie Adidas und Hugo Boss, Handelsketten wie Aldi, C&A, KiK, Lidl und Primark, aber auch Hilfsorganisationen, Verbände und Gewerkschaften. Die Unternehmen verpflichteten sich freiwillig, für bessere Arbeitsbedingungen bei Zulieferern zu sorgen und auch zu Umweltschutz-Maßnahmen. Dabei bestimmt jede Firma selbst, was und wie sie etwas verbessern will. Gut drei Jahre später steht das Projekt auf der Kippe – Unternehmen sind wieder ausgetreten, wirkliche Fortschritte wurden nicht erzielt. Greenpeace kritisiert das Textilbündnis als „folgenlosen Debattierzirkel", der sich immer auf das Minimum einige, statt sich nach der Decke zu strecken. So finden sich beispielsweise im Maßnahmen-Plan von KiK für das Jahr 2017 zur Vermeidung giftiger Abwässer wachsweiche Formulierungen wie: „Erneute Erinnerung von Lieferanten, mit Bitte um Weiterleitung in die tiefere Lieferkette, dass nationale Abwasserstandards einzuhalten sind."[2]

Vergleicht man das mit den detaillierten Aktionsplänen und Meilensteinen zur Transparenz von Abwasserdaten, die ein Detox-Commitment umfasst, liegt auf der Hand, dass es sich hier aus Greenpeace-Sicht de facto um den staatlich unterstützten Versuch der „Grünfärberei" von KiK handelt.

3. Mogelpackung

C&A rühmt sich, der weltweit größte Anbieter von Bio-Baumwolle zu sein – was tatsächlich stimmt. Doch das Unternehmen nimmt billigend in Kauf, dass seine Kunden diesen ökologischen Premium-Standard mit dem weniger strengen Standard „Better Cotton" für

[2] https://www.textilbuendnis.com/wp-content/uploads/2017/08/Roadmap-KiK-Textilien-Non-Food-GmbH-2017.pdf.

Baumwolle verwechseln. Denn beides summiert C&A unter „nachhaltigerer Baumwolle“. Unter der Schlagzeile „Bio-Cotton“ kommuniziert C&A auf der Firmenwebseite im Verlauf des Textes recht schwammig:

„Wir sehen es als unsere Pflicht an, diesen Weg weiter zu verfolgen und möchten einen entscheidenden Beitrag dazu leisten: durch den Einkauf von mehr Baumwolle und durch eine stärkere Rolle bei der Unterstützung der globalen Biobaumwollbranche. Bis zum Jahr 2020 haben wir uns zum Ziel gesetzt, 100 % nachhaltigere Baumwolle zu nutzen. Mit nachhaltigerer Baumwolle meinen wir sowohl Bio Cotton als auch Better Cotton[2].“[3]

Wer der Fußnote folgt, findet den Link zu „Better Cotton“ – erst dahinter ließe sich mit einiger Fachkenntnis entschlüsseln und verstehen, dass es sich eben nicht um Bio-Baumwolle handelt. Zwar setzt Better Cotton auf die Reduzierung von Wasserverbrauch und Einsatz von Pestiziden, aber anders als bei Bio-Siegeln, setzt die Zertifizierung von Produkten als „Better Cotton“ nicht voraus, dass alle Kriterien erfüllt sind. Better Cotton strebt neben der Sicherstellung bestimmter Mindeststandards lediglich eine kontinuierliche Verbesserung der Baumwollproduktion an. C&A stellt hier keine Trennschärfe zur Produktion in Bio-Qualität her, sondern nimmt Unschärfe bewusst in Kauf. Ähnlich ließe sich über die kreislauffähige T-Shirt-Kollektion urteilen, die C&A im Juni 2017 auf den Markt brachte, zertifiziert mit dem Cradle to Cradle Gold-Level. Es handelt sich um zwei Styles eines Frauen-T-Shirts in 18 verschiedenen Farben, die europaweit zum Discount-Preis von sieben und neun Euro verkauft wurden. Ob das eine Eintagsfliege eines Textilhändlers bleibt, der Kleidung durch Schleuderpreise in Wegwerfware verwandelt hat, ist unklar. Denn greifbare Zahlen, sowohl welchen Anteil die Kollektion am Gesamtangebot von C&A hat als auch wie viele kreislauffähige Textilien in Zukunft angeboten werden, werden nicht genannt.

4. Techno-Fixes (technische Scheinlösungen)
Die Outdoor-Hersteller kämpfen um ihr Saubermann-Image, seit Greenpeace sie für ihren Einsatz von toxischer Chemie anprangerte. Zudem geriet die Branche verstärkt unter Druck, da sie vor allem auf Synthetik-Fasern (Kunstfasern) setzt, die sich als ökologische Zeitbombe für das Leben in den Meeren entpuppten.

Fischlarven, Pfeilwürmer und diverse Krebstierchen schlucken massenhaft winzige Plastikpartikel, sogenanntes Mikroplastik. In erster Linie handelt es sich dabei zwar um Bruchstücke größerer Kunststoffteile, doch auch Synthetik-Textilien sind eine bedeutende Quelle. Denn Kleidungsstücke fusseln bei jeder Wäsche: Eine einzige Fleece-Jacke kann bis zu einer Million Fasern pro Waschgang freisetzen. Die Outdoor- und Sportswear-Industrie hat inzwischen erkannt, dass diese miese Umweltbilanz eine existentielle Bedrohung für ihr auf Naturnähe setzendes Geschäftsmodell ist. Zügig begann die Industrie – vor allem der US-Konzern Patagonia, der sich gern als Vorkämpfer für eine bessere Welt präsentiert – mit der Suche nach schnellen technischen Lösungen, die den Konsumenten vorgaukeln, das Problem der Meeresverschmutzung ließe sich einfach beheben. Patagonia

[3] https://www.c-and-a.com/de/de/corporate/company/nachhaltigkeit/bio-cotton/.

und Jack Wolfskin preisen dazu den GUPPYFRIEND Waschbeutel an, der dafür sorgen würde, dass weniger Mikrofasern in die Flüsse und Meere gelangen. Jeder Beutel schlägt mit 20 € zu Buche.[4]

Greenpeace recherchierte die Funktionalität des Waschbeutels. Ergebnis: Die feinmaschigen Wäschesäcke, die ein kleines deutsches Unternehmen auf den Markt gebracht hat, sind kein Ausweg: Ihre Wirksamkeit ist bislang nicht bewiesen, der Einsatz verlangt dem Verbraucher zusätzliche Arbeit ab und selbst ihre Erfinder räumen ein, dass die „Guppyfriend"-Beutel nur eine Zwischenlösung sein können. Zudem würde es viele Jahre dauern, bis sich diese neue Waschroutine auf dem Markt durchsetzt. Doch Jahr für Jahr, Tag für Tag schwillt die Mikroplastikfracht in den Weltmeeren an. Patagonia schränkt jedoch nicht die Menge von Synthetik-Textilien ein, sondern propagiert eine Scheinlösung, um die eigenen Rekordumsätze nicht zu gefährden.[5]

4 Die Rolle von NGOs

„Aufdecker, Skandalisierer und Watchdog" – diese Rollen werden Nichtregierungsorganisationen (NGOs) in ihrer lauten Art von Öffentlichkeitsarbeit, oft in Form von Kampagnen, gerne zugeschrieben.

NGOs setzen moralisch und ethisch hohe Ansprüche gegenüber Wirtschaft, Politik und Gesellschaft. Die bunten und kreativen Kampagnen werden von Konzernlenkern gerne als aggressiv beschrieben. Verschwiegen wird häufig, dass vor dem Start einer Kampagne monatelange Gespräche über soziale oder Umweltprobleme in der Produktion stattgefunden haben. Bei Greenpeace startet keine Kampagne, ohne dass der Konzern von den ihnen vorgeworfenen Umweltproblemen wüsste. Doch oft werden diese von Konzernlenkern nicht ernst genommen, eine echte Problemlösung unterbleibt. Die Trennschärfe von ernst gemeinter CSR und gut gemachtem Greenwashing herzustellen, ist eine der wichtigsten, aber auch schwierigsten Aufgaben von NGOs. Die Zeiten von extremen Greenwashing-Versuchen sind vorbei. Heute gibt es kaum noch schwarz-weiß, sondern eher einen dehnbaren grauen Bereich. Mit kreativen Aktionen auf der Straße, in Geschäften und der Kommunikation im Social Web sind NGOs heute in der Lage, viele Menschen zu bewegen. Dabei nutzen sie nicht ausschließlich ihre eigenen Social-Media-Kanäle auf Facebook, Instagram oder Twitter, sondern kommunizieren auf den Seiten der Problemverursacher und initiieren dort einen kritischen Dialog zwischen Verbrauchern und Herstellern. Dabei nutzen sie auf diese Weise virale Effekte zur Verbreitung von Videos und Mitmachmöglichkeiten. Durch die Aktionen im Netz, kombiniert mit gezielten Aktionen vor Fashion-Stores, sollen möglichst hohe Umwelt- und Sozialstandards durchgesetzt werden. Verpflichten sich Unternehmen neue Standards zu formulieren und umzusetzen,

[4] http://eu.patagonia.com/de/product/guppyfriend-washing-bag/E0170.html.
[5] https://www.greenpeace.de/presse/publikationen/factsheet-mikrofasern-gefahr-aus-dem-kleiderschrank.

dann ist es die Aufgabe der NGO, diese Maßnahmen zu überprüfen und gegebenenfalls eine Nachbesserung in der Umsetzung zu fordern.

5 Kritik muss begründbar sein

Als NGO ist Greenpeace häufig in der Rolle des Kritikers von Politik und Wirtschaft (siehe Abb. 2). Bei aller vorgebrachten Kritik müssen wir dabei stets in der Lage sein, diese detailliert zu begründen. „Wer der Textilindustrie vorwirft, die Umwelt und die Menschen durch hormonell wirksame und krebserregende Substanzen zu belasten, der muss dies eben auch anhand von wissenschaftlich einwandfrei erhobenen Messergebnissen nachweisen, so wie es Greenpeace in der Detox-Kampagne getan hat. Dazu gehört auch, dass Greenpeace sich an gängige Verfahrensweisen in der Wissenschaft hält: Die Labore müssen akkreditiert und für das Verfahren, soweit es sich um ein Standardverfahren handelt, auch zertifiziert sein. Seit vielen Jahren greift bei Greenpeace Deutschland zudem die Regel, dass immer dann, wenn wir Überschreitungen von Grenzwerten feststellen und wir dies in einem Kampagnenzusammenhang anprangern wollen, zwei Labore unabhängig voneinander zum gleichen Ergebnis gelangt sein müssen. Das soll verhindern, dass ein methodischer Fehler Dritter oder ein statistischer Ausreißer eine öffentliche Wirkung entfaltet.

Zu den Regeln gehört ferner, dass Greenpeace den Kritisierten die ausführlichen Messergebnisse zur Verfügung stellt und ihnen auf Wunsch auch alle Fragen zur Auswertungsmethode erläutert. Dies war in der Detox-Kampagne z. B. der Fall, als die Firma

Abb. 2 Zara „Detox“ Aktionstag in Taipei. Aktivistinnen, die in Taipei als „empörte Schaufensterpuppen“ verkleidet sind, fordern Zara auf zu entgiften. Während eines Aktionstages fordern weltweit 700 Greenpeace-Aktivisten in über 80 Städten, dass Zara, der weltweit größte Modeeinzelhändler, alle gefährlichen Chemikalien aus seinen Bekleidungs- und Lieferketten beseitigt. (© Steven Vigar/Greenpeace)

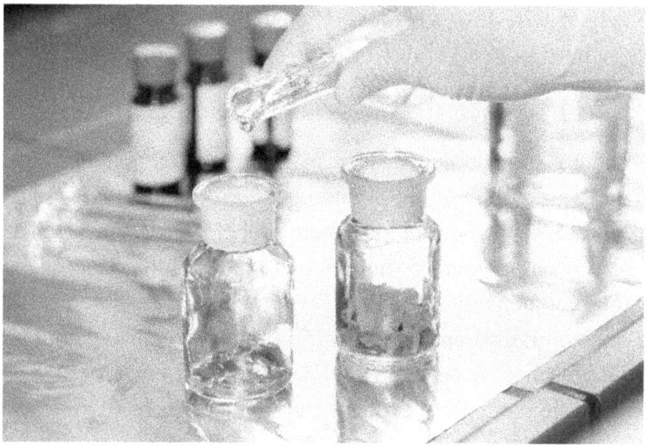

Abb. 3 Kinderkleidung von Discountern im Labor. Kinderkleidung und Schuhe von verschiedenen Discountern (Lidl, Penny, Aldi, Tchibo) werden im Auftrag von Greenpeace im Labor des Bremer Umweltinstituts auf Schadstoffe in der Produktionskette untersucht. (© Holger Weber/Greenpeace)

Gore Fragen zur Methodik eines Tests (siehe Abb. 3) über chemische Ausdünstungen von Outdoor-Kleidung hatte. Nur wer sich dem kritischen Dialog stellt, selbst wenn es anstrengend ist, kann auf Dauer seine Glaubwürdigkeit verteidigen.“ (Redelfs 2017). Die Glaubwürdigkeit einer NGO wurde meist über Jahrzehnte aufgebaut und sollte daher immer durch eine wissenschaftliche Unterstützung bewahrt werden. „Zur Qualitätskontrolle gehört daher bei Greenpeace, dass sich unter den hauptamtlichen Greenpeace-Mitarbeitern, die für die Kampagneninhalte zuständig sind, Fachexperten mit wissenschaftlicher Ausbildung befinden. Nur mit einem Grundverständnis von methodischem Arbeiten in der Wissenschaft sind eigene Analysen sinnvoll zu bewerkstelligen, selbst wenn man eng mit anerkannten Laboren zusammenarbeitet.“ (Redelfs 2017)

6 Greenwashing ist immer auch eine Frage der Haltung

Allein in der Nahrungsmittelindustrie gibt es rund 90 Labels, die vor allem eine Funktion haben: Der Käufer soll den Eindruck bekommen, dass die Produkte umwelt- und sozialverträglich hergestellt werden. Beschäftigt man sich allerdings genauer mit diesen Labels, wird eines schnell klar: Ihre Kriterien sind kaum überprüfbar und somit werden auch keine wesentlichen Standards erfüllt.

Noch immer gibt es viele Unternehmen, die überlegen, wie sie ihre Produkte umweltfreundlicher darstellen können, als sie letztlich sind – nur um bei Kunden beliebter zu werden und zusätzliche Kaufargumente zu schaffen. Die Diskrepanz zwischen Anspruch und Wirklichkeit stellt mittlerweile ein erhebliches Risiko für die Glaubwürdigkeit eines Unternehmens und damit auch ein wirtschaftliches Risiko dar. „Mit unseren Richtlinien und Positionen zeigen wir, dass wir diese Themen sehr ernst nehmen“ oder: „Wir werden unserer unternehmerischen Verantwortung gerecht“ – Sätze wie diese stehen in jedem zweiten CSR-Bericht. Ob den Worten Taten folgen, ist damit aber noch lange nicht gesichert.

Ob ein Unternehmen aktiv Greenwashing betreibt, erkennt man in erster Linie an seiner Haltung. Kaum ein Unternehmen gibt öffentlich zu, Probleme bei der sauberen und nachhaltigen Produktion seiner Produkte zu haben. Dabei würde ein solches Eingeständnis den Druck aus der Öffentlichkeit verringern, denn jedes aktive Herangehen an ein Problem macht ein Unternehmen und seine Produkte besser. Kluge Unternehmen nehmen sich ihrer Probleme an, kommunizieren diese offen und beziehen Stakeholder wie Umweltverbände oder Wissenschaftler bei der Problemlösung mit ein. Mit ausgeklügelten CSR-Strategien versuchen sie dann diese Probleme aktiv und glaubhaft zu lösen.

Literatur

http://eu.patagonia.com/de/product/guppyfriend-washing-bag/E0170.html. Zugegriffen: 28. Dez. 2017

https://www.c-and-a.com/de/de/corporate/company/nachhaltigkeit/bio-cotton/. Zugegriffen: 12. Apr. 2018

https://www.greenpeace.de/presse/publikationen/factsheet-mikrofasern-gefahr-aus-dem-kleiderschrank. Zugegriffen: 29. Dez. 2017

https://www.textilbuendnis.com/wp-content/uploads/2017/08/Roadmap-KiK-Textilien-Non-Food-GmbH-2017.pdf. Zugegriffen: 29. Dez. 2017

Redelfs M (2017) https://blog.greenpeace.de/artikel/fake-news-als-totschlagargument-eine-herausforderung-auch-fuer-ngos. Zugegriffen: 11. Mai 2017

www.facebook.com/kleidertausch.de/videos/1555615437870322. Zugegriffen: 29. Dez. 2017

Dr. Kirsten Brodde lebt und arbeitet in Hamburg. Sie leitet die globale „Detox my fashion“-Kampagne von Greenpeace, die sich seit 2011 damit beschäftigt, die Textilindustrie auf einen grüneren Kurs zu trimmen. 2009 veröffentlichte sie ihr Buch „Saubere Sachen“ über grüne Mode, 2010 folgte ihr Buch „Protest“ über moderne Formen des Campaignings. Bis 2015 war Kirsten Brodde in der Jury des Bundespreises Ecodesign.

Ihren eigenen Mode-Blog www.gruenemode.de hat sie 2016 nach acht Jahren eingestellt, weil sie das Gefühl hatte, schon alles gesagt zu haben.

Volker Gaßner arbeitet in Berlin und Hamburg. Er leitet die Pressearbeit und das Digitale Campaigning bei Greenpeace e.V. in Hamburg. Zuvor war er acht Jahre als Projektleiter und Campaigner u.a. für die Umsetzung von Kampagnen bei Greenpeace zuständig. 2014 gründete er die Campaigning Academy in Berlin. Dort veranstaltet er Seminare für NGOs, Politik, Medien und Gewerkschaften rund um das Thema „Kampagnen machen". Volker Gaßner bloggt regelmäßig auf campaigning.academy.com/blog zu aktuellen Kampagnenthemen.

CSR im Bereich Rohstofferzeugung und -beschaffung am Beispiel Baumwolle

Elke Hortmeyer

1 Einführung

Beleuchtet man Aspekte der Corporate-Social-Responsibility-Strategie im Bereich der Baumwollproduktion sowie auch in der Baumwollbeschaffung, so erreicht man schnell einen relevanten Punkt der Produktionskette, die Transparenz. Angesichts von fast 80 Ländern, die Baumwolle produzieren und einer sehr komplexen Beschaffung des Rohstoffs, ist dies jedoch eine Herausforderung. Dabei geht es nicht nur um die Klärung ökologischer, sondern auch um soziale und – last but not least – wirtschaftliche Fragestellungen, die im folgenden Text analysiert werden. Anhand von Praxisbeispielen kann zudem gezeigt werden, wie gezielt eingesetzte CSR-Strategien Wirkung zeigen.

2 CSR innerhalb der Baumwollbeschaffungskette

Die Implementierung von Corporate Social Responsibility kann in der Baumwollwirtschaft aus verschiedenen Blickwinkeln betrachtet werden. Wir unterscheiden hier einerseits zwischen CSR innerhalb des Baumwollproduktionssegments und andererseits zwischen CSR auf der Ebene der Verarbeiter und CSR für Textil- und Bekleidungsmarken sowie den Textil- und Bekleidungshandel als Beschaffer von Baumwolle. Die folgende Abb. 1 beschreibt die textile Baumwollbeschaffungskette quasi vom Baumwollfeld bis zum Bügel.

E. Hortmeyer (✉)
Direktorin Kommunikation und internationale Beziehungen, Bremer Baumwollbörse
Bremen, Deutschland
E-Mail: hortmeyer@baumwollboerse.de

P. Heinrich (Hrsg.), *CSR und Fashion*, Management-Reihe Corporate Social Responsibility,
https://doi.org/10.1007/978-3-662-57697-7_13

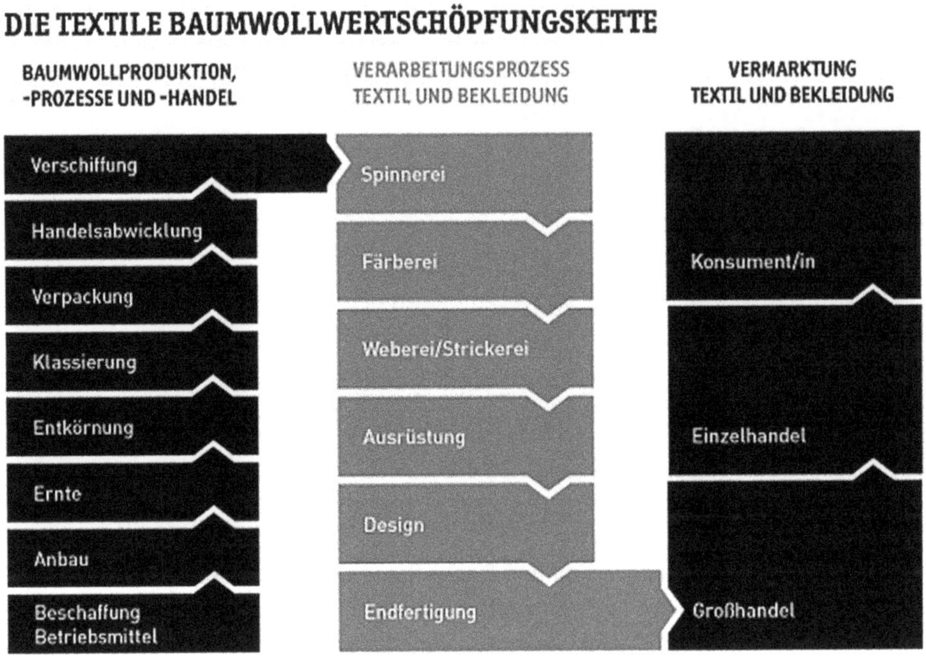

Abb. 1 Die textile Beschaffungskette vom Baumwollfeld bis zu den Konsumenten

2.1 CSR und Baumwollproduktion

Eine direkte Möglichkeit, Einfluss auf eine nachhaltigkeitsorientierte Entwicklung zu nehmen, haben vor allem diejenigen, die in ihren Anbauländern oder -regionen unmittelbar mit der Baumwollproduktion befasst sind. Zur Baumwollproduktion gehört neben dem Anbau und der Ernte bei den Farmbetrieben auch die Entkörnung. Hier werden die von Hand oder von Maschinen geernteten Faserbüschel von Saatkörnern und Pflanzenresten sorgsam getrennt und dann zu Ballen gepresst. Es folgen die Bestimmung der Qualität mit Blick auf die spätere Verwendung und die Preisfindung, z. B. durch Vermarktungsgesellschaften, die Zwischenlagerung sowie die Verschiffung zum Einsatzort.

Auffällig sind bei der Analyse die vielen, zum Teil krassen Unterschiede zwischen den Baumwollanbauländern und -regionen. Wirtschaftliche Möglichkeiten, vor Ort herrschende Eigentumsverhältnisse, politische Lage, Gesetzgebung oder die historisch gewachsenen Gesellschaftsstrukturen sorgen für große Abweichungen sowohl bei der Definition von Nachhaltigkeit wie auch dem Erreichen von Zielen eines Nachhaltigkeitsmodells.

Auch die Art der landwirtschaftlichen Betriebe ist weltweit unterschiedlich. Wir finden kleinbäuerliche Strukturen mit wenig Fläche, geprägt von viel Handarbeit, bis hin zu hochtechnisierten Landwirtschaftsbetrieben mit großen Anbauflächen. Das bedeutet einerseits Mitarbeit aller Familienangehörigen von der Aussaat bis zur Ernte. Der Pflug wird von Ochsen oder Menschen gezogen. Zum anderen gibt es moderne Landwirtschaftsbetriebe, die Maschinen und Satellitentechnik einsetzen, um gezielt Bewässerung und Düngung zu kontrollieren. Doch auch in hochtechnisierten Betrieben sind die Eigentümer zum Großteil Familien, die ihre Betriebe seit vielen Generationen führen.

Je nach Bildungsgrad, Professionalität und dem technischen Entwicklungsniveau eines Landes oder eine Region gibt es große Schwankungsbreiten in der Produktivität, gemessen an den erzielten Erträgen pro Hektar. Sie reichen von rund 200 kg/ha in Ländern Afrikas bis etwa 2500 kg/ha in Australien oder China.

2.2 CSR bei der Beschaffung von Baumwolle durch Weiterverarbeiter

Über eher indirekte Möglichkeiten der Einflussnahme verfügen die Nachfrager bzw. Beschaffer von Baumwolle auf der ersten Stufe innerhalb der textilen Kette. Dazu gehören vor allem Spinnereien. Sie stehen nur selten in direktem Kontakt mit den Baumwollproduzenten bzw. -bauern. Zwischengeschaltet sind die internationalen Baumwollhändler und Speditionsunternehmen, die Baumwolle unterschiedlicher Herkunftsländer bzw. Provenienz und Qualität anbieten und transportieren. Von den durchschnittlich jährlich produzierten 25 Mio. t Baumwolle werden etwas mehr als acht Millionen Tonnen gehandelt. Der Rest verbleibt in den Anbauländern und wird dort gelagert oder weiterverarbeitet.

Der Baumwollhandel erfolgt nach international vereinbarten Regeln. Zu den federführenden überwachenden Organisationen bei der Erfüllung von Baumwollkontrakten gehört die Bremer Baumwollbörse. Sie tritt als Schiedsgericht des Baumwollhandels auf und regelt Streitigkeiten, wenn es um Qualitätsmängel und Lieferverzögerungen geht. Einschlägig sind hier die schon von Baumwollhändlern in Bremen 1872 erlassenen „Bremer Baumwoll-Usancen“ (Schwarmann 1997), die heute auch noch in Form der „Bremen Rules“ Gültigkeit haben.

Welche Baumwolle gekauft wird, hängt in erster Linie von ihrer Qualität ab. Die Regel lautet: Je hochwertiger und anspruchsvoller das Endprodukt, desto hochwertiger muss die Baumwolle bezüglich ihrer Qualitätseigenschaften sein. Entscheidend bei Baumwolle sind die Faserfestigkeit, die Faser- bzw. Stapellänge, die Längengleichheit der Fasern, die Faserfeinheit, ihre Farbe und der Anteil an Fremdmaterialien.

Aufgrund zunehmender Anfragen aus Bekleidungsindustrie und Handel wird vermehrt auf zertifizierte oder verifizierte Baumwolle geachtet. Hier gibt es verschiedene Schwerpunkte. So wird bei einem Projekt Wert auf gute soziale Bedingungen gelegt, bei einem anderen werden bestimmte Regionen in Entwicklungsländern gefördert oder aber der Fokus liegt auf kontrolliert biologischem Anbau.

2.3 CSR bei der Beschaffung von Baumwollprodukten durch Textil- und Bekleidungsmarken sowie den Textil- und Bekleidungshandel

Je weiter man die Stufe der textilen Beschaffungskette in Richtung Handel und Endverbraucher verfolgt, desto weiter entfernt man sich von den eingesetzten Rohstoffen wie zum Beispiel der Baumwolle. Das Know-how für die Naturfaser ist am Ende der Supply Chain nicht vorhanden oder verschwunden. Ein Grund hierfür ist die Verlagerung der textilen Produktion weg von den Binnenmärkten hin zu Auslandsmärkten in Niedriglohnländern wie Indien, Bangladesch, Vietnam und China.

Dadurch änderte sich auch die Art der Beschaffung. Nur in geringem Maße wird Eigenfertigung betrieben. Selbst eine vor etlichen Jahren in der Textil- und Bekleidungsfertigung noch praktizierte passive Lohnfertigung, bei der Stoffe, Zutaten und Accessoires zur Herstellung eines Produktes in eine ausländischen Fabrik geliefert und dort zum Endprodukt gefertigt werden, ging im Laufe der Jahre zurück. Doch auch hier ist der Rohstoff Baumwolle kein wirkliches Thema. Vielfach werden bei der Industrie über beauftragte Beschaffungsagenten bzw. -dienstleister nur noch Vollkäufe nach eigenen Designvorgaben getätigt.

Von Textilhandelsketten werden hauptsächlich Fertigprodukte zu ausgehandelten Preisen eingekauft. Vermehrt kaufen Lebensmitteldiscounter oder Kaffeefilialisten für zeitlich befristete Aktionen komplette Produktprogrammpakete inklusive der Bewerbung auf den Verpackungen ein. Die Aufmerksamkeit gilt dem Endprodukt, seiner Abnahmemenge, dem Einkaufspreis und seiner Vermarktungsfähigkeit, d. h. weniger den Bestandteilen des Produktes, geschweige denn der Herkunft und der Qualität der eingesetzten Baumwolle.

Allerdings hat die Verbreitung von Nachrichten über die schlechte soziale Lage der Arbeitnehmer in Entwicklungs- und Schwellenländern inzwischen zu einem Umdenken geführt. Die Forderung nach Transparenz innerhalb der Lieferkette wird lauter. Deswegen sind auch die Handelshäuser bereit, sich intensiver mit der Situation entlang der Produktions- und Beschaffungskette bis hin zum Baumwollanbau zu beschäftigen. In Anbetracht der vorhandenen Unkenntnis liegt in der Aufklärung über den Rohstoff und die Beschaffungsmöglichkeiten von Baumwolle eine der wesentlichen Aufgaben der Bremer Baumwollbörse.

3 Der Rohstoff Baumwolle – was man darüber wissen sollte

Baumwolle steht bei ihrer Verwendung im starken Wettbewerb mit erdölbasierten Chemiefasern, deren Marktanteil in den letzten Jahren überproportional angestiegen ist. Großen Einfluss haben hier die Faserpreise. Noch in den sechziger Jahren trug Baumwolle zu 60 % zum Faserverbrauch bei. Heute ist ihr Marktanteil auf rund 26 % gesunken. 2017 überstieg die Weltfaserproduktion nach vorliegenden Schätzungen die Marke von 100 Mio. t. Der Anteil von Naturfasern lag 34 Mio. t. Dazu trugen 26 Mio. t Baumwolle mit einem Anteil von rund 77 % bei. Weitere sind Wolle mit 1,1 Mio. t, Flachs und Hanf

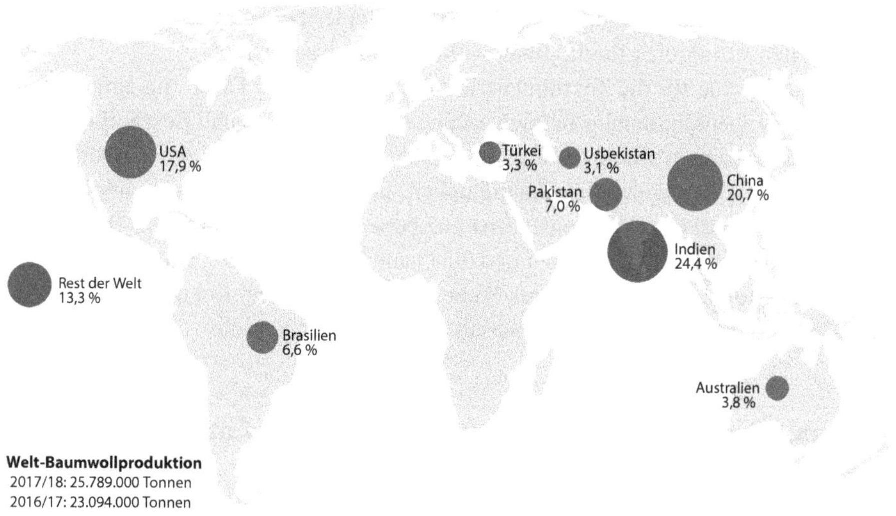

Abb. 2 Die wesentlichen Baumwollproduktionsländer und ihre Marktanteile

mit zusammen 390.000 t, Seide mit ca. 164.000 t und Jute, Sisal, Kokos sowie alle anderen Hartfasern mit insgesamt 5,6 Mio. t[1].

Tatsache ist: Baumwolle spielt als Rohstoff für Bekleidung und Textilien auch weiterhin eine bedeutende und deshalb nicht wegzudenkende Rolle. Innerhalb der Gruppe der Naturfasern führt sie mit 77 % Marktanteil die Produktionsrangliste an. Nach weltweiten Recherchen der Bremer Baumwollbörse und auf Basis eigener Berechnungen (Bremer Baumwollbörse 2016) lag der Anteil der 2016 nach Deutschland importierten Kleidung aus Baumwolle bei 45 %. Dazu zählten z. B. T-Shirts im Wert von 2,1 Mrd. €, Herrenhosen im Wert von 1,28 Mrd. € und Damenhosen im Wert von 1,31 Mrd. €.

Baumwolle wird in rund 80 Ländern rund um den Erdball angebaut. Das Produktionsvolumen sollte nach vorliegenden Hochrechnungen des International Cotton Advisory Committee (ICAC) im Erntejahr 2017/18 etwa 26,63 Mio. t betragen. Zu den sechs größten Baumwollproduzenten gehören (siehe Abb. 2) Indien, China, USA, Pakistan, Brasilien und Usbekistan. Ihr Marktanteil liegt bei etwa 80 %.

Von Baumwolle leben annähernd 250 Mio. Menschen, davon der überwiegende Teil in Entwicklungsländern. Hier bietet Landwirtschaft durch ausbleibende Industrialisierung fast die einzige Einkommensmöglichkeit. Dies spricht für ihre wirtschaftliche Bedeutung und die daraus resultierende Verantwortung, welche die Abnehmer von Baumwolle für die Baumwollbauern und ihre Familien tragen.

Der Rohstoff Baumwolle steht am Anfang der textilen Beschaffungskette. Das „weiße Gold", wie Baumwolle auch gerne bezeichnet wird, ist das Ergebnis landwirtschaftlicher Produktion. Sie braucht – wie jedes Agrarprodukt – zur Aufzucht Wasser, gute klimatische

[1] Discover Natural Fibre Initiative: www.DNFI.org.

Verhältnisse sowie gesunde Böden, um kraftvoll und widerstandsfähig gegen Schädlinge und Krankheiten, ertragreich für die Baumwollbauern zu wachsen.

Baumwolle ist eine für die Textilindustrie essentiell wichtige Faser, die aufgrund ihrer vielen guten Eigenschaften im Bereich nachhaltiger Produktion und Beschaffung noch positiver wahrgenommen werden sollte. Zu diesen Eigenschaften gehören: Hautfreundlichkeit, geringes Allergiepotential, Saugfähigkeit, Langlebigkeit, Pflegeleichtigkeit und biologische Abbaubarkeit. Entscheidend ist zur besseren Einschätzung von Baumwolle zudem das Wissen über ihre Qualitäten und die Qualitätsunterschiede. Soll Baumwolle in nachgelagerten Stufen wie der Spinnerei, Weberei, Ausrüstung und Konfektion weiterverarbeitet werden, muss grundlegende Materialkenntnis vorhanden sein.

4 Exkurs: Wirtschaftliche Bedeutung von Identity Cottons

Als Identity Cottons werden Baumwollen bezeichnet, deren Produktion bestimmten Kriterien unterliegt und die zumeist zertifiziert oder verifiziert werden. Dies spielt auch bei der Vermarktung eine wichtige Rolle.

Die Farmer nehmen dabei zum Beispiel an speziellen Programmen teil, bekommen Schulungen oder müssen Kriterien erfüllen. Ein besonderes Beispiel hierfür ist der Anbau von Biobaumwolle.

Die Produktionsmenge von Biobaumwollanbau liegt, wie offizielle Zahlen aus der Erntesaison 2015/16 belegen, bei 107.980 t Baumwolle, angebaut auf einer Fläche von 302.562 ha (Textile Exchange 2017). Ihr Marktanteil betrug, bezogen auf die in dem Jahr global produzierte gesamte Baumwolle, annähernd 0,5 %.

Biobaumwolle wird weltweit in 18 Ländern angebaut. Die Top 7 Länder stehen für 97 % der Gesamtproduktion. Indien ist mit einem Anteil von 56 % der größte Produzent, gefolgt von China (14 %), Kirgisien (7 %), Türkei (7 %), Tadschikistan (6 %), USA (4 %) und Tansania (3 %). Die restlichen 3 % verteilen sich auf Pakistan, Thailand, Uganda, Benin, Israel, Brasilien, Peru, Ägypten, Burkina Faso, Mali und Senegal.

Der Anbau erfolgt ohne chemische Düngemittel und ohne synthetisch hergestellte Pestizide. Lediglich organische Düngung und biologischer Pflanzenschutz sind erlaubt. Es darf kein genetisch verändertes Saatgut eingesetzt werden. Die Anbaupraxis erfordert mehr Fläche, einen hohen Grad an Pflege- und Kultivierungs-Know-how sowie viel Handarbeit. Daher ist der Biobaumwollanbau oft in kleinbäuerlichen Strukturen zu finden, die nicht für große Produktionsmengen ausgelegt sind.

Gleichzeitig gewinnen international angelegte Initiativen wie Cotton Leads in Amerika oder die Better Cotton Initiative BCI aus der Schweiz wachsenden Einfluss, weil sie versuchen, die bestehenden regional praktizierten Anbausysteme unter Einbeziehung von Kriterien ökologischer, sozialer und wirtschaftlicher Nachhaltigkeit durch Schulung von Farmern und Erfahrungsaustausch kontrolliert weiterzuentwickeln. Das Produktionsvolumen der nach den BCI-Regeln angebauten Baumwolle steigt kontinuierlich an und betrug in der Saison 2016/17 3,3 Mio. t bzw. 14 % der globalen Baumwollproduktion (Better Cotton Initiative (BCI) 2018).

Auf regionaler Ebene sind etwa das Bayer e3-Programm in den USA oder myBMP in Australien zu nennen. Auf eine Verbesserung der wirtschaftlichen Situation vornehmlich in Entwicklungsländern mit Hilfe zur Selbsthilfe zielen die Modelle von Fairtrade oder Cotton Made in Afrika (CmiA).

In der Erntesaison 2016 verkauften Fairtrade Bauern 8125 t Baumwolle nach den Bedingungen von Fairtrade International. Ein Teil davon ist laut Fairtrade nach Organic Cotton Standards zertifiziert (Fairtrade International 2016/2017). Die der Initiative Cotton made in Afrika bzw. der Aid by Trade Foundation angeschlossenen Farmer produzierten im Jahr 2017 rund 496.000 t Baumwolle. Damit zertifiziert CmiA 30 % der Baumwollproduktion in Subsahara-Afrika (Aid by Trade Foundation 2018).

5 Der CSR-Kern: Baumwolle und die Bedeutung von Nachhaltigkeit

Baumwolle ist ein Naturprodukt und als solches regenerativ nachwachsend. Der Rohstoff baut sich nach seiner Zuführung zum biologischen Kreislauf in wenigen Monaten vollständig ab. Zu 100 % aus Baumwolle hergestellte Produkte können recycelt, upcycelt oder auch downcycelt werden. Sie sind auf diese Weise erneut Bestandteil eines ressourcensparenden Wirtschaftskreislaufs. Jedes Teil der Baumwollpflanze findet eine sinnvolle Verwendung – z. B. in textilbasierten, hygienischen, kosmetischen, medizinischen, technischen oder agrobiologischen Produkten. Sogar für die Herstellung von Geldscheinen oder in Form von Öl und Fett für Lebensmittel wird Baumwolle eingesetzt. Das bedeutet: Nachhaltigkeit ist der Baumwolle quasi in die Wiege gelegt.

In der Diskussion um Fragen der Nachhaltigkeit ist vor allem entscheidend, wie die mit der Herstellung von Baumwolle beschäftigten Menschen beim Anbau und in der Weiterverarbeitung mit Baumwolle umgehen. Hier kommen Aspekte ökologischer, sozialer und wirtschaftlicher Nachhaltigkeit ins Spiel.

6 Handlungsfelder eines nachhaltigen Baumwollanbaus

Nachhaltigkeit im Baumwollanbau ist nicht genau definiert. Auch ist es angesichts des global stattfindenden Baumwollanbaus nicht möglich, eine pauschal gültige Formel zu finden. Vielmehr muss man von den jeweils gegebenen lokalen Verhältnissen des jeweiligen Landes und des Baumwollfarmers ausgehen. Schließlich versteht der westeuropäische Endverbraucher unter Nachhaltigkeit etwas ganz anderes als der pakistanische Farmer und beide haben aus ihrem Blickwinkel Recht. Die folgende Abb. 3 bietet einen Überblick über die Handlungsfelder eines nachhaltigen Baumwollanbaus.

PRIORITY SUSTAINABILITY THEMES FOR COTTON FARMING SYSTEMS

Environmental

Pest and Pesticide Management	Water Management	Soil Management	Biodiversity and Land Use	Climate Changes
• Environmental contamination by pesticides • Pest management and crop production • Human exposure to pesticides	• Water depletion • Crop water management • Soil salinization • Water quality	• Soil fertility • Soil erosion	• Land conservation • Land productivity	• Greenhouse gas (GHG) emissions • Decomposition and mineralization • Energy use • Carbon stock changes

Economic

Economic Viability, Poverty Reduction and Food Security	Economic Risk Management

Social

Labour Rights and Standards	Worker Health and Safety	Equity and Gender	Farmer Organization
• Child labour • Employment conditions • Freedom of association • Social protection			

Source: ICAC/FAO: Measuring Sustainability in Cotton Farming Systems, 2015, Seite 13

Abb. 3 Wesentliche Handlungsfelder eines nachhaltigen Baumwollanbaus im Überblick

6.1 Ökologischer, umweltschonender Baumwollanbau

6.1.1 Bewässerung

Wasser ist notwendig, um Erträge im Baumwollanbau stabil zu halten und zu steigern. Zudem beeinflusst Wasser die Baumwollqualität sowie die Faserlänge. Weltweit nutzt die Landwirtschaft 70 % des zur Verfügung stehenden Wassers (Cotton Advisory Committee (ICAC) 2015). Die weltweite Baumwollproduktion verwendet davon 3 %. Baumwolle ist prinzipiell eine trockenheitstolerante Pflanze, die sich gut an ein Klima mit geringen Regenfällen anpassen kann. Um jedoch die Pflanzenreifung zu unterstützen und die Produktivität das Anbaus zu stabilisieren und zu maximieren, wird in einigen Gegenden mit wenig Niederschlagsmengen zusätzlich künstlich bewässert. Künstlich bewässerter Baumwollanbau hat einen Anteil von 50 % der Baumwollanbauflächen, die für 73 % der globalen Erzeugung stehen. Zu den Ländern mit mehrheitlich künstlicher Bewässerung zählen Australien, China, Ägypten, Mexiko, Pakistan und Usbekistan. Mancherorts kommt man sogar ohne künstliche Bewässerung aus. In Afrika erfolgt die Bewässerung hauptsächlich durch Regenfälle. Entsprechend niedrig sind hier die derzeitigen Erträge.

Im Laufe der Zeit hat die Landwirtschaft effiziente Methoden entwickelt, mit der kostbaren Ressource umzugehen. So haben Bewässerungsmethoden wie etwa Tröpfchenbewässerung, gezielte Bewässerung nach Bedarf und die Nutzung von Wasser aus Reservoiren oder die Wasserwiederaufbereitung die Effizienz der Wassernutzung gesteigert.

6.1.2 Pflanzenschutz

Eine moderne Landwirtschaft benötigt, wie es sich in der Praxis immer wieder erweist, sowohl einen chemischen wie auch einen biologischen Pflanzenschutz in ausgewogener Dosierung. Er dient der Bekämpfung von Unkräutern, wirkt effizient gegen Erreger von Pflanzenkrankheiten und Schadinsekten.

Der Pflanzenschutz ist eine relativ große Herausforderung in der Baumwollproduktion. Rund 15 % der Erträge gehen durch Insektenbefall verloren (Cotton Advisory Committee (ICAC) 2015). Das Ausmaß der Schäden ist regional schwankend und abhängig von der Effektivität der eingesetzten Pflanzenschutzmethoden, aber auch von externen Faktoren, wie Temperaturschwankungen und extremen Witterungsbedingungen. Erreger von Pilz-, Virus- und bakteriellen Erkrankungen verursachen weniger Schäden als Insekten. Ihr Auftreten ist abhängig von der jeweiligen Region und schwankend von Jahr zu Jahr.

Nur etwa 6,3 % der weltweit verkauften Pestizide werden in der Baumwollproduktion eingesetzt. Im Vergleich dazu sind es 29,7 % bei Obst und Gemüse, 17 % für Getreide, 9,6 % für Sojabohnen und 9,3 % für Mais (Cotton Advisory Committee (ICAC) 2015). Der Anteil des Gebrauchs von Pestiziden im Baumwollanbau ist in den letzten Jahren kontinuierlich zurückgegangen. Allerdings gibt es bei der Länderbetrachtung erhebliche Unterschiede, was auch hier wieder für eine lokale Analyse spricht.

Die Reduzierungen sind vor allem Resultate der Entwicklung und Anwendung von integrierten Pflanzenschutz-Management-Programmen. Ihr Erfolg ist abhängig vom Know-how im Umgang mit Pflanzenschutzmitteln. Grundsätzlich ist es aber ein Trugschluss anzunehmen, in der Landwirtschaft komme man zur Bekämpfung von Schädlingen und Krankheiten und zur Verhinderung von Ernteverlusten ohne jegliche Pflanzenschutzmittel aus.

6.1.3 Bodenfruchtbarkeit

Böden versorgen Pflanzen mit Wasser, Mineralien und Sauerstoff. Der Schutz und Erhalt der Böden hat deshalb erste Priorität, wenn es um nachhaltige Landwirtschaft und die Gefahren der Auswirkungen des Klimawandels mit zunehmender Intensität von Regenfällen auf der einen und steigenden Trockenheitsphasen auf der anderen Seite geht.

Baumwolle wird im Wechsel mit anderen Feldfrüchten angebaut, wie auch in vielfältigen Kombinationen eines Zwischenfruchtanbaus. In ärmeren Regionen wie denen in Afrika ist Fruchtwechsel in Kombination mit organischer Düngung die wesentliche Vorgehensweise, die zum Erhalt der Bodenfruchtbarkeit führt. In entwickelten Regionen sorgen der Gebrauch von chemisch hergestellten und organischen Düngern wie auch ein Fruchtwechsel für einen stetigen Baumwollanbau.

Die sogenannte Präzisionslandwirtschaft, wo die Bodenfruchtbarkeit laufend gemessen wird, spielt vor allem in hochentwickelten Ländern eine besondere Rolle. Somit können die Gefahren von verminderter Bodenfruchtbarkeit, Bodenverschmutzung, Versalzung und Erosion rechtzeitig erkannt werden.

6.1.4 Biodiversität

Ein Hauptaugenmerk der Baumwollproduktion im Zusammenhang mit Biodiversität liegt in der Erhaltung oder Verbesserung des Ökosystems inkl. des Schutzes von Nützlingen und Artenvielfalt. Ein hoher Grad an Biodiversität wirkt sich positiv auf die Bodengesundheit aus. Sie bietet aber auch einen zusätzlichen natürlichen Schutz gegen Pflanzenkrankheiten und Schädlingsbefall und sorgt insgesamt für mehr Resilienz der Systeme. Monokulturen und ein unsachgemäßer Gebrauch von Pestiziden mit Breitenwirkung und Dünger gleich welcher Art können die Biodiversität gefährden.

6.1.5 Klimawandel

Der Klimawandel hat sowohl direkte als auch indirekte Effekte auf die Produktivität in der Landwirtschaft. Dies schließt veränderte Niederschlagsmuster, Trockenheit, Überflutungen und geografische Veränderungen im Auftreten von Schädlingen und Pflanzenkrankheiten mit ein. Treibhausgasemissionen sind signifikante Treiber des Klimawandels. Die daraus resultierenden Klimaveränderungen können den Baumwollanbau sowohl positiv wie auch negativ beeinflussen (ICAC 2016).

Hier ist es Aufgabe von Forschung und Entwicklung, z. B. Pflanzen zu entwickeln, die unbeeindruckt von den Veränderungen des Klimas – sei es verbunden mit viel Feuchtigkeit oder viel Trockenheit – gute Erträge bringen.

6.1.6 Biotechnologie

Ein Beispiel für Fortschritt in der Landwirtschaft ist der Einsatz von Bt-Saatgut zur Produktion von Baumwolle, der inzwischen weltweit Verbreitung gefunden hat. Bt steht für Bacillus thuringiensis: Ein Gen dieses Bakteriums wird in das Erbgut der Baumwollpflanze eingebaut. Es produziert ein Gift, das sie gegen Schädlingsbefall schützt. Die Dynamik der Anwendung Grüner Biotechnologie in der Baumwollwirtschaft lässt sich an ihrem hohen Anteil der Anbauflächen ablesen. Basierend auf Veröffentlichungen der Ernährungs- und Landwirtschaftsorganisation der Vereinten Nationen (FAO) im Jahr 2015 lag die weltweite Baumwollanbaufläche 2013 bei 32 Mio. ha. Auf 75 % oder 24 Mio. ha wurde gentechnisch veränderte Baumwolle angebaut. Insgesamt wurde 2015 in 15 Ländern gentechnisch veränderte Baumwolle angebaut, in vier davon auf einer Fläche von jeweils über einer Million Hektar (International Service for the Acquisition of Agri-biotech Applications (ISAAA) 2015).

Bekanntlich wird die Anwendung von genveränderten Organismen (GVOs) vor allem in Europa mit Skepsis betrachtet. Prof. Dr. Matin Qaim gehört mit seinem Lehrstuhl für Welternährungswirtschaft und Rurale Entwicklung an der Georg-August-Universität in Göttingen zu den international renommiertesten Agrarwissenschaftlern. In den letzten Jahren setzte er sich unter anderem mit den Auswirkungen des Einsatzes von gentechnisch veränderten Nutzpflanzen wie Baumwolle aus dem Blickwinkel wirtschaftlicher, sozialer und ökologischer Nachhaltigkeit auseinander.

Eine von seinem Institut 2016 veröffentlichte Meta-Analyse präsentiert ein klares Bild: Der Einsatz von GVOs hat die Pflanzerträge um 22 % gesteigert und den Gebrauch von chemischen Pestiziden um 37 % gesenkt (Qaim 2016). GVO-Saatgut ist üblicherweise teurer als konventionelle Saaten. Die zusätzlichen Saatkosten werden jedoch durch Ersparnisse beim chemischen Pflanzenschutz und höhere Verkaufserlöse mehr als ausgeglichen. Landwirte mit GVOs erzielen einen um durchschnittlich 68 % höheren Gewinn als Landwirte, die unter ansonsten gleichen Bedingungen konventionelles Saatgut verwenden. Mit seiner Forschungsgruppe hat Qaim die Situation des Baumwollanbaus in Indien über viele Jahre hinweg untersucht. Mehr als 90 % der indischen Baumwollbauern sind inzwischen auf insektenresistentes Bt-Saatgut umgestiegen. Das Ergebnis: Höhere Erträge und Gewinne haben zu einer signifikanten Steigerung des Wohlstands der Kleinbauern und auch der Wanderarbeiter geführt.

Immer wieder weisen Fachleute darauf hin, dass es keine anerkannte wissenschaftliche Institution oder regulatorische Behörde gibt, die die Sicherheit genmodifizierter Pflanzen infrage stellt. Die Technologie existiere bereits seit rund 25 Jahren. Von keiner der über 2000 bisher publizierten Studien dazu habe ein Zusammenhang mit Gesundheitsproblemen nachgewiesen werden können.

Im Juni 2016 haben sich nach einem Bericht der Süddeutschen Zeitung 109 Nobelpreisträger aus verschiedenen Disziplinen in einem offenen Brief für den Einsatz der Grünen Gentechnik ausgesprochen, um die Welternährung zu sichern[2]. Die Umweltauswirkungen von gentechnisch veränderten Pflanzen seien gering.

Dennoch bleiben Verbraucher extrem kritisch, nicht zuletzt auch durch die teilweise recht verzerrende Darstellung des Themas durch Nichtregierungsorganisationen. Die Skepsis wird durch europäische und nationale Gesetzgebung unterstützt.

6.2 Soziale Fragen des Baumwollanbaus

Soziale Nachhaltigkeit und somit der Umgang mit Arbeitnehmern und das Zusammenleben der Menschen in einzelnen Ländern der Erde sind stark geprägt durch Kultur, Religion, politische Verhältnisse und Wirtschaftsstrukturen in einzelnen Ländern.

Dies wird besonders bei einem Vergleich von geltenden Arbeitsrechten in hochentwickelten und unterentwickelten Regionen der Welt deutlich.

Als Beleg für die weltweit großen Unterschiede z. B. bei Arbeitsrechten kann der ITUC Global Rights Index 2017 des internationalen Gewerkschaftsbundes ITUC herangezogen werden (ITUC Global Rights Index 2017). Im Baumwollanbau sollen nach Meinung der FAO angemessene Arbeitsrechte und Sozialstandards zu einer nachhaltigen Entwicklung beitragen. Dabei gilt es, auch eine gerechte Behandlung der vielen Wanderarbeiter im Auge zu behalten. Als wesentliche Richtlinien zur Gestaltung von international akzeptierten

[2] www.sueddeutsche.de/wissen/biotechnologie-nobelpreistraeger-fordern-gentechnik-in-der-landwirtschaft-1.3057350.

Arbeitsstandards gelten die ILO Kernarbeitsnormen[3], der UN Global Compact[4] sowie die UN Agenda 2030[5].

6.3 Wirtschaftlichkeit des Baumwollanbaus

Baumwollanbau muss dauerhaft wirtschaftlich nachhaltig betrieben werden, damit daraus auskömmliches Einkommen erzielt werden kann. Kurzum: Der Farmer muss von seiner Arbeit leben können, sonst baut er keine Baumwolle an. Er hat in jedem Land auf der Welt die freie Entscheidung, welche Feldfrüchte er produziert. Maßstab hierfür sind die jeweils zu erzielenden Baumwollmarktpreise und Erträge im Anbau.

Die Baumwollmarktpreise bewegen sich im Rückblick auf die letzten zehn Jahre auf dem Niveau ihres langjährigen Durchschnitts von 70 ct/lb (Pandolph 2017) – mit einer Ausnahme: 2010/11 hatten sich die internationalen Baumwollpreise gegenüber der vorherigen Saison auf durchschnittlich 164 ct/lb. mehr als verdoppelt. Doch in den folgenden beiden Saisons fielen sie um 40 % auf 100 ct/lb. 2011/12 und um 12 % auf 88 ct/lb. in 2012/13. 2013/14 zogen die Baumwollpreise erneut um 3 % an. Im Anschluss an die Ankündigung der chinesischen Regierung, keine weitere Baumwolle für die Reserve einzukaufen, sanken die Baumwollpreise und bewegten sich erneut auf dem Niveau des langjährigen Durchschnitts von 70 ct/lb., also deutlich niedriger als in den Vorsaisons. In der Saison 2016/17 wurde Baumwolle durchschnittlich mit 83 ct/lb gehandelt.

Die weltweite Anbaufläche liegt seit fast 70 Jahren bei rund 33 Mio. ha. Die Erträge haben sich seitdem mehr als verdreifacht. Der durchschnittliche Ertrag pro Hektar liegt bei rund 700 kg, wobei es Länder gibt, wie z. B. Australien, die fast 3000 kg/ha erzeugen können; andere Regionen insbesondere in Afrika liegen bei unter 300 kg.

7 CSR-Ziele eines nachhaltigen Baumwollanbaus

Unter Bezugnahme auf die oben genannten Handlungsfelder und die Vielschichtigkeit des Themas lassen sich im Baumwollanbau im Sinne von Corporate Social Responsibility folgende Nachhaltigkeitsziele definieren.

Dazu gehören bei ökologischer Betrachtungsweise

- ein Mensch und Umwelt schonender Pflanzenschutz,
- ein ressourcensparender Wasserverbrauch,
- der Erhalt der Fruchtbarkeit von Böden,

[3] ILO Kernarbeitsnormen: www.ilo.org/berlin/arbeits-und-standards/kernarbeitsnormen/lang--de/index.htm.
[4] UN Global Compact: www.globalcompact.de.
[5] UN Agenda 2030: www.un.org/depts/german/gv-70/a70-11.pdf.

- die Aufrechterhaltung der Bodengesundheit
- und der Erhalt der Biodiversität.

Zu den sozialen Zielen zählen

- die Verbesserung von Arbeitsschutz und Arbeitssicherheit,
- Bekämpfung von Armut,
- Erreichung von Ernährungssicherheit,
- Schaffung von Wohlstand,
- Verbot von Kinderarbeit, Zwangsarbeit und Diskriminierung
- sowie Arbeitnehmerrechte und gerechter Lohn.

Aus wirtschaftlicher Sicht sind

- ökonomischer Erfolg, Steigerung von Ertrag und Produktivität der Arbeit,
- Verringerung wirtschaftlicher Risiken
- und Fortschritt, ermöglicht durch Forschung und Entwicklung sowie Ausbildung, unverzichtbar.

Für all diese miteinander verflochtenen Aufgabenstellungen gibt es jedoch keine global geltende Antwort (Grobien 2016). Was mit welchen Methoden zu tun ist, hängt von jeweils geltenden lokalen oder regionalen Gegebenheiten ab. In der Baumwollwirtschaft kann es, wie bereits weiter oben erwähnt, aufgrund geologischer, klimatischer, kultureller, sozialer oder auch politischer Unterschiede und des jeweiligen Entwicklungsstadiums der Länder keine einheitlichen Vorgehensweisen geben.

8 Praxisbeispiele für erfolgreichen und nachhaltigen Baumwollanbau

Die Bremer Baumwollbörse verzeichnet überall auf der Welt Bemühungen, den Baumwollanbau auf Basis neuester wissenschaftlicher Erkenntnisse und des damit verbundenen technischen Fortschritts nachhaltig weiterzuentwickeln. Die Erfolge im Baumwollanbau lassen sich inzwischen auch faktisch durch eine insgesamt beachtliche Reduzierung des Pestizideinsatzes oder des Wasserverbrauchs sowie Maßnahmen zum Erhalt der Böden belegen.

8.1 Australien

Allein in Australien liegen die Erträge im Baumwollanbau durch den gezielten Einsatz neuster Technologien um ein Dreifaches höher als im Weltdurchschnitt. Die Produktivität des Wasserverbrauchs konnte um 40 % gesteigert werden. Zudem erreicht die Baumwollwirtschaft durch Maßnahmen eines integrierten Schadensmanagements (IPM) eine Reduzierung von 89 % bei der Verwendung von Insektiziden.

8.2 USA

Ergebnisse von Umweltverbesserungen in den Vereinigten Staaten sind:

- Reduzierung der Anbaufläche bei gesteigerten Erträgen um 30 %
- Reduzierung der Bodenerosion um 68 %
- Reduzierung des Wasserverbrauchs bei künstlicher Bewässerung von 75 %
- Senkung des Energieverbrauchs von 31 %
- Reduzierung der Treibhausgas-Emission um 22 %

Wesentliche Gründe liegen wie auch in Australien in der Anwendung von effizienteren und die Umwelt schonenderen Anbaumethoden. Die Reduzierungen gelten für einen Zeitraum von 1980 bis 2011. Sie beziehen sich auf den Input, der benötigt wird, um ein Kilogramm Baumwolle und 1,4 kg Baumwollsaat herzustellen.

8.3 Israel

Israel gilt ebenfalls als Vorreiter für vorbildliches Bewässerungsmanagement. Schon in den siebziger Jahren wurden dort Methoden der Tröpfchenbewässerung eingesetzt. Zu etwa 75 % nutzen Farmer im Baumwollanbau geklärtes und wiederaufbereitetes Wasser aus Wasserspeichern und konnten so den Wasserverbrauch im Baumwollanbau um 30 % mindern.

8.4 Pakistan

Im Jahr 2017 profitierten rund 200.000 pakistanische Baumwollbauern von einer Initiative, getragen vom Growth and Innovation Fund der Better Cotton Initiative, dem Verband Cotton Australia und der australischen Regierung. Dabei ging es um Trainings, die sich mit Nachhaltigkeitsthemen wie Pestizideinsatz und Wasserverbrauch sowie sozialen Herausforderungen wie Zwangsarbeit und gerechter Bezahlung beschäftigen und die Farmern dabei helfen, ihre Baumwolle nachhaltiger anzubauen und den Verkauf zu unterstützen.

Schon auf der Jahresversammlung des International Cotton Advisory Committee (ICAC) in Islamabad 2016 wurde über erhebliche Erfolge beim Wasserverbrauch berichtet. Bekanntlich wird Baumwolle in Pakistan zu 100 % künstlich bewässert. Spezielle Programme führten inzwischen zu einem um 25 % geringeren Wasserverbrauch, einem um 31 % reduzierten Pestizideinsatz und der Verminderung des Einsatzes von chemischen Düngern. Gleichzeitig stiegen die Nettogewinne der Farmer um 24 %.

8.5 Uganda

Das Entwicklungsprojekt des schwäbischen Baumwoll-Spezialisten Elmer & Zweifel ist mit einem Ernte- und Einkommensschub für die Bio-Bauern im Norden Ugandas zu Ende gegangen. Im Juli 2014 begann die GADC (Gulu Agricultural Development Company), 50 Gruppen mit jeweils 250 Farmern im Bio-Landbau zu schulen. Die Ergebnisse der Public Private Partnership zwischen GADC, Elmer & Zweifel und der GIZ (Gesellschaft für internationale Zusammenarbeit) waren so positiv, dass das GIZ-Büro vor Ort eine Weiterführung von „Farmers as Entrepreneurs“ angekündigt hat.

Im Projekt der Regionen Gulu, Atiak, Alero und Anaka in Nord-Uganda werden inzwischen neben Baumwolle auch Sesam, Chili und Sonnenblumen biologisch angebaut. Die Ergebnisse der zweijährigen Projektphase liegen jetzt vor: Der Ertrag konnte um 36 % bei der Baumwolle und um 32 % bei Sesam (von 250 kg/ha auf 330 kg/ha) gesteigert werden. Die Einnahmen kletterten um 30 % (in US $) in die Höhe.

8.6 China

Die im Textil- und Bekleidungssegment engagierte und international operierende Esquel-Gruppe aus Hongkong startete bereits 2007 ein Mikrofinanzprogramm in der chinesischen Provinz Xinjiang mit Fokus auf Baumwollbauern mit niedrigem Einkommen und Schwierigkeiten bei der Beschaffung von Inputs wie Saatgut und Dünger. Gleichzeitig organisierte Esquel Trainings für Farmer im Bereich nachhaltiger Anbaupraxis. Etwa 1500 Haushalte profitierten von dem Projekt. Dies führte auf Basis eines in Xinjiang durchgeführten Life Cycle Management zu einer merklichen Verringerung des ökologischen Fußabdrucks mit Verbesserungen, die nach Angaben von Esquel bei 60 bis 90 % lagen.

9 Bündnis für nachhaltige Textilien

Im Oktober 2014 wurde auf Initiative von Entwicklungsminister Dr. Gerd Müller das Bündnis für nachhaltige Textilien[6] gegründet. Im Jahr 2017 hat er seine Vorstellungen für eine gerechte Globalisierung in Buchform vorgelegt (Müller 2017). Von Anfang an arbeitete die Bremer Baumwollbörse als neutrale und unabhängige Institution und Kompetenzpartner innerhalb der Arbeitsgruppen intensiv an der Ausgestaltung des Kriterienkataloges mit. Dort ging es u. a. um die Schaffung von Transparenz in der Baumwollbe-

[6] Bündnis für nachhaltige Textilien: www.textilbuendnis.com.

schaffungskette und die praxisnahe Definition von für alle Beteiligten erreichbaren Zielen. Hierzu gehören grundlegende Sozialstandards und Arbeitsnormen, ressourceneffiziente sowie umweltschonende Produktionsweisen, die ethisch vertretbar und gleichzeitig ökonomisch tragfähig sind. In Anbetracht der weltweiten Beschaffungswege von Baumwolle ist es aus Sicht der Bremer Baumwollbörse eine wesentliche Aufgabenstellung, dafür zu sorgen, dass der Kriterienkatalog nicht nur national, sondern auch international Anerkennung findet.

10 Fazit

Baumwolle ist ein Produkt der Natur und damit abhängig von den Umständen, die dort herrschen, wo sie angebaut wird. Betrachtet man Nachhaltigkeit als Richtung, den eine Industrie einschlägt oder auch als Reise, die geprägt ist von unterschiedlichen Geschwindigkeiten, können nach Auffassung der Bremer Baumwollbörse Produktions- und Vermarktungsmethoden in kommunikativer, konstruktiver und kompetitiver Koexistenz nebeneinander bestehen. Überall können CSR-Maßnahmen etabliert werden. Über ihren langfristigen Erfolg entscheiden Effizienz und Wirtschaftlichkeit sowie die Qualität der Produkte und nicht zuletzt die Akzeptanz des Verbrauchers.

Für die Bremer Baumwollbörse steht fest: Baumwolle bleibt als natürlicher Rohstoff wegen ihrer wirtschaftlichen Bedeutung, ihrer Vorteile und ihrer multiplen Verwendungsmöglichkeiten für die Gesellschaft unverzichtbar. Besonders durch den Einsatz von CSR-Strategien und mit der Übernahme von unmittelbarer unternehmerischer Verantwortung bei der Rohstoffbeschaffung wird dies deutlich. Zusammengefasst und im Sinne von CSR bedeutet das:

Baumwolle ernährt: Millionen von Menschen leben von Baumwolle, auch in nachgelagerten Stufen. Nach Expertenaussagen arbeitet jede sechste Person auf der Welt in der Textilindustrie, die zu einem beachtlichen Teil Baumwolle verarbeitet.

Baumwolle denkt: Durch Forschung und Entwicklung werden Qualität, Eigenschaften und Nutzen kontinuierlich verbessert, sodass Ressourcen noch besser geschont werden und die Pflanze unempfindlicher gegen Witterungseinflüsse, Trockenheit und Schädlingsbefall wird. Als intelligentes Produkt kann Baumwolle aber auch neuen Verwendungsrichtungen im Bereich technischer Textilien z. B. in der Medizin oder der Automobilindustrie zugeführt werden. Auch im Bereich von Smart Textiles wird ihr ein großes Potential zugesprochen.

Baumwolle schützt: Baumwolle ist stark und strapazierfähig. Als Textil oder Bekleidung ist sie seit Tausenden von Jahren Begleiter des Menschen. Ihre Feinheit und Weichheit ist ideal für Menschen mit sensibler und allergiegeplagter Haut. Deshalb wird sie auch gerne im medizinischen Bereich z. B. als Verbandsmaterial eingesetzt.

Die Zukunft wird bestimmt von verantwortungsbewusstem Wirtschaftsdenken (Kern und Vogt 2016). Wie die gesamte Wirtschaft, so ist auch die Baumwollwirtschaft in einem steten und ökologisch nachhaltigen Wandel begriffen. Wem es gelingt, die daraus entstehenden positiven Kräfte mit Denkmodellen von Corporate Social Responsibility zu bündeln und freizusetzen, leistet einen individuellen Beitrag zur umweltverantwortlichen, sozial gerechten und wirtschaftlich erfolgreichen Weiterentwicklung der Gesellschaft.

11 Aufgabe der Bremer Baumwollbörse im Zentrum der Baumwollwirtschaft

Auf Basis ihrer seit über 140 Jahren im Austausch mit dem Markt gewonnenen Erfahrungen gilt die Bremer Baumwollbörse als anerkannte Autorität und starker Partner der Branche – heute nicht mehr nur für den Baumwollhandel, die Spinnerei und Weberei sowie für Dienstleister der Baumwollwirtschaft, sondern auch für die nachgelagerte Textil- und Bekleidungsindustrie sowie auch den Einzelhandel.[7] Dies auch wenn es um Informationen zur nachhaltigen Beschaffung von Baumwolle geht.

Die Baumwollbörse ist internationale Schiedsgerichtsstelle bei Vertragsstreitigkeiten. Urteile des Schiedsgerichtes der Baumwollbörse stehen in Übereinstimmung mit der New Yorker Konvention von 1958. Sie sind international anerkannt und deshalb schnell vollstreckbar.

Als Joint Venture mit der International Cotton Association Ltd. (ICA Liverpool) betreibt die Bremer Baumwollbörse seit 2011 die International Cotton Association Quality and Research Centre Bremen GmbH. Dadurch ist Bremen zum internationalen Zentrum für Baumwollprüfung und -forschung, Qualitätsschulung und Zertifizierung geworden. ICA Bremen kann mit einem hervorragend ausgerüsteten Labor aufwarten, das sich – state of the art – auf dem neuesten technischen Stand befindet.

Alle zwei Jahre versammelt sich zudem die Baumwollwelt in Bremen: Gemeinsam mit dem der Universität Bremen angeschlossenen Faserinstitut Bremen (FIBRE) veranstaltet die Bremer Baumwollbörse die „Internationale Baumwolltagung“, die sich zum weltweit führenden Treffen der gesamten Baumwollwirtschaft entwickelt hat.

Literatur

Aid by Trade Foundation/Cotton Made in Africa (CmiA), Jahresbericht 2016
Better Cotton Initiative (BCI) (2018) Annual Report 2017
Bremer Baumwollbörse, Jahresbericht 2016
Bremer Baumwollbörse. www.baumwollboerse.de
Bündnis für nachhaltige Textilien. www.textilbuendnis.com
Cotton Advisory Committee (ICAC), Food and Agricultural Organization der UN (FAO) (2015) Measuring sustainability in cotton farming systems
Discover Natural Fibre Initiative. www.dnfi.org
Fairtrade International. Creating Innovations, Scaling up Impact Annual Report 2016–2017

[7] Bremer Baumwollbörse: www.baumwollboerse.de.

Grobien FA (2016) Vizepräsident der Bremer Baumwollbörse. Baumwolle – natürliche Eigenschaften und vielfältige Verwendungsmöglichkeiten. Europolitan 12:19
ICAC Review Articles on Cotton Production Research Nr. 6, 2016: Climate Change an Cotton Production in Modern Farming Systems
ILO Kernarbeitsnormen. www.ilo.org/berlin/arbeits-und-standards/kernarbeitsnormen/lang--de/index.htm
International Service for the Acquisition of Agri-biotech Applications (ISAAA), Brief 51: International Essays to Celebrate the 20th Anniversary of the Commercialization of the Biotech Crops, 2015
Kern J, Vogt A (2016) Future. Fashion. Economics. Deutscher Fachverlag, Frankfurt a. M.
Müller G (2017) UNFAIR! Für eine gerechte Globalisierung. Murmann Publishers, Hamburg
Pandolph R (2017) Putting the last decade of the cotton market into perspective. ICAC Rev World Situat 70(5):8
Qaim M (2016) Genetically modified crops and agricultural development. Palgrave, Macmillian
Schwarmann H (1997) Eine Baumwollepoche, 125 Jahre Bremer Baumwollbörse
Textile Exchange (2017) Organic cotton market report
The 2017 ITUC Global Rights Index, The World's Worst Countries for Workers, 2017
UN Agenda 2030. www.un.org/depts/german/gv-70/a70-11.pdf
UN Global Compact. www.globalcompact.de
www.sueddeutsche.de/wissen/biotechnologie-nobelpreistraeger-fordern-gentechnik-in-der-landwirtschaft-1.3057350

Elke Hortmeyer Ausbildung im Groß – und Außenhandel, anschließend Studium der Philosophie, deutschen Sprache und Literatur und Pädagogik, Examen Magistra Artium an der Universität Köln. Seit 2004 im Team Kommunikation der Bremer Baumwollbörse, seit 2011 Direktor Kommunikation und Internationale Beziehungen der Bremer Baumwollbörse.

Elke Hortmeyer ist Mitglied im Panel on Social, Economic and Environmental Performance of Cotton Production (SEEP) und in der Discover Natural Fibers Initiative (DNFI) sowie Vice Chair des International Forum for Cotton Promotion (IFCP).

2015 wurde sie vom Fashion Institute of Technology (FIT) in New York ins Industry Advisory Board of the Textile Development and Marketing Department berufen.

Ebenfalls seit 2015 gehört sie dem Steering Committee des Global Commodity Forum unter der Schirmherrschaft der Konferenz der Vereinten Nationen für Handel und Entwicklung an.

CSR im Bereich Oberbekleidung

Christian von Daniels

1 Relevanz: Warum CSR als Bekleidungsunternehmen?

1.1 Historische Entwicklung

Der CSR-Gedanke ist seit vielen Jahren Bestandteil der Firmenphilosophie von van Laack.

Seit der Gründung 1881 ist es der Anspruch des Unternehmens, das beste Hemd der Welt zu fertigen. Um Produkte dieser Qualität zu produzieren ist ein langjähriger, hoch qualifizierter Mitarbeiterstamm unabdingbar. Daher hat van Laack bereits lange vor dem CSR-Trend die Strategie verfolgt, mit vorbildlichen Arbeitsbedingungen Arbeitskräfte zu binden und damit Know-how für das Unternehmen zu sichern. Um eine hohe Fluktuation zu vermeiden, sind auch heute die CSR-Maßnahmen stark auf die Mitarbeiter ausgerichtet.

Van Laack übernimmt Verantwortung für die Entwicklung und die Gesundheit seiner Mitarbeiter, fördert eigenverantwortliches Arbeiten, die Vereinbarkeit von Familie und Beruf und ein gemeinschaftliches Arbeitsumfeld. Dadurch sind die Mitarbeiter motivierter, engagierter und arbeiten innovativ am Unternehmenserfolg mit (vgl. Loew und Clausen 2010).

Auch im Zusammenhang des „War for Talents", der Suche nach neuen Talenten für das Unternehmen, bildet CSR-Engagement einen wachsenden Wettbewerbsvorteil (vgl. Geilenkirchen 2014). In einer Befragung der Technischen Universität Berlin gaben bereits 44 % der Befragten an, dass Nachhaltigkeitsmanagement einen attraktiven Arbeitgeber ausmache (vgl. Schrader und Harrach 2013).

Dieses Grundverständnis wird selbstverständlich auf die Mitarbeiter in den Betriebsstätten in Hanoi und Tunesien übertragen, in denen rund 90 % der van Laack Kollektion gefertigt werden.

C. von Daniels (✉)
Geschäftsführender Gesellschafter, van Laack GmbH
Mönchengladbach, Deutschland
E-Mail: cvondaniels@vanlaack.de

P. Heinrich (Hrsg.), *CSR und Fashion*, Management-Reihe Corporate Social Responsibility,
https://doi.org/10.1007/978-3-662-57697-7_14

1.2 Risikomanagement

Der Mehrwert von CSR im Risikomanagement liegt in der systematischen, ganzheitlichen Betrachtung der Supply Chain hinsichtlich der ökologischen und sozialen Auswirkungen (vgl. Loew und Clausen 2010). Diese Vorgehensweise bietet van Laack die Möglichkeit, mehr Transparenz über die Produktionsvorgänge zu erhalten. Durch gezieltes Monitoring werden Arbeitsrichtlinien kontrolliert, verbessert und gesichert. Eventuelle Schwächen werden dabei aufgezeigt und beseitigt, bevor ein möglicher Schaden für Mitarbeiter und das Unternehmen entsteht.

1.3 Kundenerwartungen

Als Folge der steigenden medialen Aufmerksamkeit, wird sich ein wachsender Teil von Kunden den mitunter unzureichenden Produktionsbedingungen der Modeindustrie bewusst (vgl. ETHNA Kompetenzzentrum 2015).

Parallel entwickelt sich der wahrgenommene Wert von Konsumgütern immer weiter vom eigentlichen Nutzwert hin zu einem emotionalen Wert, der neben Luxusfaktoren immer mehr von Nachhaltigkeitsaspekten geprägt wird (vgl. Friedrichsen 2016).

Dementsprechend ist die Einhaltung von CSR-Standards nicht nur ein Beitrag zu menschenwürdigeren Arbeits- und Lebensbedingungen, sondern geht immer auch mit erhöht wahrgenommener Produktqualität und zunehmender Kundenzufriedenheit einher (vgl. ETHNA Kompetenzzentrum 2015).

Nicht nur die aktuelle Kundschaft bleibt so der Marke verbunden, zusätzlich wird auf eine systematische Erweiterung des Kundenstamms abgezielt.

1.4 Fortbestand

In Summe bieten die CSR-Maßnahmen einen entscheidenden Kostenvorteil gegenüber Mitbewerbern. Durch motivierte Mitarbeiter, die lange im Unternehmen bleiben, steigt die Produktivität und die Einarbeitungskosten sinken. Ein geringerer Material- und Energieverbrauch und ein verringertes Risikopotential sparen zusätzlich potentielle Ausgaben ein.

Durch die weitreichende CSR-Performance differenziert sich van Laack außerdem gezielt von anderen Hemdenherstellern und bietet den Kunden einen weiteren Kaufanreiz (vgl. ETHNA Kompetenzzentrum 2015).

Mit Hilfe der CSR-Systematik ist das Unternehmen also in der Lage, zukunftsfähig zu bleiben und im Markt zu bestehen (vgl. Loew und Clausen 2010). In einer Zeit des schnellen Wandels ist van Laack dementsprechend gut vorbereitet, kommende neue Aufgaben zu bewältigen.

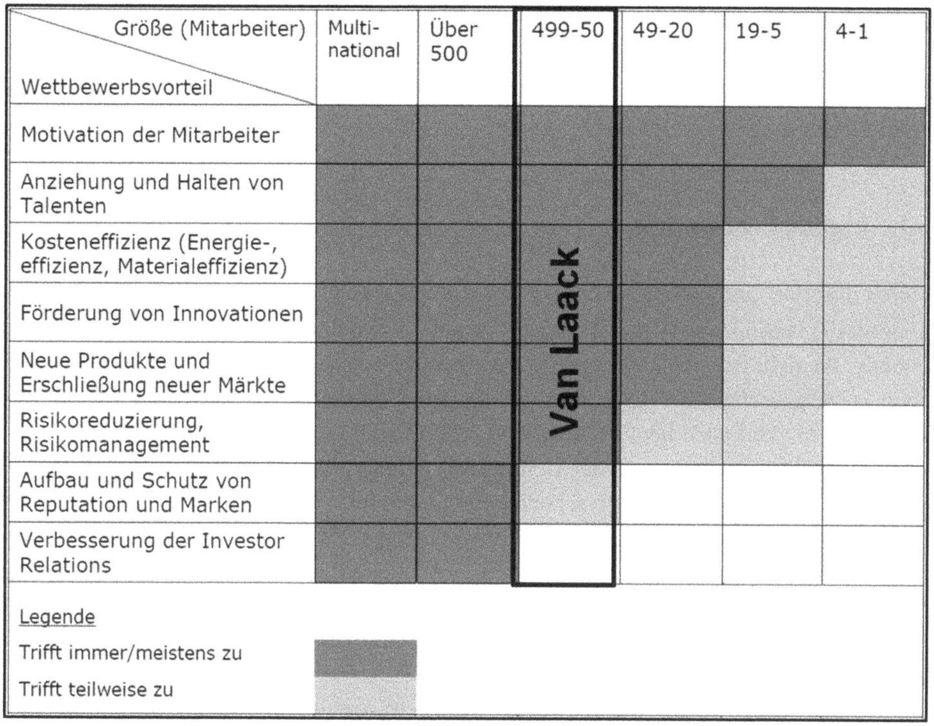

Abb. 1 T. Loew/J. Clausen, Wettbewerbsvorteile durch CSR – Eine Metastudie zu den Wettbewerbsvorteilen von CSR und Empfehlungen zur Kommunikation an Unternehmen. (Loew und Clausen 2010)

2 Kompetenzen: Wer ist im Unternehmen für CSR verantwortlich?

In der Firma van Laack ist CSR eine implementierte Philosophie, die sich in der Struktur des gesamten Unternehmens widerspiegelt. Der Head of Supply Chain Logistics ist hauptverantwortlich für die Umsetzung und Einhaltung von CSR-Belangen entlang der Lieferkette. CSR-bezogene Aufgaben werden vom Einkauf, dem Marketing und dem Produktmanagement ausgeführt. Da die CSR-Aktivitäten im direkten wirtschaftlichen Interesse von van Laack liegen, ist auch die oberste Managementebene direkt involviert.

Außerdem haben alle Mitarbeiterinnen und Mitarbeiter, insbesondere auch aus den Produktionsstandorten, die Möglichkeit, sich bei Bedarf an den CSR-Verantwortlichen zu wenden. Durch die gezielte Einbindung der Fachabteilungen wird eine flächendeckende Transparenz in der CSR-Umsetzung gewährleistet.

Auf monatlicher Basis werden aktuelle Entwicklungen erörtert und festgehalten. Bei dringlichen Anliegen können durch die Integration der Geschäftsführung jederzeit Maßnahmen ergriffen werden.

3 Maßnahmen: Was setzt van Laack bereits um?

Die folgenden Beispiele stellen einzelne Bereiche der CSR-Strategie von van Laack exemplarisch dar.

3.1 Eigene Produktion

Durch die enge Zusammenarbeit mit den eigenen Betrieben werden individuelle Maßnahmen für die verschieden Anforderungen geschaffen. Dabei ist ein gemeinsames Abwägen wichtig, da nicht jede CSR-Maßnahme zu jedem Betrieb passt. Dementsprechend gibt es auch keine pauschale Erfolgsformel, die für alle Unternehmen gültig wäre. Der Erfolg von CSR bei van Laack liegt der Erfahrung nach in der engen Einbindung aller betroffenen Stakeholder, insbesondere der Betriebe. So können ausgewogene Ansätze erarbeitet werden, die dann auch mit voller Überzeugung umgesetzt werden.

In den unternehmenseigenen Produktionsstätten in Tunesien und Vietnam wird den Mitarbeitern im Einschicht-Betrieb in den Fertigungsräumen eine volle Klimatisierung und Entstaubung mittels einer Luftfilteranlage geboten. Auch ein frisch zubereitetes Mittagessen gehört zum Tagesablauf, damit von den Mitarbeitern die volle Leistung erbracht werden kann.

Der kostenfrei zur Verfügung gestellte Kindergarten in Hanoi schafft gerade für die meist weiblichen Angestellten die Möglichkeit, Arbeit und Familie zu vereinbaren.

Die Standorte arbeiten alle mit Sicherheitsstandards auf westeuropäischem Niveau, die regelmäßig in Übungen erprobt werden. Es bestehen besondere Anreize für Mitarbeiter durch Auszeichnungen, beispielsweise zum Mitarbeiter des Monats. Es werden regelmäßige Mitarbeitergespräche geführt, um jederzeit auf Probleme reagieren zu können.

Abb. 2 Gymnastikübungen der Mitarbeiterinnen in Tunesien

TUNESIEN	
Gründung	1974
Anzahl Mitarbeiter	620 (Stand: Nov 2017)

VIETNAM	
Gründung	1993
Anzahl Mitarbeiter	330 (Stand: Nov 2017)

Abb. 3 Geschäftsführer Christian von Daniels bei der Qualitätskontrolle in Hanoi

Außerdem bietet van Laack Aus- und Weiterbildungsangebote an, um das für die aufwendige Produktion nötige Know-how zu schaffen und zu sichern. In Tunesien wird hierzu mit der lokalen Handelskammer zusammengearbeitet, wohingegen in Vietnam Kooperationen mit lokalen Universitäten bestehen.

Gesundheitlich werden die Mitarbeiter durch tägliche Gymnastik zur Entspannung des Körpers während der Arbeit und durch regelmäßige Gesundheitschecks unterstützt. In Tunesien gibt es außerdem ein betriebsinternes Fußballteam und Sprachförderungen in Deutsch und Englisch in Kooperation mit dem Goethe Institut und dem British Council. In Vietnam werden regelmäßig Spenden für Spätfolgen des Vietnamkriegs gesammelt.

Durch all diese Maßnahmen bleiben die Mitarbeiter lange im Betrieb und sichern somit die hohen Qualitätsansprüche. Dementsprechend sind Mitarbeiter, die schon seit mehr als 20 Jahren für van Laack arbeiten, keine Seltenheit.

Besonderes Beispiel

Unter dem Leitsatz „Kindergarten statt Kinderarbeit" ist in dem vietnamesischen Betrieb seit mehreren Jahren ein Kindergarten für Klein- und Vorschulkinder fest etablierter Bestandteil. Durch die Kinderbetreuung werden zum einen die Mitarbeiter mit Kindern entlastet und können dadurch eine von ihnen präferierte Position bekleiden, ohne Angst um das Wohlergehen ihrer Kinder haben zu müssen. Zum anderen wird sichergestellt, dass Kinder nicht ausgebeutet werden, sondern ihrer natürlichen Bestimmung nachkommen: Kind sein. Ein westlicher Standard, der Minderjährigen das Kind sein ermöglicht, ist eine Norm, die weltweit nicht gleichermaßen durchgesetzt wird. Umso wichtiger ist es der Marke van Laack, mit gutem Beispiel voranzuschreiten und Ausbeutung von Kindern auszuschließen.

Abb. 4 Geschäftsführer Christian von Daniels mit Tochter einer Mitarbeiterin

3.2 Supply-Chain-Management

Vor dem Hintergrund einer hohen Liefer- und Produktsicherheit werden neben den eigenen Betrieben auch Lieferanten in die Pflicht genommen, Waren gemäß den gewünschten und vereinbarten Qualitäts- und Arbeitsstandards zu fertigen und zu liefern. Die Partner der Supply-Chain van Laacks gelten daher ebenfalls als primäre Stakeholder.

Der von van Laack erstellte „Supplier Code of Conduct" definiert die Arbeitsstandards, nach denen sich sämtliche Zulieferer richten müssen.

Durch regelmäßigen Austausch können die Produzenten von den vielseitigen Vorteilen einer nachhaltigeren Produktion überzeugt werden und es wird sichergestellt, dass der van Laacks „Supplier Code of Conduct" nicht nur als zwingende Vorschrift verstanden wird.

Erst wenn die Geschäftspartner von dem gegenseitigen Nutzen besserer Arbeitsbedingungen überzeugt sind, ist das Ziel von van Laack erreicht. Denn faire Arbeitsbedingungen führen der Erfahrung nach zu weniger Unfällen, weniger Krankheitstagen und geringerer Fluktuation. Stabile Lieferantenbeziehungen senken also Kosten und liegen damit auch im direkten wirtschaftlichen Interesse der Geschäftspartner. Dementsprechend teilt van Laack mit diesen jederzeit gerne die Erfahrungen aus den firmeneigenen Betrieben, um eigenmotiviertes Handeln zu erzeugen.

4 Herausforderungen: Vor welchen Aufgaben steht das Unternehmen?

Insgesamt versteht van Laack das CSR-Thema als einen immer weiterführenden Weg, der das Unternehmen, u. a. aufgrund steigender gesellschaftlicher Anforderungen, immer wieder vor neue Herausforderungen stellen wird. Diesen wird sich das Unternehmen gerne stellen und mit allen involvierten Stakeholdern gemeinsam Verbesserungen erreichen.

4.1 Van Laack als Mitglied der Fair Wear Foundation

Die wichtigste Herausforderung bleibt eine nachhaltige Sicherstellung der International-Labour-Organization-Standards (ILO) in den Fertigungsabläufen der Produkte. Dieser Herausforderung hat man sich durch den Beitritt zur Fair Wear Foundation (FWF) gestellt.

Die Fair Wear Foundation ist eine gemeinnützige Organisation, die im Jahr 2017 mit über 80 Mitgliedern aus 10 europäischen Ländern aktiv ist. Als Mitglied in der Organisation verpflichtet sich van Laack folgende Richtlinien innerhalb der Lieferkette einzuhalten:

1. Keine Zwangsarbeit
2. Keine Diskriminierung am Arbeitsplatz
3. Keine Kinderarbeit
4. Vereinigungsfreiheit und das Recht auf kollektive Verhandlungen
5. Existenzsichernde Löhne
6. Keine überlangen Arbeitszeiten
7. Sicheres und gesundes Arbeitsumfeld
8. Ein rechtsverbindliches Arbeitsverhältnis (Fair Wear Foundation 2017)

Die acht Arbeitsrichtlinien fußen auf den Kernarbeitsnormen der International Labour Organization sowie auf der Allgemeinen Erklärung der Menschenrechte und bilden das Fundament für eine erfolgreiche Mitgliedschaft in der Fair Wear Foundation.

Zur Verbesserung des Risikomanagements werden alle Produzenten, die van Laack Artikel fertigen, gelistet und vor Ort regelmäßige Audits von lokalen Mitarbeitern der

FWF durchgeführt. Außerdem steht eine Hotline zur Verfügung, an die sich sämtliche Mitarbeiter der Betriebe in ihrer Landessprache wenden können. Auf diese Weise wird verhindert, dass Mitarbeiteranliegen übergangen oder aus Furcht nicht geäußert werden, da Anonymität und Vertraulichkeit von der unabhängigen FWF garantiert werden.

Zusätzlich vereinfacht die Mitgliedschaft die Zusammenarbeit mit anderen Unternehmen, um bei gemeinsamen Produzenten die gemeinsame Einkaufsmacht zu bündeln, damit der Einhaltung der FWF-Standards entsprechend hohe Bedeutung vom Produzenten zugemessen wird.

4.2 Kooperationsprojekt mit der Universität in Hanoi

Durch den steigenden Wettbewerbsdruck anderer Branchen am Arbeitsmarkt bestehen in Hanoi aktuell Schwierigkeiten, neue Fachkräfte zu rekrutieren. Außerdem fehlt in der universitären Ausbildung ein Praxisbezug, der die Absolventen für das Berufsleben vorbereitet.

Um diese Lücke zu schließen, arbeitet van Laack mit der Hanoi University of Science and Technology (HUST) zusammen, um duale Ausbildungsstrukturen in der Bekleidungsindustrie mit offiziell anerkanntem Abschluss einzuführen und zu etablieren. Dabei erlernen die künftigen Fach- und Führungskräfte theoretisches Know-how und praktische Anwenderkenntnisse. Die neue Ausbildung wird im Rahmen des Bachelorstudiums Bekleidungsproduktion/Clothing Technology angeboten und die Studenten erlangen nach einer 18-monatigen Zusatzausbildung einen anerkannten Bachelorabschluss in „Clothing Technology" sowie ein „Advanced Engineering" Firmenzertifikat von van Laack.

Auf diesem Weg erhält das Unternehmen hoch qualifizierte, zukünftige Mitarbeiter und Führungskräfte, die bereits mit den unternehmensinternen Prozessen vertraut sind und entscheidend an einem hohen Produktivitätsniveau und hohen Qualitätsstandards mitarbeiten.

Van Laack wird durch das Projekt eine Vorreiterrolle in der internationalen Bekleidungsindustrie einnehmen und steigert so den guten Ruf des Unternehmens.

Ein hohes Markenansehen ist ein wichtiger Faktor für den langfristigen Geschäftserfolg, da es nicht nur für Endkunden, sondern auch für die Gewinnung von neuen Mitarbeitern eine entscheidende Rolle spielt.

5 Transparenz: Wie wird die Nachhaltigkeitsperformance kommuniziert?

Im Zentrum der Nachhaltigkeitskommunikation von van Laack steht die Mitgliedschaft in der Fair Wear Foundation. Um allen Stakeholdern einen möglichst tiefen Einblick in das Unternehmen und die internen Abläufe zu bieten, unterzieht sich van Laack ab dem kommenden Jahr einem Brand-Performance-Check der Fair Wear Foundation. Dabei werden verschiedene Themen wie die Beschaffungspraxis, die Überwachung der Supply

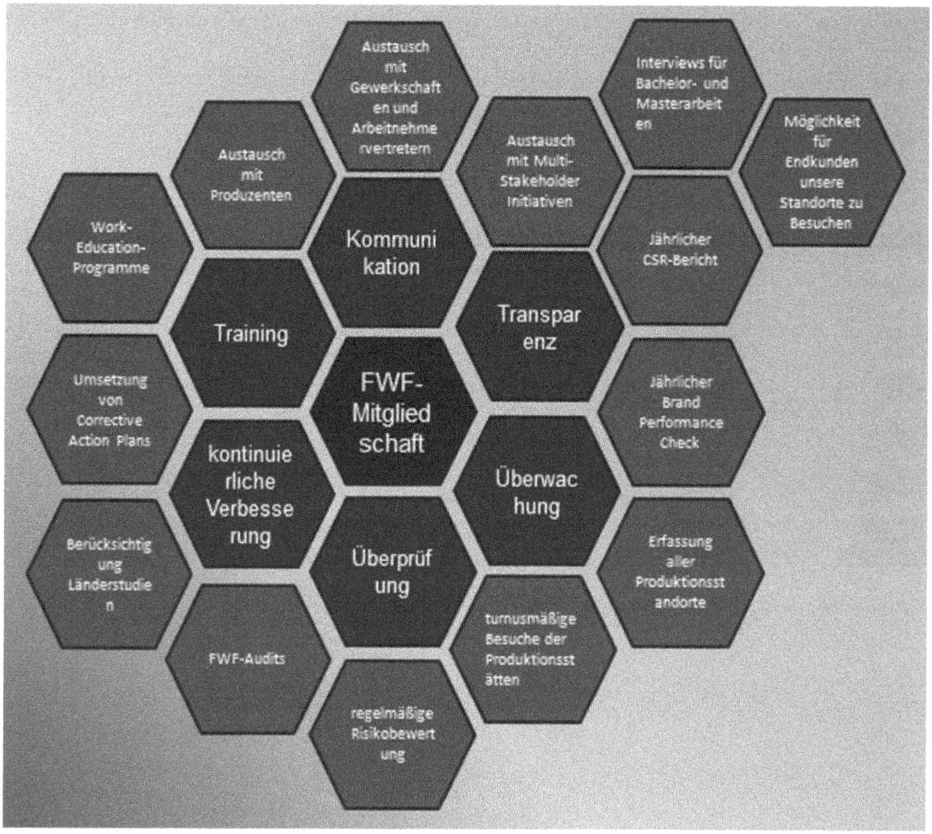

Abb. 5 Überblick CSR-Anforderungen. (Eigene Darstellung)

Chain, der Umgang mit Beschwerden, das Informationsmanagement, das Angebot von Weiterbildungen sowie die Transparenz und die Kommunikation bewertet und anschließend veröffentlicht. Ergänzend dazu wird jährlich ein Nachhaltigkeitsbericht erstellt, in dem alle CSR-Projekte vorgestellt werden. Im Rahmen von Bachelor- und Masterarbeiten wird die CSR-Performance, insbesondere die Kommunikation, kontinuierlich weiterentwickelt. Da die Transparenz bei van Laack im Fokus steht, haben Kunden auf Anfrage auch jederzeit die Möglichkeit, alle Unternehmensstandorte zu besuchen.

Literatur

ETHNA Kompetenzzentrum (2015) Ethisches Unternehmerhandeln im Spannungsfeld zwischen Kundenerwartungen und Lieferkettenmanagement

Fair Wear Foundation (2017) https://www.fairwear.org/labour-standards/. Zugegriffen: 28. Mai 2017

Friedrichsen J (2016) Nachhaltiger Konsum und Konsumentenimage. Diw Wochenbericht 2016(38)
Geilenkirchen W (2014) Auswege aus der Personalmisere. Ind Manag (3)
Loew T, Clausen J (2010) Wettbewerbsvorteile durch CSR – Eine Metastudie zu den Wettbewerbsvorteilen von CSR und Empfehlungen zur Kommunikation an Unternehmen
Schrader U, Harrach C (2013) Nachhaltig leben und arbeiten

Christian von Daniels Jahrgang 1955, ist verheiratet und Vater von drei Kindern. Nach seinem Studium in Münster gründete der Diplomkaufmann bereits im Jahre 1978 die von Daniels GmbH, die sich auf Vertrieb, Handel und Herstellung hochwertiger Damen- und Herrenbekleidung spezialisiert. Später auch mit Lizenzen für Burberry und DAKS.

Vor über 15 Jahren übernahm Christian von Daniels den 1881 gegründeten Hemdenhersteller van Laack in Mönchengladbach. Es gelang ihm, die Luxusmarke zu verjüngen und wieder auf die Erfolgsspur zurückzuführen.

Christian von Daniels ist einer der bestvernetzten Textilunternehmer in Deutschland und gleichzeitig eine der führenden Stimmen gegen Ausbeutung der Entwicklungsländer durch die Textilbranche.

VAUDE – ganzheitliche Nachhaltigkeitsstrategie als Ausdruck von Respekt für Mensch und Natur

Lisa Maria Fiedler

VAUDE entwickelt, produziert und vertreibt Outdoor-Ausrüstung, wie funktionelle Bekleidung, Rucksäcke und Taschen, Schuhe, Schlafsäcke, Zelte und Campingzubehör. Das Familienunternehmen steht mit seinen Produkten für Bergsportkompetenz, Innovation und den verantwortungsvollen Umgang mit Mensch und Natur.

Der Firmensitz mit seinen rund 500 Mitarbeitern befindet sich in Tettnang in der Bodenseeregion. VAUDE wurde 1974 von Albrecht von Dewitz gegründet und wird seit 2009 von seiner Tochter Antje von Dewitz geführt. Das Unternehmen ist auch in zweiter Generation zu 100 % in Besitz der Familie von Dewitz. Im Gegensatz zu vielen Mitbewerbern in der Outdoor-Branche, die derzeit einem dynamischen Konzentrationsprozess unterliegt, konnte sich VAUDE als mittelständisches inhabergeführtes Unternehmen seine Unabhängigkeit bewahren.

Branchenüblich wird der Großteil der Produkte von externen Lieferanten hauptsächlich in Asien produziert. Das Unternehmen betreibt jedoch auch eine eigene Manufaktur am Firmensitz in Tettnang. Dort werden Radtaschen und Rucksäcke nach hochtechnischen Standards handgefertigt.

Die Nachhaltigkeitsstrategie bei VAUDE zieht sich wie ein „grüner Faden" durch alle Bereiche des Unternehmens. Trotz einer komplexen, international weit verzweigten Lieferkette werden an den gesamten Wertschöpfungsprozess hohe ökologische Anforderungen gestellt. Das Thema Nachhaltigkeit wird konsequent ganzheitlich umgesetzt und ist bereits über Jahre hinweg tief in den Kernprozessen und den Produkten verankert. Die kontinuierliche Weiterentwicklung ist bei VAUDE heute durch alle Hierarchieebenen hindurch selbstverständlicher Bestandteil der täglichen Arbeit.

L. M. Fiedler (✉)
Unternehmensentwicklerin, Leiterin Nachhaltigkeitsakademie und persönliche Referentin der Geschäftsführung, VAUDE Sport GmbH & Co. KG
Tettnang, Deutschland
E-Mail: info@vaude.com

P. Heinrich (Hrsg.), *CSR und Fashion*, Management-Reihe Corporate Social Responsibility,
https://doi.org/10.1007/978-3-662-57697-7_15

VAUDE zeigt durch seine starke Position im ansonsten nur sehr schwach wachsenden europäischen Outdoor-Markt, dass ein nachhaltiges Geschäftsmodell auch wesentlich zum wirtschaftlichen Erfolg beitragen kann.

1 Die Natur als Treiber und Motivation für nachhaltiges Wirtschaften

Als Teil der Outdoor-Branche „lebt" VAUDE davon, dass seine Kunden Freude und Erholung in der Natur finden. Die Motivation für ein nachhaltiges Unternehmertum zum Schutz und zur Erhaltung dieser Umwelt ist daher unsere Überzeugung und wichtiger Bestandteil unserer Unternehmensphilosophie. „Das ist unser Antrieb und gleichzeitig Herzenssache. Mit ganzheitlichen Konzepten und nachhaltig innovativen Produkten gehen wir unseren ‚grünen' Weg konsequent weiter.", so Antje von Dewitz, CEO VAUDE.

Die Schattenseite unseres globalen Wirtschaftssystems ist zu oft soziale Ausbeutung und Zerstörung der Umwelt. Der Standpunkt von VAUDE ist klar: Die Privatwirtschaft hat einen bedeutenden Einfluss auf die ökologischen, sozialen und wirtschaftlichen Bedingungen. Um langfristig den Erhalt unseres Planeten sicherzustellen und soziale Ungleichheit zu beseitigen, ist ein Leitbild für unternehmerisches Handeln notwendig, das in der gesamten Lieferkette Verantwortung für Mensch und Natur übernimmt. Das Prinzip der Gemeinwohlökonomie (2016) drückt genau dieses Verständnis aus und ist für uns Grundlage unseres wirtschaftlichen Handelns. Unternehmerischer Erfolg zeichnet sich nicht nur durch finanziellen Gewinn, sondern auch durch seinen Beitrag zum Gemeinwohl aus. Dazu zählen Menschenwürde, Solidarität, ökologische Nachhaltigkeit, soziale Gerechtigkeit sowie demokratische Mitbestimmung und Transparenz. Diese Werte sind Grundlage unserer Firmenkultur. VAUDE hat für das Geschäftsjahr 2013 als erstes Outdoor-Unternehmen eine auditierte Gemeinwohlbilanz[1] veröffentlicht.

2 Nachhaltigkeitsverständnis und ambitionierte Unternehmensvision

Seit der Firmengründung 1974 hat VAUDE umfassende Anstrengungen unternommen, um soziale und ökologische Verbesserung in allen Bereichen der Lieferkette zu erzielen und um möglichst ökologisch und fair zu wirtschaften. Dabei geht VAUDE über nationale Grenzen und die des Unternehmens hinaus.

[1] VAUDE veröffentlicht für das Geschäftsjahr 2013 als erstes Outdoor-Unternehmen eine auditierte Gemeinwohlbilanz. Mehr dazu: http://nachhaltigkeitsbericht.vaude.com/gri/csr-standards/gemeinwohloekonomie.php.

Mit der Übernahme der Geschäftsführung hat Antje von Dewitz eine konsequent nachhaltige und gemeinwohlorientierte Unternehmensstrategie entwickelt, die von der Geschäftsleitung gestaltet sowie gesteuert wird und in allen Bereichen des Unternehmens ins operative Tagesgeschäft integriert ist. Wir möchten objektiv und messbar zeigen, dass es als mittelständisches deutsches Unternehmen mit einer komplexen und globalisierten Lieferkette möglich ist, sozial fair, umweltfreundlich und ökonomisch erfolgreich zu wirtschaften.

Die ambitionierte Unternehmensvision von VAUDE drückt ganz klar den hohen Stellenwert von verantwortungsvollem Wirtschaften aus:

> Als nachhaltigster Outdoor-Ausrüster Europas leisten wir einen Beitrag zu einer lebenswerten Welt, damit Menschen von morgen die Natur mit gutem Gewissen genießen können. Wir setzen weltweit Zeichen und Standards in Sachen Nachhaltigkeit.

Eigenstetter (2016) verortet das Nachhaltigkeitsverständnis von VAUDE (siehe Abb. 1) und dessen Implementierung gemäß dem Reifegradmodell CSR von Schneider (2012) als CSR 3.0: „Unternehmen als proaktiver politischer Gestalter“ (siehe Abb. 2). Das Modell von Schneider beschreibt die verschiedenen Entwicklungsstufen von Nachhaltigkeit in einem unternehmerischen Kontext. Stufe 3.0 ist der höchste definierte CSR-Reifegrad mit dem größten Verantwortungsniveau.

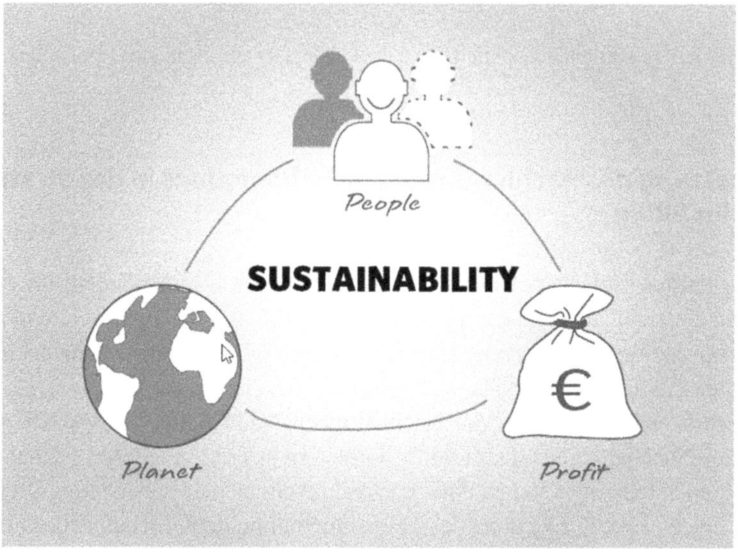

Abb. 1 VAUDE Nachhaltigkeitsverständnis

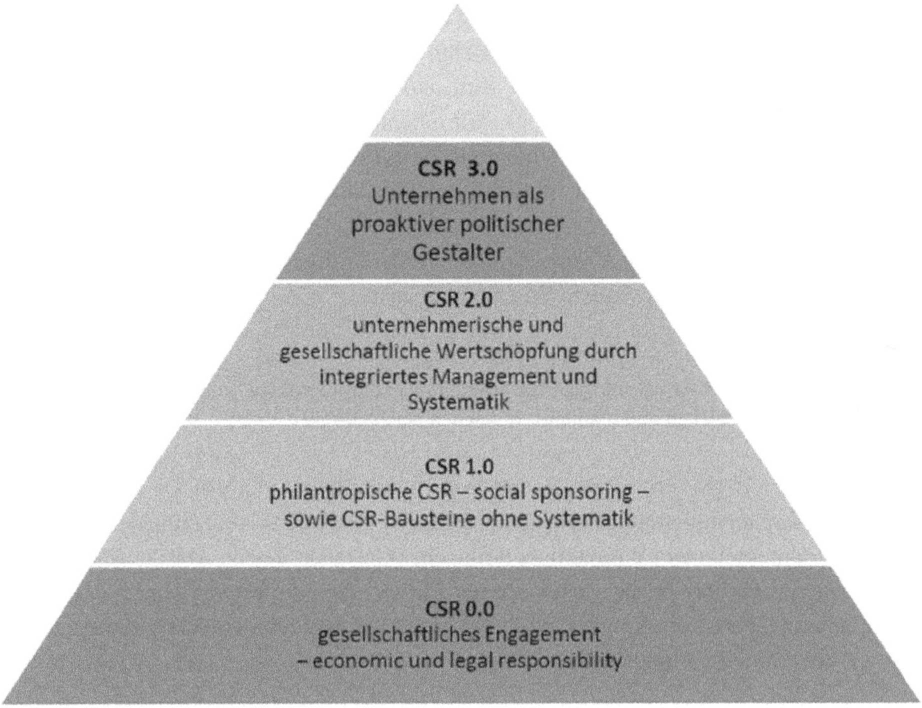

Quelle: Schneider (2012)

Abb. 2 CSR-Reifegradpyramide – von CSR 0.0 zu CSR 3.0 – als nach oben offene Skala. (Schneider 2012)

3 Umsetzung des nachhaltigen Geschäftsmodells in der Strategie und im Alltag

Nachhaltigkeit hat viele Aspekte und Herausforderungen – insbesondere für ein Unternehmen mit einer globalen und komplexen Lieferkette. Das VAUDE Ecosystem beschreibt die systematische Verankerung aller Nachhaltigkeitsaktivitäten und -maßnahmen während des gesamten Produktlebenszyklus (siehe Abb. 3).

Zur operativen Verankerung von Nachhaltigkeitsmaßnahmen hat VAUDE ein interdisziplinäres Nachhaltigkeits-Team mit Mitarbeitern aus verschiedenen Fachabteilungen etabliert. Somit stellen wir sicher, dass Nachhaltigkeit auch über Abteilungsgrenzen hinweg aktiv gelebt wird. Die Leitung des Teams übernimmt der Geschäftsleiter für Vertrieb und Nachhaltigkeit.

So konsequent und systematisch wie die Umsetzung der Nachhaltigkeitsleistung erfolgt bei VAUDE auch die Messung der Zielerreichung. Wir definieren stets einen konkreten Zielwert und Zeithorizont. Die Kennzahlen sind zum Großteil aus externen Nachhal-

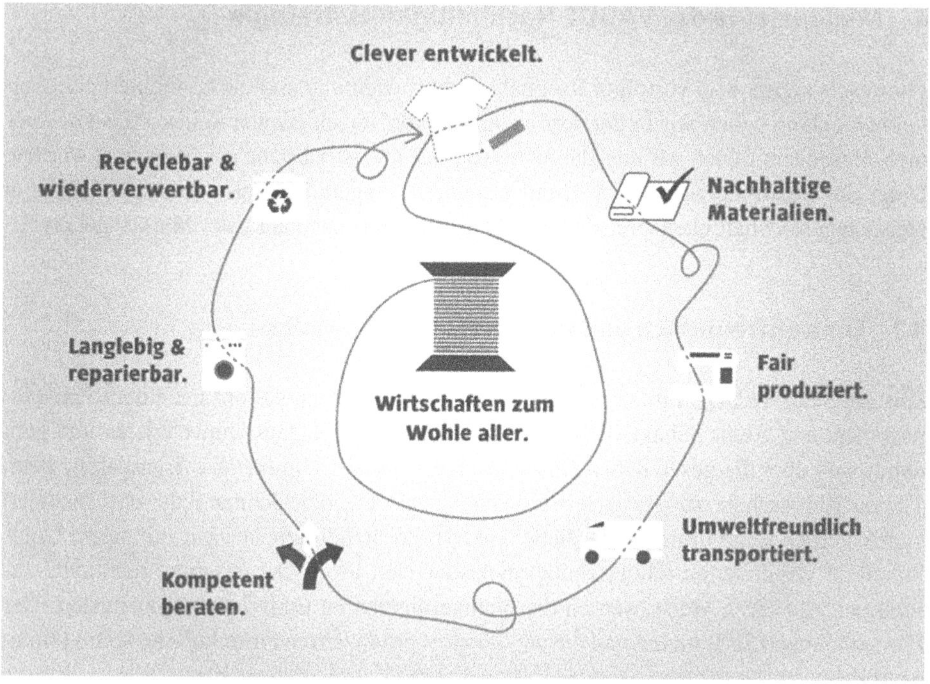

Abb. 3 VAUDE Ecosystem

tigkeitsstandards abgeleitet und gewährleisten so die Relevanz unserer Ziele. Durch eine regelmäßige Auseinandersetzung mit dem Zielerreichungsgrad stellen wir einen kontinuierlichen Weiterentwicklungs- und Verbesserungsprozess sicher.

Ein konkretes Beispiel für eines unserer, an externe Standards angelehnten, Unternehmensziele ist die Erreichung des Leader Status der Fair Wear Foundation (FWF)[2]. Damit möchten wir faire Sozialstandards in der Lieferkette sicherstellen. In Zielwerten bedeutet das, dass mindestens 90 % des Produktionsvolumens durch die FWF auditiert wird und mindestens 75 % im Brand Performance Check (BPC) der FWF erreicht werden. Mit dem BPC wird unabhängig bewertet, wie das Mitgliedsunternehmen der FWF an der Verbesserung der Arbeitsbedingungen in der Lieferkette arbeitet und ob es die Anforderungen der Mitgliedschaft erfüllt.

VAUDE ist seit 2010 Mitglied der FWF und hat 2015 nach konsequenter Arbeit mit den Produzenten das Ziel, den Leader Status zu erhalten, erreicht. 100 % unserer Produzenten in Risikoländern sind auditiert, was weit über den Anforderungen der FWF liegt. Beim BPC 2017 hat VAUDE 89 % erreicht.

[2] Die Fair Wear Foundation ist eine internationale Multistakeholderorganisation, die sich für die Verbesserung der Sozialstandards in der textilen Lieferkette einsetzt (http://www.fairwear.org/).

4 Meilensteine der VAUDE Nachhaltigkeitsstrategie

Für unsere konsequent verfolgte Nachhaltigkeitsausrichtung und die kontinuierliche Weiterentwicklung haben wir in den letzten Jahren von verschiedenen Seiten Preise bekommen. Besonders freuen wir uns, dass wir 2015 auf höchster Ebene ausgezeichnet wurden: Unter der Schirmherrschaft von Bundeskanzlerin Angela Merkel wurde VAUDE beim Deutschen Nachhaltigkeitspreis 2015 zu „Deutschlands nachhaltigster Marke“ gekürt.

4.1 Umweltfreundlich und fair am Firmenhauptsitz

Seit 2008 hat VAUDE ein zertifiziertes Umweltmanagementsystem nach dem Eco-Management and Audit Scheme (EMAS) mit jährlich festgelegten Umweltzielen und geht damit weit über die gesetzlichen Anforderungen hinaus.[3] Um höchste Transparenz beim Thema Klimaschutz zu gewährleisten, erstellt VAUDE eine Klimabilanz und reduziert kontinuierlich seine Emissionen (siehe Abb. 4). Zusätzlich arbeiten wir mit einem Gold-Standard[4] zertifizierten Klimaschutzprojekt der Non-Profit-Organisation myclimate zusammen. Auf diese Weise werden die nichtvermeidbaren Emissionen kompensiert. Der Firmenhauptsitz in Tettnang und die am Standort produzierten Produkte sind somit klimaneutral.

VAUDE legt hohen Wert auf die Vereinbarkeit von Beruf und Privatleben. Um dies zu erleichtern, haben wir für unsere Mitarbeiter gute Rahmenbedingungen geschaffen. Dazu gehören beispielsweise das Kinderhaus mit einer altersgemischten Gruppe und einer Krippe, flexible Teilzeitmodelle und Home-Offices. Die Maßnahmen zeigen Wirkung: Wir beschäftigten ungefähr 40 % Frauen in Führungspositionen und die Geburtenrate bei VAUDE liegt seit Jahren ein Vielfaches über dem deutschen Durchschnittswert.

Unser ganzheitlicher Ansatz bezieht auch ein umfangreiches Gesundheitsmanagement mit ein. In unserer Bio-Kantine können die Mitarbeiter gesunde Gerichte genießen. Sowohl unser vielfältiges Sportprogramm mit eigenem Kletterareal und jährlich über 400 Sportangeboten als auch die ergonomische Büroausstattung mit höhenverstellbaren Schreibtischen ermöglichen einen Ausgleich zur Arbeitsposition.

Unsere familienfreundliche Ausrichtung und der Ansatz, Beruf und Privatleben zu vereinbaren, stellt VAUDE als Arbeitgeber vor Herausforderungen. Die hohe Teilzeitquote

[3] Das *Eco-Management and Audit Scheme* (EMAS) gehört zu den umweltpolitischen Instrumenten der Europäischen Union. EMAS ist ein Umweltmanagement-System, das Unternehmen hilft, betrieblichen Umweltschutz fest in allen Unternehmensprozessen zu verankern. Über eine externe Umwelt-Betriebsprüfung wird jährlich der Großteil aller veröffentlichten Umweltdaten kontrolliert und überprüft, ob diese Daten korrekt sind und das Unternehmen seinem eigenen Anspruch gerecht wird.

[4] „Das Qualitätslabel [Gold Standard] für Klimaschutzprojekte in Entwicklungsländern wurde 2003 vom WWF und anderen Umweltverbänden entwickelt. Bislang können nur Projekte, die auf erneuerbare Energie oder die Steigerung der Energieeffizienz setzen, das Siegel erhalten“ (WWF 2016).

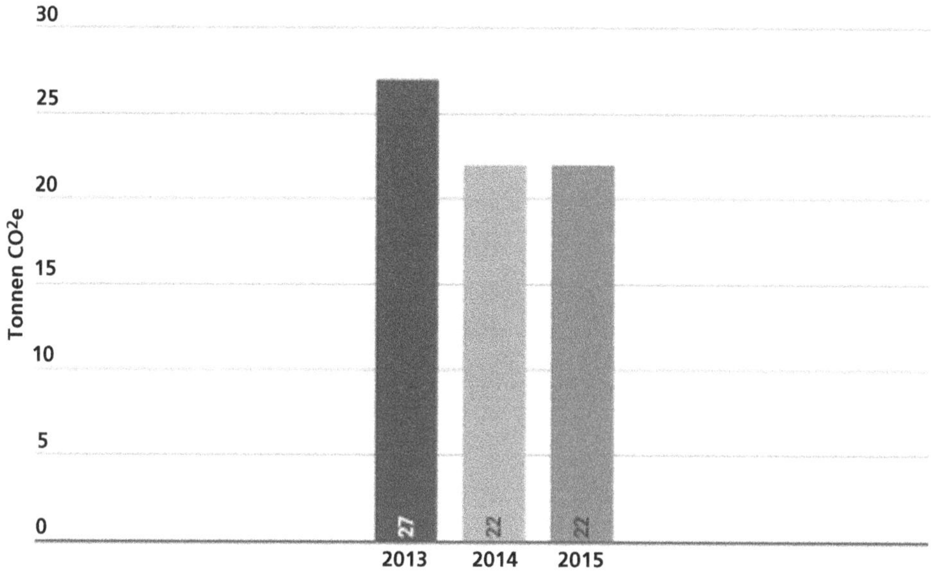

Abb. 4 Emissionen pro Tonne fertiger Produkte

und die große Anzahl Elternzeitler sind mit höheren Personalkosten und Organisationsaufwand verbunden. Wir beschäftigen uns deshalb intensiv mit den Themen agile Organisation, Job-Sharing und anderen innovativen Arbeitsmodellen, um diesen Herausforderungen zu begegnen.

4.2 Transparente, faire und saubere Lieferkette

Im Outdoor-Markt gibt es bis heute kein einheitliches, international gültiges Bewertungssystem oder „Zertifikat", das Regeln für nachhaltige Produkte vorgibt. VAUDE ist in diesem Bereich Pionier und bietet mit dem Green Shape-Label funktionelle, umweltfreundliche Produkte aus nachhaltigen Materialien (siehe Abb. 5). Bei der Herstellung achten wir auf faire Arbeitsbedingungen in der gesamten Lieferkette. Unsere Kriterien zur Beurteilung sind streng und transparent. Sie werden laufend überprüft und umfassen den gesamten Lebenszyklus des Produkts – vom Design über die Produktion bis hin zu Pflege, Reparatur und Verwertung.

Bestehende externe Standards wie bluesign® system und die Fair Wear Foundation sind Teil der Kriterien. Umweltschädliche Technologien und Verfahren wie fluorcarbonhaltige Oberflächenbehandlung werden strikt und konsequent ausgeschlossen. VAUDE hat es sich zum Ziel gesetzt, den Anteil der Green Shape Produkte kontinuierlich zu erhöhen. Für die Bekleidungskollektion für Sommer 2018 erfüllen 94 % der Produkte unsere strengen Green Shape Kriterien.

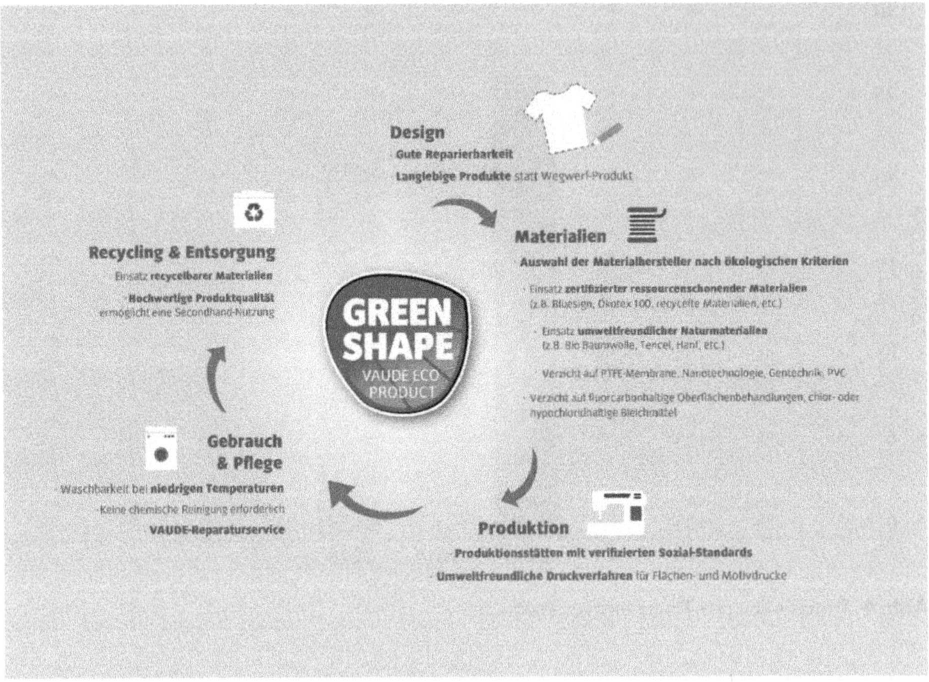

Abb. 5 Die VAUDE Green Shape Kriterien

Wie bereits erläutert, konnten wir durch kontinuierliche Zusammenarbeit mit der FWF und unseren Produzenten den Leader Status der Fair Wear Foundation erreichen. In den Audits überprüft die FWF die Einhaltung des Code of Labour Practices (CoLP) bei unseren Produzenten (siehe Abb. 6). Gibt es Abweichungen hinsichtlich des CoLP oder hinsichtlich der Gesetze werden diese in Korrekturmaßnahmenplänen festgehalten. Somit können wir sicherstellen, dass in unserer Lieferkette faire Sozialstandards eingehalten werden.

Seit mehreren Jahren unterstützt und schult VAUDE seine verarbeitenden Produzenten auch im Chemikalienmanagement. Ein Großteil unserer Materiallieferanten sind bluesign® Systempartner und erreichen damit schon jetzt hohe Umweltstandards.

Es ist uns aber bewusst, dass der Weg noch nicht zu Ende ist. Im nächsten Schritt möchten wir unsere Nachhaltigkeitsstandards noch tiefer in der Wertschöpfungskette verankern: In Zusammenarbeit mit dem Bundesministerium für wirtschaftliche Zusammenarbeit und Entwicklung (BMZ) hat VAUDE 2015 deshalb das Projekt „Environmental Stewardship in the textile Supply Chain" ins Leben gerufen. Im Rahmen eines von der Deutschen Entwicklungsgesellschaft (DEG) geförderten „develoPPP.de" Programms unterstützt VAUDE Materialieferanten darin, nachhaltig systematischen betrieblichen Umweltschutz einzuführen oder weiter zu verbessern. Ziel ist die Sensibilisierung und Befähigung ausgewählter Material-Lieferanten von VAUDE in den asiatischen Beschaffungsmärkten (z. B.

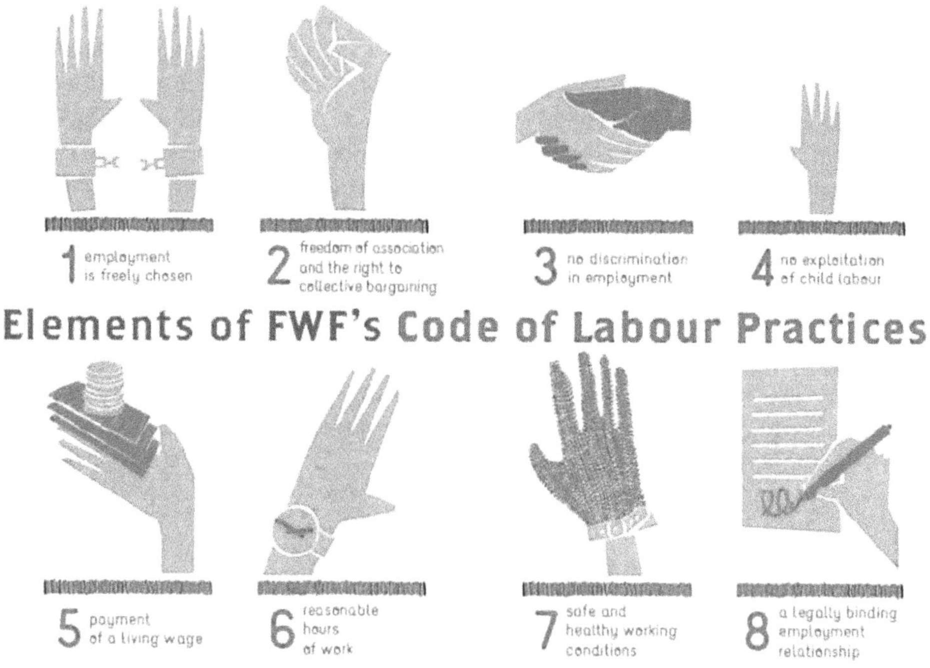

Abb. 6 Code of Labour Practices der Fair Wear Foundation. (Fair Wear Foundation 2016)

Vietnam, China, Taiwan), sodass wir gemeinsam die Umweltstandards in unserer Lieferkette immer weiter anheben. Dieses Projekt soll ein Meilenstein auf dem Weg zu einer transparenten, ökologischen und sozialen textilen Lieferkette sein und als Best Practice Beispiel für das *Bündnis für nachhaltige Textilien*[5] dienen.

4.3 Aktiver Beitrag für ein langes Produktleben und für nachhaltigen Konsum

Natürlich lebt auch VAUDE vom Umsatz und natürlich müssen auch wir Produkte verkaufen. Unsere VAUDE-Produkte sind aber für einen dauerhaften Einsatz gemacht. Wir wollen, dass sie lange halten, sich gut reparieren lassen und auch am Produktlebensende noch einen sozialen Nutzen stiften. Deshalb setzen wir uns aktiv für eine lange Lebens- und Nutzungsdauer unserer Produkte ein.

[5] „Das Bündnis für nachhaltige Textilien wurde am 16.10.2014 gegründet. Die Multi-Stakeholder-Initiative, bestehend aus Vertreterinnen und Vertretern der Wirtschaft, Zivilgesellschaft, Standardorganisationen und Gewerkschaften, wird die Kraft und Expertise seiner Mitglieder bündeln, um soziale, ökologische und ökonomische Verbesserungen entlang der Textillieferkette zu erreichen." (Bündnis für nachhaltige Textilien 2016).

Strenge Qualitätskriterien und nachhaltiges Design, das auf Zeitlosigkeit und Langlebigkeit setzt, sind die Basis. Wir informieren und schulen unsere Kunden im Hinblick auf die richtige umweltfreundliche Pflege unserer Produkte, damit sie lange genutzt werden können. Doch selbst das beste Produkt kann kaputtgehen oder nutzt sich eines Tages ab. Neben dem etablierten hauseigenen Reparaturservice kooperiert VAUDE seit 2016 mit der Onlineplattform iFixit und stellt seinen Kunden dort „Do-it-yourself"-Reparaturanleitungen zur Verfügung.

Darüber hinaus setzen wir uns gemeinsam mit unseren Partnern ebay und FairWertung für ein zweites Leben unserer Produkte ein. Dadurch wirkt VAUDE der Ressourcenverschwendung unserer Wegwerfgesellschaft entgegen.

Derzeit sind wir im Aufbau eines Vermietungsangebots für VAUDE Produkte, um eine Alternative zum Produktkauf anzubieten. Ebenfalls planen wir, eine Upcycling-Struktur aufzubauen, um Reststoffe aus unserer Manufaktur und gebrauchte Produkte als Wertstoffe für neue Produkte einzusetzen.

4.4 Im Dialog mit Stakeholdern

VAUDE legt viel Wert auf die Einbeziehung aller Stakeholder in unsere werteorientierte Gemeinschaft. Im ständigen Austausch gewinnen wir Anregungen, wie wir unser Unternehmen weiter verbessern können. Unserem Dialog liegt eine systematische Stakeholderanalyse zugrunde.[6]

Unsere Mitarbeiter sind unsere wichtigste Ressource. Deshalb haben wir einen systematischen Dialog auf verschiedenen Ebenen und in unterschiedlichen Formaten aufgebaut. Beispiele dafür sind der Quartalsaustausch mit den Führungskräften, regelmäßige Mitarbeiterbefragungen, der jährlich stattfindende Unternehmenstag oder die im Jahr 2016 erstmalig gewählte Mitarbeitervertretung.

Unsere Kunden, der Fachhandel, sind unser wichtigster Multiplikator und Sprachrohr zum Konsumenten. Mit dem Green Shape Campus, einer zweitägigen Schulung zu Nachhaltigkeit, und dem Händlerfrühstück haben wir systematische Austauschformate mit Fachhändlern aufgebaut. 2016 haben wir 123 Verkäufer im Handel im Green Shape Campus im Hinblick auf Nachhaltigkeitsthemen geschult und uns über das Nachhaltigkeitsengagement von VAUDE ausgetauscht. Die Ergebnisse des Dialogs werden über das Nachhaltigkeitsteam ins Unternehmen getragen und bearbeitet.

Wir sind im engen Austausch mit unseren Produzenten und Materiallieferanten. Der Fokus liegt hier vor allem auf sozialen Belangen, jedoch arbeiten wir auch daran, den Dialog zu Umweltthemen aufzubauen. In der Lieferkette haben wir bisher nur für soziale Themen systematische Beschwerdemechanismen installiert. Umweltthemen können über diesen Kanal ebenfalls thematisiert werden, allerdings ist das Bewusstsein der Mitarbeiter in der Lieferkette bislang dafür leider noch nicht sehr ausgeprägt.

[6] http://nachhaltigkeitsbericht.vaude.com/gri/vaude/corporate-governance.php.

In den letzten beiden Jahren haben wir einen systematischen Dialog mit externen Stakeholdern aufgebaut. Beispiele dafür sind das VAUDE Greenpeace Detox Commitment und die Dialogwerkstatt mit Umweltexperten zum Thema Umweltmanagement in der Supply Chain. Wir engagieren uns auch im aktiven Diskurs auf politischer Ebene und in zahlreichen Initiativen. Dabei teilen wir unsere Erfahrungen auf dem Weg, ein nachhaltiges Unternehmen zu werden und tragen so dazu bei, dass sich die politischen und gesellschaftlichen Umstände auch für andere Firmen dahingehend verbessern. Besonders am Herzen liegt uns das Engagement im *Bündnis für nachhaltige Textilien*.

5 Wirtschaftlich erfolgreiches Gesamtsystem

VAUDE schätzt seine Mehrkosten für umweltfreundlich und fair hergestellte Produkte, für Umweltmanagement und gute Arbeitsbedingungen auf ca. 10–15 %.

Trotz dieser höheren Kosten, die wir nicht direkt an den Fachhandel und die Konsumenten weitergeben können, erzielen wir stabile und gesunde Finanzkennzahlen. Beispielsweise konnten wir in den vergangenen fünf Jahren mehr Umsatzwachstum generieren als der europäische Outdoor-Markt. Zudem konnten wir unsere Eigenkapitalquote von 36 % in 2013 auf 48 % in 2015 erhöhen (VAUDE 2016). Damit zeigen wir, dass sich faires und ökologisches Wirtschaften und ökonomischer Erfolg nicht ausschließen. Wir sind überzeugt davon, dass eine innovativ-nachhaltige Ausrichtung auch ein wesentlicher wirtschaftlicher Erfolgsfaktor ist und zum Alleinstellungsmerkmal werden kann.

VAUDE sieht die ganzheitliche Ausrichtung auf ein Wirtschaften im Einklang mit Mensch und Natur als Basis für eine kontinuierliche, lebendige Weiterentwicklung der Vertrauenskultur sowie für die Entwicklung innovativer und zukunftsweisender Produkte und Dienstleistungen.

Das ehrliche Engagement für eine transparente, faire und grüne Lieferkette minimiert Geschäfts- und Qualitätsrisiken und stärkt unsere Position als fairer und verlässlicher Partner. Aus Sicht der Kunden und Konsumenten ist die Marke VAUDE so eindeutig und unverwechselbar als Vorreiter in Sachen Nachhaltigkeit positioniert. Das Unternehmen wird als stark, vertrauensvoll und sympathisch wahrgenommen.

Auch unsere Angebote zur Vereinbarkeit von Beruf und Privatleben zahlen sich durch eine niedrige Fluktuations- und Krankheitsquote unternehmerisch gesehen aus. Zudem wird VAUDE als attraktiver Arbeitgeber geschätzt und hat dadurch kaum Personalbeschaffungskosten trotz nahezu Vollbeschäftigung in der Branche und Region.

Die Markenbekanntheit und das positive Markenimage von VAUDE werden durch zahlreiche Auszeichnungen und eine intensive Berichterstattung zu unserem Nachhaltigkeitsengagement in der allgemeinen und der Fachpresse gestärkt.

Literatur

Bündnis für nachhaltige Textilien (2016) Das Textilbündnis. https://www.textilbuendnis.com/de/startseite/das-textil-buendnis. Zugegriffen: 10.08.2018.

Eigenstetter M (2016) Laudatio für VAUDE – Preisverleihung Preis für Unternehmensethik des Deutschen Netzwerks Unternehmensethik am 22.02.2016 in Mönchengladbach. http://www.dnwe.de/tl_files/Dateien/Preisverleihung%202016/Laudatio%20fuer%20VAUDE_fuer%20Veroeffentlichung_END.pdf. Zugegriffen: 10.08.2018.

Fair Wear Foundation (2016) http://www.fairwear.org/. Zugegriffen: 10.08.2018.

Schneider A (2012) Reifegradmodell CSR – eine Begriffsklärung und Abgrenzung. In: Schneider A, Schmidpeter R (Hrsg) Corporate Social Responsibility. Verantwortungsvolle Unternehmensführung in Theorie und Praxis. Springer Gabler, Berlin, Heidelberg, S 17–38

VAUDE (2016) Nachhaltigkeitsbericht. http://nachhaltigkeitsbericht.vaude.com/. Zugegriffen: 10.08.2018.

WWF (2016) Ein Standard für waldbezogene Klimaschutzprojekte. http://www.wwf.de/themen-projekte/waelder/wald-und-klima/standards-fuer-schutzprojekte/. Zugegriffen: 10.08.2018.

Lisa Marie Fiedler ist in der Stabstelle der Geschäftsführung für Unternehmensentwicklung tätig und Mitglied des Nachhaltigkeits-Teams bei VAUDE. Die VAUDE Sport GmbH & Co. KG entwickelt, produziert und vertreibt nachhaltige Outdoor-Ausrüstung: funktionelle Bekleidung für draußen, Rucksäcke und Taschen, Schlafsäcke, Zelte, Schuhe, Campingzubehör. Lisa Fiedler ist für die Strategieentwicklung und die Nachhaltigkeitsberichterstattung zuständig.

Sie hat Volks- und Betriebswirtschaft mit den Schwerpunkten Entwicklungsökonomik und nachhaltige Entwicklung an den Universitäten Bayreuth, Göttingen und Groningen studiert. Als Lehrbeauftragte an der Hochschule Ravensburg-Weingarten vermittelt sie den Studierenden Grundlagen nachhaltigen Wirtschaftens. Darüber hinaus ist sie Sprecherin der Agenda-Gruppe „Eine Welt" der Stadt Ravensburg und engagiert sich ehrenamtlich in der nachhaltigen und entwicklungspolitischen Bildungsarbeit.

CSR in der Outdoor-Bekleidungsbranche: Entwicklung nachhaltiger Materialkonzepte

Melanie Kuntnawitz

1 Bedeutung von CSR in der Outdoor-Branche

Für die Outdoor-Industrie hat Nachhaltigkeit von jeher einen besonderen Stellenwert. Dieser ergibt sich aus der produktspezifischen Abhängigkeit zur unversehrten und ursprünglichen Natur. Darüber hinaus wurden viele Unternehmen von Outdoor-Enthusiasten gegründet, die aufgrund ihrer sportlichen Leidenschaft und der Verbindung zur Natur schon früh erkannten, wie wichtig Nachhaltigkeit ist.

Auch heute sind viele Produktentwickler, Designer und Techniker in Outdoor-Unternehmen von ihrer Idee getrieben, das perfekte Produkt für ihren Sport in freier Natur zu entwickeln. Die meisten bringen durch ihre Affinität zum Outdoor-Sport das nötige (Eigen-)Interesse an Nachhaltigkeit mit. Dadurch werden bereits im Entwicklungsprozess verschiedene Schwerpunkte wie das optimale Design, Widerstandsfähigkeit auch bei extremen Bedingungen, Langlebigkeit der Produkte, Multifunktionsnutzen aber auch die Auswahl möglichst nachhaltiger Materialien in den Fokus gestellt.

Ein weiterer Faktor, der die nachhaltige Entwicklung in der Outdoor-Branche begünstigt, sind Produkte, die auf längere Lebenszyklen angelegt sind sowie die weitaus geringere Anzahl an Kollektionen pro Jahr. Üblicherweise sind eine Sommer- sowie eine Winter-Kollektion erhältlich. In einigen Unternehmen gibt es darüber hinaus zwei kleinere Zwischenkollektionen, die die speziellen Bedürfnisse für die Übergangszeiten in Frühjahr und Herbst berücksichtigen.

Zudem steht die technische Entwicklung der Stoffe wesentlich mehr im Fokus als in der Modeindustrie. Es ist keine Seltenheit, dass nahezu alle Komponenten (und das sind in einer technischen Jacke schnell zwischen 20 und 40 Stück) in aufwändigen Verfahren bei

M. Kuntnawitz (✉)
Head of Vendor Control, JACK WOLFSKIN Ausrüstung für Draussen GmbH & Co. KGaA
Idstein/Ts., Deutschland
E-Mail: nachhaltigkeit@jack-wolfskin.com

P. Heinrich (Hrsg.), *CSR und Fashion*, Management-Reihe Corporate Social Responsibility,
https://doi.org/10.1007/978-3-662-57697-7_16

den Marken getestet werden, um sicherzustellen, dass sowohl die Materialperformance als auch chemische Eigenschaften dem Anforderungsprofil des Produktes entsprechen. Dazu ist eine genaue Kenntnis der Lieferkette und der erforderlichen Prozesse von herausragender Bedeutung. Die Stoffentwickler sind daher stark in die einzelnen Prozesse von Gewebekonstruktion bis zu Färbeprozessen und Ausrüstungsapplikationen eingebunden. Es findet – anders als in der schnelllebigen Modeindustrie – eine detaillierte Auseinandersetzung mit den verwendeten Materialien statt, was wiederum die Auswahl nachhaltigerer Optionen begünstigt.

Nachhaltigkeit geht für Jack Wolfskin über die eben besprochenen Themen, die wohl für die ganze Branche relevant sind, weit hinaus. So ist es uns ebenso wichtig, unsere Produktionspartner für die Entwicklung nachhaltiger Produkte zu begeistern und diesen Trend weiter zu fördern. Wir sehen Nachhaltigkeit als Teil unserer Aufgabe und Verantwortung und sind dabei stark von den Unternehmensgründern und allen folgenden Geschäftsführern geprägt. Diese haben das Thema der Nachhaltigkeit schon früh in das Unternehmensleitbild eingebettet. Langlebigkeit der Produkte, einfache Pflege, zeitlose Schnitte und Farben sind damals und heute kennzeichnend für die Kollektionen. Über die Jahre wurden immer weitere nachhaltige Innovationen vorangetrieben. So war Jack Wolfskin eines der ersten Outdoor-Unternehmen, das sich öffentlich zum Ausstieg aus der Fluorchemie bekannte. In langen Gesprächen mit Stoff- und Chemieherstellern wurden diese davon überzeugt, in alternative, wasserabweisende Ausrüstungen zu investieren.

Ein ebenso bedeutender Schritt war der erste PFC-freie Wasch- und Imprägnierungsservice der von Jack Wolfskin neben dem seit langem bestehenden Reparatur-Service etabliert wurde. Auch das seit 2007 laufende Programm zur Umsetzung fairer, sozialer und sicherer Arbeitsbedingungen bei allen unseren Produzenten ist ein wichtiger Meilenstein, der sowohl der Geschäftsführung als auch den Mitarbeitern von Jack Wolfskin ein großes Anliegen war und ist.

2 Nachhaltigkeit als Innovationsmotor

Nachhaltigkeit ist nach dem Verständnis der Outdoor-Industrie ein Anliegen, das alle betrifft und bei dem an einem Strang gezogen wird. So haben sich die meisten bedeutenden europäischen Outdoor-Unternehmen der Fair Wear Foundation (FWF) als eine der striktesten und gleichzeitig glaubwürdigsten Non-Profit-Organisationen angeschlossen, um für nachhaltige, faire und sichere Arbeitsbedingungen einzustehen. Denn die meisten Produktionsbetriebe produzieren Aufträge diverser Outdoor-, Sport- oder Modeunternehmen unter einem Dach. Um gemeinsam mit den Produktionsbetrieben positiven Einfluss auf die Arbeitsbedingungen zu nehmen, ist es vorteilhaft, die gleichen Verhaltenskodizes/Standards zu verfolgen, gemeinsame Sozialaudits zu beauftragen und ebenfalls gemeinsam an den Verbesserungsmaßnahmen zu arbeiten. Darüber hinaus bemüht sich die Branche, die Hersteller bei der Erreichung der Nachhaltigkeitsziele aktiv zu unterstützen. Mit dieser Herangehensweise werden Doppelauditierungen vermieden und das Risiko unterschiedlicher Zielsetzungen minimiert. Die beschrieben Maßnahmen sind ebenso wichtig für die Produktionsbetriebe wie die in der Outdoor-Industrie üblichen langfristigen Lieferantenbeziehungen, um die Arbeitsbedingungen in den Fabriken zu verbessern.

Selbstverständlich beeinträchtigt die in einigen Bereichen gemeinsame Vorgehensweise nicht den Wettbewerb zwischen den Markenunternehmen. Dennoch wird die Auffassung vertreten, dass die Unterstützung sozialer Arbeitsbedingungen nicht Teil der Wettbewerbsfähigkeit sein sollte, sondern Grundvoraussetzung für die Zusammenarbeit mit einem Lieferanten.

Anders sieht es bei der Entwicklung nachhaltiger Materialkonzepte aus. Hier herrscht reger Wettbewerb zwischen den Unternehmen, um sich mit möglichst nachhaltigen Ideen von anderen abzusetzen. Erkennbar ist, dass Nachhaltigkeitsaspekte mittlerweile zu einem Innovationsmotor geworden sind.

Von besonderer Bedeutung für Jack Wolfskin ist dabei die Glaubwürdigkeit. Wir achten darauf, dass unsere Konzepte wissenschaftlich abgesichert sind, wir nach dem Vorsorgeprinzip (also nichts einsetzten, was bisher gänzlich unerforscht ist und sich im späteren Verlauf als schädlicher als das Ursprungsprodukt herausstellt) und nach bester verfügbarer Technik im Markt handeln. So hat sich Jack Wolfskin beispielsweise entschieden, keine Rohstoffe aus der Nahrungsmittelindustrie für Bekleidung einzusetzen. Auch der Einsatz anderer Naturfasern muss ökologischen Grundsätzen (Bio-Baumwolle) entsprechen, um sicherzustellen, dass die Umwelt nicht mehr als unbedingt erforderlich beeinträchtigt wird.

3 Wann ist ein Produkt nachhaltig? Eine Frage der Definition

Die Textilindustrie als solches stand in den letzten Jahren immer wieder in der Kritik, nicht verantwortungsvoll zu handeln. Das ist in weiten Teilen der Branche – vor allem in den Modekonzernen – auch eine echte Herausforderung, da die Lieferkette so komplex ist und nur selten Klarheit darüber besteht, wo die einzelnen Komponenten eines Produkts hergestellt werden. Unternehmen der Modeindustrie beziehen ihre Produkte häufig im Vollkauf, was bedeutet: Sie kaufen von einem Agenten ein fertiges Bekleidungsteil ein, von dem sie zwar noch wissen, welcher Lieferant es genäht hat, nicht aber, woher die Stoffe, Reißverschlüsse und Knöpfe stammen oder wo die einzelnen Komponenten gefärbt, gewaschen und ausgerüstet wurden.

Das ist in der performance-orientierten Outdoor-Industrie und speziell bei Jack Wolfskin signifikant anders. Wir kennen die Lieferketten der einzelnen Komponenten fast immer bis zum ersten Produktionsschritt und achten darauf, dass jeder Hersteller die für ihn relevante(n) Zertifizierung(en) wie bluesign, Responsible Down Standard (RDS), Global Recycled Standard (GRS), Global Organic Textile Standard (GOTS) etc. aufweist und höchste Standards einhält.

Generell betrachtet, ist es sehr schwer, ein komplexes Produkt wie ein Bekleidungsteil *nachhaltig* zu gestalten. Zum einen, weil die Lieferkette so divers ist und zum anderen, weil es in Bezug auf Nachhaltigkeit viele verschiedene „Glaubensrichtungen“ gibt, die nicht zu vereinbaren sind.

Häufig hört man: „Was soll so schwer an nachhaltiger Kleidung sein, nachhaltigen Kaffee gibt es schon lange an jeder Ecke.“

Aufgrund der unterschiedlichen Komplexität ist es aus unserer Sicht nicht möglich, ein Kleidungsstück mit einem einfachen Agrarprodukt wie Kaffee zu vergleichen. Echte Nachhaltigkeit in der Bekleidungsindustrie ist vieldimensional und kann bei verschiedenen Menschen mit verschiedenen Schwerpunktthemen komplett unterschiedliche Erwartungen hervorrufen.

Ein Beispiel: Bei nachhaltigem Kaffee wird darauf geachtet, dass die Bohnen nicht genetisch manipuliert sind, der Kaffee ökologisch angebaut wird und die Bauern faire Löhne bzw. einen fairen Preis für ihr Produkt erhalten. Bei besonderer Auszeichnung kann noch auf nachhaltigen Transport geachtet werden, allerdings ist das bereits bei den meisten nachhaltigen Kaffees nicht mehr Teil des Anforderungsprofils.

Ein nachhaltiges Bekleidungsstück – beispielsweise eine Outdoor-Jacke – besteht schnell aus 20 Einzelkomponenten. Jedes Teil hat eine eigene Lieferkette, die aus 3 bis 5 Stufen besteht und jeweils sowohl sozialen Aspekten als auch ökologischen Anforderungen entsprechen muss, um nachhaltig zu sein. Die Jacke enthält möglicherweise Baumwoll-Bestandteile, die wiederum aus zertifiziert ökologischem Anbau stammen müssen und bei dem die Bauern faire Löhne erhalten sollten.

Oder sie hat eine Daunen-Füllung, für die sichergestellt sein muss, dass die Daunen tierleidfrei – sprich nicht von lebenden Tieren gerupft oder von Tieren aus der Stopfmast – gewonnen wurden.

Zusätzlich müssen die Quellen recycelter Bestandteile bekannt sein und es muss für diese Komponenten sichergestellt werden, dass sie tatsächlich recycelte Materialien beinhalten. In unserem Fall müssen darüber hinaus die einzelnen Stufen der Lieferkette (also Spinnen, Färben, Ausrüsten, Waschen etc.) den strengen ökologischen Standards von bluesign entsprechen, um den Nachhaltigkeitsanforderungen zu genügen.

Als letztes müssen die einzelnen Komponenten (die in ihrer Herstellung alle zusammen zwischen 90 und 120 Einzelbetriebe durchlaufen haben) in einer Näherei zusammengeführt werden, die ihrerseits strenge Sozialstandards erfüllen muss, die durch externe und unabhängige Verifizierung bestätigt wird.

Ein so hergestelltes Produkt ist wahrhaft nahhaltig, könnte man meinen. Tatsächlich kann es aber durch unterschiedliche persönliche Schwerpunkte in der Definition von Nachhaltigkeit zu signifikanten Wahrnehmungsunterschieden kommen:

- Eine Person, die Naturfasern Chemiefasern vorzieht, lehnt eine Jacke mit Kunstfasern eventuell komplett ab, obwohl sie von der Langlebigkeit und der Pflegeintensität eindeutig bessere Werte aufweist.
- Eine Person, für die der Schutz von Gewässern und Agrarflächen höchste Priorität hat, wird vermutlich Baumwolle (egal ob ökologisch oder nicht) als nicht akzeptabel emp-

finden, weil beim Anbau in den trockensten Gebieten der Welt wertvolles Süßwasser eingesetzt wird.

- Ein Veganer dagegen lehnt eine Jacke mit Daunenfüllung ab, weil anstelle einer Kunstfaserfüllung Daunen von Gänsen verarbeitet wurden. Und das, obwohl Daunen allgemein als äußerst nachhaltig gelten, weil sie ein Naturprodukt sind, das bei der Lebensmittelproduktion als Abfall anfällt. Auch wird der Veganer eine Jacke aus Polyester dem Wollmantel vorziehen.

Die Liste ließe sich unendlich weiterführen. Sie verdeutlicht, dass Nachhaltigkeit zu einem guten Teil durch persönliche Präferenzen geprägt ist und dass das, was der eine als nachhaltig definiert, für den anderen ein inakzeptables Produkt in puncto Nachhaltigkeit sein kann.

Auch das vorangegangene Beispiel zur Lieferkette verdeutlicht, dass die Komplexität eines Bekleidungsteils weitaus höher und vielschichtiger ist, als bei einem Agrarprodukt wie Kaffee, Kartoffeln oder Weizen, was die Bezeichnung *Nachhaltig* unverhältnismäßig schwieriger werden lässt. Nicht zuletzt aus diesem Grund werden gerade Unternehmen der Bekleidungsindustrie oft des Greenwashings bezichtigt – nur weil die bewertende Person eine andere persönliche Priorisierung der Nachhaltigkeitsaspekte für sich definiert hat.

4 Herausforderungen für die Outdoor-Branche

4.1 Nachhaltiger Produktlebenszyklus

Aktuell ist es für Jack Wolfskin wichtig, ein ganzheitliches Konzept zu entwickeln, das den gesamten Produktlebenszyklus perspektivisch widerspiegelt.

In einigen Bereichen sind wir schon seit Jahren sehr aktiv und stark. Diese Bereiche gilt es, auf hohem Niveau zu stabilisieren und eine Eigendynamik mithilfe eines Anreiz-Systems zu installieren.

Diesbezüglich zu nennen sind vor allem:

- Umsetzung hoher sozialer Standards bei den Produktionsbetrieben
- Einhaltung von chemischen Anforderungen sowohl am Endprodukt (mithilfe der Restricted Substances List (RSL)) als auch während des Herstellungsprozesses der Stoffe (mit der Manufacturing Restricted Substances List (MRSL))
- Einsatz zertifizierter Materialien (z. B. bluesign, Responsible Down Standard (RDS), Organic Cotton, Global Recycled Standard (GRS))
- Umsetzung von PFC-freien, wasserabweisenden und wasserdichten Produkten

Jack Wolfskin hat entsprechende Systeme installiert, nach denen Partner, die mit uns an der Umsetzung dieser Ziele arbeiten und sie auf einem hohem Niveau halten, bevorzugt behandelt werden bzw. Lieferanten, die diese „Basisanforderungen“ nicht erfüllen, keine oder signifikant weniger Aufträge erhalten.

Weitere Bereiche, die aus unserer Sicht in den nächsten Jahren immer relevanter werden und in die wir aktiv investieren, sind:

- Zero-Waste-Systeme (Ressourceneffizienz)
- Smarter Einsatz diverser recycelter Materialien, vorzüglich von nachwachsenden Rohstoffen aber auch von Abfällen jeglicher Art
- Minimierung des Umwelteinflusses während des Gebrauchs der Textilien (Mikroplastik, biologisch abbaubare Materialien)
- Reduktion von vermeidbaren Prozesschemikalien wie Lösemitteln
- Einsatz von Naturmaterialien auch in Färbe- und Ausrüstungsprozessen
- Reduktion des Wasserverbrauchs während des gesamten Herstellungsprozesses
- Modulares Design (Ein Produkt für diverse Einsatzzwecke)

Weitere Ansätze, die wir ebenfalls als wichtig und zukunftsweisend erachten, die aber eher an das Kundenverhalten gekoppelt sind, versuchen wir durch Bewusstseinsbildung bei Händlern und Kunden positiv zu beeinflussen:

- Reparieren statt Ersetzen
- Tauschen oder Leihen statt Eigentumsanhäufungen
- Förderung von Upcycling-Ideen
- Unterstützende Instruktionen zu nachhaltigerem Gebrauch und Pflege der Produkte

Perspektivisch möchten wir Einfluss auf all diese Themen nehmen und so den Lebenszyklus von unseren Produkten stetig nachhaltiger gestalten.

4.2 Mikroplastik und endliche Ressourcen

Für das Thema Mikroplastik gibt es aus unserer Sicht noch keine endgültige und zufriedenstellende Lösung.

Wir arbeiten an Zwischenlösungen, in denen mikroskopische Plastikteile, die sich beim Waschen lösen, aus dem Waschwasser gefiltert werden können. Da sich aber auch beim Tragen mikroskopisch kleine Fasern aus der Bekleidung lösen, ist die Filtration der Fasern aus dem Waschwasser nur ein Teil der Lösung.

Alle Chemiefasern aber auch jegliche andere Art von Kunststoffprodukten, bei denen es Abrieb gibt, (z. B. Autoreifen, Schuhsohlen, Möbel, Autositze, etc.) verursachen mikroskopisch kleine Plastikpartikel, die sich auf Straßen oder in Wohnungen sammeln und entweder über Regenwasser, beim Putzen oder durch die Wäsche in unsere Abwässer gelangen. Da sie zu klein sind, um in Kläranlagen ausgefiltert zu werden, landen sie in unseren Gewässern und damit auf die eine oder andere Weise in unseren Nahrungsmitteln.

Es gibt mehrere Ansätze, diese Herausforderung zu lösen, aber bisher noch keine bedeutenden wissenschaftlichen Durchbrüche zu dem Thema. Eine Möglichkeit wäre es, verstärkt biologisch abbaubare Fasern auf den Markt zu bringen. Diese dürften beim Abbau keine schädlichen Zersetzungsprodukte verursachen, keine nicht-abbaubaren Farben und Ausrüstungen aufweisen und damit das Ökosystem nicht beeinträchtigen. Eine andere Option wäre, die Filtersysteme in den Kläranlagen weltweit so zu verbessern, dass auch kleinste Partikel ausgefiltert, getrennt und anschließend recycelt werden könnten. Die dritte Option, die in der Bekleidungsindustrie diskutiert wird, ist der Ansatz, die Fasern so zu stabilisieren, dass es keinen Faserbruch und keinen Abrieb mehr gibt. Mit letzterer Option wäre allerdings nur die Herausforderung in der Textilindustrie, nicht aber die sämtlicher anderer Kunststoffe, gelöst. Darüber hinaus ist dieser Ansatz eher unrealistisch, da gerade durch aufgebrochene Faserstrukturen bestimmte gewünschte Effekte erzielt werden.

Ein weiteres Thema, das die Textil- und Bekleidungsindustrie in der Zukunft immer stärker beschäftigen wird, sind die endlichen Ressourcen. Gerade bei steigenden Bevölkerungszahlen und stetig steigender Frequenz des Konsums (indem wir selbst Bekleidung *verbrauchen* und nicht mehr *nutzen)*, stellt sich die Frage: Was sind die Produkte der Zukunft?

Konstruktionstechnisch gesehen, müsste Bekleidung entweder von Beginn an komplett sortenrein und idealerweise unbehandelt sein, um sie nach ihrem Lebenszyklus bestmöglich recyceln oder gar kompostieren zu können. Aus Materialsicht sollten sie aus nachwachsenden Rohstoffen gefertigt werden, die weder Unmengen an Wasser verbrauchen noch große Landflächen in Anspruch nehmen, auf denen Nahrungsmittel erzeugt werden könnten.

Bisher relativ ungenutzte „Anbaugebiete" wären beispielsweise die Meere. Hier könnten in großen Arealen zum Beispiel Algen angebaut werden, die zur Textilproduktion genutzt werden könnten. Selbstverständlich wäre sehr genau darauf zu achten, empfindliche Ökosysteme nicht zu beeinträchtigen. Dies wäre eine Möglichkeit, die bisher weitgehend ungenutzt ist.

Auch könnte noch mehr darüber nachgedacht werden, biologische Abfälle besser zu verwerten und neue Fasern daraus zu generieren.

Ein anderer spannender Ansatz ist das Cradle-to-Cradle-System. Ein stetig andauernder Kreislauf, in dem Produkte vollständig und gleichwertig oder gar höherwertig recycelt werden. Dieses System würde es uns ermöglichen, trotz Konsumgesellschaft die endlichen Ressourcen der Welt nicht nur zu verbrauchen, sondern in einem anhaltenden Kreislauf immer und immer wieder neu sinnvoll zu nutzen.

5 Nachhaltigkeitsabteilung und relevante Stakeholder-Gruppen

Nachhaltigkeit ist bei Jack Wolfskin Chefsache. Corporate Responsibility muss von der obersten Unternehmensspitze getrieben sein, um effektiv im Unternehmen umgesetzt werden zu können. Dabei entfallen auf verschiedene Positionen verschiedene Aufgaben.

Neben dem Top-Down-Ansatz, bei dem die strategische Ausrichtung definiert wird, wird auch der Bottom-up-Ansatz aktiv gefördert und gelebt. Alle Mitarbeiter sind angehalten, ihre Ideen aktiv einzubringen. Gesammelt werden alle Themen in der Nachhaltigkeitsabteilung von Jack Wolfskin, die sowohl nach oben wie auch in die Breite kommuniziert, Brainstormings abhält, Anforderungen zusammen mit der Geschäftsleitung definiert und auf die Umsetzung in Unternehmen sowie bei den Produzenten der gesamten Lieferkette achtet.

Jack Wolfskin bemüht sich, die Meinungen möglichst vieler Stakeholder gleichwertig einzuholen, aufzunehmen und in die Nachhaltigkeitsstrategie einfließen zu lassen. Dabei sind erfahrungsgemäß der Input und die Auseinandersetzung mit besonders kritischen Stakeholdern die ergebnisreichsten. Vor allem durch die kritische Auseinandersetzung und durch die Betrachtung eines Themenfeldes aus möglichst vielen verschiedenen Perspektiven ist es möglich, idealisierte Prozesse zu entwickeln und daraus realistische aber gleichzeitig hochambitionierte Ziele abzuleiten.

Stakeholder, die Jack Wolfskin regelmäßig konsultiert und zu denen wir den Kontakt suchen, sind:

- NGOs wie die Clean Clothes Campaign (CCC) und ihre Unterorganisationen, Centre for Research on Multinational Corporations (SOMO), Greenpeace, Tierschutzorganisationen (z. B. Vier Pfoten) etc.
- Behörden wie z. B. das Umweltbundesamt
- Lokale Gewerkschaften und Arbeitnehmervertreter in den Produktionsländern
- Deutsche Gesellschaft für internationale Zusammenarbeit (GIZ)
- Branchenverbände wie z. B. die European Outdoor Group (EOG), die Outdoor Industry Association (OIA), der Bundesverband der Deutschen Sportartikel-Industrie e. V. (BSI), GermanFashion Modeverband Deutschland e. V. r, der Dialog Textil-Bekleidung (DTB) sowie deren Mitglieder
- Multi-Stakeholder-Organisationen wie die Fair Wear Foundation (FWF)
- Industrieverbände wie die Zero Discharge of Hazardous Chemicals (ZDHC)
- Auditierungsunternehmen
- Kunden
- Lieferanten
- Mitarbeiter

Bezogen auf die soziale Nachhaltigkeit war für Jack Wolfskin die Auseinandersetzung mit der Clean Clothes Campaign vor vielen Jahren richtungsweisend. Als langjähriges Mitglied der FWF ist der regelmäßige Austausch mit verschiedenen Stakeholdern in dem Bereich mittlerweile zu unserer gängigen Praxis geworden. Auch in beratender Funktion nutzen wir gerne die Expertise verschiedener Stakeholder.

Als äußerst lehrreich hat sich die Kooperation mit lokalen Gewerkschaften in den Produktionsländern herausgestellt. Die lokale Perspektive der Arbeiter und die Kenntnis der spezifischen Situation vor Ort verändern oftmals den Kontext.

Bezogen auf umweltrelevante Themen durften wir unter anderem von Greenpeace viel lernen. Noch immer profitieren wir von dem angeregten Austausch und den Denkanstößen.

Auch wenn die Auseinandersetzungen mit kritischen Themen bisweilen anstrengend sein kann, verändern sie doch den Blickwinkel und führen häufig dazu, dass Dinge schneller und ambitionierter angegangen werden, als das ohne die kritische Auseinandersetzung mit einem Thema der Fall gewesen wäre.

Nicht zu vernachlässigen im Kreise der relevanten Stakeholder, sind die im Wettbewerb zueinander stehenden Unternehmen, Produktionspartner, Kunden, Bundesbehörden, Forschungsinstitute aber auch die eigenen Mitarbeiter. Impulse von allen Seiten haben in der Vergangenheit zu neuen Ideen und der Weiterentwicklung bestehender Systeme geführt.

6 Kommunikation der CSR-Aktivitäten: Größtmögliche Transparenz

Es ist nicht einfach, Nachhaltigkeit so zu transportieren, dass es sowohl für einen durchschnittlich interessierten Kunden konsumierbar und verständlich ist als auch zufriedenstellende Antworten für Personen liefert, die sehr stark im Thema sind und die sich für die kleinen Details der Beschaffung interessieren.

Daher versucht Jack Wolfskin zum einen, über kurze und stark verkürzte Schlagworte und Statements einen Überblick zu bieten, geht dann aber für alle, die ein spezifisches Anliegen haben, mit großer Offenheit und Transparenz in die Themenkomplexe hinein. Darüber hinaus haben wir uns entschieden, allen Kunden, die spezifische Fragen haben, die Möglichkeit zu geben, diese in einem Eins-zu-eins-Kontakt an unsere Nachhaltigkeits-Experten per E-Mail zu richten. Von diesem Austausch profitieren zum Einen wir als Unternehmen enorm, weil wir am Puls der Zeit bleiben und viel darüber lernen, was unsere Kunden interessiert. Zum anderen profitieren aber auch unsere Kunden, weil sie nicht mit Standard-Statements abgespeist werden, sondern ganz individuell auf ihre Fragen eingegangen wird.

Übergreifend betrachtet ist größtmögliche Transparenz das Schlagwort, das unsere Kommunikation am besten beschreibt. Wir sind nicht perfekt, möchten aber zu unseren Schwächen und Fehlern stehen und versuchen, sie in Zukunft zusammen mit unseren Partnern zu verbessern.

Die Kommunikation nach innen ist sehr direkt. Alle Mitarbeiter im Unternehmen wissen, wo sie ihre Anregungen zu Nachhaltigkeitsthemen anbringen und diskutieren können. Als relativ kleines Unternehmen mit ca. 600 Mitarbeitern sind die Wege noch so direkt, dass man den persönlichen Kontakt hat und schätzt. Zudem erhalten neue Mitarbeiter vor allem in den Bereichen mit starkem Produktbezug eine individuelle Einführung in die Nachhaltigkeitsthemen.

7 Nachhaltigkeitsstrategie von Jack Wolfskin: Beispiele aus der Praxis

Die letzte Nachhaltigkeits-Ikone, auf die wir als Unternehmen besonders stolz sind, ist unsere Texapore Ecosphere-Linie. Wir haben es geschafft, wasserdichte Jacken herzustellen, die ausschließlich aus recycelten Materialien hergestellt werden. Die Membrane der Jacke besteht beispielsweise aus sogenanntem Pre-Consumer-Waste, also aus Produktionsabfällen, die bei der Herstellung der Membrane angefallen sind. Durch lange Tüftelei, die wir zusammen mit unserem Lieferanten vorangetrieben haben, ist es uns gelungen, eine recycelte Membrane herzustellen, die in ihren Leistungseigenschaften einer herkömmlichen Membrane in Nichts nachsteht. Diese innovative Membrane haben wir mit recycelten Ober- und Futterstoffen aus Post-Consumer-Waste, also alten Plastikflaschen sowie mit recycelten Trimmings und Füllmaterialien kombiniert und damit ein äußerst nachhaltiges und innovatives Produkt entwickelt, das selbstverständlich auch mit einer PFC-freien, wasserabweisenden Außenbeschichtung auskommt und dennoch höchsten Wetterschutz garantiert. Für dieses Produkt haben wir den OutDoor Industry Award erhalten.

Stolz sind wir aber auch darüber, dass wir bereits drei Mal in Folge von der FWF mit dem Leader Status als vorbildliches Unternehmen bezüglich der Umsetzung sozialer Standards bei unseren Produzenten ausgezeichnet wurden. Und darauf, dass wir im vergangenen Jahr den Best Practice Award der FWF für ein Schulungsprojekt unserer Lieferanten in Myanmar erhalten haben.

Das sind einige der großen Auszeichnungen, auf die wir stolz sind.

Im Grunde sind es aber die vielen kleinen Dinge, die unsere Nachhaltigkeitsstrategie ausmachen und die uns als Unternehmen letztlich glaubwürdig machen in dem, was wir tun. Aus der Nähe betrachtet, sind der ausschließliche Einsatz von Bio-Baumwolle, der Verzicht auf PVC, Phthalate etc., die Schadstoffanforderungen für Produkte und Produktionsschritte, die Zertifizierungen einzelner Produkte wie Daunen oder recycelte Materialien, der schrittweise Ausschluss von PFCs, die Umsetzung von Sozialstandards in Zusammenhang mit externer Verifizierung durch eine Multi-Stakeholder-Organisation alles kleine Bestandteile eines großen Konzepts. Als Ganzes betrachtet, ergeben die vielen Einzelmaßnahmen in ihrem Zusammenspiel Sinn und zeichnen die Nachhaltigkeitsstrategie von Jack Wolfskin aus.

Melanie Kuntnawitz (Head of Vendor Control bei Jack Wolfskin) studierte an der Hochschule Reutlingen Textiltechnologie/Textilmanagement und startete ihre Karriere in der Qualitätssicherung eines weltweit agierenden Modekonzerns. Im Jahr 2008 wechselte sie zu Jack Wolfskin und baute dort den Bereich Corporate Responsibility federführend auf. Seither beschäftigt sie sich mit ökologischen und sozialen Nachhaltigkeitsthemen in der textilen Lieferkette und ist in diversen Organisationen und Multi Stakeholder Gremien aktiv.

CSR im Bereich Wäsche/Lingerie

Matthias Mey und Lena Faisst

Die Wertschätzung von Qualität ist der einzige Trend, von dem man auch morgen noch etwas hat.

Nachhaltigkeit und verantwortungsbewusster Konsum entsprechen dem Zeitgeist und sind weit mehr als ein kurzfristiger Trend. Werthaltigkeit erfährt heutzutage eine neue Wertschätzung. Aufgeklärte Verbraucher suchen immer gezielter nach qualitativ hochwertigen und unter fairen Bedingungen hergestellten Produkten. Corporate Social Responsibility, verstanden als die freiwillige Übernahme von gesellschaftlicher Verantwortung, rückt immer stärker in das Licht der Öffentlichkeit (Nies 2013, S. V). „Umweltschutz, Ressourcenschonung, CO_2-Einsparung (...) – der Megatrend Neo-Ökologie verschiebt die Koordinaten des Wirtschaftssystems in Richtung einer neuen Business-Moral."[1] Die Entwicklung aus den Bereichen Mobilität und Ernährung ist längst auch in der Modebranche angekommen und spielt auch in diesem Kontext eine wichtige Rolle, sowohl für Unternehmen als auch für die Konsumenten.

Auch wenn nichts dem Menschen so nahe kommt wie die Wäsche, die er normalerweise direkt auf der Haut trägt, ist dieses Bewusstsein im Bereich Wäsche noch deutlich weniger stark ausgeprägt, als beispielsweise in der Oberbekleidung. Eine Erklärung dafür ist möglicherweise die erhöhte Preissensibilität vieler Endverbraucher. Für die Alltags-

[1] https://www.zukunftsinstitut.de/dossier/megatrend-neo-oekologie/ Zugriff: 30.09.2017.

M. Mey (✉)
Managing Director, Mey GmbH & Co. KG
Albstadt, Deutschland
E-Mail: info@mey.com

L. Faisst
Marketing, Mey GmbH & Co. KG
Albstadt, Deutschland
E-Mail: lena.faisst@mey.com

P. Heinrich (Hrsg.), *CSR und Fashion*, Management-Reihe Corporate Social Responsibility,
https://doi.org/10.1007/978-3-662-57697-7_17

wäscheprodukte ist die Ausgabebereitschaft (vor allem bei Männern) tendenziell geringer als bei besonderer Wäsche wie edlen Dessous. Konkret konnten wir bei Mey auch bereits Unterschiede bei der Bedeutung von nachhaltig produzierter Wäsche zwischen Männern und Frauen feststellen. Die Mey Tagwäsche-Serie „Organic" besteht aus zertifizierter, fair gehandelter Bio-Baumwolle und wird zu 100 % in Deutschland hergestellt. Während die Serie bei Damen sehr gut funktioniert und inzwischen gut im Markt etabliert ist, waren die nachhaltigen Produktargumente und der Preis bei Männern weniger ausschlaggebend für den erfolgreichen Abverkauf. Eine weitere Erklärung könnte sein, dass Wäsche nicht als klassisches Statussymbol angesehen wird. Man kann sich mit den Produkten aufgrund ihrer Unsichtbarkeit nicht nach außen profilieren und ist deshalb weniger bereit, sich mit den Mehrwerten auseinanderzusetzen und dies bei der Kaufentscheidung zu berücksichtigen. Die darstellende und repräsentative Rolle von Wäsche im Sinne von klassischer Unterwäsche beschränkt sich in der Regel auf einen sehr kleinen und privaten Lebensbereich. Dem positiv entgegen wirkt der Modetrend „Underwear becomes Outerwear". Wäsche darf sichtbar werden, Spitzen-Tops werden auch im Alltag zu Blazern oder Strick kombiniert. Somit kommt der Wäsche zukünftig eine exponiertere Stellung zu als bislang. Dass das Bewusstsein und die Wertschätzung für nachhaltig produzierte Wäsche aber vor allem auch bei jungen Endkunden aktuell zunehmend an Bedeutung gewinnt, zeigt das erfolgreiche Wachstum neu gegründeter bzw. junger Wäschelabels mit nachhaltiger Produktion wie *erlich textil* oder *Aikyou*, die sich bislang jedoch in Nischen bewegen und noch keine Marktbedeutung besitzen.

Mey ist ein inhabergeführtes, mittelständisches Unternehmen, das seit 1928 großen Wert legt auf höchste Qualität, Innovationskraft und Verantwortungsbewusstsein. Positioniert im gehobenen Preis- und Anspruchssegment gehört Mey seit Jahren zu den Marktführern in der europäischen Wäschebranche. Die Produktpalette umfasst die Segmente Tagwäsche, Nachtwäsche und Loungewear für Damen und Herren sowie Dessous. Bis heute wird der größte Teil unserer Produkte in eigenen Werken in Deutschland, Portugal und Ungarn hergestellt – vom Garn über den Stoff und den Zuschnitt bis hin zum fertigen Produkt. Dabei liegt über 50 % der Wertschöpfungskette in Deutschland. In unseren eigenen Werken decken wir fast alle Produktionsschritte ab. Das heißt, wir sind nahezu vollstufig.

Wie wir handeln und was wir tun, haben wir zu 100 % selbst in der Hand – das gilt nicht nur für die eigene Produktion in Deutschland und Europa, sondern für den Großteil unserer Wertschöpfungskette. Wer die Modebranche kennt, weiß, dass das durchaus bemerkenswert ist. Für einige Produktgruppen und Bereiche der Herstellung macht es für ein zukunftsorientiertes Unternehmen wie Mey gleichzeitig Sinn, mit internationalen Zulieferern zusammenzuarbeiten. Denn die Bekleidungsbranche ist eine der globalsten Industrien der Welt, somit sind auch unsere Partner und Lieferanten mit ihren Produktionsstätten auf der ganzen Welt vertreten.

Nachhaltigkeit ist für Mey kein Trend, sondern schon immer Tradition und bildet deshalb eine wichtige und glaubwürdige Säule der Marken-DNA. 85 % der Stoffherstellung (Stricken, Ausrüstung, Zuschnitt) finden an unserem Hauptsitz in Albstadt statt. 2016 wurden von und für Mey insgesamt rund 873 Tonnen Stoff hergestellt. Der Wertschöpfungsanteil in Deutschland beträgt heute noch über 50 %. Die Konfektion findet zum Großteil in unseren eigenen Betrieben in Deutschland, Portugal und Ungarn statt. Zusätzlich arbeitet Mey mit langjährigen Konfektionspartnern, beispielsweise in Polen, Ungarn und Kroatien, zusammen. Die Mey Unternehmensgruppe fertigt nahezu 100 % der Produkte in Europa. Lediglich eine Loungewear-Serie für Damen sowie die hochwertige Webware der Mey Swimwear für Herren bezieht das Unternehmen aktuell von renommierten Lieferanten in der Türkei.

Gewissenhaftes Handeln und die Verantwortung für die Mitarbeiter sind für Mey besonders wichtig. Diese Haltung beginnt beim Einkauf der Rohstoffe und begleitet die gesamte Produktionskette bis zum fertigen Produkt. Wir grenzen uns klar gegen Billigproduktion, Ausbeutung, verantwortungsloses Handeln oder gar Kinderarbeit ab, wodurch andere Hersteller oder Discounter oft in Verruf geraten. In allen Mey-eigenen Produktionsstätten herrschen nahezu identische Arbeitsbedingungen. Die Arbeitsplätze sind mit Sorgfalt optimal auf die Bedürfnisse der Mitarbeiter ausgerichtet und beispielsweise mit ergonomisch optimierten Sitzen ausgestattet.

1 Herausforderungen

Neben dem Streben nach einem hohen Wertschöpfungsanteil in Europa und der Einhaltung kurzer Transportwege birgt der Bereich Nachhaltigkeit auch oder gerade in der Wäschebranche einige Herausforderungen, sowohl auf Produkt- wie auch auf Prozessebene.

Die Produktion in unseren eigenen Werken in Europa und insbesondere an unserem Hauptsitz in Deutschland stellt einen wichtigen Wettbewerbsvorteil unseres Unternehmens dar. Jedoch muss sich eine Produktionsstrategie auch dem dynamischen Wandel des Marktes und den veränderten Kundenanforderungen anpassen. Gleichzeitig besitzen einige Produktionsländer im asiatischen Raum starke Kompetenzen in einzelnen Bereichen, sodass sie auch für europäische Textilanbieter mit hohen Qualitätsansprüchen an Relevanz gewinnen. Die Herausforderung besteht in diesem Falle auch darin, dass Asien als Produktionsstandort in der Außenkommunikation oft sehr kritisch bewertet wird und alle asiatischen Länder von vielen Endverbrauchern im Hinblick auf die Produktions- und Arbeitsbedingungen pauschal als negativ angesehen werden. Vor dem Hintergrund der Globalisierung und um die Wettbewerbsfähigkeit unseres Unternehmens beizubehalten, muss demnach auch die Produktionsstrategie die nötige Flexibilität aufweisen, angepasst werden zu können. Wichtig dabei ist, dass wir unsere Kernkompetenzen in der Eigenfertigung und die Nähe zu den eigenen Standorten auch in Zukunft wahren werden. Das Know-how aus unserer eigenen Fertigung können wir nicht nur für die Weiterentwicklung unserer eigenen Prozesse, sondern auch für die Unterstützung und kompetente Steuerung unserer Partner weltweit nutzen.

Auch der Bereich Logistik ist starken Herausforderungen unterworfen: Nicht nur im Zuge der internationalen Expansion, die an sich schon weitere Transportwege mit sich bringt, sondern auch durch die wachsende Sensibilität der Öffentlichkeit hinsichtlich rasant steigender Treibhausgasemissionen. Bereits seit 2009 beteiligt sich Mey an DHL GoGreen, dem klimaneutralen Versand, bei welchem pro Paket 2 Cent in sorgfältig ausgewählte Klimaschutzprojekte investiert werden. Ziel des Programms ist es, die CO_2-Effizienz bis zum Jahr 2020 um 30 % zu verbessern. Seit 1. Januar 2016 werden bei Mey nicht mehr nur die Sendungen an Endkunden, sondern alle Sendungen über DHL berücksichtigt.

Für eine hohe Transparenz und Kontrolle der gesamten Liefer- und Produktionskette konzentriert sich Mey in der Zusammenarbeit mit Lieferanten überwiegend auf deutsche und europäische Partner. Dabei achten wir auch besonders auf kurze Transportwege und den schonenden Einsatz von Ressourcen.

Der „Schwäbische Bumerang" (Abb. 1), die von Mey entwickelte Innovation aus dem Jahr 1997, ist ein weiteres Beispiel für nachhaltiges Handeln. Bereits ein Jahr nach seiner Lancierung wurde der innovative Prozess mit dem deutschen Umweltpreis ausgezeichnet. 2017 feiert der Bügelkreislauf von Mey 20-jähriges Bestehen. Pro Jahr stattet Mey durchschnittlich 4.000.000 Wäschestücke aus den Bereichen Tag- und Nachtwäsche, Loungewear sowie Dessous mit dem Mey Bügel aus. Die mit Ware bestückten Bügel kommen in den Handel. Dort werden sie gesammelt und zur Aufbereitung in die Werkstatt für Menschen mit Behinderung nach Albstadt geschickt. Bei Mey schließt sich der Kreislauf: Die wiederaufbereiteten Bügel werden mit neuer Ware bestückt und fügen sich so wieder in den Kreislauf ein. Jährlich bleiben auf diese Weise mehr als zwei Millionen Bügel im Kreislauf und 50 t Abfall werden eingespart – und das Jahr für Jahr! Mit der Wiederverwendung der Mey Bügel wird nicht nur Abfall vermieden, sondern es werden auch wertvolle Rohstoffe und Energie eingespart. Weiterhin sichert das System des Bügelkreislaufs wertvolle Arbeitsplätze in der Region. An den Standorten Bisingen und Albstadt-Lautlingen der Lebenshilfe Zollernalb sind kontinuierlich jeweils 40 Menschen damit beschäftigt, die zurückgekommenen Bügel wiederaufzubereiten. Für die von einem Handicap benachteiligten Menschen ist es unheimlich wichtig, einer sinnvollen Arbeit nachzugehen. Sie selbst sehen sich voller Stolz als „kleiner Teil einer großen Firma". Der „Schwäbische Bumerang" ist ein schlüssiges Konzept, das sich über die Jahre bewährt hat.

Auch die Verpackung der Produkte ist in Bezug auf die Nachhaltigkeit ein relevanter Faktor. Der Großteil der Mey Basicwäsche-Programme ist in umweltfreundlichen Papierkartonagen verpackt. Einige Serien werden offen auf Mehrweg-Bügeln präsentiert. Diese Artikel sind aus Gründen der Hygiene und Sauberkeit mit einer Schutzfolie versehen. Die Möglichkeiten mit recycelten Folien oder anderen Materialien zu arbeiten, wird immer wieder geprüft. Nach aktuellem Stand gibt es bei offen präsentierter Ware jedoch noch keine adäquate Alternative zur Folienverpackung. Da die gesamte Ware aus unserem eigenen Zentrallager entnommen wird, entsprechen unsere Produktaufmachungen für Online-Kunden jenen des Fachhandels, weshalb beide Anspruchsgruppen unter den gleichen Voraussetzungen beliefert werden.

Die Produktentwicklung und -produktion erfordert unter der Prämisse der Nachhaltigkeit vor allem hohe Sensibilität bei der Auswahl der eingesetzten Rohstoffe und Zutaten.

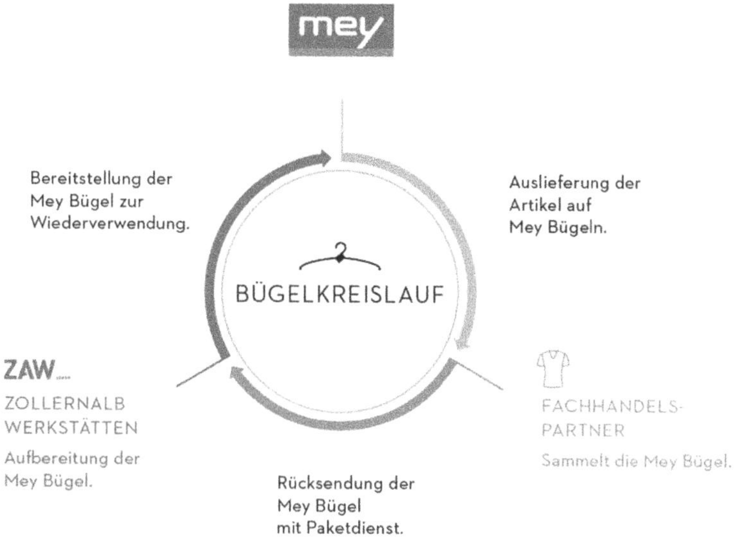

Abb. 1 Der „Schwäbische Bumerang", der innovative Bügelkreislauf von Mey

Zertifizierungen für bestimmte Qualitäten, nachhaltig hergestellte Produkte oder Rohstoffe existieren zu Hauf. Oft sind diese bei Verbrauchern jedoch kaum bekannt oder die Informationen zu den Zertifizierungsinhalten und Bedingungen werden nur unzureichend kommuniziert. Ebenso stellt sich die Frage der Glaubwürdigkeit, wenn beispielsweise textile Produkte eines Discounters mit dem gleichen Siegel versehen sind wie vergleichbare Produkte eines Markenherstellers.

Seit 2012 ist Mey als erster Wäschehersteller bluesign® Mitglied. bluesign® steht für die nachhaltige Herstellung von Textilien, berücksichtigt die Einhaltung sozialer Standards, schließt umweltbelastende Substanzen von Anfang an aus dem gesamten Fertigungsprozess aus, legt Richtlinien fest und kontrolliert deren Einhaltung für eine umweltfreundliche und sichere Produktion. Dadurch wird einerseits sichergestellt, dass das textile Fertigprodukt strengsten Verbraucherschutzanforderungen weltweit standhält. Andererseits gibt es dem Konsumenten das Vertrauen, ein nachhaltig hergestelltes Produkt zu erwerben.

Um volles Vertrauen in die Produkte legen zu können, lässt Mey sie in regelmäßigen Abständen in einem medizinischen Prüfverfahren beim *Institut für Textil- und Verfahrenstechnik Denkendorf* auf Hautverträglichkeit prüfen. Hierfür ist das Unternehmen Mitglied der *Fördergemeinschaft körperverträgliche Textilien e. V.*

GOTS steht für Global Organic Textile Standard, der höchste ökologische, nachhaltige sowie soziale Anforderungen an biologisch erzeugte Naturfasern stellt. Als weltweiter Standard steht GOTS für die nachhaltige Verarbeitung von Textilien aus biologisch erzeugten Naturfasern. Die Qualitätssicherung erfolgt durch eine unabhängige Zertifizierung der gesamten Textillieferkette. Von Anfang an werden umweltbelastende Substanzen aus dem Fertigungsprozess ausgeschlossen und Richtlinien festgelegt, welche die Einhaltung für eine umweltfreundliche und sichere Produktion kontrollieren. Neben der Ökologie von Textilien umfasst GOTS auch die Einhaltung von sozialen Kriterien, die auf Grundlage der Kernnormen der Internationalen Arbeitsorganisation basieren. Dadurch wird einerseits sichergestellt, dass das textile Fertigprodukt strengsten Verbraucherschutzanforderungen weltweit standhält, andererseits gibt das Siegel dem Konsumenten das Vertrauen, ein nachhaltig hergestelltes Produkt zu erwerben. Die Serie Mey Organic besteht zu 100 % aus fair gehandelter, feinster Bio-Baumwolle, welche Mey seit vielen Jahren von Kleinbauern aus Indien bezieht. Vom Garn bis zur fertigen Wäsche werden die Produkte unter Einhaltung höchster ökologischer Standards ausschließlich in Deutschland gefertigt.

2 Verantwortung als Teil der Unternehmenskultur

Unternehmensintern ist das Thema Nachhaltigkeit bei Mey bereichs- und ebenenübergreifend angesiedelt, von der Geschäftsleitung über den Unternehmensbeirat und die Gesellschafter bis zu beinahe allen Unternehmensbereichen (Produktion, Design, Logistik, Marketing, Vertrieb). „Zwar sollte glaubwürdige CSR von der Unternehmensspitze mitgetragen werden, mit dem praktischen Verständnis von CSR als permanenten Verbesserungsprozess verbindet sich allerdings eine Vielzahl von Gesichtern." (Heinrich 2013, S. 226)

Aus der Initiative einiger Mitarbeiter hat sich vor einigen Jahren ein interdisziplinäres Nachhaltigkeitsteam zusammengefunden, das sich regelmäßig trifft und sich mit verschiedenen Themen der Nachhaltigkeit entlang der Wertschöpfung in unserem Unternehmen beschäftigt. Ganz praxisnah entstehen so auch immer wieder initiativ Ideen aus der Mitarbeiterschaft, die konkrete Problemstellungen aus dem Arbeitsalltag lösen. Ein Beispiel hierfür ist die Sammlung des Regenwassers, um dieses zum Waschen des Firmen-Fuhrparks zu nutzen. Das Bewusstsein für Nachhaltigkeit ist aus der Unternehmenshistorie begründet in den Köpfen vieler langjähriger Mitarbeiter verankert. Die Herausforderung besteht nun darin, dies in Zukunft auch auf neue Mitarbeiter zu übertragen und weiter als festen Bestandteil der Unternehmenskultur zu etablieren.

Externe Stakeholder sind zum einen die Fachhandelspartner als Sprachrohr und Botschafter der Marke aber zugleich auch ein limitierender Faktor sowie natürlich die Endkunden, Presse, Lieferanten und Partner, aber auch Wirtschaft und Politik. Der Endkunde spielt bei vielen Nachhaltigkeitsüberlegungen eine wichtige Rolle. Im Sinne der Customer Centricity müssen wir Maßnahmen immer wieder hinterfragen und mit den Bedürfnissen der Endkunden abgleichen, gleichzeitig aber auch unsere Ansprüche an uns selbst sowie unsere Möglichkeiten in Bezug auf finanzielle, personelle und organisatorische Ressourcen berücksichtigen.

Das Wachstum unseres Unternehmens, die steigenden Anforderungen des Marktes sowie die Weiterentwicklung unserer Produktionsstrategie, die zunehmende Anzahl an Konfektionspartnern im Ausland und der wachsende Bereich der Handelsware erfordern eine bewusste Implementierung einer Nachhaltigkeitsstrategie in die Prozesse des Unternehmens. Aktuell entwickeln wir in einem bereichsübergreifenden Projekt das Nachhaltigkeitskonzept für das Unternehmen bzw. die Marke mit dem Ziel, Corporate Responsibility zu professionalisieren. Dabei sind vor allem die Bereiche Produktion, Logistik, Produkt und Marketing involviert. Unter dem Titel „Mey Standard" werden die Leitplanken für das nachhaltige Denken und Handeln sowie alle Zielsetzungen an uns selbst gebündelt. Die Grundsätze sollen in unsere Aktivitäten implementiert werden, sowohl in den Bereichen Produktentwicklung, Einkauf und Logistik als auch in der Kommunikation nach außen. Parallel werden produktionsbezogene CR-Richtlinien erarbeitet, welche vor allem den produktionsnahen Unternehmensbereichen konkrete Frameworks und Entscheidungsgrundlagen, beispielsweise für die Auswahl von Produktionspartnern auf internationaler Ebene, bieten werden. So wollen wir sicherstellen, dass die hohen Qualitätsansprüche, die wir bereits in unseren eigenen Werken verfolgen, auch bei weiteren Partnern so weit wie möglich abgedeckt werden können.

3 Marke und Kommunikation

Gerade in Zeiten des medialen Überflusses, informierter und kritischer Verbraucher, der hohen Interaktionsrate in den sozialen Netzwerken, aber auch im wachsenden Bekleidungs- und Wäschemarkt ist eine authentische und glaubwürdige Kommunikation elementar, um das Vertrauen der Endkunden nicht zu riskieren. Greenwashing, also der Versuch von Unternehmen ohne Grundlage oder ohne wirklich in die eigene Wertschöpfung implementierte Zielsetzungen und Maßnahmen ein verantwortungsvolles und „grünes" Bild von sich in der Öffentlichkeit zu zeichnen[2], scheint schon beinahe gewöhnlich zu werden. Umso schwerer ist es für Marken und Unternehmen mit etabliertem Nachhaltigkeitsanspruch, diesen wirkungsvoll zu kommunizieren.

„Um Verunsicherungen der Verbraucher vorzubeugen und die Verbraucher zu CSR-Belangen wirksam zu informieren, ist eine zielgerichtete und transparente CSR-Kommunikation von Unternehmen unabdingbar."[3] Wagner und Eichhorn führen Ausgewogenheit, Vergleichbarkeit, Genauigkeit und Aktualität als Umsetzungsideale in der Berichterstattung zu Nachhaltigkeit an (Wagner und Eichhorn 2013, S. 107).

Die DNA der Marke Mey gründet auf drei Werten bzw. Attributen: innovativ, anspruchsvoll und verantwortungsbewusst (Abb. 2). Nachhaltigkeit spielt in allen drei Werte-Dimensionen eine Rolle und kommt sowohl auf Produkt- als auch auf Prozessebene zum Ausdruck. Der Markenclaim „Don't go with less." (dt. „Gib dich nicht mit weniger zufrieden.") fasst die Schnittmenge der Werte zusammen, die wiederum grundlegend sind

[2] http://wirtschaftslexikon.gabler.de/Definition/greenwashing.html Zugriff: 04.10.2017.
[3] http://nachhaltig-einkaufen.de/media/file/63.Unternehmens-_undStakeholder-Studie_CSR-Kommunikation_CSCP_VI_2012.pdf, Zugriff: 30.09.2017.

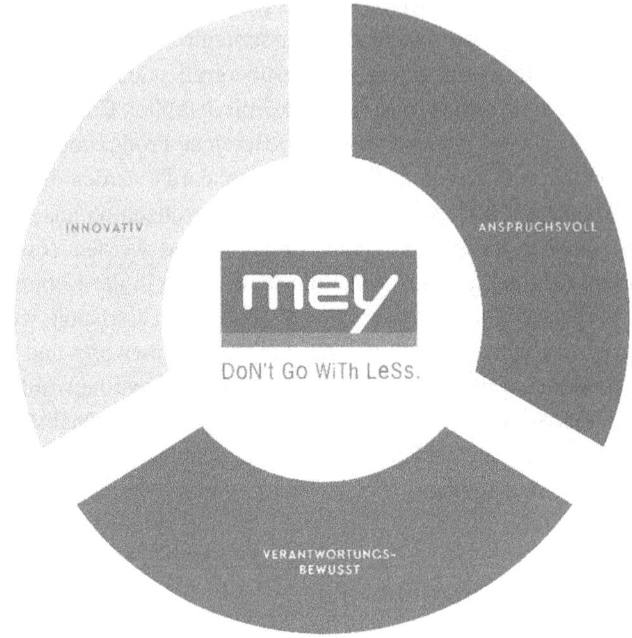

Abb. 2 Das Mey Markenmodell

für unsere Kommunikationsstrategie. Hierbei betrachten wir nicht nur die Kommunikation auf B2B-Ebene mit unseren Lieferanten, Partnern und Fachhandelskunden, sondern auch den Kontakt zum Endkunden.

Die Kommunikation mit starken Motiven und Statements ist seit Langem fester Bestandteil der Mey Kommunikationsstrategie. Die Wertekampagne, die zur Herbst/Winter Saison 2016 lanciert wurde, ergänzt die bisher stärker produktfokussierten Kampagnen und transportiert eine wertorientierte Botschaft. Dabei werden besonders die Wertschätzung von hochwertiger Wäsche und die klare Positionierung gegen Billigproduktion in den Vordergrund gestellt. Headlines wie „Haben Ihre Shorts schon mehr von der Welt gesehen als Sie?", „Wenn Fastfood nicht gut ist, warum sollte Fast Fashion dann besser sein?" oder „Beschränken Sie die globale Erwärmung auf Ihr Schlafzimmer." appellieren an das Verantwortungsbewusstsein der Verbraucher und sollen diese dazu animieren, sich stärker mit den Hintergründen und tatsächlichen Qualitätsmerkmalen und dem tatsächlichen Wert der Produkte auseinanderzusetzen, als rein nach dem Preis zu entscheiden. Die Kampagne findet sich in Printanzeigen, in POS-Werbemitteln sowie in der Online- und Social-Media-Kommunikation wieder. Neben diesem Kampagnenkonzept, das sowohl in der Presse als auch bei Endverbrauchern für starke Resonanzen gesorgt hat, wird die aktive Kommunikation unserer Nachhaltigkeits- und CSR-Belange in allen relevanten Kanälen künftig eine deutlich stärkere Rolle spielen, da sie uns als ein wichtiger USP von zahlreichen Mitbewerbern differenziert.

Wir werden verstärkt Wert darauf legen, den Konsumenten einen Einblick in unser Tun zu ermöglichen durch redaktionelle und Online-Inhalte über unsere Produktionsphilosophie und Werthaltung, persönliche und authentische Beiträge der beteiligten Mitarbeiter oder die verstärkte Kommunikation relevanter Fakten über unser Packaging und am Point of Sale, um nur einige Beispiele zu nennen. Dadurch können sich die Kunden ihre eigene Meinung bilden, erlangen tieferes Wissen und Verständnis über das verantwortungsvolle Herstellen von hochwertiger Wäsche und ziehen diese Aspekte bei ihrer Kaufentscheidung in Betracht. Wir erweitern so nicht nur das Wissen der Konsumenten, sondern stärken auch ihre Identifikation mit den Produkten und die emotionale Bindung an die Marke. So werden Kunden zu Botschaftern der Marke. Für die Kommunikation, insbesondere in den Social-Media-Kanälen, kann dies beispielsweise auch eine Erhöhung des User Generated Content oder die verstärkte Konzentration auf Empfehlungsmarketing und Expertenwissen bedeuten. Konsumenten vertrauen den Meinungen und Empfehlungen anderer Konsumenten eher als omnipräsenten und oft unglaubwürdig erscheinenden, weil oberflächlichen, Werbebotschaften (Kern und Vogt 2016).

Bei der wirkungsvollen Kommunikation – und dies gilt nicht nur im Zusammenhang mit Nachhaltigkeit – genügt es aber nicht, sich auf einen oder wenige ausgewählte Kommunikationskanäle zu beschränken. Es geht vielmehr um eine 360°-Betrachtung aller relevanten Touchpoints, rund um den Kunden. Denn eine gute Beziehung zu zufriedenen Kunden ist heute der Schlüssel zu nachhaltigem Erfolg.

> Strong customer relationships drive sales, sustainability, and growth, especially in today's economy.
> Tom Cates[4]

Literatur

Heinrich P (2013) CSR und Kommunikation. Springer Gabler, Heidelberg

Kern J, Vogt A (2016) Future. Fashion. Economics. dfv Mediengruppe, Frankfurt

Nies U (2013) In: Heinrich P (Hrsg) CSR und Kommunikation. Springer Gabler, Heidelberg

Wagner R, Eichhorn M (2013) CSR Kommunikation & Social Media. In: Heinrich P (Hrsg) CSR und Kommunikation. Springer Gabler, Heidelberg

[4] https://salesleadershipportal.wordpress.com/2014/01/13/five-tips-for-creating-relationships-that-drive-sales-tom-cates/ Zugriff: 11.10.2017.

Matthias Mey war nach seiner Ausbildung zum Bankkaufmann und dem MBA-Studium an der European University in München und Lausanne 13 Jahre lang für die Holy Fashion Group in Kreuzlingen/Schweiz tätig. Zuletzt verantwortete er dort als Geschäftsführer die Premiummarke windsor. und war Mitglied der Unternehmensleitung. Nach dreijähriger Mitgliedschaft im Beirat der Mey Unternehmensgruppe trat er 2014 in das Familienunternehmen ein, führt dieses nun in der dritten bzw. vierten Generation und verantwortet als geschäftsführender Gesellschafter die Bereiche Vertrieb, Marketing und Design. Mey gehört zu den führenden Bodywear- und Lifestylemarken Europas. Neben dem Hauptsitz in Albstadt gibt es eigene Produktionswerke in Portugal und Ungarn. Das Unternehmen beschäftigt über 1.000 Mitarbeiter, von denen mehr als die Hälfte in Deutschland beschäftigt sind.

Lena Faisst ist seit 2015 bei der Mey Unternehmensgruppe als Teamleitung in Albstadt für die strategischen Marketingprojekte sowie die Onlinekommunikation und das Retail Marketing zuständig. Nach ihrem Bachelorstudium in Kultur- und Kommunikationswissenschaften an der Zeppelin Universität Friedrichshafen war sie mehrere Jahre in internationalen Unternehmen der Textil- und Modebranche tätig und hat ihre praktischen Erfahrungen dann in einem Masterstudium in Entrepreneurship (Themenschwerpunkte Innovations- und Organisationsentwicklung und Leadership) interdisziplinär vertieft.

Einführung systematisches CSR bei GREIFF Mode

Nicole Wagner

GREIFF Mode zählt zu den führenden Herstellern von Berufsbekleidung, vor allem für die Dienstleistungsbrache, die Hotellerie und die Gastronomie. GREIFF ist ein inhabergeführtes Unternehmen, das im Jahre 1802 in Greiffenberg/Schlesien gegründet wurde und seit 1945 in Bamberg mit ca. 120 Mitarbeitern zu Hause ist.

Der Grundstein für die Einfügung von systematischem CSR wurde bereits im Jahr 2010 gelegt. In einen Workshop erarbeitete die Geschäftsleitung zusammen mit allen Führungskräften Mission, Vision und Werte. Das Leitbild wurde von Mitarbeitern für alle Mitarbeiter als Leitfaden entwickelt. Die daraus entstandenen Werte sind (Abb. 1).

Diese Werte werden von allen Mitarbeitern und der Geschäftsführung seit diesem Zeitpunkt gelebt. Um sich mehr mit dem Wert Nachhaltigkeit auseinanderzusetzen und diesen Wert tiefer in die Unternehmenskultur zu verankern, entschloss sich die Geschäftsfüh-

Abb. 1 Leitbild GREIFF Mode. (Quelle: Text: (Mission, Vision, Werte); Graphik: Nicole Wagner

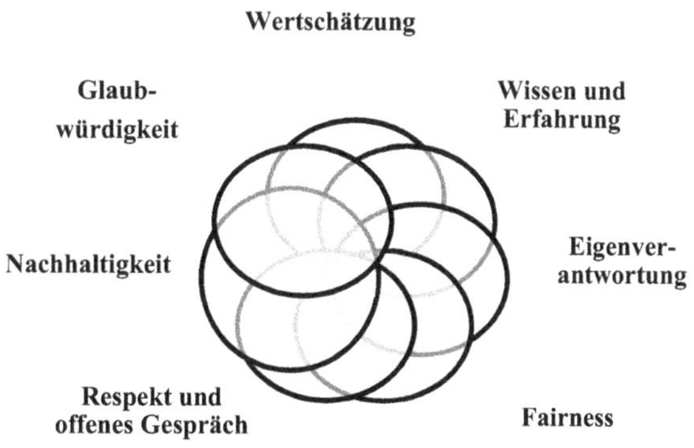

N. Wagner (✉)
Corporate Responsibility, GREIFF Mode GmbH & Co. KG
Bamberg, Deutschland
E-Mail: nicole.wagner@me.com

P. Heinrich (Hrsg.), *CSR und Fashion*, Management-Reihe Corporate Social Responsibility,
https://doi.org/10.1007/978-3-662-57697-7_18

Ökologie	Ökonomie	Soziales
Die Beleuchtung wurde auf LED-Technik umgestellt, soweit dies sinnvoll und möglich war.	Durchführung von Tests mit unseren Oberstofflieferanten um eine Möglichkeit der Recyclingfähigkeit von Polyester zu finden.	Alle Lohnbetriebe haben die ILO-Kernarbeitsnormen unterschrieben und sich zur Einhaltung verpflichtet.
Verwendung von umweltschonenden und wenn möglich recycelten Materialien. Druck der Kataloge auf FSC Papier.	Einkleidung der deutschen Fußball-nationalmannschaft für Menschen mit geistiger Behinderung mit Business-anzügen.	Sehr unterschiedlich Zeitmodelle für Mitarbeiter in Teilzeit. Teilzeit-ausbildung für junge Mütter.
Bei der Neuanschaffung von Fahrzeugen und Geräten wird besonderes auf die Energieeffizienz und CO^2 Werte geachtet.	Umstellung der Polo-Shirts und Blusen auf Bio-Baumwolle. Kochjacke aus Biobaumwolle.	Regelmäßige hausinterne Schulungen und Förderung von Weiterbildung aller Mitarbeiter bei externen Dienstleistern.
Produktzertifizierung aller eingesetzten Oberstoffe nach OEKO-TEX® Standard 100.	GREIFF ist Gründungs-mitglied der Vereinigung MaxTex (www.maxtex.eu)	Bedarfsanalyse zum Thema Vereinbarkeit von Beruf und Familie in Unternehmen.

Abb. 2 CSR bei GREIFF Stand Frühjahr 2014. (Quelle: Nicole Wagner)

rung im Jahr 2014 die Stelle Unternehmensverantwortung/Corporate Responsibility neu zu schaffen.

Wie in den meisten anderen Unternehmen auch, war es bis zu diesem Zeitpunkt so, dass bereits einige CSR-Themen von den unterschiedlichsten Abteilungen vollkommen selbstverständlich aber unbewusst bearbeitet wurden.

Hier ein paar Beispiele für CSR bei GREIFF, Stand Frühjahr 2014 (Abb. 2).

Die neu geschaffene Stelle sollte eine Struktur in die CSR-relevanten Themen bringen und alle Mitarbeiter auf diese neue CSR-Reise mitnehmen. Die Stelle Unternehmensverantwortung/Corporate Responsibility wurde daher als Stabsstelle im Unternehmen integriert.

GREIFF machte sich zunächst über folgende Themen Gedanken:

1 Warum systematisches CSR bei GREIFF?

Wie eingangs bereits erwähnt, wurde der Grundstein für systematische CSR bereits mit Mission, Vision und Werte gelegt. Hinzu kam, dass sich GREIFF neuen Anforderungen hinsichtlich verantwortungsvollem Handeln als Mitglied der Gesellschaft stellen wollte.

Spätestens nach dem verheerenden Unglück des Rana Plaza in Bangladesch und vielen weiteren Katastrophen erkannte die Bekleidungsindustrie, dass ein dringendes Umdenken erforderlich sein muss.

Als Hersteller von Berufsbekleidung arbeiten wir kontinuierlich mit ca. 20 Lohnbetrieben zusammen. Alle Lohnbetriebe haben sich der Einhaltung der ILO-Kernarbeitsnormen in den Verträgen verpflichtet. GREIFF kennt alle seine Lohnbetriebe gut und besucht diese regelmäßig. Doch dies reichte uns zu diesem Zeitpunkt nicht mehr aus. Langjährige und vertrauensvolle Geschäftsbeziehungen wurden aufgebaut – umso wichtiger erachteten wir es, uns hinsichtlich Sozialstandards in den Lohnbetrieben mehr einzusetzen und diese systematisch umzusetzen.

Wir glauben (und glauben bis heute) daran, dass durch systematische CSR in der Berufsbekleidungsbranche ein Innovations- und Wettbewerbsvorteil entstehen kann wie:

- Langfristige Kundengewinnung und -bindung
- Technische/technologische Innovationen durch neue Herangehensweisen
- Kostensenkung durch Innovationssteigerung
- Mitarbeitergewinnung, -bindung und -zufriedenheit
- Kostensenkung durch effizienteren Ressourceneinsatz
- Risikominimierung.

2 Welche Ansprüche haben unsere Stakeholder?

Die Anforderungen unserer Stakeholder hinsichtlich verantwortungsvollen Handelns seitens GREIFF nahmen zu. So fragen Kunden und Geschäftspartner häufiger nach den Arbeitsbedingungen in den Lohnbetrieben und nach der Belegbarkeit hierüber durch Zertifikate. Auch bei der Teilnahme an öffentlichen Ausschreibungen bemerkten wir ein Umdenken bei den Beschaffern, so veränderten sich die Vergabekriterien und der Nachhaltigkeit wurde ein größerer Stellenwert zugeteilt. Diese gestiegene Nachfrage hatte zur Folge, dass auch unsere Mitarbeiter sich mehr für die Arbeitsbedingungen in den Lohnproduktionsstätten interessieren. Mit folgenden Fragen wurden wir seitens unserer Stakeholder konfrontiert:

- Werden die definierten Werte von GREIFF eingehalten und wie wird dies überprüft?
- Gibt es einen Verhaltenskodex bei GREIFF (Code of Conduct)?
- Wie sind die Arbeitsbedingungen bzw. die sozialen Standards entlang der textilen Kette?
- Wie werden die Standards kontrolliert und sichergestellt, dass diese eingehalten werden?

3 Welche Rolle spielt CSR in der Wertschöpfungskette von GREIFF?

Um langfristiges, gutes CSR in einem Unternehmen der Berufsbekleidungsindustrie zu etablieren, ist es wichtig, sich mit allen Stufen der Wertschöpfung zu befassen. GREIFF betrachtete daher zunächst die zentralen Wertschöpfungsstufen des eigenen Unternehmens. Hier wurden die Bereiche Ökonomie, Ökologie und Soziales analysiert und eine Bestandsaufnahme des bisher Vorhandenen durchgeführt (vgl. Abb. 2). Zu einem späteren Zeitpunkt beschäftigte sich GREIFF mit den vorgelagerten Wertschöpfungsstufen (siehe myGREIFF Code) und zukünftig werden wir uns mehr mit den nachgelagerten Wertschöpfungsstufen befassen (z. B. Prüfung der Möglichkeiten von Textilrecycling).

3.1 MaxTex

Aus diesem Anlass ist GREIFF Gründungsmitglied der Vereinigung MaxTex. MaxTex ist eine 2014 gegründete, internationale Vereinigung von Textil-Herstellern, Rohstoff-Produzenten, Konfektionären, Textil-Dienstleitern sowie wissenschaftlichen Institutionen. Diese Vereinigung verbindet das Ziel, nachhaltiges Handeln über die gesamte textile Wertschöpfungskette sicherzustellen. Dabei steht unternehmerische Verantwortung in sozialer, ökologischer und ökonomischer Hinsicht gleichermaßen im Mittelpunkt.

3.2 Verhaltenskodex

GREIFF hat sich als erstes das Ziel gesetzt, einen Verhaltenskodex für alle Mitarbeiter und für seine Lohnbetriebe zu erarbeiten. In diesem Verhaltenskodex sind folgende Punkte verankert (Abb. 3).

Dieser Verhaltenskodex wurde in den Sprachen Deutsch, Englisch und Französisch verfasst und alle Lohnbetriebe verpflichteten sich durch ihre Unterschrift der Einhaltung dieses Verhaltenskodex. Nun stellten sich jedoch sehr schnell weitere Fragen:

- Wie kann GREIFF die Einhaltung seines Verhaltenskodex gewährleisten?
- Wie können die Arbeitsbedingungen verbessert werden?
- Wie wird gewährleistet, dass alle Menschenrechte eingehalten werden?

3.3 Fair Wear Foundation (FWF)

Um diesen neuen Anforderungen gerecht zu werden und um einen Partner an der Seite zu haben, welcher bei der Umsetzung von Sozialstandards in den Lohnbetrieben unterstützt und berät, entschließt sich GREIFF für eine Mitgliedschaft in der Fair Wear Foundation.

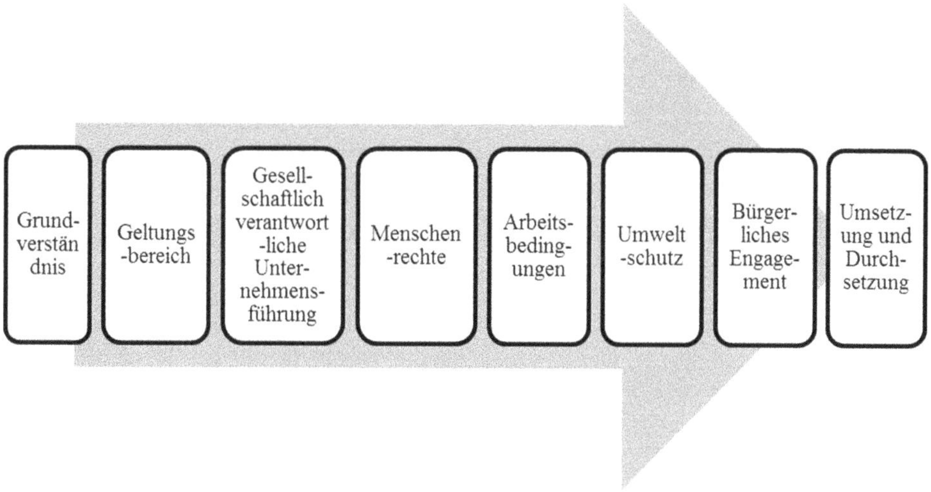

Abb. 3 Verhaltenskodex. (Quelle: Text: CoC GREIFF; Graphik: Nicole Wagner)

Die Fair Wear Foundation ist eine unabhängige Non-Profit-Organisation, die sich weltweit für bessere Arbeitsbedingungen in der Bekleidungsindustrie einsetzt. Ziel ist es, ein menschenwürdiges, sicheres und gesundes Arbeitsumfeld, die soziale Absicherung sowie eine gerechte Entlohnung in den Produktionsstätten aller Mitgliedsunternehmen sicherzustellen.

Durch Wissensaustausch, sozialen Dialog und die Stärkung der industriellen Beziehungen steigert die Fair Wear Foundation die Effektivität der von den Unternehmen getroffenen Maßnahmen. Als Mitglied der FWF erhält man Einblick in Länderstudien und den Zugang zu Stakeholder-Netzwerken in ca. 15 Produktionsländern (Quelle: FWF Kommunikationsbroschüre).

Die 8 Arbeitsrichtlinien der Fair Wear Foundation sind in Abb. 4 gezeigt.

Im März 2015 wurde GREIFF Mitglied in der Fair Wear Foundation und arbeitet seither kontinuierlich an einer Verbesserung der Arbeitsbedingungen in seinen Lohnproduktionsbetrieben.

Seit diesem Zeitpunkt haben wir bei ca. 70 % unserer Lohnbetriebe unabhängige Audits sowie zwei Mitarbeiter- und Managementtrainings durchgeführt. Wir arbeiten seither noch enger mit unseren Lohnbetrieben zusammen und konnten viele gewonnene Erfahrungen bereits umsetzen.

Die Mitgliedschaft bei der Fair Wear Foundation bietet viele Vorteile:

- Erfahrungsaustausch mit den anderen Mitgliedsunternehmen der Fair Wear Foundation
- Verbesserung bei der Umsetzung der Sozialstandards in den Lohnbetrieben
- Unterstützung und Beratung durch die Fair Wear Foundation

Abb. 4 Fair Wear Foundation. (Quelle: Text und Bilder: FWF; Graphik: Nicole Wagner)

- Bessere Kommunikation mit den Stakeholdern (z. B. jährlich erscheinender Sozialbericht auf der GREIFF-Website)
- Kontinuierlicher Verbesserungsprozess durch jährliche Verifizierung durch die Fair Wear Foundation

3.4 Bündnis für nachhaltige Textilien

Nun stellt sich GREIFF einer weiteren Herausforderung: der Mitgliedschaft im Bündnis für nachhaltige Textilien (Abb. 5). Anfangs waren wir etwas zurückhaltend, denn die Ziele des Textilbündnisses sind sozial, ökologisch und ökonomisch umfangreich und für ein mittelständisches Unternehmen der Berufsbekleidungsindustrie nicht einfach umsetzbar.

Dies sind die Ziele des Textilbündnisses:

- Verbesserungen der Lebens- und Arbeitssituation der Menschen in den Produktionsländern
- Verringerung von chemischen Produktionszusätzen
- Durchsetzung der weltweit gültigen Sozialstandards
- Verantwortungsvolles Handeln

Anfang 2017 wurden alle Mitglieder des Textilbündnisses dazu aufgerufen, eine Roadmap zu erstellen und sich darin ihrer Ziele zu verpflichten. In dieser Roadmap müssen Ziele in den Bereichen Chemikalien- und Umweltmanagement, Sozialstandards und existenzsichernde Löhne sowie Naturfasern gesetzt werden. In dem Bereich Sozialstandards

Abb. 5 Textilbündnis. (Quelle Abb.: www.textilbuendnis.com)

konnten wir schon einige Erfahrungen sammeln und die Zielsetzung war für GREIFF leicht zu definieren. Bei den Bereichen Chemikalien- und Umweltmanagement sowie Naturfasern bemerkten wir hingegen, dass wir teilweise noch am Anfang einer neuen Thematik stehen, der es sich nun zu stellen gilt.

3.5 Fairtrade

Als Hersteller von Berufsbekleidung hat bei GREIFF ein Katalog eine Gültigkeit von zwei Jahren. So war es Mitte des Jahres 2016 wieder soweit, einen neuen attraktiven Katalog für unsere Kunden zu gestalten, welcher innovative und auch nachhaltige Produkte beinhalten sollte. GREIFF entschloss sich mit der Umstellung auf den neuen Katalog (gültig ab Februar 2017), einen Teil seiner hochwertigen Gastronomiekollektion nur noch mit fair gehandelter Baumwolle anzubieten. Die Baumwolle der GREIFF Kollektionen „Cuisine Exquisit“ und „Cuisine Premium“ ist seit diesem Zeitpunkt zu 100 % Fairtrade-zertifiziert.

Produkte mit Baumwolle, welche als Fairtrade-zertifiziert ausgezeichnet werden dürfen, müssen bis zum Baumwollfeld rückverfolgbar sein und stammen nur von Fairtrade-Produktionsorganisationen. Dies wird durch unabhängige Kontrollen des Waren- und Geldflusses über die ganze Lieferkette hinweg gewährleistet.

Die neuen Fairtrade-Produkte werden daher ausschließlich in nur zwei unserer Lohnproduktionsbetriebe konfektioniert. Diese beiden Betriebe mussten hinsichtlich Sozialstandards zusätzlich zertifiziert werden. Dies war für uns auch ein erster Schritt, um mehr über unsere vorgelagerte Wertschöpfungskette zu erfahren.

3.6 myGREIFF-Code

Einen weiteren Schritt gingen wir mit der Entwicklung des myGREIFF-Codes. Wir machten uns Gedanken über mehr Transparenz und wollten die Rückverfolgbarkeit der Lieferkette unserer Produkte bei allen NOS-Artikel (Never out of Stock) für unsere Kunden abbilden. So wurde ein Trackingtool bzw. eine Datenbank entwickelt, welches es jedem Kunden ermöglicht, die komplette Lieferkette der NOS-Artikel einzusehen: der myGREIFF-Code.

Mithilfe des myGREIFF-Codes (zu finden auf dem eingenähten Etikett jedes Kleidungsstücks) kann der gesamte Herstellungsprozess eines Produktes von der Faser bis zum Fertigteil nachvollzogen bzw. abgebildet werden. Der Kunde kann auf Länderebene sehen, woher die Rohstoffe kommen und wo diese weiterverarbeitet wurden.

Diese umfangreiche Datenbank ist direkt mit unserem Warenwirtschaftssystem verbunden und holt sich die Informationen fertigungssauftragsbezogen aus diesem. GREIFF arbeitet kontinuierlich an einer Verbesserung dieser Datenbank, denn zukünftig wollen wir noch weitere Informationen zur Verfügung stellen, wie z. B. wann ein Audit oder ein Training in dem Konfektionsbetrieb durchgeführt wurde usw.

Hier ein Beispiel des myGREIFF-Codes (Abb. 6).

3.7 develoPPP.de-Projekt

Zwischenzeitlich wurden viele CSR-Themen bei GREIFF bearbeitet und befinden sich in einem kontinuierlichen Verbesserungsprozess. Jedoch gibt es noch sehr viele zukünftige Themen, für dessen Umsetzung mehr Wissen und Erfahrungen notwendig sind. So entschlossen wir uns im Frühjahr 2017 an der Teilnahme eines develoPPP.de-Projektes.

Ziel des Projektes ist die Stärkung eines für GREIFF wichtigen Beschaffungsmarkts durch die Qualifizierung eines strategisch wichtigen Konfektionärs. Diese Qualifizierung soll uns in die Lage versetzen, Sozial- und Umweltstandards gemäß den anspruchsvollen Anforderungen aus dem Textilbündnis sowie der Fair Wear Foundation umzusetzen. Wir möchten unsere Einkaufs- und Beschaffungsstrukturen entlang der Lieferkette optimieren und im Sinne der Nachhaltigkeit ausrichten. Darüber hinaus sollten die gewonnenen Kenntnisse aus diesem Projekt dafür eingesetzt werden, Lieferanten in anderen Beschaffungsmärkten zu qualifizieren und diese bei der Entwicklung höherer Umwelt- und Sozialstandards zu unterstützen.

Das Projekt ist in verschiedene Arbeitspakete gegliedert und beinhaltet Workshops und Seminare in den Bereichen Sozialstandards, Chemikalienmanagement sowie Qualitäts- und Produktivitätssteigerung. Die Geschäfts- und Einkaufsprozesse von GREIFF sollen nach sozialen und ökologischen Kriterien optimiert und im Sinne der Nachhaltigkeit entwickelt werden.

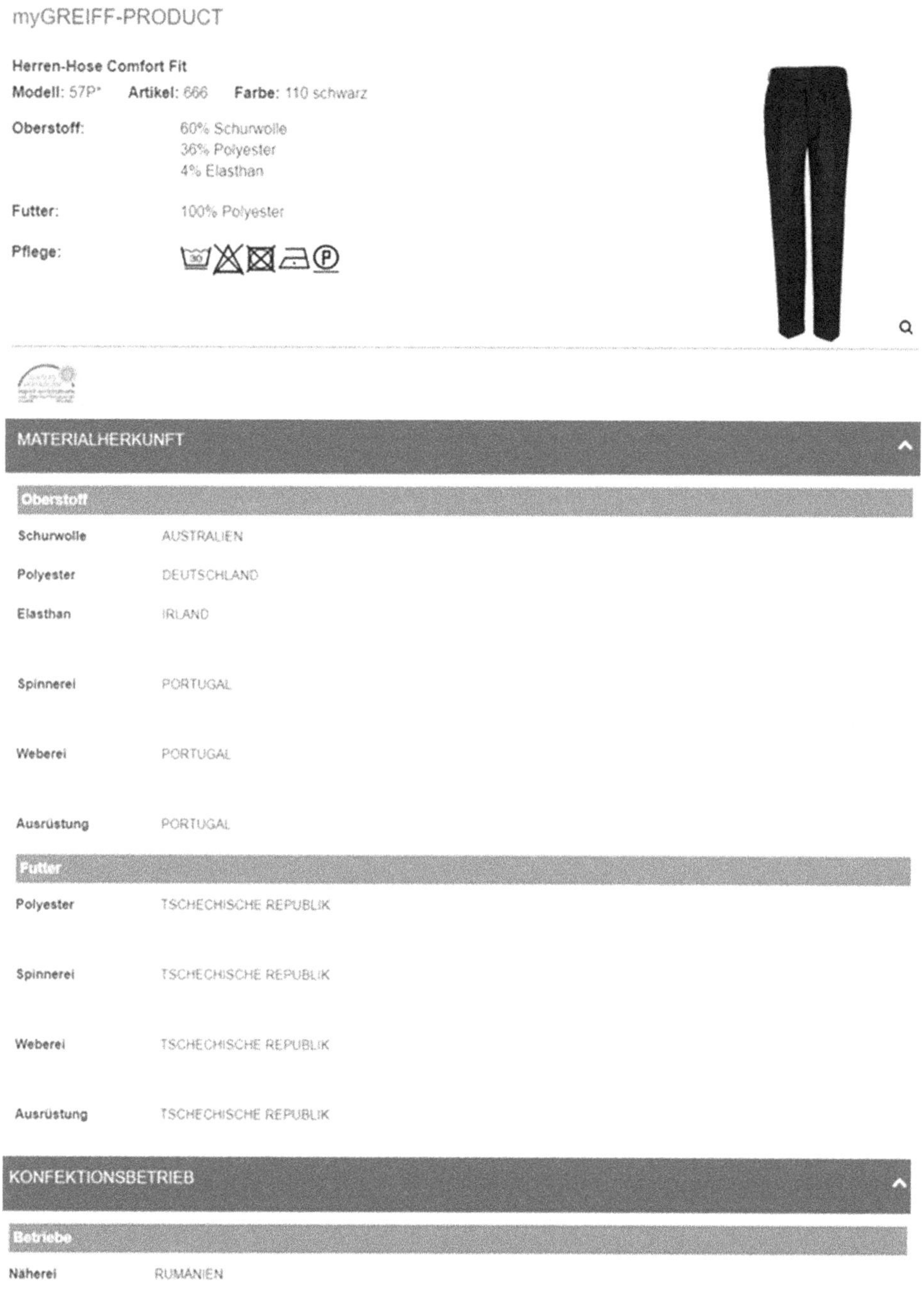

Abb. 6 myGREIFF-Code

Dieses Projekt wird über einen Zeitraum von zwei Jahren andauern. Die besondere Herausforderung für GREIFF wird es sein, die Erkenntnisse daraus in anderen Beschaffungsmärken umzusetzen und die notwendigen Veränderungen einzuleiten.

4 Kommunikation

Wie kommuniziert GREIFF seine Nachhaltigkeitsthemen (Abb. 7; CSR Kommunikation) nach innen und außen?

Im Jahr 2015 erstellten wir zum ersten Mal für unsere Kunden eine CSR-Broschüre, in welcher wir über alle CSR-relevanten Themen bei GREIFF informieren und ausführlich die verschiedenen Themengebiete erklären. Diese Broschüre wurde im Jahr 2017 aktualisiert und neu aufgelegt.

Sie beinhaltet folgende Themen:

- Mitgliedschaft FAIR WEAR Foundation
- FAIRTRADE-zertifizierte Baumwolle
- Gründungsmitglied MaxTex
- Mitgliedschaft Bündnis für nachhaltige Textilien
- Verhaltenskodex
- Oeko-Tex Standard 100
- myGREIFF Code

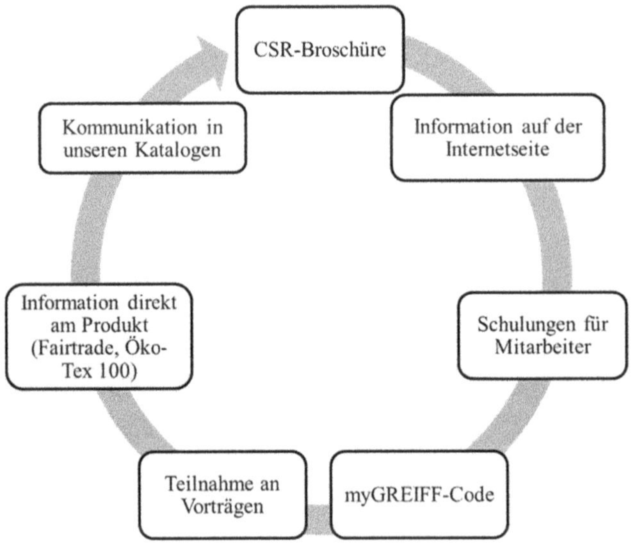

Abb. 7 CSR Kommunikation

Zusätzlich informiert GREIFF über Nachhaltigkeitsthemen unter https://greiff.de/unternehmen/unternehmensverantwortung/. GREIFF erstellt jährlich – jeweils für das zurückliegende Geschäftsjahr – einen „Social Report". In diesem berichten wir über unsere Einkaufspraktiken und über unsere Aktivitäten in unseren Lohnbetrieben. Wir geben Einblick in die Ergebnisse unserer Audits und berichten über Fortschritte und Veränderungen.

Bei GREIFF ist Nachhaltigkeit fest in den Werten und im Kerngeschäft verankert. Daher sind Mitarbeiterschulungen ein wichtiger Teil einer erfolgreichen CSR-Kommunikation. So fanden z. B. Schulungen bei der Umstellung unser Gastrokollektion von konventioneller Baumwolle auf Fairtrade-zertifizierte Baumwolle statt. In diesen Schulungen wurde das gesamte Vertriebsteam inklusive der Exportabteilung von Fairtrade-Mitarbeitern geschult und hatte zusätzlich die Gelegenheit, mehr über fair gehandelte Produkte zu erfahren.

5 Zukünftige Themen und Herausforderungen

Zukünftig wird GREIFF intensiv an allen bisherigen Nachhaltigkeitsthemen arbeiten und diese weiter verbessern. Wir werden unsere vorgelagerten Wertschöpfungsstufen genauer untersuchen und diese hinsichtlich Nachhaltigkeit weiter optimieren. Hierzu gehört eine noch intensivere und vertrauensvolle Zusammenarbeit mit unseren Vorlieferanten.

GREIFF wird den myGREIFF-Code weiter verbessern, um allen Verbrauchern mehr Informationen und Transparenz über unsere Produkte zu geben.

Zusammen mit der Fair Wear Foundation möchten wir weitere Verbesserungen der Arbeitsbedingungen in unseren Lohnbetrieben erreichen. Wir möchten zukünftig mehr Trainings in unseren Lohnbetrieben durchführen, um die Mitarbeiter wie auch das Management noch stärker über ihre Rechte aufzuklären.

Im Rahmen des developPPP.de-Projekts möchten wir aus den Workshops lernen und das gewonnene Wissen in unseren anderen Märkten adaptieren. Wir werden an messbaren Leistungsindikatoren (KPIs) arbeiten, um unsere Nachhaltigkeitsarbeit besser einschätzen und bewerten zu können.

Nicole Wagner wurde am 04.05.1978 in Bamberg geboren. Die Industriefachwirtin ist CSR-Managerin bei GREIFF Mode GmbH & Co. KG in Bamberg. Frau Wagner ist bereits seit dem Jahr 2005 bei der Firma GREIFF Mode GmbH & Co. KG in Bamberg beschäftigt. Zunächst war sie im Vertrieb und Key-Account tätig. Im Jahr 2014 machte Nicole Wagner eine Weiterbildung zur CSR-Managerin bei der IHK Nürnberg. Seit diesem Zeitpunkt verantwortet Frau Wagner die Stelle Corporate Responsibility bei GREIFF Mode.

CSR im Bereich modische Arbeitsschutzbekleidung

Henning Strauss, Gabriel Jäckel, Victoria Lauer und Friederike Hoppe

1 CSR in der Textilindustrie

Faire Arbeitsbedingungen in der Produktion und umweltverträgliche Herstellungsprozesse sind Themen, mit denen sich viele Unternehmen und Organisationen tagtäglich beschäftigen. Besonders in der Textilbranche hat sich in den vergangenen Jahren einiges bewegt. Die Textil- und Bekleidungsindustrie steht unter einem steigenden Wettbewerbsdruck und gilt als Treiber der Globalisierung. Die Branche ist gekennzeichnet durch personalintensive Handarbeit und weltweite Produktion.

Die Herstellung von Arbeitskleidung ist komplex – Sicherheit, Schutz und Funktionalität spielen dabei eine bedeutende Rolle. Gleichzeitig soll sie gut aussehen und modern sein. Aber unter welchen Arbeitsbedingungen wird die Bekleidung produziert? Was bedeutet dabei eigentlich CSR? Wie etabliert ein Unternehmen, welches die Branche der Arbeitsbekleidung prägt und für Arbeitssicherheit steht, ethische Werte in der gesamten

H. Strauss (✉)
Geschäftsführender und CMO der engelbert strauss GmbH & Co. KG, engelbert strauss GmbH & Co. KG
Biebergemünd, Deutschland
E-Mail: gabriel.jaeckel@engelbert-strauss.de

G. Jäckel
Unternehmenskommunikation, engelbert strauss GmbH & Co. KG
Biebergemünd, Deutschland
E-Mail: gabriel.jaeckel@engelbert-strauss.de

V. Lauer · F. Hoppe
Nachhaltigkeit, engelbert strauss GmbH & Co. KG
Biebergemünd, Deutschland
E-Mail: victoria.lauer@engelbert-strauss.de

F. Hoppe
E-Mail: friederike.hoppe@engelbert-strauss.de

P. Heinrich (Hrsg.), *CSR und Fashion*, Management-Reihe Corporate Social Responsibility,
https://doi.org/10.1007/978-3-662-57697-7_19

Herstellungskette? Transparenz ist eine wichtige Säule im Selbstverständnis der Unternehmen und Marken, denn Transparenz schafft Vertrauen. CSR ist ein komplexes Thema mit zahlreichen Facetten und ein dauerhafter Prozess. Der Hauptaspekt dabei ist, dass auf lange Sicht nicht auf die Kosten der Menschen in anderen Regionen auf der Erde und auf Kosten zukünftiger Generationen gelebt werden darf. CSR wirkt sich auf alle Bereiche des Alltags aus und kann nur durch internationale Kooperationen erreicht werden.

Besonders in Zeiten wachsender Vernetzung und stärkerer Hinterfragung durch die Öffentlichkeit und zahlreicher kritischer Bilder in den Medien gewinnen Faktoren wie Transparenz und Verantwortungsbewusstsein immer mehr an Bedeutung. Begriffe wie „CSR" oder „Nachhaltigkeit" sind aus der öffentlichen Diskussion nicht wegzudenken. Für die Unternehmen ist es wichtig, über diese Themen glaubwürdig und konsistent nach außen kommunizieren. Sei es im Bereich Social Media, PR (Public Relation) oder über direkte Anfragen im Service – die Kunden und andere Stakeholder werden kritischer und fordern eine erhöhte Transparenz von wirtschaftsorientierten Unternehmen.

Heutzutage ist ein großes Bestreben zu beobachten, Bekleidung und Textilien fair und umweltschonend herzustellen – erkennbar ist das für die Verbraucher auf den ersten Blick allerdings nicht. Wie also kann der Kunde über das Engagement der Unternehmen informiert werden? Wie sollen die Mitarbeiter geschult werden, die hinsichtlich dieser Thematik eine Schnittstelle zum Kunden und weiteren Interessengruppen darstellen? Wie schafft man Transparenz in Zeiten komplexer Vernetzungen in der globalen Herstellungskette?

Antworten auf diese und weitere Fragen zur Nachhaltigkeit bei engelbert strauss gibt einer der beiden Geschäftsführer, Henning Strauss. Gemeinsam mit seinem Bruder, Steffen Strauss, fördert er das Engagement für eine nachhaltige Entwicklung. Zunächst aber sollen die Nachhaltigkeitsaktivitäten bei engelbert strauss in einem kurzen Überblick vorgestellt werden.

2 engelbert strauss und modische Arbeitsschutzbekleidung

Als Markenhersteller für Arbeitsbekleidung und insbesondere als Familienunternehmen hat das Thema Nachhaltigkeit große Bedeutung für engelbert strauss. Nachhaltiges Wirtschaften ist eine Voraussetzung, um langfristig erfolgreich zu sein. engelbert strauss ist hauptsächlich in der Textilbranche aktiv und hat sich auf den Bereich Workwear – Arbeitskleidung, Arbeitssicherheit – spezialisiert. Neben Berufsbekleidung umfasst das Sortiment Schuhe, Arbeitsschutz und Zubehör.

Der Themenkomplex wird bei engelbert strauss unter dem Begriff Nachhaltigkeit kommuniziert – das bedeutet für das Unternehmen, soziale, ökologische und ökonomische Aspekte miteinander in Einklang zu bringen. Schwerpunkte der Nachhaltigkeitsaktivitäten liegen bei engelbert strauss in folgenden Themenbereichen: Produkte, Umwelt, Produktion und Gesellschaft.

Im Unternehmen sind die Verantwortlichkeiten für das Thema Nachhaltigkeit auf verschiedene Abteilungen verteilt. Das Management von Nachhaltigkeit ist im Einkauf und in der Produktentwicklung angesiedelt. In den vergangenen Jahren hat sich auch die Kommunikation der Tätigkeiten im Bereich Nachhaltigkeit verstärkt. Somit werden weitere Aufgaben im Rahmen der Nachhaltigkeit von anderen Unternehmensbereichen übernommen, so zum Beispiel von der Abteilung der Unternehmenskommunikation.

Auch engelbert strauss ist bewusst, dass sich das öffentliche Interesse am Themenkomplex Nachhaltigkeit intensiviert hat. Daher ist das Unternehmen im stetigen Austausch mit seinen Stakeholdern. Diese haben vielfältige Ansprüche und Erwartungen an das Unternehmen. „In welchen Ländern werden die engelbert strauss Produkte eigentlich gefertigt?"; „Wie stellt das Unternehmen sicher, dass das Arbeitsumfeld dort gut ist?"; „Wer sagt mir, welche Produkte fair hergestellt wurden?"; „Was unternimmt engelbert strauss, um die Belastung für die Umwelt möglichst gering zu halten?" Die Informationen zu aktuellen Tätigkeiten im Bereich Nachhaltigkeit sollen transparent weitergegeben werden. Umgekehrt sind die Rückmeldungen der Stakeholder ein wichtiges Feedback für das Nachhaltigkeitsmanagement bei engelbert strauss.

2.1 Nachhaltigkeitsaktivitäten bei engelbert strauss

Produkte

Neben Funktion und Design der Produkte im Bereich der Arbeitsschutzbekleidung beinhaltet das Verständnis von Produktqualität insbesondere Aspekte wie Sicherheit, Umweltverträglichkeit und Fairness. Daher werden diese bereits während der Entwicklung der eigenen Kollektionen und der Zusammensetzung des Sortiments berücksichtigt. In der Produktion gelten deshalb beispielsweise strenge Schadstoffvorgaben. Zusätzlich hat sich engelbert strauss 2013 dem weltweit strengsten Textil-Standard angeschlossen und ist bluesign® Systempartner geworden. Das Ziel dabei ist es, über den gesamten Herstellungsprozess kontrollierte und sichere Produkte zu entwickeln. Mit bluesign technologies stimmt sich engelbert strauss ab, um die Sicherheit hinsichtlich der Inhaltsstoffe unserer Materialien zu verbessern. Für die Optimierung der Produkte ist das Unternehmen zudem auf der Suche nach nachhaltigen Materialien.

Produktion

Die Implementierung der Sozial- und Umweltstandards in der Herstellung der Produkte sind die Grundvoraussetzung für ein menschliches Arbeitsumfeld in den Produktionsstätten. In diesen Betrieben bietet das Unternehmen mehreren tausend Menschen eine langfristig ausgerichtete Beschäftigung. Mit vielen Produktionspartnern verbindet das Unternehmen eine langjährige, vertrauensvolle Zusammenarbeit.

Menschlichkeit ist ein wichtiger Unternehmenswert und die Basis für ein erfolgreiches Miteinander. Zudem kann nur durch einen schonenden Umgang mit der Natur und ihren Ressourcen ein langfristiger Unternehmenserfolg für engelbert strauss sowie für alle beteiligten Produktionspartner und Lieferanten geschaffen werden.

Eine klare Stellungnahme zur Beachtung der beiden Aspekte Mensch und Natur hat engelbert strauss in einem Verhaltenskodex (Code of Conduct) zusammengefasst. Dieser ist Teil der Vereinbarung mit Produktionspartnern und Lieferanten. In den Produktionsstätten hängt der Code of Conduct meist aus und steht damit den Mitarbeitern zur Verfügung – in Englisch sowie weiteren Landessprachen. Die Einhaltung der hier festgelegten Standards seitens der Partner sieht das Unternehmen als Grundlage für eine fortwährende Zusammenarbeit. Der Code of Conduct entspricht inhaltlich den strengen Arbeitsrichtlinien der Fair Wear Foundation.

engelbert strauss ist Mitglied der Fair Wear Foundation – einer unabhängigen, gemeinnützigen Organisation, die mit Unternehmen und Produktionsstätten zusammenarbeitet. Ihr Ziel ist es, die Arbeitsbedingungen in der Textilindustrie zu verbessern. Gemeinsam mit ihr setzt sich engelbert strauss für ein gutes Arbeitsumfeld der Menschen ein, die weltweit die engelbert strauss Bekleidung fertigen. FWF überprüft regelmäßig, inwiefern die Mitgliedsunternehmen menschenwürdige Arbeitsbedingungen bei den Produktionspartnern und in der Lieferkette umsetzen. Dazu gehören unter anderem unabhängige Kontrollen in den Produktionsstätten sowie jährliche Überprüfungen der internen Managementsysteme und Einkaufprozesse bei engelbert strauss.

Umwelt

Gerade als Familienunternehmen ist engelbert strauss bestrebt, zukünftigen Generationen dieselben Lebensbedingungen und Ressourcen zu hinterlassen, die auch heute zur Verfügung stehen. Dieses Umweltmanagement wird als fortwährende sowie selbstverständliche unternehmerische Verantwortung angesehen. Von der sorgfältigen Auswahl der Rohstoffe und Materialien über den eigentlichen Produktionsherstellungsprozess bis hin zur Logistik und Verpackungsentsorgung sollen Schritt für Schritt neue umweltschonende Entwicklungen und Ideen vorangetrieben werden.

Der sparsame und effiziente Einsatz natürlicher Ressourcen ist eine notwendige Voraussetzung für das Geschäft von engelbert strauss. Dahingehend wird auch von den internationalen Produktionspartnern eine permanente Optimierung erwartet. Umweltaspekte werden bereits in die Produktentwicklung integriert.

Gesellschaft

engelbert strauss hat sich entschlossen, den Schwerpunkt seines gesellschaftlichen Engagements auf die Bildungsarbeit in Entwicklungs- und Schwellenländern zu setzen: Insbesondere an den Produktionsstandorten möchte das Unternehmen Kindern den Zugang zu Bildung erleichtern, beispielsweise durch die Errichtung von Schulgebäuden oder die Bereitstellung von Unterrichtsmaterialien. Zudem bezieht engelbert strauss nachhaltige Baumwolle mit dem „Cotton made in Africa"-Siegel für seine Textilien und unterstützt damit den Umweltschutz sowie Kleinbauern in Afrika. Cotton made in Africa setzt sich für die langfristige Verbesserung der Lebens- und Arbeitsbedingungen von afrikanischen Baumwollbauern sowie den Erhalt wertvoller Ressourcen ein.

2.2 Interview mit Geschäftsführer Henning Strauss

Den Hersteller modischer Arbeitsbekleidung erreichen tagtäglich viele Fragen der unterschiedlichen Stakeholder – von den besonderen Bedingungen in der Produktion bis hin zur transparenten Kommunikation. Im Interview mit Geschäftsführer Henning Strauss werden diese Aspekte der komplexen Thematik „CSR im Bereich modische Arbeitskleidung“ beleuchtet und vertieft. Der Markenstratege hat die nachhaltige Ausrichtung des Familienunternehmens in den vergangenen Jahren entscheidend mitgeprägt.

Wo entstehen denn eigentlich die engelbert strauss Produkte?
Henning Strauss: engelbert strauss fertigt die Produkte aktuell weltweit in mehr als 30 Ländern – sowohl in Europa als auch in Asien und Afrika – je nach Produktkategorie und Spezialisierung der Partnerbetriebe. Der Großteil wird in Partnerbetrieben in Asien produziert. In Laos, Bangladesch und Vietnam entsteht weit mehr als die Hälfte unserer Arbeitsbekleidung. Einige der Produktionsstätten fertigen exklusiv für engelbert strauss. Neben diesen Ländern zählen auch China, die Türkei und Italien zu unseren wichtigsten Standorten.

Wieso produziert engelbert strauss hauptsächlich in Asien?
Henning Strauss: Der globale Schwerpunkt der Textilfertigung liegt schon seit vielen Jahren in Asien. Hier haben viele Produktionsbetriebe spezifische Fachkenntnisse und besonderes Know-how entwickelt. Außerdem hat sich um diese Betriebe herum so auch die für die Fertigung nötige Infrastruktur gebildet. Wir arbeiten je nach fachlicher Spezialisierung mit Partnern aus den unterschiedlichen Ländern zusammen. Einige Produktionsbetriebe liegen in Entwicklungs- und Schwellenländern, in denen Sozial- und Umweltstandards noch nicht so entwickelt sind wie beispielsweise im westlichen Europa. Wir nehmen in diesen Betrieben Einfluss auf die Produktionsbedingungen und geben so durch unsere Arbeit entscheidende Impulse für die Entwicklung vor Ort.

Was differenziert engelbert strauss als Arbeitsbekleidungshersteller von der Fashion-Branche?
Henning Strauss: engelbert strauss ist kein klassisches Modeunternehmen mit ständig wechselnden Kollektionen. Mehr als 80 % des Sortiments, bezogen auf Schuhe und Bekleidung, bleiben über viele Jahre weitgehend unverändert. Wir ergänzen das bestehende Sortiment jährlich um neue Artikel oder verändern Produktdetails in Design oder Funktionalität. Somit bestehen relativ lange Vorlaufzeiten und die Möglichkeit für unsere Lieferanten, die Produktion und Kapazitäten gut einplanen zu können. Zu dem festen Sortiment präsentieren wir zwei Mal jährlich neue Artikel, für Frühjahr/Sommer und Herbst/Winter.

Wir entwickeln in Zusammenarbeit mit den Lieferanten unsere eigenen Produkte und Kollektionen. Die Arbeitskleidung muss häufig speziellen und durchaus komplexen Anforderungen entsprechen. Gerade die hohe Anzahl an Pflege- und Waschzyklen sowie der stetige Gebrauch der Arbeitsbekleidung stellen anspruchsvolle Bedingungen an Materialien und Verarbeitung. Darüber hinaus besitzt die Kleidung in vielen Arbeitsbereichen eine Schutzfunktion für den Menschen und muss daher gesetzliche Qualitätsvorgaben und spezielle Normen erfüllen. Neben einem hohen sicherheitsrelevanten Standard beziehen wir strenge gesundheitliche und ökologische Aspekte in die Produktentwicklung ein. All diese Ansprüche müssen wir miteinander in Einklang bringen. Wir legen daher hohen Wert auf eine langfristige und vertrauensvolle Zusammenarbeit mit unseren Produktionspartnern. Wir arbeiten aktuell mit etwa 70 % unserer Lieferanten seit mehr als 5 Jahren zusammen, mit knapp 30 % sogar seit mehr als zehn Jahren.

Wo liegen die Herausforderungen für engelbert strauss im Bereich Nachhaltigkeit?
Henning Strauss: Als Marktführer stehen wir auch und besonders was das Thema Nachhaltigkeit anbetrifft stärker im Fokus als Mitbewerber. Deshalb sind wir gefordert, mit gutem Beispiel voranzugehen. Gerade als inhabergeführtes Familienunternehmen fühlen wir uns unseren nachhaltigen Grundsätzen stärker verpflichtet.

Dennoch ist zu bedenken, dass der Markt für Arbeitskleidung hinsichtlich nachhaltiger Produktion noch wenig entwickelt ist. Das führt dazu, dass unser nachhaltiges Wirtschaften mit einer anderen Kostenstruktur einhergeht, weil wir eben mehr gefordert sind als unbekanntere Mitbewerber. Besonders in Zeiten immer komplexer werdender Netzwerke und Lieferketten ist es eine Herausforderung, Transparenz zu wahren und unser stetiges Engagement dahingehend vertrauenswürdig zu kommunizieren. Wir sind davon überzeugt, dass sich die Investitionen langfristig durch das Markenvertrauen, dass wir bei unseren Kunden schaffen, amortisieren.

Was bedeutet eine komplexe Lieferkette konkret für engelbert strauss?
Henning Strauss: Hinter der Herstellung unserer Produkte steht mehr, als auf den ersten Blick erkennbar ist. Unsere Produkte bestehen aus ganz verschiedenen Komponenten wie Stoffen, Knöpfen und Reißverschlüssen. Eine unserer Bundhosen setzt sich beispielsweise aus rund 80 Einzelteilen zusammen. Diese müssen erst produziert werden, bevor sie schließlich den Nähbetrieb erreichen. Zu Beginn der Herstellungskette werden die Rohstoffe verarbeitet. Aus Baumwolle und Polyester entstehen dann Garne und Stoffe. Der Nähbetrieb verbindet alle Komponenten und stellt das Produkt fertig. Somit sind für die Herstellung eines einzigen Produktes viele Schritte notwendig, was die gesamte Lieferkette komplex macht.

Wie kann der Kunde dann noch erkennen, ob ein Kleidungsstück von engelbert strauss fair hergestellt ist?
Henning Strauss: Wir haben hohe Ansprüche an die faire Produktion unserer Bekleidung – und zwar bei jedem Artikel. Ein gutes und menschliches Arbeitsumfeld in den

Produktionsbetrieben ist eine grundlegende Anforderung von engelbert strauss. Dementsprechend möchten wir auch transparent mit unseren Stakeholdern kommunizieren.

Wer sind die Stakeholder von engelbert strauss?
Henning Strauss: Täglich erreichen uns Anfragen rund um Mensch und Umwelt, ob nun per Telefon, E-Mail, im persönlichen Gespräch, in den workwearstores® oder auf Messen. Zum Thema Nachhaltigkeit haben die Stakeholder von engelbert strauss unterschiedliche Anforderungen und Erwartungen. Hier ist ein kontinuierlicher und enger Austausch von Ansichten besonders wichtig. Zu unseren Stakeholdern zählen unsere Mitarbeiter, Kunden, Produktionspartner und deren Beschäftigte, Nichtregierungsorganisationen, Politik, Medien, Bildungseinrichtungen und Nachbarn. Damit wir den jeweiligen Erwartungen gerecht werden, verwenden wir unterschiedliche Kommunikationskanäle, um über Nachhaltigkeit bei engelbert strauss zu berichten.

Wie wird das Thema Nachhaltigkeit innerhalb des Unternehmens kommuniziert?
Henning Strauss: Damit eine angemessene und transparente Kommunikation mit den externen Stakeholdern erfolgen kann, ist im ersten Schritt die interne Kommunikationsarbeit hinsichtlich Nachhaltigkeitsthemen von großer Bedeutung. Die Mitarbeiter, die letztlich externe Anfragen bearbeiten, benötigen eine fundierte Ausbildung. Es bedarf eines intensiven Wissensaustauschs. Das komplexe Thema Nachhaltigkeit fordert spezielles Know-how und Fingerspitzengefühl in der Beantwortung von Anfragen seitens der Kunden bzw. Interessengruppen. Transparenz beginnt folglich schon im Inneren, dadurch kann eine erfolgreiche Kommunikation mit externen Anspruchsgruppen gewährleistet werden.

Mitarbeitern im Kundenservice und den workwearstores® bieten wir daher spezielle Workshops an. Hier ermöglichen wir ihnen, sich im Rahmen offener Diskussionen einzubringen. Darüber hinaus stehen allen Mitarbeitern in der Kantine und im e.s. Magazin RotWeiss Informationen zur Verfügung, um so eine Wissenskultur zu schaffen.

Wie wird mit den externen Stakeholdern zum Thema Nachhaltigkeit kommuniziert?
Henning Strauss: Die Anfragen der Kunden, Nichtregierungsorganisationen, Politiker und Nachbarn erreichen in den meisten Fällen das Team Kundenservice oder direkt die Mitarbeiter in den vier workwearstores® (Biebergemünd, Hockenheim, Bergkirchen und Oberhausen). Diese zählen zu den sogenannten *klassischen Kundenkontaktkanälen*, sprich Face-to-Face-Kontakt, Telefonanfragen oder Brief- und E-Mail-Beantwortung. Auch im Ausland erreichen uns Anfragen, die von den Tochtergesellschaften in den verschiedenen Ländern in Zusammenarbeit mit dem Team am Headquarter bearbeitet werden.

Eine zunehmend große Rolle spielen digitale Kanäle. Insbesondere das heutige Social-Media-Umfeld bietet viele weitere Kommunikationsmöglichkeiten. Hier kann ebenso ein direkter Dialog mit den Anspruchsgruppen erfolgen, wie innerhalb der klassischen Kundenkontaktkanäle. engelbert strauss konzentriert sich dabei zurzeit insbesondere auf die Kanäle Facebook und Instagram. Hier konnten in letzter Zeit vermehrt Anfragen zum

Thema Nachhaltigkeit vermerkt werden. Diese werden vorwiegend von der Unternehmenskommunikation bearbeitet und beantwortet.

Gibt es weitere externe Kontaktkanäle?
Henning Strauss: In unserem jährlichen Sozialbericht bieten wir unseren Kunden und weiteren Stakeholdern Einblicke in die Arbeitsbedingungen in der Produktion. Aktuelle Informationen zu Nachhaltigkeitsthemen halten wir auf unserer unternehmenseigenen Webseite bereit.

Mit Nichtregierungsunternehmen, Bildungseinrichtungen, Prüfinstituten, Politik, Medien, anderen Unternehmen unserer Branche und Nachbarn tauschen wir uns vor Ort oder auf Veranstaltungen im persönlichen Dialog aus. Zudem stehen wir im engen Austausch mit unseren Partnern, wie der Fair Wear Foundation, der Initiative Cotton made in Africa und bluesign technologies.

3 Fazit

Das Thema Nachhaltigkeit entwickelt sich zum Erfolgsfaktor für Wirtschaftsunternehmen. Kunden und andere Stakeholder schauen zunehmend kritischer auf das unternehmerische Handeln der Markenhersteller. Hinsichtlich des Umgangs mit den Herausforderungen, die sich daraus ergeben, entstehen viele Fragen, die Unternehmen sich stellen müssen. Besonders in der Branche, in der das Unternehmen tätig ist, gilt es, die komplexen Strukturen und Lieferketten transparent zu machen, um so Vertrauen zu schaffen. Doch nicht nur die Besonderheiten der Branche prägen das Engagement – als Familienunternehmen übernimmt engelbert strauss umso mehr Verantwortung gegenüber den eigenen Mitarbeitern und den Beschäftigten, die an der Herstellung der Produkte beteiligt sind. Als Marktführer für Arbeitsbekleidung steht engelbert strauss im Fokus der Öffentlichkeit und möchte deshalb mit gutem Beispiel vorangehen. Um diese Aspekte für die Stakeholder transparent zu machen, stehen vielfältige Kanäle zur Kommunikation zur Verfügung. engelbert strauss nutzt hier eine große Bandbreite und gestaltet so aktiv den Dialog. Nur so kann engelbert strauss die Basis für ein nachhaltiges, verantwortungsvolles Wirtschaften schaffen.

Henning Strauss ist Geschäftsführer und CMO der engelbert strauss GmbH & Co. KG mit den Schwerpunkten Strategische Markenausrichtung, Marketing, Produktentwicklung, Einkauf und Nachhaltigkeit.

Gabriel Jäckel Bachelor of Arts im Bereich der Medien- und Kommunikationswirtschaft mit den Schwerpunkten Unternehmenskommunikation und Journalismus, ist seit 2017 mit den Schwerpunkten Öffentlichkeitsarbeit und Social Media Management bei engelbert strauss tätig.

Victoria Lauer Bachelor of Arts im Bereich Betriebswirtschaftslehre mit Schwerpunkt auf Nachhaltigkeitsmanagement und -kommunikation, ist seit 2016 als Nachhaltigkeitsbeauftragte im Einkauf bei engelbert strauss tätig.

Friederike Hoppe ist bei engelbert strauss im Einkauf seit 2013 zuständig für Nachhaltigkeit. Sie hat sich zuvor während des Studiums der Wirtschaftswissenschaften (Diplom) an der Leibniz Universität Hannover auf Nachhaltigkeit spezialisiert und mehrere Jahre als Consultant Unternehmen zu Nachhaltigkeit beraten.

Unternehmerische Verantwortung in der Schuh-Industrie

Stefan D. Seidel

1 Einführung

Das Thema unternehmerische Nachhaltigkeit hat in der Schuh- und Textilindustrie einen besonderen Stellenwert.

Mit der wettbewerbsbedingten Auslagerung der Produktion an externe Hersteller in Länder mit deutlich günstigeren Produktionskosten wurden Anfang der neunziger Jahre die Risiken im Hinblick auf Sozial- und Umweltstandards deutlich erhöht. Viele der neuen Herstellerländer wiesen in diesen Bereichen deutliche Defizite auf und tun dies zum Teil bis heute.

Aus Sicht von PUMA war diese Auslagerung alternativlos. Ein Festhalten an eigenen Produktionsstätten in Deutschland hätte den wirtschaftlichen Fortbestand des Unternehmens gefährdet.

Eine Auslagerung der Verantwortung für Sozial- und Umweltstandards war allerdings für die größeren Markenartikler aufgrund des Risikos von Reputationsschäden und öffentlicher Kritik im Zusammenhang mit ihrer Marke nicht möglich. Journalisten und Nichtregierungsorganisationen prangerten zu Recht die Defizite beispielsweise im Arbeitsrecht oder bei Arbeitssicherheitsstandards an. Relativ rasch wurde damit klar, dass sich die moralische Verantwortung der großen Marken auch auf die Mitarbeiter der externen Herstellerfirmen erstreckt.

S. D. Seidel (✉)
Head of Corporate Sustainability, PUMA SE
Herzogenaurach, Deutschland
E-Mail: stefan.seidel@puma.com

P. Heinrich (Hrsg.), *CSR und Fashion*, Management-Reihe Corporate Social Responsibility,
https://doi.org/10.1007/978-3-662-57697-7_20

2 Sozialstandards

Um dieser Verantwortung gerecht zu werden, führten nahezu alle größeren Abnehmer von Schuhen und Textilien früher oder später eigene Verhaltenskodizes ein, die in der Regel auf den Kernarbeitsnormen der Internationalen Arbeitsorganisation (ILO) basieren.

Der aktuelle PUMA Verhaltenskodex deckt die ILO-Kernarbeitsnormen ab und orientiert sich am Verhaltenskodex der Fair Labor Association, in der PUMA seit 2004 Mitglied ist.

Solche Verhaltenskodizes waren schnell erstellt und auch eine verbindliche Unterschrift der Lieferanten, dass man die jeweiligen Vorgaben und Standards einhält, war ohne größeren Aufwand zu bekommen.

Allerdings war damit das Problem in keiner Weise gelöst. Problematisch sind seitdem neben einer unterschiedlichen Auslegung der ethischen Normen in verschiedenen Kulturkreisen auch eine weit verbreitete Tendenz der Herstellerfirmen, die an die Auftragsvergabe geknüpften Bedingungen einfach zu unterschreiben, um damit den Auftrag zu sichern. Erst dann werden Anstrengungen unternommen, die Standards des Verhaltenskodexes zu etablieren.

Dabei kam man dann in einigen Bereichen zu ganz klaren Interessenskonflikten. Während bei der Verbesserung von Arbeitssicherheitsstandards schnell Fortschritte erkennbar waren, gestalteten sich die Zahlungen von Mindestlöhnen, Überstundenzuschlägen und Sozialversicherungsbeiträgen schwieriger. Diese Zahlungen beeinflussen die Lohnkosten in der Produktion, mit denen die Hersteller allerdings im Wettbewerb um Aufträge stehen.

Die Antwort der um ihre Reputation besorgten Marken und Handelshäuser waren Kontrollen – sogenannte Audits –, bei denen ein interner oder externer Experte die Fabrik besucht und mit Hilfe von Management- und Mitarbeiterinterviews, Überprüfen der Dokumente und ausgiebigen Begehungen vor Ort die Einhaltung der Standards in der jeweiligen Fabrik erfasst und schriftlich dokumentiert.

Der aktuelle Audit-Fragebogen von PUMA ist auf der Unternehmenswebsite öffentlich zugänglich.

Allein die großen Sportmarken führen zusammen jedes Jahr Tausende solcher Audits durch. Insgesamt wird diese Audit-Industrie heute auf über eine Milliarde US-Dollar Umsatz geschätzt. Allerdings hat auch die weit verbreitete Einführung solcher Audits nichts an den vorhandenen Interessenskonflikten zwischen Kosten und verantwortlicher Unternehmensführung geändert. Dies wiederum führte dazu, dass einige Hersteller die Einhaltung der Standards lediglich vortäuschen, um die Audits zu bestehen. Im Buch „The China Price" von Alexandra Harney (2008) findet sich eine einprägsame und detaillierte Beschreibung der angewandten Tricks und Täuschungen von doppelter Buchhaltung über die Erstellung von Vorzeigefabriken mit nachgelagerten, weit weniger vorzeigbaren Untervertragsnehmern bis hin zu einer im Handel frei erhältlichen Schummel-Software für Zeiterfassungssysteme, um exzessive Überstunden zu verbergen.

Die Erfahrungen aus 20 Jahren zeigen, dass Audits zwar die vorhandenen Probleme aufdecken können, insgesamt aber nicht geeignet sind, die systemischen Probleme der In-

dustrie, wie z. B. niedrige Löhne, exzessive Überstunden oder einen Mangel an effektiven Mitarbeitervertretungen, zu lösen.

Die Reaktion der betroffenen Marken (unterstützt von der Politik) war die Gründung von Multi-Stakeholder-Initiativen (MSIs). So hat beispielsweise die Regierung Bill Clintons in den USA die Gründung der Fair Labor Association massiv gefördert und die Regierung der Niederlande war an der Gründung der Fair Wear Foundation beteiligt. In Großbritannien entwickelte sich die Ethical Trading Initiative und von Deutschland aus trat die Business for Social Compliance Initiative (BSCI), die allerdings keine zivilgesellschaftlichen Akteure einschließt, auf die europäische Bühne.

Die MSIs sollten durch die Beteiligung von staatlichen und zivilgesellschaftlichen Akteuren als „Kontrolle der Kontrolleure" fungieren und so mit mehr Transparenz den immer noch vorhandenen Interessenkonflikten entgegentreten.

Auch der Standardsetzer der ILO-Kernarbeitsnormen, die Internationale Arbeitsorganisation selbst, hat mit Hilfe der Weltbank (IFC) eine Initiative zur Verbesserung der Arbeitsstandards in Entwicklungs- und Schwellenländern gestartet. Von Kambodscha aus wurde das gemeinsam mit der Weltbank (IFC) betriebene „Better Factories"-Programm in verschiedenen Ländern ausgerollt. Heute ist das „Better Work"-Programm in Kambodscha, Bangladesch, Indonesien, Jordanien und Vietnam aktiv und eine Expansion in weitere Länder ist in Planung.

PUMA ist neben der akkreditierten Mitgliedschaft in der FLA auch ein Partner des Better Factories-Programms von ILO/IFC.

Durch die Durchführung tausender Audits und die Begleitung der individuellen Compliance-Programme durch verschiedene MSIs und privatwirtschaftliche Initiativen hat sich zweifelsfrei eine Verbesserung der Arbeitsbedingungen in den für den Export ausgerichteten Fabriken ergeben. Im Vergleich zu den Anfängen der Produktionsverlagerungen vor 20 Jahren sind heute die meisten Produktionsstätten modern eingerichtet und verfügen in der Regel über zeitgemäße Managementsysteme für Personal und Arbeitsschutz.

Allerdings bestehen auch heute noch systemische Probleme in verschiedenen Produktionsländern, wie der katastrophale Einsturz des Rana Plaza-Gebäudes 2013 in Bangladesch mit über 1000 Toten dramatisch vor Augen geführt hat.

Systemische Probleme umfassen unter anderem staatlich kontrollierte Gewerkschaften in sozialistischen Ländern, ein gewerkschaftsfeindliches Klima in vielen Betrieben anderer Länder und ein damit verbundener weitgehender Ausschluss der Arbeitnehmer in der Compliance-Debatte sowie sehr niedrige gesetzliche Mindestlöhne und eine hohe Anzahl von Überstunden, um das Lohnniveau den Lebenshaltungskosten anpassen zu können. Auch weit verbreitete Korruption sowie teilweise fehlende öffentliche Infrastruktur und technisches Know-how erschweren bis heute eine vollständige Implementierung der Verhaltenskodizes und damit der ILO-Kernarbeitsnormen für die Produzenten unserer Schuhe und Textilien.

Diese Schwierigkeiten potenzieren sich in den unteren Gliedern einer komplexen Lieferkette. Während beispielsweise die großen Schuhfabriken in Südostasien mittlerweile im regelmäßigen Turnus von diversen Abnehmern auditiert werden, bleiben die Gerbereien oder anderweitigen Material- und Komponenten-Hersteller von solchen Kontrollen bis heute oft ausgenommen. Das in den letzten 20 Jahren etablierte Modell der individuellen Audits der Marken stößt hier deutlich an seine Grenzen. Dies gilt erst recht für die Rohmaterialherstellung, beispielsweise auf Rinderfarmen oder Baumwollfeldern.

PUMA hat seit 2016 seine größten Lieferanten von Komponenten und Materialien wie Leder oder Stoffen in das eigene Compliance-Programm aufgenommen und arbeitet mit der Better Cotton Initiative, der Leather Working Group, Bluesign und FSC im Materialbereich zusammen.

Hier sind andere Lösungen gefragt. Rohmaterialspezifische Industriearbeitsgruppen oder Multistakeholder-Initiativen wie die Better Cotton Initiative (BCI), die Leather Working Group (LWG), Bluesign oder auch das Forest Stewardship Council (FSC) haben entsprechende Materialstandards entwickelt, die sich allerdings im Falle von der LWG und Bluesign auf Umweltstandards konzentrieren und damit das wichtige Thema Sozialstandards außen vor lassen.

Ein Lichtblick für eine tiefere Reichweite in die Lieferketten im Bereich Sozial- und Umweltstandards sind die vielfältigen Aktivitäten der Sustainable Apparel Coalition (SAC) und ihres Ablegers im Bereich Sozialstandards, des Social & Labor Convergence Projects (SLCP). Hier wird aktuell versucht, einen industrieweiten, abgestimmten und akzeptierten Ansatz für die Bewertung der Sozialstandards zu etablieren. Falls diese Initiative erfolgreich ist, könnten die umfangreichen, finanziellen Ressourcen, die heute für individuelle Compliance-Audits in der ersten Stufe der Lieferkette anfallen, aufgrund einer Konsolidierung der Audits oder Kontrollen deutlich reduziert werden. Mit den eingesparten Ressourcen und einem einheitlichen Bewertungstool wäre die Einbeziehung von tieferen Ebenen der Lieferkette deutlich leichter möglich. Dies gilt umso mehr, wenn es gelingen sollte, die Hersteller selbst als treibende Akteure für die Implementierung der einheitlichen Kontrollen zu gewinnen, um damit den aus ihrer Sicht sehr aufwendigen, vielen einzelnen Audits aller Marken entgehen zu können.

PUMA ist Mitglied der SAC und aktiver Unterstützer des SLCPs.

3 Umweltstandards

Insgesamt gesehen konnten die Umweltstandards in der Schuh- und Textilindustrie mit der rasanten Entwicklung der Sozialstandards nicht Schritt halten. Zwar gab und gibt es eine umfassende Kontrolle der enthaltenen Chemikalien in den Produkten, um weltweit gesetzliche Vorschriften und Qualitätsstandards einzuhalten. Darüber hinaus haben sich die genannten Organisationen im Bereich Baumwolle, Leder, Pappe und technische Textilien etabliert.

In diese Lücke stieß zum einen die Sustainable Apparel Coalition mit ihrem HIGG Index, der es Herstellern wie Brands erlaubt, mittels einer Eigen-Bewertung anhand des Fragenkataloges der SAC die eigenen Umweltaktivitäten zu bewerten und dann auch (anonymisiert) mit den Antworten der Wettbewerber zu vergleichen.

Zum anderen gelang es Greenpeace mit der Detox-Kampagne im Jahr 2011, das Thema Umweltverschmutzung in der Textilindustrie auf die Agenda der interessierten Weltöffentlichkeit zu setzen. Der Kernforderung an die Industrie, bis 2020 auf elf gefährliche Chemikalien-Gruppen in der weltweiten Produktion zu verzichten, haben sich mittlerweile über 60 Brands und Handelshäuser aus Europa, den USA und auch Asien verpflichtet.

Darüber hinaus gründeten eine Reihe der weltweit größten Marken und Handelshäuser die Zero Discharge of Hazardous Chemicals Initiative, kurz ZDHC. Bereits zwei Jahre nach ihrer Gründung veröffentlichte die ZDHC mit Hilfe der chemischen Industrie und mehrerer internationaler Testhäuser eine Liste von Grenzwerten für Chemikalien in der Textil- und Schuhproduktion.

PUMA hat als erstes Unternehmen die Detox-Kampagne von Greenpeace unterstützt und ist Mitbegründer der ZDHC.

Mittlerweile wurde diese „Manufacturing Restricted Substances List" oder M-RSL genannte Liste durch eine Abwasserrichtlinie ergänzt, die klare Vorgaben in Bezug auf konventionelle und chemische Abwasserparameter macht.

Ein anderer Schwerpunkt im Bereich Umweltschutz ist das Thema Klimaschutz und Ressourceneffizienz. Auch hier gibt es bereits etablierte Programme, wie beispielsweise das Clean by Design-Programm der US-amerikanischen NGO Natural Resources Defense Council – oder das Ressourceneffizienzprogramm der International Finance Corporation (IFC), einer Tochter der Weltbank, in Vietnam, China und Bangladesch. Aus deutscher Sicht sei hier auf das CPI2-Programm von Systain Consulting (Otto Group) sowie das von der DEG kofinanzierte SAVE-Projekt von PUMA und H&M verwiesen, das allerdings zwischenzeitlich in dem bereits erwähnten IFC-Programm aufgegangen ist.

4 Eigene Standorte

Im Vergleich zu den vielfältigen Herausforderungen in der Lieferkette sind die Nachhaltigkeitsleistungen an den eigenen Standorten eines Unternehmens meist weitaus einfacher zu realisieren. Hier gilt es eher, im Wettbewerb um die talentiertesten Köpfe mit überdurchschnittlichen Sozialleistungen und vorbildlicher Unternehmenskultur zu punkten. Im Umweltbereich können vorbildliche Projekte, beispielsweise zu Energieeffizienz oder der Nutzung von erneuerbarer Energie, als positives Beispiel für die eigenen Mitarbeiter sowie Geschäftspartner und Lieferanten dienen.

PUMA hat beispielsweise seit 2010 eine klimaneutrale Unternehmenszentrale und kompensiert alle direkten und indirekten CO_2-Emissionen von eigenen Standorten weltweit.

5 Produkt

Jede Betrachtung über unternehmerische Verantwortung wäre nicht komplett ohne Bezug zum Kerngeschäft. Im Fall der Schuh- und Textilindustrie betrifft dies Produkte wie Schuhe und Bekleidung.

Im Kapitel Sozialstandards wurde bereits auf Optionen für nachhaltigere Materialien eingegangen. Die Optionen reichen hier von der Implementierung von nachhaltigeren Materialien ohne Einbeziehung der Konsumenten bis hin zu Produkten mit deutlich sichtbaren Nachhaltigkeitsetiketten, zum Beispiel für Biobaumwolle, Fair Trade oder den Einsatz von Recyclingmaterialien.

Einige Marken gehen so weit, das Thema Nachhaltigkeit als Differenzierungsmerkmal für die eigene Marke am Markt zu definieren. Andere bieten eigene Kollektionen mit Nachhaltigkeitsaspekten an. Wieder andere nutzen ihre Produkte, um Geld für gute Zwecke einzusammeln (Cause Related Marketing), um damit dem Konsumenten beim Kauf ein gutes Gefühl zu vermitteln.

PUMA hatte mit einer Cradle-to-Cradle-zertifizierten Kollektion in den Jahren 2013 und 2014 am Markt wenig Erfolg und verfolgt nun den Ansatz, über den Einsatz von nachhaltigeren Materialien im Volumengeschäft maximalen positiven Einfluss in der Lieferkette voranzutreiben.

Bei all diesen Anstrengungen sollte darauf geachtet werden, dem Kunden und anderen Anspruchsgruppen gegenüber mit einer ehrlichen Kommunikation zu begegnen.

Hier ist darauf zu achten, dass die verschiedenen verfügbaren Etiketten in der Regel einen Nachhaltigkeitsaspekt besonders hervorheben, damit aber keine Aussage über andere Aspekte treffen. Schuhe mit Sohlen aus recyceltem Gummi könnten theoretisch die strengen Anforderungen der EU „Reach"-Verordnung bezüglich Chemikaliensicherheit verfehlen. Es sollte also eine möglichst ganzheitliche Betrachtungsweise erfolgen, um nicht später Kritik ausgesetzt zu werden.

Ein weiterer Kritikpunkt könnte die Stückzahl der nachhaltigen Produkte im Vergleich zum Gesamtvolumen sein. Verkauft man beispielsweise Millionen von Schuhen und bewirbt gleichzeitig intensiv eine nachhaltige Kollektion mit wenigen Tausend Paaren, kann die Frage nach der Ehrlichkeit der Kommunikation aufkommen.

Andernfalls sieht man sich schnell dem Vorwurf des „Greenwashings" ausgesetzt. Dies kann im Extremfall zu massiver Kritik von Nichtregierungsorganisationen und Medien führen.

6 Nachhaltigkeitsorganisation von PUMA

Im Vorstand von PUMA fällt Nachhaltigkeit unter die Zuständigkeit des Chief Operating Officers. Um die Arbeit der Nachhaltigkeitsabteilung noch stärker ins Kerngeschäft von PUMA zu integrieren, wurde ein Executive Sustainability Committee ins Leben gerufen, das auf der Unternehmensebene angesiedelt ist. In diesem Komitee sind die Direktoren

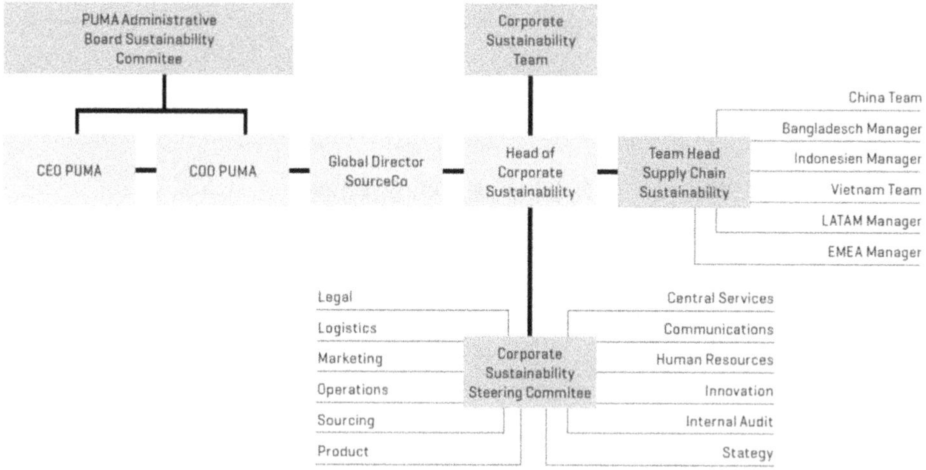

Abb. 1 PUMAs Nachhaltigkeitsorganisation. (Quelle: PUMA Geschäftsbericht 2017)

von Abteilungen wie Logistik, Einkauf, Produktmanagement, Strategie, Innovation sowie Kommunikation und einige mehr vertreten.

Darüber hinaus wurden bereits vor einigen Jahren für alle PUMA-Führungskräfte bonusrelevante Nachhaltigkeitsziele vereinbart.

PUMA verfügt über ein eigenes Nachhaltigkeitsteam von ca. 20 Mitarbeitern. Davon arbeitet ein Viertel in der Unternehmenszentrale in Deutschland, während der Großteil des Teams in den wichtigsten Produktionsländern direkt mit den Lieferanten vor Ort kooperiert.

7 Nachhaltigkeitsstrategie

Die Definition der Nachhaltigkeitsstrategie ist bei PUMA ein mehrstufiger Prozess, der mit einer formellen Materialitäts-Analyse startet, um die wichtigsten Themen für das Unternehmen aber auch die betroffenen Stakeholder-Gruppen zu identifizieren.

Des Weiteren werden die Ergebnisse der jährlich erhobenen ökologischen Gewinn- und Verlustrechnung hinzugezogen, welche die hypothetischen Kosten der Umweltauswirkungen über die gesamte Lieferkette monetär abbildet. Außerdem werden die Einschätzungen von Experten aus NGOs, Lieferanten, Wissenschaft und öffentlichen Organen aus den jährlichen Stakeholder-Dialogveranstaltungen berücksichtigt.

Die aktuelle Nachhaltigkeitsstrategie von PUMA fokussiert sich auf:

- eine Integration der Nachhaltigkeit in das Kerngeschäft
- Kooperation mit anderen Marken und Händlern innerhalb der Textilindustrie
- die Schaffung von positivem Einfluss in den Kommunen, wo PUMA direkt oder über seine Kernlieferanten aktiv ist.

Abb. 2 Die PUMA Nachhaltigkeitsziele 10FOR20. (Quelle: PUMA Geschäftsbericht 2016)

Die zehn Zielbereiche sind unterteilt in folgende Bereiche:

1. Soziale Ziele: Social Compliance, Menschenrechte sowie Gesundheit und Sicherheit am Arbeitsplatz
2. Umweltziele: Klima, Chemikalien, Materialien, Wasser und Luft und die ökologische Gewinn- und Verlustrechnung
3. Governance: Stakeholder-Engagement und Anti-Korruption

8 Fazit und Zusammenfassung

Die Besonderheit der ausgelagerten Produktion in Entwicklungsländern wird der Schuh- und Textilindustrie auf absehbare Zeit erhalten bleiben – auch wenn steigende Lohnkosten in Asien und verstärkte Automatisierung geholfen haben, Produktion vereinzelt nach Europa zurückzuholen.

Äthiopien und Myanmar haben sich bereits als die nächsten Destinationen im Bereich Textilien etabliert. Dies ist aus Sicht des Autors ethisch nicht verwerflich, solange die internationalen Arbeits- und Umweltnormen eingehalten werden. Schließlich läuten die Textil- und Schuhindustrie traditionell den Beginn der Industrialisierung wenig entwickelter Länder ein und sichern damit langfristig steigenden Wohlstand in den betroffenen Ländern, wie man am Beispiel von Taiwan und mittlerweile auch China sehen kann.

China ist mittlerweile der größte Absatzmarkt für PUMA-Produkte weltweit, während das Land vor einigen Jahren von Vietnam als größtem Sourcing-Markt abgelöst wurde.

Verantwortliche Unternehmen müssen sich heute breit aufstellen und den Fokus auf die ganze Lieferkette richten – eigene Standorte und Mitarbeiter sollten dabei nicht vergessen werden, sind aber verglichen mit den Herausforderungen in der Lieferkette leichter abzudecken.

Eine echte Integration von Nachhaltigkeitsprogrammen ins Kerngeschäft gelingt nur, wenn Produktion und Produkte abgedeckt werden. Dies muss allerdings nicht zwingend durch Produktetiketten an die Kunden kommuniziert werden. Eine sachliche und selbstkritische Kommunikation ist dabei wichtig, um nicht in die Greenwashing-Falle zu laufen.

Ein weiterer wichtiger Punkt liegt darin, alle relevanten Unternehmensbereiche einzubinden. Nur so kann das Nachhaltigkeitsengagement vom gesamten Unternehmen gelebt werden. Zudem ist eine umfassende Nachhaltigkeitsstrategie mit konkreten Zielen, die konsequent verfolgt und kommuniziert werden, nötig.

Als größte Herausforderungen für die nächsten zehn Jahre gelten Klimaschutz, die Verschmutzung der Meere durch Plastikmüll und das Thema Circular Economy, das derzeit zwar viel diskutiert wird, aber in der Realität und technischen Umsetzung noch nicht wirklich angekommen ist.

Stefan D. Seidel leitet seit 2015 den Bereich Corporate Sustainability und verantwortet somit sämtliche Umwelt- und Sozialthemen im Nachhaltigkeitsbereich bei PUMA. Außerdem ist er als Vorstandsmitglied in der „Zero Discharge of Hazardous Chemicals Initiative" aktiv. Des Weiteren vertritt Stefan D. Seidel PUMA in weiteren industrieweiten Initiativen, wie der Sustainable Apparel Coalition, dem Corporate Responsibility Committee der World Federation of the Sporting Goods Industry (WSGI) oder dem deutschen UN Global Compact Netzwerk.

Zuvor war er bei PUMA unter anderem tätig als Global Team Head Environmental Affairs und als Sustainability Team Lead EMEA. Stefan D. Seidel hat ein Master Studium an der Oxford Brookes University in Umweltmanagement sowie ein Ingenieurstudium im Bereich Umweltsicherung an der Fachhochschule Weihenstephan absolviert. Vor seinem Studium durchlief er eine Ausbildung bei der Siemens AG und leitete dabei die regionale Jugendvertretung.

CSR und Textilrecycling

Martin Böschen

1 Fast Fashion – eine wachsende Herausforderung

Seit der Jahrtausendwende haben sich die weltweiten Produktions- und Absatzmengen von Bekleidung nahezu verdoppelt. Zwischen 2002 und 2015 ist der Absatz von einer Billion US-Dollar auf circa 1,8 Billionen gestiegen (vgl. Greenpeace 2017). Kürzere Kollektions-Rhythmen, gesunkene Preise und die gestiegene Bedeutung des E-Commerce sind ursächlich für diese Entwicklung. Allein in Deutschland besitzt jede erwachsene Person im Alter zwischen 18 bis 69 Jahren im Durchschnitt 95 Kleidungsstücke (vgl. Greenpeace 2015). Zugleich werden diese nur noch halb so lange getragen wie vor 15 Jahren (vgl. Greenpeace 2017).

Der Fast-Fashion-Trend lässt die Mengen an nicht mehr benötigten Kleidungsstücken, Schuhen und Haushaltstextilien kontinuierlich steigen. In Deutschland ist das jährliche Sammelaufkommen von Alttextilien von 750.000 t im Jahr 2007 auf über 1 Mio. t in 2015 angestiegen (vgl. bvse 2015). Kleidung wird zunehmend zur Wegwerfware.

Vor diesem Hintergrund gewinnt eine nachhaltige Weiterverwertung und -verarbeitung von aussortierten Textilien verstärkt an Bedeutung, um Müllberge zu vermeiden und wertvolle Ressourcen sowie die Umwelt zu schonen (bvse 2008).

2 TEXAID: Ökonomie, Ökologie und soziales Engagement im Einklang

Zusammen mit einem Unternehmer und Know-how-Geber gründeten die sechs Schweizer Hilfswerke Schweizerisches Rotes Kreuz, Winterhilfe Schweiz, Solidar Suisse, Caritas

M. Böschen (✉)
CEO, TEXAID Textilverwertungs-AG
Schattdorf, Schweiz
E-Mail: info@texaid.ch

P. Heinrich (Hrsg.), *CSR und Fashion*, Management-Reihe Corporate Social Responsibility,
https://doi.org/10.1007/978-3-662-57697-7_21

Schweiz, Kolping Schweiz und das Hilfswerk der evangelischen Kirchen Schweiz im Jahr 1978 die TEXAID Textilverwertungs-AG als Charity Private Partnership. Das Ziel war, die bis dahin eigenständig betriebenen Sammlungen von Altkleidern gemeinsam zu koordinieren und in einer professionellen sowie nachhaltigen Wertschöpfungskette zu bündeln.

Seitdem hat sich TEXAID mit Hauptsitz im Schweizer Kanton Uri und Niederlassungen in Deutschland, Österreich, Bulgarien, Ungarn und Marokko zu einem der europaweit führenden Unternehmen im Textilrecycling weiterentwickelt.

Im Einklang von Ökonomie, Ökologie und sozialem Engagement tragen konzernweit über 1000 Mitarbeitende dazu bei, gebrauchte Textilien möglichst lange in der Wertschöpfungskette zu halten und durch den Verkauf der gesammelten Textilien finanzielle Mittel in Millionenhöhe für die beteiligten Hilfswerke sowie weitere gemeinnützige Organisationen zu erwirtschaften. Diese Gelder werden sowohl in der Schweiz als auch weltweit zur Finanzierung zahlreicher sozialer, karitativer und ökologischer Projekte eingesetzt. Im Sinne einer transparenten Unternehmenskommunikation informiert TEXAID regelmäßig über ausgewählte Projekte, die dank der Vergütungen realisiert werden konnten.

Seit Jahren gewinnt neben dem sozialen zunehmend der ökologische Mehrwert von Kleidersammlungen an Bedeutung. Viele Menschen möchten durch die Abgabe ihrer aussortierten Kleidung nicht nur einen sozialen Beitrag leisten, sondern auch den Schutz von natürlichen Ressourcen und der Umwelt fördern. Dadurch steigen die Ansprüche an eine professionelle Sammlung und nachhaltige Verwertung von Alttextilien (siehe Abb. 1).

Abb. 1 Zur Weiterverarbeitung bereitgestellte textile Rohstoffe

3 Arbeitsstufen des professionellen Textilrecyclings

Textilrecycler müssen ihre Arbeitsmethoden und Qualitätsstandards kontinuierlich überprüfen und weiterentwickeln, um nachhaltige Lösungen für aussortierte Textilien zu gewährleisten. Durch welche Maßnahmen und Methoden TEXAID die drei wesentlichen Arbeitsstufen des professionellen Textilrecyclings – Erfassung, Sortierung und Verwertung – im Sinne ökologischer und ökonomischer Nachhaltigkeit optimiert, wird im Folgenden erläutert.

3.1 Erfassung

TEXAID sammelt jedes Jahr gruppenweit rund 80.000 t Alttextilien. Die Erfassung erfolgt mit insgesamt mehr als 15.000 Alttextilcontainern, einem Inshop-Sammelsystem in ausgewählten Textilfachgeschäften, per Straßensammlung in der Schweiz sowie mit der Online-Kleiderspende PACKMEE in Deutschland.

Der Großteil der Alttextilien wird über die flächendeckend aufgestellten Container erfasst. Die Stellplätze befinden sich im öffentlichen Straßenraum sowie auf Grundstücken von Privatpersonen, Unternehmen oder Vereinen. Entsprechende Genehmigungen und die Einhaltung der rechtlichen Rahmenbedingungen sind Voraussetzung für eine gesetzeskonforme und seriöse Containersammlung (siehe Abb. 2).

Um während der Erfassung eine Qualitätsminderung der Sammelware, zum Beispiel durch Feuchtigkeit oder Schmutz, zu verhindern und gegenüber der Bevölkerung eine höchstmögliche Transparenz zu gewährleisten, sind die Alttextilcontainer witterungsgeschützt konstruiert und informativ gestaltet. Piktogramme sowie Informationstexte erläutern, welche Textilien in die Container eingeworfen werden dürfen und somit für eine

Abb. 2 Regelmäßige Leerung und Wartung der Sammelcontainer

Weiterverarbeitung geeignet sind. Für Fragen und Anliegen sind entsprechende Kontaktdaten sowie Servicenummern aufgeführt.

Zur Vermeidung hoher Umweltbelastungen und Energiekosten werden bei der Leerung der Alttextilcontainer emissionsarme Fahrzeuge sowie ein computergestütztes Logistiksystem eingesetzt. Ein Software-Programm erfasst für jeden einzelnen Container Sammel- und Intervalldaten und berechnet aus den gespeicherten Informationen den voraussichtlich besten Termin für die nächste Leerung. Auf diese Weise erhält jeder Fahrer täglich einen effizienten Tourenplan und kann per GPS-Steuerung alle Standorte gezielt anfahren. Das spart Zeit, Geld und unnötige CO_2-Emissionen.

In dicht besiedelten Schweizer Gemeinden und Städten setzt TEXAID zudem immer häufiger platzsparende Unterflur-Container ein, die eigens für den Wertstoff Alttextilie entwickelt wurden.

Der Unterflur-Container wird so eingebaut, dass an der Oberfläche nur die Einwurfsäule sichtbar bleibt. Das Säulenprinzip spart Fläche und ermöglicht eine harmonische Integration in das Ortsbild. Darüber hinaus bietet die unterirdische Lagerung mehr Platz und ein größeres Sammelvolumen als herkömmliche Container, sodass die Sammelstellen seltener angefahren werden müssen (siehe Abb. 3).

Nach einer Evaluierung ihrer verschiedenen Sammelsysteme war TEXAID zu dem Ergebnis gekommen, dass insbesondere die bisherige Form der Straßensammlung den heutigen ökologischen und ökonomischen Kriterien nicht mehr entspricht. Die Auswertungen ergaben, dass besonders in ländlichen und stadtnahen Gebieten sowie in kleineren Städten die gefahrenen Kilometer pro gesammelter Altkleidermenge via Straßensammlung dreimal mehr betragen als bei der Sammlung über das Containernetz. Aus diesem Grund wurde entschieden, diese Art der Straßensammlung in den entsprechenden Gebieten einzustellen und nach nachhaltigen Alternativen zu suchen.

Abb. 3 Leerung von Unterflurcontainern in der Schweiz

TEXAID kooperiert nun seit Januar 2017 mit der Schweizerischen Post als neuem Logistikdienstleister. Der Postbote nimmt den Sammelsack mit, die Altkleider werden in einem der Briefzentren gesammelt und anschließend durch TEXAID zur weiteren Verarbeitung in das Sortierwerk in Schattdorf gebracht. Dank der Synergien mit der Post entstehen keine Leerfahrten, da die Abholung der Altkleider mit der Postzustellung kombiniert wird.

Ende 2016 wurde PACKMEE, die Kleiderspende im Karton, als Marke der TEXAID auf den deutschen Markt gebracht. Mit diesem Online-Sammelsystem können tragfähige Kleidung, Schuhe und Haushaltstextilien kostenfrei auf dem Postweg abgegeben und damit nachhaltig und sozial verantwortungsvoll gespendet werden. Das Deutsche Rote Kreuz erhält als exklusiver karitativer Partner 50 % der Einnahmen abzüglich Porto- und Logistikkosten. Zu den Partnern gehören auch die Logistikunternehmen DHL und Hermes sowie das Textilunternehmen Esprit.

Für diese Art der Kleiderspende füllt man einen großen Karton mit 8 bis 30 kg tragbarer Kleidung, Schuhen oder Haushaltstextilien und druckt auf der PACKMEE-Homepage den kostenfreien Versandaufkleber aus. Anschließend kann der PACKMEE-Karton entweder in eine der über 55.000 Annahmestellen von DHL oder Hermes abgegeben oder dem Paketboten bei seiner nächsten Lieferung mitgegeben werden.

Der ökologische Mehrwert ergibt sich unter anderem dadurch, dass für den Versand der Kleidung die vorhandenen Prozesse der Logistikpartner DHL und Hermes genutzt werden. Somit ist PACKMEE in Zeiten des E-Commerce eine nachhaltige Ergänzung zu den bisherigen Sammelsystemen.

Auch im Handel und in der Herstellung fallen textile Restwaren und Produktionsabfälle in Tonnen an. Üblicherweise werden diese an Restposten-Händler oder Outlets weiterverkauft beziehungsweise thermisch entsorgt. Europaweit regeln umfangreiche Gesetze und Vorschriften sowohl die Entsorgung textiler Abfälle als auch den Weiterverkauf qualitativ hochwertiger Restware bis ins Detail.

Um diese fachlichen Standards zu erfüllen, müssen Hersteller und Händler auf erfahrene Spezialisten für Textilrecycling setzen und deren Kompetenz und Erfahrung nutzen. TEXAID kooperiert mit namhaften, global agierenden Markenherstellern. Gemeinsam werden individuelle Lösungen für eine ökologisch und ökonomisch nachhaltige Erfassung und Entsorgung entwickelt. Als Spezialist im Bereich End-of-life and Sustainability Solutions analysiert TEXAID die erfasste Restware, Textilabfälle sowie Ware, die nicht weiterverkauft werden kann. Letztere wird nach Möglichkeit recycelt und als Rohstoff oder neues Produkt im Textilkreislauf erhalten.

3.2 Sortierung

Eine hochwertige Sortierung entscheidet über den ökonomischen und ökologischen Wert der Alttextilien.

In den Werken im thüringischen Apolda, in Schattdorf, im Kanton Uri, sowie in den TEXAID-Unternehmen in Ungarn, Bulgarien und Marokko steht jedes einzelne Kleidungsstück während des Sortiervorganges unter sorgfältiger Begutachtung der Mitarbeiterinnen und Mitarbeiter. So wird sichergestellt, dass die sortierten Altkleider der besten Weiterverarbeitung zugeführt werden können.

Im Sortierwerk in Schattdorf unterstützen computergestützte und sprachgesteuerte Anlagen sowie Förderbänder den Sortierprozess. Dennoch obliegt der wesentliche Teil des Sortierens weiterhin der menschlichen Arbeitskraft. An allen TEXAID-Standorten überprüfen geschulte Mitarbeiterinnen und Mitarbeiter jedes Kleidungsstück und klassifizieren es nach etwa sechzig Kriterien. Diese sind beispielsweise tragbar/nicht tragbar, Sommer/Winter oder männlich/weiblich. Nach der Klassifizierung werden die Teile für den

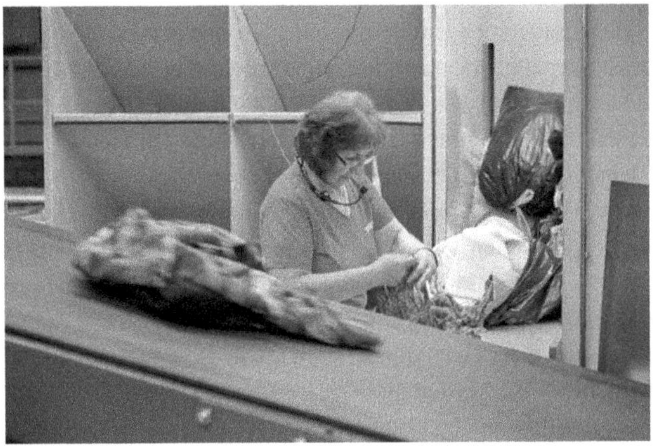

Abb. 4 Die Mitarbeiter klassifizieren Textilien nach rund sechzig Kriterien

Abb. 5 Sortierstraße im Sortierwerk Apolda

Weitertransport eingeteilt und vorbereitet. Die Sortierung filtert aus entsorgten Textilien gut erhaltene Secondhand-Kleidung heraus, die so im textilen Kreislauf bestehen bleibt (siehe Abb. 4 und 5).

3.3 Verwertung

Textilien sind Rohstoffe, die möglichst lange im Verwertungskreislauf bleiben sollten, um natürliche Ressourcen zu schonen und die Umweltbelastung zu reduzieren.

Durch die Feinsortierung erreicht TEXAID einen Anteil an Secondhand-Kleidung von 65 % und liegt damit deutlich über dem Branchenschnitt von 50 %. Auch die verbleibenden 35 % der Textilien werden einer genauen Analyse unterzogen. Stark beschädigte Teile aus Baumwolle oder Baumwollmischgewebe lassen sich zu Putzlappen verarbeiten. Die Werke in Ungarn, Bulgarien und Marokko sind auf das Zuschneiden der Reinigungstücher spezialisiert, für den Vertrieb sorgen die TEXAID-Unternehmen in der Schweiz und in Deutschland. Die für eine solche Weiterverarbeitung geeigneten Textilien werden in Handarbeit von störenden Bestandteilen, wie zum Beispiel Reißverschlüssen, Knöpfen oder Manschetten befreit und auf die optimale Größe zugeschnitten.

Rund 15 % der nicht mehr tragbaren Textilien finden auf diese Weise eine neue Verwendung. Hergestellt werden zahlreiche Sorten von Putzlappen- und Reinigungstüchern, die für die unterschiedlichsten Anwendungsbereiche geeignet sind. Das Sortiment umfasst Tücher für erste Vorreinigungsarbeiten, unter anderem in der Kfz- und Maschinenbauindustrie, bis hin zu Tüchern für die Feinreinigung in der optischen Industrie (siehe Abb. 6).

Weitere 15 % werden als Recyclingfasern für neue Bekleidung oder als Bestandteil in Decken weiterverwendet sowie maschinell zerkleinert und als Rohstoff beispielsweise zu Isolier- und Dämmstoffen oder Dachpappen verarbeitet. Lediglich 5 % der Alttextilien ge-

Abb. 6 Recyclingprodukt Putzlappen

langen in die thermische Verwertung und dienen so der Wärme- und Energieerzeugung. Damit erreicht TEXAID insgesamt eine Wiederverwertungs- beziehungsweise Recyclingquote von bis zu 95 %.

4 Strategie und Ziele des nachhaltigen Textilrecyclings

TEXAID bekennt sich zu ihrer hohen Verantwortung gegenüber Umwelt, Mensch und Gesellschaft. Daher ist die ständige Verbesserung der Klima- und Umweltvorsorge integraler Bestandteil der Unternehmensphilosophie.

Im Sinne einer ganzheitlichen, gruppenweiten CSR-Strategie hat sich das Unternehmen in den vergangenen Jahren strukturell weiterentwickelt und zahlreiche Maßnahmen, insbesondere in den Bereichen Umwelt- und Klimastrategie, Mitgliedschaften und Prüfverfahren sowie Transparenz, durchgeführt. Im Zuge der strukturellen Weiterentwicklung wurden auf Gruppenebene Projektkoordinatoren für die Bereiche Forschung und Recycling, Qualitäts- und Risikomanagement sowie Public Affairs ernannt, die gemeinsam das nachhaltige Engagement von TEXAID in internationalen Forschungsprojekten, im Rahmen von Initiativen und Organisationen sowie im intensiven Austausch mit großen Textilherstellern vorantreiben.

4.1 Umwelt- und Klimastrategie

Die Produktion von Kleidung und Schuhen verursacht eine hohe Belastung für die Umwelt. Zur Herstellung textiler Fasern benötigt die Bekleidungsindustrie stetig steigende Mengen an Energie, Wasser und Erdöl. Allein für die Herstellung einer einzigen Jeans sind über 7000 l Wasser nötig (vgl. Greenpeace 2015). Pestizide und Düngemittel bringen die Natur zusätzlich aus dem Gleichgewicht. Baumwollplantagen werden während der Wachstumsphase bis zu 25 Mal mit Pflanzenschutzmitteln behandelt (vgl. Universität Augsburg o.J.). Zudem findet das beim Produktions- und Veredelungsprozess der Textilien entstehende CO_2 Eingang in die ökologische Negativbilanz.

Wenn entsorgte Textilien weiterverwendet oder recycelt werden, entlastet dies die Umwelt erheblich. Dem stimmen auch Wissenschaftler der Schweizer Carbotech AG zu, die Unternehmen, die öffentliche Hand und andere Organisationen in Umweltfragen beraten. In einer von TEXAID in Auftrag gegebenen Studie weist Carbotech nach, dass die Umweltbelastung durch Textilrecycling im Vergleich zur Neuproduktion wesentlich geringer ausfällt und praktisch zu vernachlässigen ist. Dennoch werden auch beim Sammeln, Verwerten und Vermarkten von gebrauchten Textilien Treibhausgase erzeugt.

Um herauszufinden, wie die Umweltbilanz weiter optimiert werden kann, beauftragte die TEXAID Schweiz im Rahmen einer ganzheitlichen Klimastrategie die Swiss Climate AG, eine CO_2-Bilanz (Carbon Footprint) zu erstellen. Als Basisjahr diente das Geschäftsjahr 2013. Berücksichtigt wurden alle Mitarbeitenden sowie deren geschäftliche Aktivitäten in der Schweiz, die zur Erfüllung des professionellen Textilrecyclings nötig sind. Das Resultat und die bisherigen Anstrengungen in Richtung ganzheitlichem Umweltschutz ergaben eine positive Bilanz.

Für ihr Engagement im Bereich Umwelt und Klimaschutz wurde das Stammunternehmen TEXAID Textilverwertungs-AG im Jahr 2015 als europaweit erstes und bislang einziges Textilrecycling-Unternehmen mit dem „CO_2-Neutral"-Gütesiegel von Swiss Climate ausgezeichnet. Die Auszeichnung ist der höchste Qualitätsstandard für Unternehmen, die sich nachhaltig für den Klimaschutz einsetzen. Verifiziert wurde die Zertifizierung durch die Schweizerische Vereinigung für Qualitäts- und Managementsysteme SQS, die auch führend bei der Vergabe von ISO-Zertifikaten ist.

Die Zertifizierung verpflichtet TEXAID zur Umsetzung klar definierter Maßnahmen, die zur Verbesserung des CO_2-Fußabdrucks beitragen. Davon ausgehend wurde das Ziel definiert, bis 2020 den CO_2-Ausstoß pro Tonne gesammelter Altkleider um 15 % zu senken. Eine Zwischenbilanz im Jahr 2017 ergab, dass im Vergleich zur ersten Datenerhebung im Jahr 2013 bereits 22 % weniger CO_2 pro Tonne gesammelter Alttextilien verursacht wurden. Damit konnte das Ziel vorzeitig übertroffen werden.

Die erfolgreiche Reduktion der Treibhausgase ist auf verschiedene kleinere und größere Maßnahmen zurückzuführen. Hierzu gehört beispielsweise der Einsatz von umweltfreundlichem Recycling-Papier beim Drucken, neue Handtrockner, die den Frischfaserpapier-Anteil reduziert haben und der Bezug von Strom aus erneuerbaren Energien am Standort Schattdorf.

Weitere Maßnahmen, die zu einer wesentlichen CO_2-Reduktion beigetragen haben, sind die Umstellung auf klimaneutral produzierte Straßensammlungssäcke mit Recycling-Anteil, der Einsatz von aktualisiertem Kartenmaterial bei der Touren-Software Collectman, die Installation von Unterflur-Containern in dicht besiedelten Gemeinden sowie die Zusammenarbeit mit der Post als Logistikdienstleister in ländlichen und stadtnahen Gebieten.

Darüber hinaus unterstützt TEXAID das Çanakkale-Projekt in der Türkei. Dieses fördert die Erzeugung erneuerbarer Energie durch Windturbinen im Westen der Türkei. Dadurch wird der Verbrauch fossiler Brennstoffe reduziert und der Ausstoß von CO_2 gemindert. Das Projekt bietet der lokalen Bevölkerung in sozialer und wirtschaftlicher Hinsicht eine Vielzahl nachhaltiger Möglichkeiten. Vor der Projektumsetzung deckte die Region ihren steigenden Strombedarf mit Energie aus dem türkischen Netz. Diese wurde überwiegend durch fossile Brennstoffe, vor allem Kohle, mit einem Anteil von fast 75 % erzeugt, wodurch erhebliche Mengen an CO_2 entstanden (vgl. Swiss Climate o.J.).

Die im Rahmen des Projekts installierten Windturbinen decken, bei voller Kapazität, den gesamten Energiebedarf der Region ab. Auf diese Weise werden jährliche Emissionen im Umfang von über 55.000 t CO_2 eingespart.

Um die ehrgeizigen Umwelt- und Klimaziele auch in Zukunft zu erreichen, werden derzeit weitere Maßnahmen geprüft und vorbereitet. Unter anderem soll der Einsatz von Alttextilcontainern aus Recycling-Material oder CO_2-neutraler Produktion sowie die Anschaffung von elektrobetriebenen Sammelfahrzeugen geprüft werden.

4.2 Mitgliedschaften und Prüfverfahren

Um der hohen Verantwortung gegenüber Umwelt, Mensch und Gesellschaft gerecht zu werden, arbeitet TEXAID kontinuierlich an der Verbesserung ihrer Klima- und Umweltvorsorge und optimiert dementsprechend ihre Arbeitsprozesse sowie Qualitätsstandards. Dieses Engagement wird im stetigen Austausch mit Verantwortungsträgern aus Wirtschaft, Politik sowie Wissenschaft betrieben und die Arbeit von externen Stellen geprüft, bewertet sowie zertifiziert. Darüber hinaus ist TEXAID Mitglied in zahlreichen Verbänden, Vereinen und Organisationen, die sich für nachhaltige Strukturen in Wirtschaft, Politik und Gesellschaft einsetzen.

In der Schweiz ist TEXAID Gründungsmitglied des Fachverbands Swiss Recycling. Die Mitglieder verpflichten sich zur Umsetzung der in der Charta definierten Standards: Diese sind insbesondere Transparenz im Stoff- und Finanzfluss, optimierte Rücknahme sowie nachhaltige Entwicklung. Zudem sensibilisiert der Verband die Öffentlichkeit durch Kommunikationsarbeit für das Separatsammeln und das Recycling.

Schließlich engagiert sich TEXAID in der Gemeinschaft für textile Zukunft (GftZ), die einheitliche Standards zur Erfassung, Sortierung und Verwertung von Alttextilien erreichen möchte und mit Unterstützung des Deutschen Städte- und Landkreistages eine dementsprechende Orientierungshilfe für die Praxis bei kommunalen Ausschreibungen erarbeitet hat.

Als global agierendes Unternehmen pflegt TEXAID Mitgliedschaften im Weltrecyclingverband Bureau of International Recycling (BIR), der sich auf internationaler Ebene für die Interessen der Recyclingindustrie stark macht und im schwedischen Forschungsprogramm Mistra Future Fashion, um ihr Know-how im Bereich der ökologischen Sammlung, Sortierung und Verwertung von Textilien einzubringen und zur Weiterentwicklung der Methoden des Textilrecyclings beizutragen (siehe Abb. 7).

Abb. 7 Einhaltung und Überprüfung nachhaltiger Kriterien durch das Qualitätsmanagement

Als bislang einziges Textilrecycling-Unternehmen ist TEXAID zudem Mitglied im Bündnis für nachhaltige Textilien. Gemeinsam mit Vertreterinnen und Vertretern der Wirtschaft, der Gewerkschaften und der Zivilgesellschaft hat Bundesentwicklungsminister Dr. Gerd Müller das Textilbündnis auf den Weg gebracht. Das Ziel ist, die sozialen und ökologischen Standards in der weltweiten Textil- und Bekleidungsindustrie zu verbessern.

Zur Erreichung der Bündnisziele in den Bereichen Soziales, Chemikalien und Naturfasern haben die Mitglieder individuelle Vorgaben erstellt, die ihre geplanten Schritte beschreiben, Ziele definieren und Arbeitsprozesse sowie Strukturen offenlegen. Diese sogenannte Roadmap, an der sich auch TEXAID beteiligt hat, wurde 2018 auf Grundlage des individuellen Fortschrittsberichts für das Jahr 2017 evaluiert.

4.3 Transparenz

Eine nachhaltige Unternehmenskultur setzt einen hohen Grad an Transparenz voraus. TEXAID legt daher besonderen Wert auf eine offene und klare Unternehmenskommunikation, die über Arbeitsmethoden und Hintergründe informiert. Hierdurch soll ein ausgeprägtes gesellschaftliches Bewusstsein für das Thema Textilrecycling geschaffen und somit der Anteil der über Sammelsysteme zurück in den Kreislauf geführten textilen Rohstoffe erhöht werden. Folgende Maßnahmen und Strukturen bilden die Grundlage der transparenten Unternehmenskultur:

- Sechs namhafte Schweizer Hilfswerke sind Aktionäre der TEXAID Textilverwertungs-AG und agieren nicht nur mit ihrem Namen in der Öffentlichkeit, sondern sind aktiv im operativen Geschäft eingebunden. Als Aktionäre tragen sie das unternehmerische Risiko mit und fördern ihrerseits die nachhaltige und transparente Unternehmensstruktur.
- Durch zahlreiche Zertifizierungen und Mitgliedschaften in Organisationen, die sich um mehr Nachhaltigkeit und Transparenz in der Textilbranche bemühen, werden die Unternehmensstrukturen und Arbeitsprozesse offengelegt und im Sinne höherer Nachhaltigkeitsstandards weiterentwickelt.
- Durch Führungen in den Sortierwerken können interessierte Personen, Journalisten, Politiker und Vertreter von Organisationen einen unmittelbaren Einblick in die Arbeitsprozesse erhalten.
- Piktogramme und Beschriftungen auf den Altkleidercontainern informieren darüber, welche Alttextilien abzugeben sind und mit welchen Partnern TEXAID kooperiert. Servicenummern und Kontaktdaten vervollständigen die Informationsmöglichkeiten.
- Ein aktiver Dialog mit Presse, Öffentlichkeit, Politik sowie zahlreichen nationalen und internationalen Organisationen wird gepflegt.
- Als erstes Textilrecycling-Unternehmen wird TEXAID im Jahr 2018 einen CSR-Bericht veröffentlichen, um Informationen zu Umwelt-, Sozial- und Arbeitnehmerbelangen offenzulegen.

- Zertifikate, Qualitätssiegel sowie Zahlen zum CO_2-Management werden regelmäßig auf der TEXAID-Website, per Newsletter sowie durch Infobriefe und Pressemitteilungen veröffentlicht.

4.4 Forschung und Vision

Der enorme Verbrauch natürlicher Ressourcen, die hohen Umweltbelastungen bei der Produktion der riesigen Mengen an Kleidung, Schuhe und Haushaltstextilien sowie eine von zahlreichen Forschungsinstituten prognostizierte Verknappung der textilen Rohstoffe ab 2025, stellen die Verbraucher und insbesondere Textilproduzenten vor eine gewachsene soziale und ökologische Verantwortung (vgl. Forschungskuratorium textil 2012).

Zusätzlich erhöhen NGOs, Politik sowie die Öffentlichkeit den Druck auf Textilproduzenten und Händler. Ein Beispiel dafür ist die Detox-Kampagne von Greenpeace, in dessen Rahmen sich rund 80 global agierende Modemarken wie H&M und Adidas verpflichtet haben, bis 2020 Schadstoffe aus der Produktion zu entfernen.

Vor diesem Hintergrund müssen ressourcen- und umweltschonende Produktionsverfahren, die nachhaltige Weiterverwertung sowie das professionelle Recycling von Alttextilien weiterentwickelt werden, um Umweltbelastungen zu reduzieren und kommenden Generationen faire Entwicklungschancen zu sichern.

Obwohl bereits jetzt einige Faserhersteller Sekundärrohstoffe, beispielsweise aus textilen Produktionsabfällen oder PET-Flaschen, verwenden, befindet sich der Einsatz von Recyclingfasern aus Alttextilien bei der Bekleidungsproduktion immer noch in der Entwicklungsphase (vgl. Gemeinschaft für textile Zukunft 2016).

Große Textilhersteller und Modemarken sowie auch einzelne EU-Mitgliedstaaten unterstützen zahlreiche Forschungs- und Förderprogramme mit dem Ziel, die Erfassungs-, Sortier-, und Verwertungsmethoden von Alttextilien weiterzuentwickeln. Die Forschung konzentriert sich überwiegend auf chemische und mechanische Technologien zur Identifizierung der Materialzusammensetzung und Fasertrennung (vgl. ebd.).

Zu den Herausforderungen gehören insbesondere die abnehmende Qualität der neu produzierten Kleidung und Schuhe sowie dementsprechend auch die Qualität des Rohstoffs Alttextilie. Des Weiteren befinden sich in den Textilien zahlreiche Fasermischungen, Chemikalien und Farbstoffe, die durch aufwendige Verfahren erkannt und behandelt werden müssen. Hinzu kommen hohe Produktionskosten für Kleidungsstücke mit einem Anteil recycelter Fasern (vgl. Greenpeace 2017).

Umso bedeutender wird die Weiterentwicklung der Arbeits- und Verfahrensmethoden von TEXAID, um langfristig den hohen Secondhand-Wert von 65 % weiter zu steigern und Alttextilien, die nicht mehr als Secondhand-Ware genutzt werden können, als Textilrohstoff der Herstellung neuer Produkte zuführen zu können. Neben der Optimierung und Weiterentwicklung der vorhandenen Arbeitsmethoden, forciert TEXAID stetig ihr Engagement in der Forschung durch gezielte Investitionen in betriebsinterne und -externe Projekte sowie Kooperationen mit Textilherstellern, Forschungsinitiativen und wis-

Abb. 8 Stoffherstellung mit Fasern aus Alttextilien

senschaftlichen Einrichtungen, um Up-, Down- und Recyclingmethoden für Alttextilien voranzutreiben (siehe Abb. 8).

Hervorzuheben sind insbesondere die Forschungskooperation mit Mistra Future Fashion und dem Schwedischen Umweltinstitut (IVL).

Mistra Future Fashion verfolgt das Ziel einer „Circular Economy" in der textilen Kette. Das Projekt ist in vier Themenfelder aufgeteilt: Design, Lieferkette, Konsum und Recycling.

Im Recycling-Bereich werden vor allem Baumwoll- und PES-Mischungen untersucht, um zu erforschen, wie Mischungen separiert, Fasern bestmöglich verarbeitet und gefärbt werden können. TEXAID bringt ihr Knowhow im Bereich der ökologischen Sammlung, Sortierung und Verwertung von Textilien ein und liefert Alttextilien, die der Forschung als Rohstoffe dienen.

Das Schwedische Umweltinstitut (IVL) entwickelt automatische Sortierprozesse für Alttextilien. Diese eröffnen neue Möglichkeiten für ein hochwertiges Textil-Recycling. In einer einzigartigen Anlage in der schwedischen Stadt Avesta verwendet eine Maschine optische Sensoren, um Textilien nach ihrem Fasergehalt zu sortieren. Die automatisierte Sortiertechnik erkennt unterschiedliche Materialien und Fasern, wie Baumwolle, Wolle, Viskose, Polyester und Acryl.

Dieser Sortierprozess ermöglicht zudem, große Textilströme zu bewältigen und gleichzeitig Textilfraktionen zu produzieren, die besser auf unterschiedliche Recyclingprozesse abgestimmt sind, als dies bei der vorliegenden manuellen Sortierung bislang der Fall ist.

Die Vision von TEXAID ist, ein hochwertiges Ausgangsprodukt zu erhalten, das, im Sinne eines Closed-Loop-Recycling, in den textilen Kreislauf zurückgeführt werden kann.

5 Verantwortung in einer globalisierten Textilwirtschaft

Voraussetzung für eine nachhaltige Textilwirtschaft nach dem Closed-Loop-Prinzip ist neben wissenschaftlichen Fortschritten und technischen Innovationen im Bereich des Textilrecyclings eine sozial und ökologisch nachhaltige Gestaltung von Produktionsprozessen und globalen Produktionsketten.

Nicht nur Unternehmen sind in der Verantwortung, nachhaltiges Wirtschaften weltweit zu fördern und zu standardisieren – auch Regierungen, NGOs, Gewerkschaften und insbesondere Verbraucher können entscheidend Einfluss auf eine positive Entwicklung nehmen. Eine stetig steigende Verbrauchernachfrage nach umwelt- und sozialverträglich hergestellten Waren erhöht den Druck auf Unternehmen, ihre Produktionsprozesse nachhaltiger und transparenter zu gestalten. Um die dafür notwendigen Entwicklungen weltweit voranzubringen, sind Kooperationen von Vertretern aus Politik, Zivilgesellschaft und Wirtschaft unverzichtbar.

Unternehmerisches Handeln und gesellschaftliche Verantwortung lassen sich nicht voneinander trennen. Die Wirtschaft braucht eine menschenfreundliche Ethik um längerfristig den Ansprüchen der Gesellschaft gerecht zu werden. Unternehmen, die sich gesellschaftlich und sozial engagieren, den Schutz natürlicher Ressourcen fördern und die Entwicklung ihrer Mitarbeiter unterstützen, schaffen einen Mehrwert und erhöhen ihre Glaubwürdigkeit. Mit Blick auf eine globalisierte Wirtschaft, moderne Kommunikations- und Informationsmittel sowie aufgeklärte Verbraucher können Unternehmen nur dann langfristig erfolgreich sein, wenn sie die Unternehmensverantwortung nicht auf einzelne Goodwill-Aktionen beschränken, sondern nachhaltig praktizieren.

Literatur

bvse, Bundesverband Sekundärrohstoffe und Entsorgung (2008) Textilrecycling in Deutschland. http://bvse.de/2/2267/Textilrecycling_in_Deutschland. Zugegriffen: 5. Juli 2015

bvse, Bundesverband Sekundärrohstoffe und Entsorgung (2015) Studie – Konsum, Bedarf, und Wiederverwendung von Textilien in Deutschland

Forschungskuratorium Textil (2012) Perspektiven 2025 – Handlungsfelder für die Textilforschung der Zukunft. http://www.textilforschung.de/uploads/2014-03-31-10-12-09-49-1.pdf. Zugegriffen: 5. Juli 2015

Gemeinschaft für textile Zukunft (2016) Perspektiven der Verwertung von Alttextilien. http://textile-zukunft.de/wp-content/uploads/2014/10/7-Perspektiven-der-Verwertung-von-Alttextilien.pdf. Zugegriffen: 5. Juli 2015

Greenpeace e. V. (2015) Wegwerfware Kleidung – Repräsentative Greenpeace-Umfrage zu Kaufverhalten, Tragedauer und der Entsorgung von Mode. https://www.greenpeace.de/files/publications/20151123_greenpeace_modekonsum_flyer.pdf. Zugegriffen: 5. Juli 2015

Greenpeace e. V. (2017) Konsumkollaps durch Fast Fashion – Die Textil-Trends von heute sind der Müll von morgen. https://www.greenpeace.de/sites/www.greenpeace.de/files/publications/s01951_greenpeace_report_konsumkollaps_fast_fashion.pdf. Zugegriffen: 7. Juni 2017

SwissClimate (o. J.) Der Çanakkale-Windpark in der Türkei. http://www.swissclimate.ch/documents/335829/510983/Swiss+Climate_Der+Canakkale-Windpark+in+der+T%C3%BCrkei.pdf. Zugegriffen: 5. Juli 2015

Universität Augsburg (o.J.) Baumwolle & Blues. http://www.wzu.uni-augsburg.de/download/publikationen/Reader_Download.pdf. Zugegriffen: 05. Juli 2015

Martin Böschen Der Diplom-Kaufmann und Unternehmensberater Martin Böschen ist seit 2004 CEO der TEXAID-Gruppe. 1978 als Charity-Private-Partnership von sechs namhaften Schweizer Hilfswerken gemeinsam mit einem Unternehmer gegründet, zählt TEXAID zu den Marktführern bei der Sammlung, Sortierung und Verwertung gebrauchter Textilien in Europa. Unter der Leitung von Martin Böschen wurden die konsequente Weiterentwicklung entlang einer nachhaltigen Wertschöpfungskette sowie die Internationalisierung der Geschäftsaktivitäten vorangebracht.

Neue Wege: Bio-Mode als echte Alternative

Kristin Heckmann

1 hessnatur: Ethik und Ästhetik im Schulterschluss

Nachhaltiges Handeln ist für hessnatur Gründungsimpuls, Unternehmensprinzip und wesentliches Alleinstellungsmerkmal. Seit vielen Jahren bestimmen die drei Dimensionen nachhaltigen Handelns – Ökologie, Ökonomie und Soziales – die Unternehmensausrichtung. Dabei betont hessnatur die Verbindung von Ethik mit Ästhetik und zeigt heute mehr denn je, dass Mode und Nachhaltigkeit keinen Widerspruch bedeuten. Mit einer neuen einheitlichen Designhandschrift über die gesamte Kollektion löst hessnatur diesen Anspruch ein und lässt auch bei Passform, Stilistik und Verarbeitungsqualität keine Wünsche offen.

1.1 Überzeugend mit Slow Fashion

Die Begriffe „sophisticated casual" und „timeless essentials" definieren die Designhandschrift: Lieblingsteile, die durch die pure Kraft der Naturfasern überzeugen und Modelle, die über die Saison hinaus lange kombinierbar bleiben (siehe Abb. 1). Statt mit dem erhobenen Zeigefinger begeistert hessnatur mit einem Wohlfühlgefühl. Mit diesem Verständnis von Slow Fashion setzt sich hessnatur ganz bewusst vom Trend zur immer schneller rotierenden Fast Fashion ab. Nicht das schlechte Gewissen, sondern die Aussicht, mit jedem Kauf einen Unterschied zu machen und die Welt zu verbessern, soll Stammkunden binden und Neukunden begeistern. Dafür steht die Verantwortung von hessnatur über die gesamte textile Wertschöpfungskette, vom Anbau bis zum Kleiderbügel und für jeden Artikel des Sortiments.

K. Heckmann (✉)
Leiterin Corporate Responsibility, Hess Natur-Textilien GmbH
Butzbach, Deutschland
E-Mail: dialog@hess-natur.de

P. Heinrich (Hrsg.), *CSR und Fashion*, Management-Reihe Corporate Social Responsibility,
https://doi.org/10.1007/978-3-662-57697-7_22

Abb. 1 Slow Fashion: zeitlose Lieblingsstücke von hessnatur

1.2 Gelebte Verantwortung

Diese Verantwortung wird nicht nur von den Experten der CSR Fachabteilung oder der Unternehmensleitung getragen: Jeder Mitarbeiter lebt den Gedanken und achtet in seiner Funktion auf die Einhaltung und Umsetzung der Nachhaltigkeit im Unternehmensalltag. Jeder neue Mitarbeiter erhält eine textile Fachschulung, in der, neben dem Einblick in die verschiedenen Unternehmensbereiche, der strategische Ansatz, die Materialien und Verarbeitungsverfahren sowie das Nachhaltigkeitsmanagement erläutert und erarbeitet werden. Gerade die Kunden schätzen die Konsequenz, mit der hessnatur nachhaltig handelt und die Mode, die man in dieser Breite sonst bei keinem anderen Anbieter findet. Das Sortiment bietet neben Mode für Damen und Herren auch Heimtextilien und Kleidung für Babys und Kinder.

2 Nachhaltigkeit als Gründungsimpuls

hessnatur hat das Thema Nachhaltigkeit nicht im Verlauf der Unternehmensentwicklung entdeckt, sondern arbeitet seit Beginn an nach diesem Prinzip. Als Heinz und Dorothea Hess ihr Unternehmen gründeten, hatten sie ein Ziel: Gesunde Kleidung für ihr erstes Kind, den Sohn Matthias. Als sie Kleidung aus Naturfasern ohne chemische Ausrüstungen im Einzelhandel nicht finden konnten, wurden sie selbst aktiv und knüpften Kontakte zu Lieferanten, die Kleidung nach ihren Vorstellungen fertigen konnten. Diese Idee sprach sich schnell herum und aus den familiären Anfängen entwickelte sich bald ein erfolgreicher Versandhandel für Kleidung, Wäsche und Accessoires. Das Sortiment wurde in kleinen Katalogen zusammengefasst, die an die Kundschaft vor allem in Deutschland, Österreich und der Schweiz verschickt wurden. Mit seinem besonderen Gründungsimpuls und seiner Bereitschaft neue Wege zu erschließen, wird hessnatur zum Pionier für nachhaltige Mode und zum Vorbild, an dem sich auch der konventionelle Markt orientiert. In den 90er Jahren legte das Unternehmen den Grundstein für die kontrolliert biologische Rohstoffgewinnung von tierischen und pflanzlichen Fasern. Von großer Symbolik ist das weltweit erste Anbauprojekt für Biobaumwolle in Ägypten. Neben der ökologischen Ausrichtung ist die Einhaltung sozialer Standards seit Firmengründung tragendes Element. Insbesondere seit der Jahrtausendwende arbeitet das Unternehmen mit Multi-Stakeholder-Initiativen zusammen, um konkrete Verbesserungen zu erzielen. Mit der Clean Clothes Campaign entwickelt hessnatur ein Kontrollsystem, das faire Arbeitsbedingungen nachhält und umsetzt. Maßstab sind dabei die acht Kernarbeitsnormen der Internationalen Arbeitsorganisation der Vereinten Nationen (ILO). 2005 tritt hessnatur als erstes deutsches Unternehmen der Fair Wear Foundation bei, die nicht nur die Produktionsstätten regelmäßig überprüft, sondern auch hessnatur selbst jährlich auditiert.

3 Konsequent nachhaltig vom Anbau bis zum Kleiderbügel

3.1 Ganzheitlich denken und handeln

Als Naturmodepionier hat hessnatur in Jahrzehnten eine besondere Kompetenz und Expertise für alle Aspekte der textilen Wertschöpfungskette aufgebaut. Das beginnt bei den besonderen Eigenschaften und Anforderungen der Rohstoffe tierischen und pflanzlichen Ursprungs, geht über die Garn- und Gewebeerstellung, das Färben, den Verzicht auf sonst „übliche" Ausrüstungen bis hin zur Konfektion, wo hessnatur auf die Verbesserung der sozialen Standards setzt. 1995 führte hessnatur als erstes Unternehmen der Branche eine

Volldeklaration aller Produkte ein. So kann jeder Kunde am Produkt nachlesen, wo und wie die Kleidung gefertigt worden ist.

3.2 Verbesserungen durch Expertise und Know-how

Die Unternehmenskultur ist geprägt durch einen ganzheitlichen Ansatz mit den fünf Säulen Ökologie, Arbeitsbedingungen, faire Handelsbeziehungen, nachhaltige Produktion und nachhaltiger Konsum. Die praktische Umsetzung der Nachhaltigkeitsstrategie sowie die Einhaltung der hohen Ansprüche sind nur durch die enge Zusammenarbeit aller Unternehmensbereiche möglich. Flache Hierarchien und kurze Wege ermöglichen die enge Verzahnung der produktnahen Abteilungen und die Zusammenarbeit mit dem Bereich für Corporate Social Responsibility, der vor allem die Qualitätssicherung, die Materialentwicklung, das Nachhaltigkeitsmanagement und die Sicherung der Sozialstandards verantwortet. Die Textilingenieure und Umwelt- bzw. Sozialexperten achten in den Betriebsabläufen und den Produktionsbetrieben auf die Einhaltung der Richtlinien und Standards, die Zusammenarbeit mit Partnern und die Weiterentwicklung der ökologischen und sozialen Maßnahmen.

4 Kurze Wege, langfristige Lieferantenbeziehungen

4.1 Gemeinsam mehr erreichen

Um die sozialen und ökologischen Ansprüche einzulösen, steht hessnatur im Dialog mit vielen wichtigen Stakeholder-Gruppen. Zur Verbesserung der Arbeitsbedingungen in den Produktionsbetrieben sind dies vor allem die internationale Multistakeholderorganisation Fair Wear Foundation und bei den ökologischen Standards die GOTS Organisation. Außerdem engagiert sich hessnatur seit dessen Gründung im Internationalen Verband der Naturmodeanbieter IVN. Auch in dieser Zusammenarbeit steht die Weiterentwicklung von Standards und Kriterien für die nachhaltige Produktion im Mittelpunkt.

Dabei arbeitet hessnatur nicht nur mit diesen Partnern zusammen, sondern auch mit anderen Unternehmen, die sich mit Blick auf soziale und ökologische Verbesserungen in diesen Organisationen engagieren. Die Erfahrungen der vergangenen Jahre zeigen, dass sich so Verbesserungen noch wirksamer erzielen lassen. Nach den Zahlen des letzten Geschäftsjahres 2015/2016 arbeitet hessnatur mit 70 % seiner Lieferanten fünf Jahre und länger zusammen und mit 40 % seiner Partner zehn Jahre und länger. Diese Bilanz ist für die Textilbranche eher ungewöhnlich. Außerdem ist die überwiegende Zahl der Konfektionsbetriebe in Deutschland und Europa beheimatet. Die Arbeitsbedingungen in den 138 Produktionsbetrieben werden stetig weiterentwickelt. Dabei sind die hessnatur Sozialstandards maßgeblich, die auf den Konventionen der Internationalen Arbeitsorganisation (ILO) sowie der Allgemeinen Erklärung der Menschenrechte der Vereinten Nationen basieren und in allen Produktionsbetrieben umgesetzt werden müssen.

4.2 Nachhaltig von Beginn an

Vor der Zusammenarbeit mit einem Lieferanten muss der Partner die Verpflichtung auf die Sozialstandards anerkennen. In Ländern mit einem höheren Risiko werden diese Kriterien durch Audits der Fair Wear Foundation oder anderer unabhängiger Organisationen detailliert überprüft. Außerdem organisiert hessnatur in Abstimmung mit der Fair Wear Foundation Trainings oder Workshops, um in den Betrieben sowie bei den Mitarbeitern für Rechte und Pflichten zu sensibilisieren. Im Rahmen der Mitgliedschaft in der Fear Wear Foundation findet außerdem ein Austausch mit anderen Marken statt. Gemeinsam kann mit noch mehr Nachdruck auf Verbesserungen hingewirkt werden.

4.3 Brancheninitiative Textilbündnis

Die Textilindustrie ist eine der am stärksten globalisierten Industriezweige. In vielen Ländern werden Umweltauswirkungen der Produktion und Sozialstandards missachtet. Nicht erst seit der Fabrikkatastrophe von Rana Plaza 2013 mit mehr als 1000 Toten und fast 2500 verletzen Menschen in Bangladesch ist die Aufmerksamkeit einer größeren Öffentlichkeit für die Schattenseiten der Textilproduktion gewachsen. Seit 2014 setzt sich Bundesentwicklungsminister Dr. Gerd Müller für mehr Verantwortung in der Textilindustrie und für eine Reform von einem „freien" zu einem „fairen" Handel ein. Gleich zu Beginn hat hessnatur die Initiative zum Bündnis für nachhaltige Textilien unterzeichnet. Anfänglich war die Zurückhaltung der Branche groß. Erst im Herbst 2015 sind bekannte Unternehmen mit einem großen Marktvolumen dem Bündnis beigetreten. Ziel des Ministeriums ist es, ein signifikanten Anteil des deutschen Einzelhandelsmarktes für Textilien und Bekleidung abzudecken. hessnatur ist in den Arbeitsgruppen des Textilbündnisses an der Erarbeitung der sozialen und ökologischen Standards beteiligt. Neben hoher Transparenz und einem Branchenmindeststandard plädiert hessnatur dabei für einen Best Practice Standard, damit eine Dynamik für weitere Verbesserungen ausgelöst wird. Im Juni 2016 verabschiedete das Bündnis eine erste Liste verbotener Chemikalien, die einen Mindeststandard definieren. Im Frühjahr 2017 reichten die beteiligten Unternehmen ihr Anforderungsprofil beim Textilbündnis ein.

5 Die Stiftung für angewandte Nachhaltigkeit

Mit der Gründung der gemeinnützigen hessnatur Stiftung für angewandte Nachhaltigkeit griff hessnatur im Blick auf das 40-jähige Firmenjubiläum einen Gedanken von Firmengründer Heinz Hess auf. Im Juni 2015 nahm die Stiftung ihre operative Tätigkeit auf. Das Stiftungsteam arbeitete im Gründungsjahr intensiv daran, Aufgabenfelder zu besetzen und Projekte aufzubauen, um den Stiftungszweck – Forschung und Entwicklung angewandter Nachhaltigkeit – mit Leben zu füllen.

Mit der Entwicklung innovativer Konzepte und Strategien für nachhaltige Produktionsprozesse, der Vermittlung des wissenschaftlichen Ansatzes von Nachhaltigkeit sowie der Unterstützung von Fachgremien oder Verbänden wurden fachliche Kernthemen der Stiftung fortentwickelt. Die Kooperationen mit externen Partnern, Unternehmen und wissenschaftlichen Einrichtungen ermöglichen der Stiftung ein vernetztes und lösungsorientiertes Arbeiten mit dem Ziel, praxisnahe Lösungen für nachhaltiges Wirtschaften zu entwickeln und zu fördern.

5.1 Bildungsarbeit für Nachhaltigkeit

Die öffentliche Bewusstseinsbildung zum Thema Nachhaltigkeit bildet einen Schwerpunkt der Unternehmens- und Stiftungsarbeit. In vielen Vorträgen, Diskussionsrunden oder Trainings haben die Nachhaltigkeitsexperten verantwortliches Handeln in der Textil- und Modeindustrie thematisiert und ihre Fachthemen in die breitere Öffentlichkeit getragen.

Zur Erfüllung ihrer Aufgaben engagiert sich die hessnatur Stiftung auch in der Bildungsarbeit für soziale und ökologische Verantwortung in der Textilindustrie. Zum Beispiel in Kooperation mit der amd Akademie für Mode und Design in Düsseldorf bringt die hessnatur Stiftung ihre langjährige Expertise ein.

5.2 Erfahrungs- und Kompetenzaustausch

Als operative Stiftung führt die hessnatur Stiftung eigene Projekte durch und berät andere Organisationen, Initiativen und Partner strategisch und operativ bei ihren Projekten angewandter Nachhaltigkeit. Die organisatorische Aufstellung der hessnatur Stiftung ermöglicht einen Know-how Transfer, der aus dem Unternehmen heraus kaum denkbar wäre. Konfrontiert mit einem wachsenden öffentlichen Interesse, beschäftigen sich Unternehmen häufiger mit den bedenklichen Aspekten ihres Geschäftsmodells und versuchen Licht ins Dunkel der Produktionsbedingungen zu bringen. Das nationale Textilbündnis war für einige Unternehmen der Impuls, nachhaltigere Strukturen in ihren Lieferketten zu verankern. Gerade bei dieser Transformation der textilen Wertschöpfungsketten kann die hessnatur Stiftung ihre Branchenexpertise einbringen. Die Beratung von Unternehmen zur Umsetzung von Nachhaltigkeit bildet daher einen wichtigen Aspekt der Stiftungsarbeit. Die Projektarbeit der operativen Stiftung wird von Textilingenieuren, Umweltspezialisten und Experten für soziale Standards durchgeführt. Sie verfügen über jahrzehntelange Expertise in Textilökologie, Sozialstandards sowie Management- und Monitoring-Systemen.

Um die Vorteile des Einsatzes nachwachsender Rohstoffe in der Textilproduktion deutlich zu machen, hat die hessnatur Stiftung individuelle Bewertungskonzepte für mittelständische Unternehmen erstellt. In einem Projekt für eine gemeinnützige Initiative schulte die hessnatur Stiftung die Mitglieder für die besonderen Anforderungen einer nachhaltigen Lederproduktion. Gestützt auf diese Kenntnisse sollen sich die Partner des Netzwerks gezielt für eine ökologisch und sozial verträgliche Leder- und Schuhherstellung einsetzen.

6 Transparente Kommunikation über alle Kanäle

Die bei hessnatur gelebte Verantwortungskultur ist auch maßgeblich für die Kommunikation nach innen und außen. Das unternehmerische Handeln soll für Kunden, Lieferanten, Partner, Stakeholder sowie die Mitarbeiter transparent, nachvollziehbar und greifbar werden: Was macht hessnatur besonders? Wie wird produziert? Was wird getan, um gute Arbeitsbedingungen möglich zu machen? Was rechtfertigt den Preis, die Qualität, den Anspruch? Um diese Fragen zu beatworten, nutzt hessnatur eine Reihe von Kommunikationsformen für unterschiedliche Zielgruppen.

Schon am Kleidungsstück informiert ein Hangtag über Qualität und Besonderheit der Fasern. In den Stores, im Katalog oder online werden die Details zu den Anbau- und Sozialprojekten anschaulich für die Kunden aufbereitet. Über aktuelle Themen informieren der Newsletter, das Online-Magazin sowie Social Media.

Zudem erlaubt eine digitale Weltkarte (siehe Abb. 2) den Kunden ab sofort, mit nur wenigen Klicks nachzuvollziehen, mit welchen Partnern hessnatur weltweit zusammen-

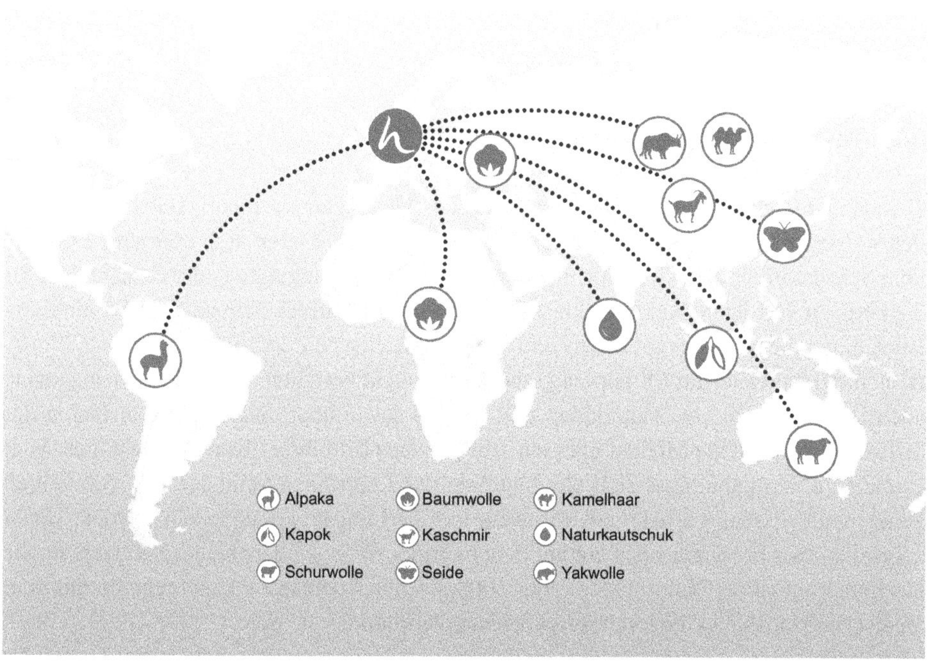

Abb. 2 Die digitale Weltkarte von hessnatur gibt Auskunft über die Herkunft der Materialien und über die Produktionsbetriebe. https://www.hessnatur.com/transparenz/#/

arbeitet, woher die Materialien stammen und welche Sozialprojekte gefördert werden. Auch werden Einblicke in die Arbeitswelt der Menschen gewährt, die für hessnatur produzieren. Die Weltkarte wird ergänzt durch ein hessnatur Lexikon, das online über 250 Begriffe zu den Materialien, deren ökologischer Verarbeitung und den hohen hessnatur Sozialstandards erklärt. Der jährlich erscheinende Sozialbericht ist ebenfalls online verfügbar. Er gibt detailliert Auskunft über Einkaufspraktiken, die Zusammenarbeit mit den Produktionsbetrieben sowie über die stetige Verbesserung der Arbeitsbedingungen in den Produktionsländern.

6.1 Begeisterung steckt an

Viele Menschen begeistern sich für die Mode von hessnatur und identifizieren sich mit der besonderen Unternehmensphilosophie. Es gibt ein großes Interesse, hessnatur kennenzulernen oder noch mehr Hintergründe zu erfahren. Kunden möchten das Unternehmen besichtigen, Journalisten erkundigen sich nach innovativen Konzepten oder dem Fortschritt einzelner Projekte und Studenten möchten hessnatur als Praxisbeispiel in ihre Studienarbeiten einbinden. Deshalb steht die Vermittlung der Erwartungen von außen mit den Anstrengungen der Mitarbeiter in ihrer täglichen Arbeit im Mittelpunkt der externen Kommunikation von hessnatur. Die Erfahrung zeigt, dass zufriedene und überzeugte Kunden die besten Botschafter in die Gesellschaft und damit für den weiteren Unternehmenserfolg sind.

6.2 Nachhaltigkeit gefragt

Gerade in den letzten Jahren ist das Interesse der Medien an Nachhaltigkeitsthemen deutlich gestiegen. In der lokalen und überregionalen Presse lassen sich vermehrt Berichte über Schadstoffe in der Kleidung, unzumutbare Arbeitsbedingungen oder Belastungen für die Umwelt verfolgen. Auch die klassische Modepresse öffnet sich zunehmend für einen Blick hinter die Kulissen von Glanz und Glamour. Stylische Looks und prominente Mode-Ikonen stehen weiter im Mittelpunkt, aber zunehmend berichten die Hochglanzmagazine auch über Herkunft von Materialien und Stoffen sowie über die soziale Dimension der Textilindustrie. Da die Medien über ein sehr genaues Bild ihrer „Kunden" verfügen, liegt es nahe zu vermuten, dass sich das Interesse der Leserinnen verändert hat. Sie wollen zunehmend wissen, wo, wie und von wem ihre Lieblingsteile hergestellt werden. Dabei zeigt sich, dass hessnatur nicht nur auf dem richtigen Weg, sondern seiner Zeit weit voraus ist. Immerhin ist der Naturmodepionier 2008 als erstes deutsches Unternehmen mit dem Deutschen Nachhaltigkeitspreis ausgezeichnet worden.

6.3 Kommunikation in Katalog und Online-Shop

Der hessnatur Katalog bietet eine Möglichkeit, Kunden neben dem Produktangebot wissenswerte Informationen über ökologische und soziale Themen zu vermitteln. Heute informieren sich Kunden online wie im gedruckten Katalog über das modische Angebot. Immerhin blickt hessnatur auf eine vierzigjährige Geschichte als Versandhändler für Naturwaren zurück. Ohne den Katalog wäre der Aufstieg zum führenden Naturmodeanbieter nicht möglich gewesen. Noch wird der Katalog in mehr als 500.000 Exemplaren auf Recyclingpapier gedruckt. Der Trend weist allerdings klar in Richtung der elektronischen Medien. Über 60 % des Umsatzes von hessnatur werden aktuell über den Online-Shop erzielt. Deshalb geht hessnatur schon seit einiger Zeit von der pauschalen Versendung einheitlicher Drucksachen ab. Wer im Online-Shop kauft, verzichtet gerne auf das gedruckte Papier und wer Wert auf den Katalog legt, möchte nicht immer das komplette Sortiment, sondern vielleicht nur eine Auswahl der passenden Artikel zur Saison. Diesen Anforderungen kommt hessnatur mit einer individuellen Kundenansprache und mit der Verbindung von Emotion und Information über spannende Geschichten entgegen. Im gedruckten Katalog finden die Leser regelmäßig redaktionelle Beiträge über einzelne Materialien oder Produktionsprojekte. Aktuelle Themen waren etwa Etappen der hessnatur Geschichte zum 40-jährigen Jubiläum 2016, das Sozialprojekt in Peru oder die vorbildliche Produktion der mit Naturindigo gefärbten Selvedge Jeans in Bangladesch. Diese Geschichten werden auch im Online-Magazin vorgestellt. Die eigenen Beiträge von hessnatur werden dabei um Tipps und Anregungen rund um eine nachhaltige Lebensgestaltung ergänzt. Auch wenn viele Konkurrenten ihre finanziellen Möglichkeiten für große Kampagnen nutzen oder prominente Markenbotschafter verpflichten, bleibt Transparenz für hessnatur oberste Maxime in der Öffentlichkeitsarbeit.

7 Branchenpionier mit heimischen Wurzeln

7.1 Anbau von Flachs in Hessen

Eine besondere Herzensangelegenheit für hessnatur ist das Projekt Hessen-Leinen. In Zusammenarbeit mit dem Institut für biologisch-dynamische Forschung (IBDF) und gefördert vom Land Hessen hat hessnatur 2005 die Produktion von Hessen-Leinen angestoßen und unterstützt. Heute betreibt hessnatur das Projekt eigenständig. 2006 entstand das erste Leinenhemd aus hessischem Bioflachs. Inzwischen hat die Produktlinie „Hessen-Leinen" einen festen Platz in der Kollektion. hessnatur gibt Abnahmegarantien und steuert die Weiterverarbeitung der Fasern. Das Projekt leistet einen großen Beitrag zu Biodiversität in Europa und sichert die Anbauflächen für eine der ältesten heimischen Pflanzenarten in der Textilproduktion.

Die Bauern, die das Hessen-Leinen mit großem Engagement anbauen, sind dem Projekt zum Teil von Beginn an verbunden. Bei entsprechender Nachfrage könnten weitere

Bauern in die Flachsproduktion einsteigen. Der Verarbeitungsprozess erfordert viel Handarbeit, da moderne Maschinen fehlen und sich eine Neukonstruktion bei den Mengen nicht rechnet. Von der Ernte bis zum fertigen Produkt vergehen rund 1,5 Jahre.

Auch wenn die Verbraucher Kleidung schätzen, deren Ausgangsmaterial aus Deutschland kommt, wie es bei Hessen-Leinen der Fall ist: Es gibt einen Trend zur Regionalität, aber mengenmäßig bedeutet dies noch keine Konkurrenz zur Bio-Baumwolle, deren Verarbeitung auch weniger aufwendig ist als bei Faserleinen.

7.2 Schurwolle aus der Rhön

Seit 1997 bietet hessnatur Jacken und Mäntel aus Schurwolle von Schafen aus dem Biosphärenreservat Rhön an. Bis dahin wurde die Wolle teilweise verbrannt oder vergraben, weil es keinen Verwendungszweck gab. Mit der Nutzung der eher gröberen Wolle konnte eine der ältesten Nutztierrassen vor dem Aussterben bewahrt und für den Landschaftsschutz eingesetzt werden. Die Wolle wird einer sinnvollen Verwendung zugeführt. Dafür hat hessnatur eine eigene Verarbeitungskette aufgebaut. Die Artikel sind vor allem in der Herbst/Winter Saison fester Bestandteil der hessnatur Kollektion.

8 Projekte für eine bessere Welt

8.1 Weltweit Pionier für Bio-Baumwolle

1991 startete hessnatur als weltweit erster Anbieter mit einem Anbauprojekt für Bio-Baumwolle auf der Sekem-Farm in Ägypten. Es folgten in kurzen Abständen Anbauprojekte im Senegal, in der Türkei und in Burkina Faso und bald entschied hessnatur, alle reinen Baumwollartikel nur noch aus reiner Bio-Baumwolle zu fertigen. Immerhin beträgt der Anteil der Bio-Baumwolle an allen verarbeiteten Fasern deutlich mehr als 60 %. Dabei setzt sich hessnatur für einen wassersparenden Baumwollanbau ein, etwa durch traditionellen Regenfeldanbau (Bewässerung nur durch natürliche Niederschläge) oder Tröpfchenbewässerung. Auch in der Verarbeitung der Naturfasern werden große Wassermengen benötigt. Deshalb bevorzugt hessnatur beim Waschen, Färben und Ausrüsten der Fasern Lieferanten mit wassersparenden und -entlastenden Produktionsverfahren, bei denen das Wasser beispielsweise durch geschlossene Kreisläufe wiederverwendet wird.

8.2 Vorbild in Bangladesch

Um zu zeigen, dass auch in Bangladesch vorbildlich Textilien produziert werden können, startete hessnatur das Naturindigo Selvedge Jeans Projekt. Ein Projekt in dem aus hochwertiger Bio-Baumwolle auf traditionellen Handwebstühlen ein mit Naturindigo gefärbter

Denim Stoff mit einer besonderen Webkante entsteht. Das Qualitätsniveau entspricht japanischem Denim, nur etwas weicher, da die Webstühle mit Muskelkraft bewegt werden. Nach der Fabrikkatastrophe von Rana Plaza 2013 hat sich hessnatur intensiv mit dem Standort Bangladesch beschäftigt und entschieden, mit hochwertigen Produkten eine Alternative zur üblichen Fast Fashion zu entwickeln. Dafür hat hessnatur zusammen mit den Partnern Deutsche Entwicklungsgesellschaft (DEG) und Classical Handmade Products (CHP) in Nilphamari, im Norden von Bangladesch, eine Produktionskette vom Rohstoff bis zum fertigen Denimgewebe aufgebaut. Durch das Projekt entsteht nicht nur ein erstklassiges Produkt, es unterstützt vor allem auch eine strukturschwache Region und schafft gute Arbeitsplätze. Mit exzellentem Handwerk, dem Einsatz traditioneller Webstühle, dem lokalen Anbau und Färben mit Naturindigo, der Abnahmegarantie für Bio-Baumwolle und fairen Arbeitsbedingungen zeigt die hessnatur Jeans mit klassischer Selvedge Webkante alle Vorzüge eines weiteren First Mover-Projektes.

8.3 Alpaka Sozialprojekt Peru

Seit vielen Jahren ist Mode aus Alpaka in der Herbst/Winter Saison fester Bestandteil der Kollektionen. Dabei setzt hessnatur ganz auf Naturfasern in traditioneller Hirtenhaltung aus dem Ursprungsland Peru. Die Kamelart der Alpakas ernährt sich vor allem von Gräsern, die an den Hängen der Anden wachsen. Fernab jeder städtischen Zivilisation ziehen die Alpakahirten mit ihren kleinen Herden umher. Die extremen klimatischen Bedingungen sind ideal für die Qualität der Edelhaare, bedeuten aber ein hartes und einsames Leben für die Hirten. Zur Verbesserung der Lage der Alpakahirten startete hessnatur zum 40-jährigen Firmenjubiläum 2016 das Spendenprojekt zum Aufbau nachhaltiger und moderner Hirtenhäuser in Peru. Neben sanitären Anlagen verfügt ein solches Haus über einen Wasserspeicher eine Küche sowie ein Gewächshaus. Außerdem sorgt die passive Klimatisierung für einen Ausgleich extremer Temperaturen. So kann eine Familie fast autark und komfortabel leben.

8.4 Nepal: Hilfe kommt an

hessnatur unterstützt seit vielen Jahren die Lebensgemeinschaft New SADLE in Nepal und kämpft mit dem gemeinnützigen Verein Nepra e. V. für die Integration geheilter Leprakanker in Nepal. Mit der Zeit haben Mitarbeiter persönliche Kontakte und Freundschaften in dem Land geknüpft. In den Werkstätten entstehen hochwertige Produkte, die hessnatur regelmäßig in das Sortiment aufnimmt. Nach dem verheerenden Erdbeben 2015 in Nepal kam die Produktion vollständig zum Erliegen. Die Lebensgrundlage der dort lebenden Menschen war erschüttert. Dank Spenden aus einem Musterverkauf sowie technischer Unterstützung durch hessnatur konnte New SADLE als erstes Unternehmen die Produktion von hochwertigen Textilien wieder aufnehmen. Die Weberei, die Schneiderei, der Versand, die Schnitzerei, die Papierwerkstatt, die Kindertagesstätte und das Altenheim konnten nicht nur renoviert, sondern erdbebensicher wieder aufgebaut werden. Dank der Hilfe zur Selbsthilfe steht das Projekt in Nepal jetzt wieder auf soliden Beinen und ist nun sogar in der Lage, hochwertige Strickwaren zu produzieren. Für die Unterstützung aus Deutschland bedankte sich New SADLE im März 2016 mit einem „Letter of appreciation“ auf handgeschöpftem Papier bei hessnatur.

9 Globale Verantwortung ist möglich und nötiger denn je

Bei einer weiter wachsenden Bevölkerung kommt dem Thema Nachhaltigkeit gerade in der Textilindustrie eine größere Bedeutung zu. Das Wachstum von Fast Fashion seit der Jahrtausendwende lässt sich fast vollständig auf den verstärkten Einsatz synthetischer Fasern zurückführen. Diese Fasern verbrauchen endliche Rohstoffe und belasten sowohl bei der Produktion als auch nach dem Gebrauch die Umwelt. Ein bloßes „Weiter so“ wird es bei der Begrenzung der natürlichen Ressourcen nicht geben. Deshalb wird es immer dringlicher, Alternativen für eine nachhaltige Entwicklung umzusetzen. hessnatur argumentiert daher in der festen Überzeugung, dass jeder einzelne Griff zu nachhaltiger Kleidung, im Gegensatz zu Fast Fashion, eine Verbesserung für Tiere, Menschen und Umwelt bedeutet, und nimmt daher selbstbewusst in Anspruch: „Wir verbessern die Welt mit jedem einzelnen Kleidungsstück.“

Literatur

http://www.hessnatur.com/corporate

http://www.hessnatur.com/magazin

Hess Natur-Textilien (2013) Bericht zur Nachhaltigkeit. Rolf Heimann, Butzbach

Hess Natur-Textilien (2016) Sozialbericht 2015/2016. Kristin Heckmann, Butzbach

Köhrer E, Schaffrin M (2016) Fashion Made Fair. Modern – innovativ – nachhaltig. Prestel, München, London, New York

Kristin Heckmann leitet den CSR Bereich bei dem nachhaltigen Modelabel hessnatur. Hessnatur ist seit über 40 Jahren Vorreiter im Bereich nachhaltige Mode und verbindet Ethik mit Ästhetik. Der CSR Bereich ist entsprechend für die ökologischen als auch die sozialen Themen in Bezug auf die Produkte, die Lieferkette und die nachhaltige Produktion verantwortlich. Kristin Heckmann ist seit April 2012 bei hessnatur. Sie ist studierte Betriebswirtin und hat sich 2010 im Rahmen eines MBA Programms an der renommierten Macquarie Graduate School of Management in Australien auf Nachhaltigkeit spezialisiert.

Die Bedeutung von Nachhaltigkeit in der Lieferkette für mittelständische Textilunternehmen

Das Beispiel eines partizipativen Managementansatzes einer OSPIG Produktionsstätte

Michael Arretz und Katrin Meyer

1 Einleitung

Der deutsche Textilhandel ist eine wichtige Wirtschaftsbranche mit einem Umsatz von 55 Mrd. € im Jahr 2015 (KPMG 2015; Statista 2017a). Neben bekannten Händlern wie Otto, C&A, Inditex, H&M oder P&C gibt es eine große Anzahl kleiner und mittelständischer Akteure. Unabhängig von der Größe des Unternehmens werden die meisten Textilien in Asien beschafft. Nur geringe Mengen kommen aus Europa oder Nordafrika. Handel schafft Wandel und das lässt sich nirgendwo so gut nachvollziehen wie für die Produktion von Textilien. Textilproduktion findet immer dort statt, wo ausreichend Arbeitskräfte sind und das Lohnniveau niedrig ist. In Deutschland waren das im 19. und 20. Jahrhundert ländliche Regionen von der Schwäbischen Alb über den Thüringer Wald bis zum Emsland. Heute sind es vor allem asiatische und mittelamerikanische Länder, in denen Bekleidung produziert wird und morgen vielleicht welche in Nord- und Ostafrika.

Für den Textilhandel ergeben sich vielfältige Fragestellungen und Herausforderungen. Wie sehen die Handlungsoptionen für Importeure von Textilien heute und vor allem morgen aus? Was bedeutet das alles für Handelsunternehmen, die seit Jahrzehnten in Mittelamerika und Asien beschaffen? Wie lässt sich Transparenz über Lieferketten, Produktqualität und Produktionssicherheit gewährleisten? Wie kann ein Akteur aus dem Mittelstand mit all diesen Anforderungen zurechtkommen? Wie sieht der Beginn, wie die Umsetzung, wie die Dokumentation aus? Was muss in der Fabrik, was im Unternehmen passieren, um erfolgreich zu sein, also nachhaltiger zu produzieren? Auf diese Fragen sollen im nachfolgenden Artikel Antworten gegeben werden. Zunächst wird auf die Hintergründe und die aktuelle Lage der Bekleidungsindustrie sowie die Herausforderungen für ein Nachhaltigkeitsmanagement eingegangen. Im weiteren Verlauf wird am Beispiel

M. Arretz (✉) · K. Meyer
Hamburg, Deutschland
E-Mail: ma@mia-international.de, URL: http://mia-international.de

P. Heinrich (Hrsg.), *CSR und Fashion*, Management-Reihe Corporate Social Responsibility,
https://doi.org/10.1007/978-3-662-57697-7_23

von OSPIG, einem mittelständischen deutschen Textilunternehmen, die Bedeutung von Nachhaltigkeit/CSR für diese Branche veranschaulicht.

2 Hintergründe und aktuelle Lage der Bekleidungsindustrie

Nach dem Zweiten Weltkrieg ging die Textilkarawane von Deutschland über Osteuropa in die Türkei und Nordafrika und schließlich über Pakistan und Indien nach Südostasien und China. Wegen der hohen Arbeitsintensität bei gleichzeitig niedrigen Anforderungen für das Nähen ist Textilproduktion oftmals der Einstieg in die industrielle Produktion von Entwicklungsländern (Pretious und Love 2006). Die wichtigsten sind: China, Bangladesch, Türkei, Indien, Pakistan, Tunesien und Mexiko. Bei einem globalen Bekleidungsexportvolumen von 455 Mrd. USD haben China mit 162 Mrd. USD und Bangladesch mit 28 Mrd. USD einen Anteil von fast 42 % im Jahr 2015 (World Trade Organization 2017).

Die Produktion von Textilien und Bekleidung stärkt einerseits die Wirtschaftskraft, andererseits sind aber auch Umweltbelastungen die Folge (Abb. 1). So benötigt beispielsweise der Anbau von Baumwolle große Mengen an Wasser (Baumwollbörse 2017). In Indien werden für die Ernte von 1 kg Baumwolle mehr als 20.000 l Wasser verbraucht, allerdings meistens Regenwasser. In den USA sind es dagegen lediglich 8000 l (Leahy 2015). Zudem werden Böden und Oberflächengewässer durch Pestizide und Düngemittel belastet. Alternativen hierzu hat u. a. die REMEI AG entwickelt mit Programmen für Bauern in Indien und Tansania (Remei 2017) oder mit der Initiative „Cotton made in Africa“ (Pestizid Aktions-Netzwerk e. V. 2011).

Eine weitere Umweltbelastung entsteht durch den Wasserverbrauch in den Färbereien und Wäschereien. In modernen Betrieben sind es für das Waschen um die 40 bis 50 l und um die 140 l für das Färben von 1 kg Baumwoll-Stoff. Zudem wird das Wasser mit Chemikalien belastet und nur allzu oft ungenügend geklärt (Huntsman 2011).

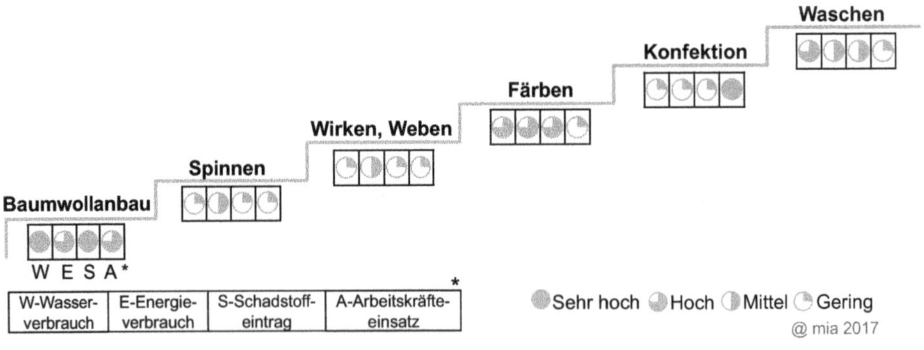

Abb. 1 Die Wertschöpfungskette für Baumwolltextilien mit dem Einsatz von Ressourcen, Schadstoffen und Arbeitskräften

Der Spruch „Handel schafft Wandel" stimmt für die Entwicklung der einzelnen Staaten, aber nicht unbedingt immer für die einzelnen Menschen. Auch wenn die Arbeit in den Textilfabriken für viele Menschen der erste feste Job ist, sind die Arbeitsbedingungen nicht sicher und die Bezahlung oft deutlich unter den jeweiligen gesetzlichen Anforderungen. Geradezu dramatisch hat sich der Mangel an Sicherheitsbedingungen bei Katastrophen in der jüngeren Vergangenheit gezeigt. In 2012 waren es zwei Brandkatastrophen in Bangladesch mit 117 Toten und in Pakistan mit zusammen 315 Toten. (Jimenez und Kolsun 2014) Hinzu kam dann im April 2013 die Rana Plaza Katastrophe. Dort stürzte ein Gebäudekomplex ein und begrub über 1127 Menschen. Mehr als 2000 Menschen wurden verletzt. Dieser Vorfall hat mit dazu geführt, dass sich im Mai 2013 der „Accord on Fire and Building Safety" („Accord") in Bangladesch etablierte, in dem zahlreiche deutsche und europäische Unternehmen zusammen mit Gewerkschaften und „Non Governmental Organizations" (NGOs) an der Verbesserung der Sicherheitsstandards arbeiten. Zudem gibt es mit der „Alliance for Bangladesh Worker Safety" („Alliance") noch eine Initiative US-amerikanischer Unternehmen (Schapper 2013). Insgesamt wurden von diesen Initiativen bisher 2263 Fabriken untersucht. Dies entspricht einem Anteil von 32 % bei insgesamt 7179 Fabriken. In diesen Fabriken arbeiten geschätzt 5,1 Mio. Menschen und produzieren Bekleidung im Wert von 28 Mrd. USD für den Export (Labowitz und Baumann-Pauly 2015).

3 Herausforderungen und Faktoren für ein Nachhaltigkeitsengagement

Seit den frühen 90er Jahren wird mit Kampagnen Druck auf Unternehmen und Management ausgeübt. Vor allem in den letzten Jahren ist sowohl die Anzahl als auch die Reichweite von Initiativen im Textilsektor stark gestiegen (Jastram und Schneider 2015). Allen voran sind hier die „Clean Clothes Campaign" und die „Christliche Initiative Romero" zu nennen (Christliche Initiative Romero 2017). Aber auch die Medien sind hier als Treiber zu erwähnen, die mit ihrer Berichterstattung zu den Kampagnen oder aufgrund eigener Recherchen Druck auf die Unternehmen oder einzelne Akteure ausüben.

Auf der Umweltseite ist Greenpeace sehr aktiv. 2011 wurde die Detox-Kampagne gestartet, der sich bereits 79 globale Modemarken von H&M über Adidas bis hin zu Aldi verpflichtet haben. Sie wollen bis 2020 Schadstoffe aus 11 Chemikalien-Klassen, u. a. Verbindungen mit Schwermetallen, AZO, PCP und TBT, durch ungefährliche Substanzen ersetzen (Greenpeace 2017).

2014 hat sich schließlich auch die Politik in den Niederlanden und Deutschland mit einem ganzen Bündel von Vorschlägen zu Wort gemeldet (Abb. 2). Der Bundesminister für Entwicklungszusammenarbeit, Dr. Gerd Müller, rief das Textilbündnis ins Leben. Neben Verbänden und NGOs haben sich mehr als 190 Unternehmen entschlossen, bei dem Bündnis mitzumachen. Dabei geht es um die Verbesserung der Arbeitsbedingungen entlang der ganzen Wertschöpfungskette und die Reduzierung von Umweltbelastungen (Textilbünd-

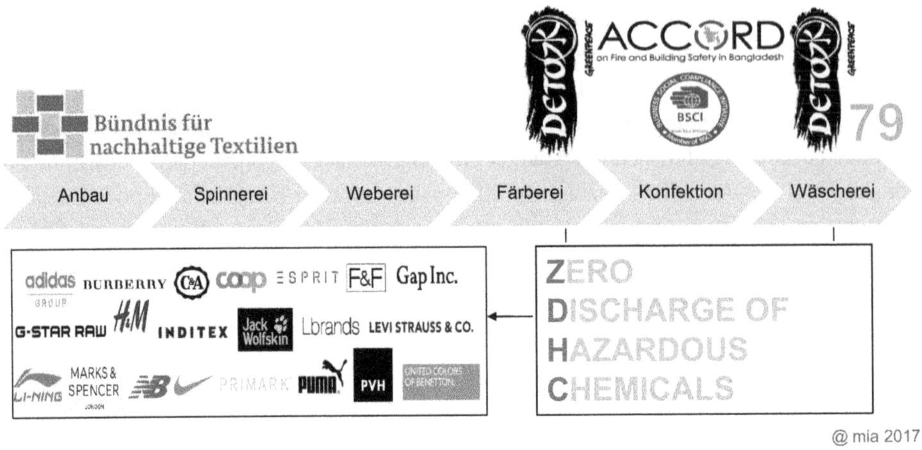

Abb. 2 Die BSCI hat aktuell knapp 2000 Mitglieder, das Textilbündnis über 130 und die Detox Kampagne 79, die ZDHC Plattform kommt aktuell auf über 20 Mitglieder

nis 2017). Nachdem eine Reihe von Unternehmen wieder abgesprungen ist, rutschte der Marktanteil auf unter 50 %. Die übrigen mehr als 120 Unternehmen sind dabei, Ziele und Programme für die Verbesserung in den Lieferketten zu entwickeln (Wollenschlaeger 2017).

Neben diesen extrinsischen Faktoren sind die Gründe für unternehmerisches Handeln im Nachhaltigkeitsbereich bei kleinen und mittleren Unternehmen (KMUs) bisher nur wenig erforscht. Vielmehr standen die Motive und deren Auswirkungen auf den ökonomischen Erfolg bei großen Unternehmen im Forschungsinteresse (Behringer und Meyer 2011). Externer Druck ergibt sich vor allem für Unternehmen, die in der Öffentlichkeit stehen und nach außen sichtbar sind. Deswegen haben KMUs wenig bis keinen Druck, um den von Stakeholdern vorgetragenen Anforderungen für mehr Sicherheit, faire Bezahlung und weniger Umweltbelastungen nachzukommen (Lynch-Wood et al. 2009).

Bei KMUs werden Entscheidungen oftmals weniger aus strategischen, sondern vielmehr aus einer Mischung von persönlichen Überzeugungen und finanziellen Ressourcen getroffen (Mousiolisa et al. 2015). Um mehr Effizienz und Transparenz in der Lieferkette zu erreichen, muss eine Zusammenarbeit auf sozialer und ökologischer Ebene sichergestellt werden. Nur so können Wettbewerbsvorteile erzielt werden (Gold et al. 2010). Aber auch der Wunsch der Geschäftsführung ethischer zu handeln, ist ein klassisches intrinsisches Motiv.

In den letzten Jahren ist aber vermehrt zu beobachten, dass Großunternehmen ihre Anforderungen an KMUs weitergeben und diese somit auch in der Pflicht stehen, Anforderungen für mehr Nachhaltigkeit gerecht zu werden. Ein aktuelles Beispiel für diesen Prozess aus der Textilbranche ist die oben bereits erwähnte Detox-Kampagne von Greenpeace. Um ihre Ziele zu erreichen, müssen die Handelsunternehmen die Detox-Anforderungen an ihre einzelnen Lieferanten, welche meistens kleine und mittelständische Unternehmen sind, weitergeben. Von diesen werden die Anforderungen wiederum an die vorgelagerte Kette, nämlich die Färbereien und Wäschereien, zur Umsetzung weitergegeben. Am Beispiel der OSPIG-Gruppe sollen die Prozesse hin zu mehr Nachhaltigkeit verdeutlicht werden.

4 Die Oldenburger Spinnerei Gesellschaft (OSPIG)

Das familiengeführte und 1945 als Oldenburger Spinnstoffgesellschaft (OSPIG) gegründete Unternehmen verfügt mit seinem Hauptsitz in Bremen über eine lange Tradition in der Textilproduktion. Bis in die achtziger Jahre produzierte OSPIG in Deutschland. Wegen steigender Fertigungskosten hat die Gruppe entsprechend dem allgemeinen Trend seine Produktionsstandorte nach und nach ins Ausland verlegt. Die erste Etappe war Portugal. Danach ging es ins überseeische Ausland – nach Tunesien und später Macao. 1998 schließlich nach Bangladesch. Weitere Fabriken wurden in China (2004) und Vietnam (2015) eröffnet, sodass nun in drei Ländern in Asien und mit Tunesien in Nordafrika produziert wird.

Die OSPIG-Gruppe hat einen großen Kundenkreis in Deutschland Europa und den USA. Dazu zählen die Otto Group, C&A, P&C genauso wie internationale Handelsunternehmen. Neben den Eigenmarken der Kunden werden auch vier eigene Modelinien angeboten.

In den eigenen Produktionsstätten liegt das große Augenmerk auf der Qualität der Produkte aber auch auf nachhaltigem Handeln. Die Tatsache, dass OSPIG eigene Produktionsstätten betreibt, ist in der Branche die Ausnahme. OSPIG hat sich aber bewusst dafür entschieden, um Kontrolle und Entscheidungshoheit zu haben. Als familiengeführtes Unternehmen ist OSPIG der Überzeugung, dass es mit langjähriger Erfahrung mehr erreichen kann als mit jeder kurzfristigen Modeerscheinung (OSPIG 2017).

Das Thema Nachhaltigkeit mit dem Schwerpunkt gute Arbeitsbedingungen hat bei OSPIG Tradition und einen hohen Stellenwert. OSPIG hat sich sehr früh der BSCI angeschlossen und bis heute in allen Betrieben zahlreiche Audits absolviert. Zudem hat OSPIG in 2013 den „Accord" unterzeichnet, wobei der Betrieb Redpoint Jackets Ltd. als einer von 10 Pilotbetrieben ausgewählt wurde. Im Zuge weiterer Aktivitäten werden auch die Themen Ressourceneffizienz und Klimaschutz aufgenommen und es wird nun von Nachhaltigkeit bzw. Corporate Social Responsibility (kurz CSR)gesprochen. „Im Rahmen unserer Möglichkeiten sollen die Lieferketten fairer, nachhaltiger und verantwortungsbewusster werden. Das sind keine Agendapunkte unter vielen, sondern hohe soziale und ökologische Standards sind längst gelebte Realität." (OSPIG 2017)

Damit CSR zu einem Erfolgsfaktor für das Unternehmen wird, ist es von großer Bedeutung, dass CSR in die Unternehmenskultur integriert wird und sowohl von Eigentümern als auch dem Management und Mitarbeitern getragen, gelebt und umgesetzt wird (Weaver et al. 1999). Mit einem langfristig ausgerichteten Verständnis von CSR wird vermieden, dass CSR-bedingte Kosten nicht als Investitionen bewertet werden (Bhattacharya und Sen 2004; Porter und Kramer 2006). Für eine effektive Integration von CSR-Programmen ist es weiterhin wichtig, dass die Aktivitäten durch einen „top-down“ Ansatz eingeführt und durch den „Social Officer“ koordiniert werden. So kann der „Social Officer“ dem Ressortdenken entgegenwirken und eine möglichst effiziente Umsetzung von CSR gewährleisten (Werther und Chandler 2005; Rommelspacher 2012).

Hier ist OSPIG gut aufgestellt. Hermann Ahlers, einer der Eigentümer, betont: „Wir sollten mehr machen und wir können es auch.“ Hinzu kommt, dass das Thema Nachhaltigkeit bei OSPIG nicht nur Chefsache ist, sondern auch in Familienhand liegt. Eine der Töchter der Unternehmerfamilie führt das Nachhaltigkeits-/CSR-Management bei OSPIG und berichtet direkt an die Geschäftsführung. Mit diesem direkten Zugang kann die CSR Managerin über Planungen und Ergebnisse berichten und sich auch Rat holen. Im Folgenden wird ein konkretes Projekt zur Umsetzung von CSR-Maßnahmen in einer OSPIG-eigenen Produktionsstätte in Bangladesch beschrieben.

5 Projektbeschreibung

Für das Projekt wurde sich an dem fünfstufigen Prozess zum Aufbau eines CSR Management Systems orientiert (Arretz 2009; Abb. 3).

Wie schon in Abschn. 4 angeführt, haben sich Eigentümer und Management schon seit langem für mehr Nachhaltigkeit in der Lieferkette ausgesprochen.

Um die Vorgehensweise weiter zu systematisieren, wurde der CSR Managerin in Deutschland ein CSR Team in Bangladesch zur Seite gestellt.

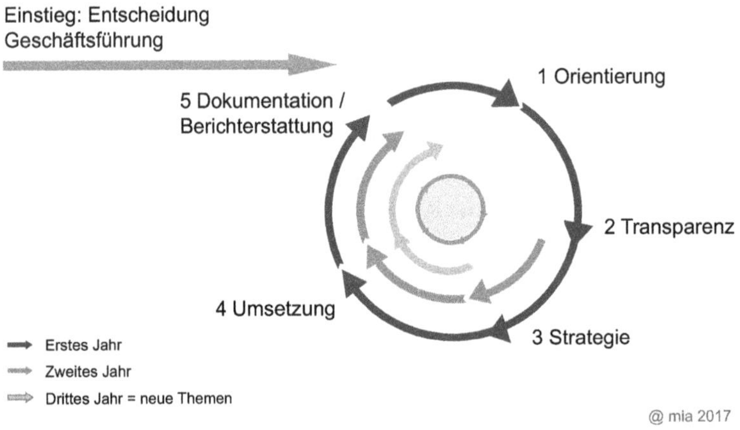

Abb. 3 In dem fünfstufigen Prozess zum Aufbau eines Nachhaltigkeitsmanagementsystems ist die Entscheidung der Geschäftsführung und Eigentümer für mehr Nachhaltigkeit in den Prozessen wichtige Voraussetzung

6 Projektdurchführung

Orientierung

In der Orientierungsphase ging es um die Beantwortung von drei Fragen: 1) In welcher Produktionsstätte soll der systematische Ansatz erprobt werden, 2) mit welchen Schwerpunkten und 3) über welchen Zeitraum.

Nach der grundsätzlichen Entscheidung der Geschäftsführung und der Eigentümer ein konkretes Projekt für mehr Nachhaltigkeit durchzuführen, wurde eine der fünf Produktionsstätten, nämlich Redpoint Jackets Limited (RJL) in Bangladesch, als Pilotbetrieb ausgewählt. RJL produziert Hosen und Jacken für mehr als 100 Kunden in Europa und den USA. Insgesamt sind dort über 2400 Menschen beschäftigt. Seit der Gründung 1998 ist der Betrieb durchgehend profitabel und die Produktionsmenge wurde stetig erhöht. Von 2010 bis 2016 wurde der Output um 25 % auf mehr als 2,5 Mio. Teile gesteigert. Bei der Gestaltung der Arbeitsbedingungen besitzt RJL langjährige Erfahrung. Nicht zuletzt durch die vielen Auditierungen nach dem „Code of Conduct“ der Business Social Compliance Initiative (BSCI) und die Inspektionen im Rahmen des „Accord“. Mit einer Vielzahl von Maßnahmen, u. a. einer komplett neuen Stromversorgung, neuen Brandschutztüren, unterschiedlichen Wassertanks und Hydranten vor der Fabrik, wurde hier bereits Vorbildliches geleistet. Weil auch die anderen Anforderungen gemäß BSCI-Code of Conduct nahezu vollumfänglich erfüllt sind, sollte der Projektrahmen durch Programme für mehr Ressourceneffizienz gesetzt werden. In Bezug auf ökologische Anforderungen gab es bis 2015 keine systematischen Erfassungen und damit auch keine Bilanzierung von Umweltauswirkungen.

Mit der Deutschen Investitions- und Entwicklungsgesellschaft (DEG) wurde ein Projektrahmen mit einer Laufzeit von 27 Monaten, mit insgesamt 10 Besuchen der Fabrik und mehr als 20 Workshops hier in Deutschland vor Ort vereinbart. Diese fanden zum einen im „Besprechungsraum“ statt, zum anderen „on site“. Gerade durch die Begehungen in der Fabrik wurden für verschiedene Probleme gute Lösungen entwickelt. Das „management by walking“ war hier eindeutig erfolgreicher gegenüber einer ausschließlichen Arbeit im „Besprechungsraum“. So war es eben auch möglich, dass der einzelne Manager Fortschritte erläutern oder Probleme direkt vor Ort aufzeigen konnte.

Transparenz

Nach einem Auftakt-Workshop mit allen verantwortlichen Managern in der Fabrik und einem Rundgang durch alle Bereiche vom Design bis zum „Finishing“, von der Waschung und Färbung bis zur Trocknung und Lagerung der verpackten Hosen und Jacken wurde mit der Bestandsaufnahme begonnen.

Neben den allgemeinen Daten über die Produktionsstätte und der Abfrage von aktuellen Auditberichten und bestehenden Zertifikaten wurden als wesentlicher Teil der Bestandsaufnahme die Daten für den Ressourceneinsatz ermittelt. Hierbei geht es im Bereich der Energieträger um Strom in Kilowattstunden (kWh), Dieselkraftstoff in Litern (l) und Gas in Kubikmetern (cbm); zudem um Wasser, das als Frischwasser ebenso wie das

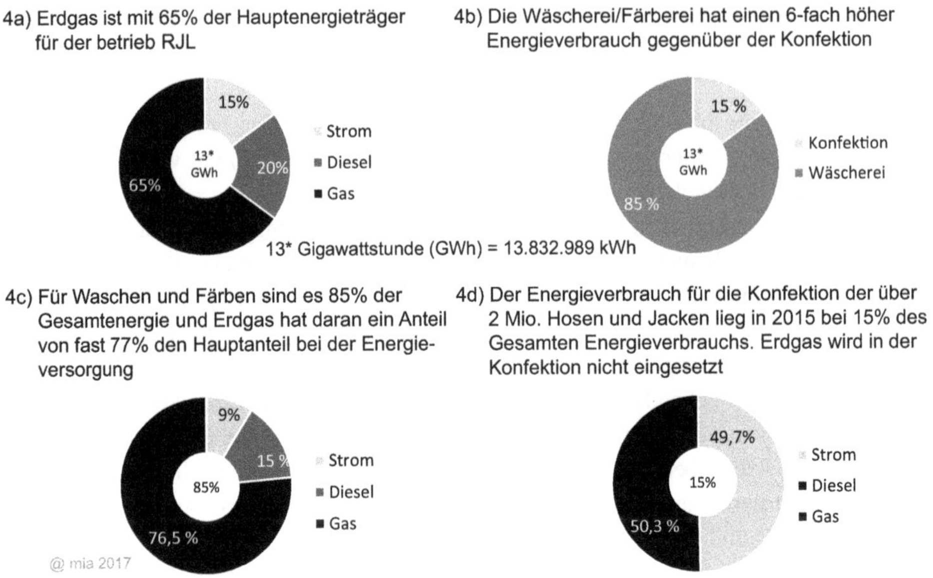

Abb. 4 Ressourceneinsatz im Überklick: Es sind die Energieverbräuche für die verschiedenen Energieträger Strom, Diesel und Erdgas dargestellt

Erdgas direkt von der Bangladesch Export Processing Zones Authority (BEPZA) bezogen wird.

Hierfür wurde das Software Werkzeug „CPI_2" der Carbon Performance Improvement Initiative (CPI_2, 2017) eingesetzt und mehr als 29 Maßnahmen identifiziert. Zudem wurde auch der Carbon Footprint der Fabrik ermittelt. Schließlich wurden noch die Mengen an Kartonagen ermittelt und ebenso die Art und Mengen der Chemikalien für die Bereiche Konfektion, Wäscherei und Kläranlage. Des Weiteren wurden alle Maschinen der Fabrik, Beleuchtungsmittel und Kühlgeräte, Bügeleisen, Computer und Drucker erfasst. In Abb. 4 sind Energieverbräuche in Gigawattstunden für die verschiedenen Energieträger Strom, Diesel und Erdgas dargestellt.

In Bezug auf den Energieverbrauch ergab sich, dass die Wäscherei/Färberei mit 85 % einen 6-mal so hohen Bedarf hat wie die Konfektion mit mehr als 900 Nähmaschinen. Der Energiebedarf wird zu 65 % durch Erdgas abgedeckt, wobei es in der Wäscherei durch den hohen Dampfbedarf rund 77 % sind (siehe Abb. 4).

Strategie

Nachdem festgelegt wurde, dass es bei dem Prozess für mehr Nachhaltigkeit um die Ressourceneffizienz mit dem Schwerpunkt Energie geht, wurden drei strategische Stoßrichtungen festgelegt. Diese wurden gemeinsam mit den Fabrik Managern und der CSR Managerin entwickelt. Dabei geht es um die Konfektion, die großen „Energieumwandler" und die Färberei/Wäscherei. Bei den Energieumwandlern wird Dieselkraftstoff in Strom,

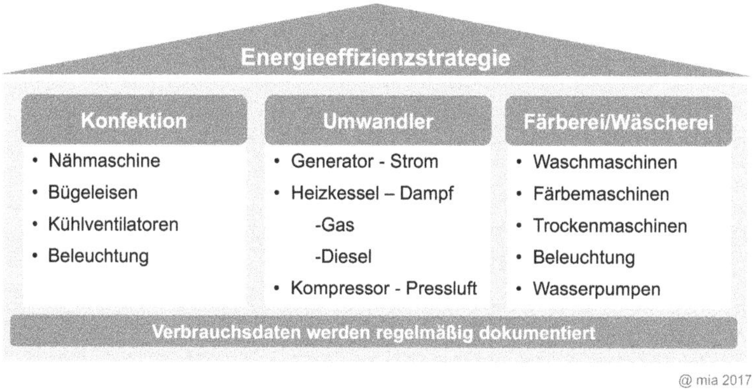

Abb. 5 Die Energieeffizienzstrategie von RJL umfasst drei Bereiche. Für diese wurden Aktionsgelder festgelegt, damit in der Umsetzung Maßnahmen entwickelt und in Programmen gebündelt werden konnten. „Umwandler" sind Maschinen, die Energie in Strom, Dampf oder Pressluft umwandeln

Gas und Diesel in Dampf und Strom in Pressluft umgewandelt. Hierfür waren die gemeinsamen Rundgänge durch die Fabrik sehr wichtig. So konnten an Ort und Stelle Ideen entwickelt und auch wieder verworfen, Programme skizziert und Maßnahmen in den Programmen zusammengeführt werden (Abb. 5).

Umsetzung

Um den Prozess für mehr ökologische Nachhaltigkeit so effizient wie möglich zu gestalten, wurde ein partizipativer Weg beschritten. Wie zuvor beschrieben, wurden Bestandsaufnahmen durchgeführt, gemeinsam mit den Managern die relevanten Felder festgelegt, die Strategie entworfen und verabschiedet. Für die Umsetzung wurden die Maßnahmen in Workshops und Telefonkonferenzen entwickelt und in Programmen gebündelt. Das „Energy Saving Program" umfasst sechs Programme (Abb. 6). Ein partizipativer Ansatz erfordert immer mehr Zeit, weil die Ideen und Vorbehalte diskutiert werden müssen. Änderungen bedeuten immer Abschiede von Gewohntem. In diesem Prozess geht es darum, Betroffene zu aktiven Beteiligten zu machen. So beinhaltet der Ansatz der Mitbestimmung langfristig eine größere Akzeptanz und Identifikation mit dem Thema Nachhaltigkeit. In dieser Phase war es wichtig, sich immer auf eine Erprobung zu verständigen und nicht gleich eine komplette Umstellung zu forcieren.

Konkret wurden folgende Themen und Fragen bearbeitet: Was bringen Servomotoren gegenüber den Kupplungsmotoren in den Nähmaschinen? Was kosten LED-Lampen und wie groß sind die Einsparungen? Welche Möglichkeiten bestehen bei der besseren Nutzung von Abgasen zur Wassererwärmung? Wie können moderne Färbemittel, die mehr kosten, auf ihre Einsparpotentiale untersucht werden? Diese Themen wurden im ersten Jahr des Projektes angegangen.

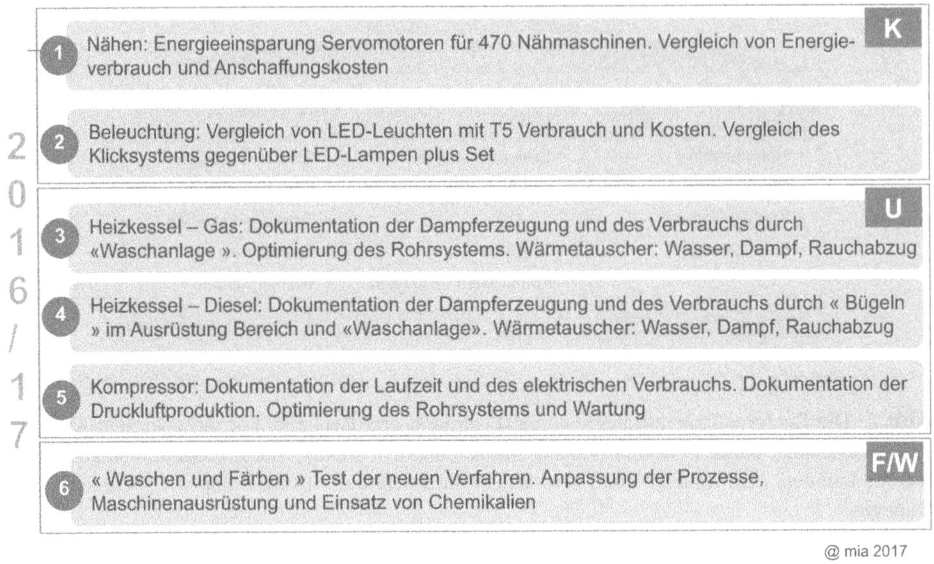

Abb. 6 Für jedes der drei Strategiefelder wurden in 2016 Programme zur Energieeinsparung entwickelt und umgesetzt. *K* = Konfektion, *U* = Umwandler, *F/W* = Färberei/Wäscherei

Im Programm 6 wurden moderne Färbechemikalien erprobt. Niedrige Färbetemperaturen um die 40 °C und weniger Waschbäder versprachen deutliche Einsparungen an Energie und Wasser in den Prozessen – und damit auch reduzierte Diesel- und Gas-Verbräuche für die Dampfboiler. Leider waren die Versuche nicht von Erfolg gekrönt. Die Färbetemperaturen kamen nicht auf 40 °C und die Färbemittelkosten waren sehr hoch. So bekommt die Option der Anschaffung neuer Wasch- und Färbemaschinen mehr Gewicht. Bei einer erfolgreichen Einführung lässt sich so ggf. der Betrieb eines Dieselboilers gänzlich vermeiden (siehe hierzu auch nächstes Kapitel).

Dokumentation und Berichterstellung

Auf Basis der Daten für Verbräuche ganz allgemein und spezifisch für einzelne Maschinen wie Generator, Boiler und Lampen konnten die Produktionsbereiche gut charakterisiert und Maßnahmen zur Verbesserung entwickelt werden. Ganz wichtig war aber eine Verknüpfung von Verbrauchsdaten mit den Produktionsdaten. So war es möglich, Kennzahlen zu entwickeln wie in Abb. 7 dargestellt. Zudem wurde der Factory Carbon Footprint mithilfe von CPI2 berechnet. Er summierte sich auf 1,74 kg CO2/Stück (2015) und 1,70 kg CO2/Stück (2016).

Mit diesen Kennzahlen konnten nun klare Minderungsziele formuliert und Aktionsfelder definiert werden. In Abhängigkeit der finanziellen Mittel kann der Weg zu einer ressourceneffizienten Produktion beschritten werden.

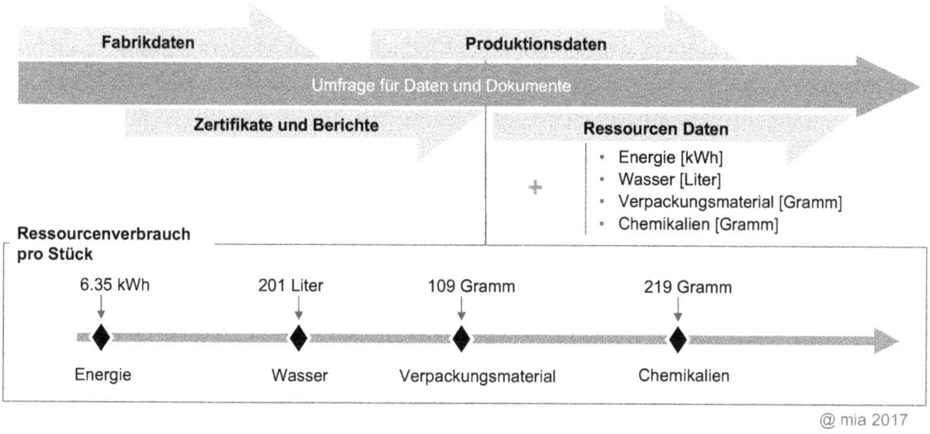

Abb. 7 Auf Basis der produzierten Anzahl von Hosen und Jacken und der Verbrauchsdaten konnten die Kennzahlen für die RJL Produktion gebildet werden

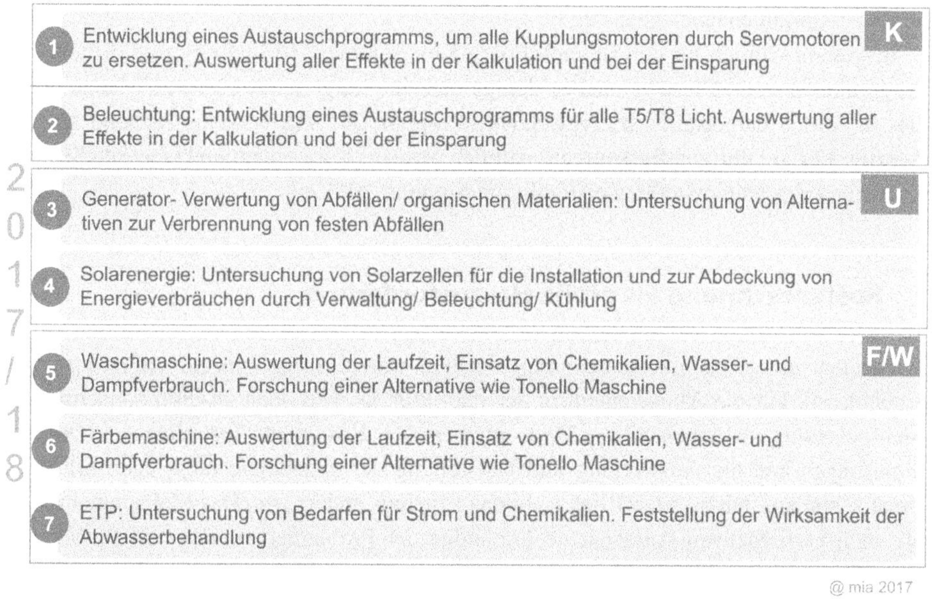

Abb. 8 Auszüge Energy Saving Program 2017/18 mit sieben ausgewählten Programmen aus den 3 Bereichen *K* = Konfektion, *U* = Umwandler und *F/W* = Färberei/Wäscherei

Bei RJL wurde sich zunächst jedoch auf eine verursacherbezogene Umsetzungsstrategie verständigt. Das heißt es wurden konkrete Maßnahmen zur Modernisierung vereinbart und mit dem Austausch begonnen. Hierbei ging es um Servomotoren, LED-Beleuchtung und die erwähnten Waschmaschinen. Dafür wurde ein „Programm 2017/18“ entwickelt, abgestimmt und verabschiedet. Das Monitoring und Reporting ist zwingend erforderlich, um Kontinuität in die Prozesse zu bringen. Hierbei muss das Management vor Ort nicht nur eingebunden sein, sondern auch sehr aktiv angeleitet werden, um Umsetzung und Dokumentation sicherzustellen.

Die Sustainability Officer müssen fähig sein, die Rolle als Koordinator wahrnehmen zu können. Bei RJL zeigte sich, dass die Social Officer, die ursprünglich dafür vorgesehen waren, mit den BSCI- sowie anderen Audits so eingebunden sind, dass schlichtweg die Zeit für zusätzliche Aufgaben fehlte. Diese Situation führte bei RJL zu organisatorischen Veränderungen, damit sichergestellt werden konnte, dass es eine

a. kontinuierliche Bereitstellung von Daten,
b. quartalsbezogene Zusammenfassung von Veränderungen in den Prozessen und
c. jährliche Darstellung der weiteren Vorgehensweisen mit Verantwortlichkeiten sowie Terminen gab.

Hauptsächlich wurde hier die Arbeit von den verantwortlichen Managern, insbesondere denen für „Maintenance“ geleistet.

Insgesamt wurden für den Bereich Energie im Sommer 2017 bereits zum dritten Mal Programme erstellt. Diese beinhalten demgemäß eine steigende Anzahl von Maßnahmen. Das in Abb. 8 dargestellte „Energy Saving Program 2017/18“ ist entsprechend nur ein Auszug. Für die übrigen Ressourcen, nämlich Wasser, Kartonagen und Chemikalien, erfolgte die Programmerstellung erstmalig im Sommer 2017.

7 Kostenrechnung als große Herausforderung

Würde man eine Gesamtkostenrechnung machen, wäre das Ergebnis auf den ersten Blick ernüchternd. Für das Management in der Fabrik ist es, wie oben gezeigt, zunächst eine Mehrbelastung im Arbeitsalltag. Dazu ergeben sich Kosten für Testreihen und Neuanschaffungen und die Auswertung und Darstellung der Ergebnisse muss auch erfolgen. Doch schon auf den zweiten Blick sieht das Ergebnis anders aus. Das Management lernt mit dem partizipativen Ansatz neue Methoden der Problemerkennung und Problemlösung. Die finanziellen Anforderungen müssen in einer Gesamtbilanz betrachtet werden (Bhattacharya und Sen 2004). Anschaffungskosten müssen gegen Einsparungen bei Energie, Wasser und anderen Ressourcen gerechnet werden. Der Wartungsaufwand sollte bei modernen Technologien ebenfalls geringer ausfallen. So ist die Lebensdauer von LED mindestens 8- wenn nicht 12-mal so hoch wie von Energiesparlampen. So werden mit einem angewandten CSR-Management die Ressourceneffizienz gesteigert und Potentiale zur Kostensenkung erschlossen.

Nicht unerheblich ist auch die Reduzierung von Wärme- und Lärmemissionen. LED-Lampen haben eine um 10 °C niedrigere, Servomotoren eine um 15 °C niedrigere Wärmstrahlung. Hinzu kommt, dass eine modern beleuchtete Fabrik mit leise surrenden Nähmaschinen und mit moderaten Temperaturen insgesamt einen guten Eindruck macht. Wenn die Arbeiter noch dazu auf guten Stühlen sitzen, gute Waschräume, eine Kantine und exzellente Fluchtwege haben, ist der erreichte Standard sichtbar. Nicht nur für Arbeiter und Management, sondern auch für jeden Besucher der Fabrik.

Jedem Einkäufer sollte sofort der Gedanke kommen: „Hier kann ich sorgenfrei meine Aufträge platzieren". Aktuell äußern aber Einkäufer auch die Sorge, dass die Kosten an sie weitergegeben werden. Zwar ist allen Kunden das Thema „Nachhaltigkeit" wichtig, aber die allgemeine Bereitschaft entsprechend höhere Preise zu zahlen, ist bisher eher gering ausgeprägt. Insofern hat OSPIG auch keinen Wettbewerbsvorteil. Vielmehr müssen die Kosten selber getragen werden, wodurch die Maßnahmen nur zeitversetzt umgesetzt werden konnten. Am Ende sollten sich die Modernisierungen jedoch in mehrfacher Hinsicht lohnen. Zukünftig kann OSPIG mit einem hohen Modegrad, einer verlässlichen Lieferpünktlichkeit und einer sehr guten Produktqualität punkten. Hinzu kommt, dass OSPIG im CSR-Bereich ein zuverlässiger und fortschrittlicher Partner sein kann.

Auf Basis einer umfassenden Dokumentation können zudem die verschiedenen Anspruchsgruppen bedient werden – ob es sich nun um Mitarbeiter, Nachbarn oder Dienstleister handelt. Oder um mit externen Anspruchstellern wie Kunden, NGOs, Medien sowie Behörden zu kommunizieren.

8 Partizipation als Erfolgsfaktor

Der Faktor Mensch ist für den Erfolg eines solchen Managementprozesses hin zu mehr Nachhaltigkeit wesentlich. Die aktive Einbeziehung des Managements in der Fabrik ist ein kritischer Erfolgsfaktor. Die Manager müssen nachvollziehen können, dass es mit der Bereitstellung von Daten und der Abarbeitung von Fehlerlisten allein nicht getan ist. Zudem kann nicht alles an die Social Officer delegiert werden, denn diese sind damit beschäftigt, die vielen Audits vorzubereiten und zu begleiten.

In diesem partizipativen Ansatz geht es vor allem darum, gemeinsame – eben partizipative – Lösungswege mit den Managern der Führungs- und der mittleren Ebene zu entwickeln. Obwohl sehr viel Überzeugungsarbeit von Nöten war, um Vertrauen aufzubauen und Verständnis zu entwickeln, ist dieser Ansatz alternativlos. Denn durch die aktive, partizipative Einbindung des Managements vor Ort erreicht man einen höheren Identifikationsgrad mit dem Thema Nachhaltigkeit und mehr Lösungskompetenz. Ein Zitat der CSR-Managerin aus Deutschland drückt es wie folgt aus: „Am Ende müssen es die Menschen machen."

Die Zeit, die von den Managern zusätzlich für das Erheben von Daten und die Dokumentation von Ergebnissen benötigt wird, ist anfangs hoch. Stehen dann aber einmal die Abfragen und die Beschreibung für die Durchführung von Routinen und Trainings – ist das Vorgehen also in die tägliche Arbeit integriert –, führt es von einer Belastung zu einer Entlastung. Denn dann werden die Ergebnisse transparent und die Handlungsoptionen diskutierbar und Lösungswege umsetzbarer.

9 Fazit

Wesentliche Voraussetzung für den Aufbau eines Nachhaltigkeitsmanagementsystems ist der Wunsch der Eigentümer zur Veränderung. Dafür müssen personelle und finanzielle Ressourcen bereitgestellt werden. Zudem muss die Mitmachbereitschaft des Managements und der Mitarbeiter sichergestellt werden.

Der gewählte partizipative Ansatz bietet hierbei gute Voraussetzungen für einen nachhaltigen Erfolg. Jeder kann sich einbringen und für mehr Nachhaltigkeit in den Prozessen sorgen. Ohne diese intrinsische Motivation geht es nur langsam voran. Im Prozess ist die systematische Erhebung von Verbrauchsdaten zwingende Voraussetzung für einen zielgerichteten Prozess, der immer gut dokumentiert werden muss. Fortschritte, aber auch Rückschläge sollten immer beschrieben und erklärt werden.

Mit konkreten Maßnahmen gehen nicht nur die Ressourcenverbräuche runter, sondern auch die Lernkurven des Managements nach oben. Bei OSPIG war es u. a. der Einbau von LED-Lampen und Servomotoren. Damit reduzieren sich die Energiekosten und der Carbon Footprint. Zudem verbessert sich die Arbeitsatmosphäre deutlich durch weniger Lärm und weniger Hitze. Mit diesen sichtbaren und fühlbaren Veränderungen ist die Grundlage für einen umfassenden Veränderungsprozess gelegt. Dieser wird mit den ausgewählten Kennzahlen gesteuert und zielt darauf ab, die Produktivität und die Umweltfreundlichkeit Schritt für Schritt messbar zu erhöhen.

Literatur

Arretz M (2009) Pioniere und Phasenmodelle – Wege zum erfolgreichen Management von CSR. In: Aßländer MS, Senge K (Hrsg) Corporate Social Responsibility im Einzelhandel. Metropolis Verlag, Marburg, S 281–310

Behringer S, Meyer K (2011) Motivation zu nachhaltigem Handeln in kleinen und mittleren Unternehmen und deren Einfluss auf den langfristigen Unternehmenserfolg. In: Meyer J-A (Hrsg) Nachhaltigkeit in kleineren und mittleren Unternehmen. EuL, Lohmar

Bhattacharya CB, Sen S (2004) Doing better at doing good: when, why, and how consumers respond to corporate social initiatives. Calif Manage Rev 47(1):9–24

Gold S, Seuring S, Beske P (2010) Sustainable supply chain management and inter-organizational resources: a literature review. Corp Soc Responsib Environ Manag 17(4):230–245

Jastram S, Schneider A-M (2015) Sustainable fashion governance at the example of the partnership for sustainable textiles. UWF 23(4):205–212

Jimenez CG, Kolsun B (2014) Fashion law: a guide fir designers, fashion executives, and attorneys. Bloomsbury Publishing, New York

Lynch-Wood G, Williamson D, Jenkins W (2009) The over-reliance on self-regulation in CSR policy. Bus Ethics: A Eur Rev 18(1):52–65

Mousiolisa DT, Zaridisb AD, Karamanisc K, Rontogiannid A (2015) Corporate social responsibility in SMes and MNes. Differ Strateg Decis Mak 175:579–583

OSPIG (2017) Advanced Apparel Manufacturer

Porter M, Kramer M (2006) Strategy and society: the link between competitive advantage and corporate social, responsibility. Harv Bus Rev 84(12):82

Pretious M, Love M (2006) Sourcing ethics and the global market – The case of the UK retail clothing sector. Int J Retail Distribution Manag 34(12):892–903

Rommelspacher M (2012) Corporate Social Responsibility aus Konsumentensicht. In: Werther, Chandler (Hrsg) Entstehung der CSR-Beurteilung und ausgewählte Erfolgswirkungen. Springer Gabler, Wiesbaden, S 231–241

Schapper A (2013) Bangladesch: Kooperation in der Gestaltung transnationaler Arbeitsbeziehungen. GIGA Focus 2013(8):1–8

Weaver GR, Trevino LK, Cochran PL (1999) Integrated and decoupled corporate social performance: management commitments, external pressures, and corporate ethics practices. Acad Manag J 42(5):550

Werther WB, Chandler D (2005) Strategic corporate social responsibility as global brand insurance. Bus Horiz 48(4):322

Webseitenverzeichnis/Zeitungen

Baumwollbörse (2017) Cotton production: efficient irrigation methods reduce water consumption. https://baumwollboerse.de/en/wp-content/uploads/sites/2/2017/02/Press-Release-Efficient-Irrgation-Methods-Reduce-Water-Consumption.pdf. Zugegriffen: 20. Juni 2017

Christliche Initiative Romero (2017) Campaigns: clean clothes campaigns. http://www.ci-romero.de/clean_clothes_campaign/. Zugegriffen: 27. Juli 2017

Cotton Made In Africa (2017) Das CmiA Community Kooperationsprogramm. http://www.cottonmadeinafrica.org/de/projekte/cmia-community-kooperationsprogramm. Zugegriffen: 25. Juli 2017

Greenpeace (2017) Chemie in Textilien, Zeit zu entgiften. https://www.greenpeace.de/kampagnen/detox. Zugegriffen: 21. Juni 2017

Huntsman (2011) Responsible processing-dyeing and finishing: How to reduce textile dyeing's environmental footprint? http://www.seacolors.eu/images/responsible_processing_dyeing_and_finishing.pdf. Zugegriffen: 10. Juli 2017

KPMG (2015) Fashion 2025-Studie zur Zukunft des Fashion-Markts in Deutschland. https://home.kpmg.com/de/de/home/themen/2015/10/fashion-2025.html. Zugegriffen: 10. Juli 2017

Labowitz S, Baumann-Pauly D (2015) Beyond the tip of the iceberg: Bangladesh's forgotten apparel workers. http://static1.squarespace.com/static/547df270e4b0ba184dfc490e/t/5672bef1c647ad862c494795/1450360561022/Bangladesh-Report-Final.pdf. Zugegriffen: 5. Juli 2017

Leahy S (2015) World Water Day: the cost of cotton in water-challenged India, The Guardian, 20.03.2015. https://www.theguardian.com/sustainable-business/2015/mar/20/cost-cotton-water-challenged-india-world-water-day. Zugegriffen: 20. Juni 2017

Pestizid Aktions-Netzwerk e.V. (PAN Germany) (2011) Cotton woman. http://www.pan-germany.org/download/cotton/cotton_woman.pdf. Zugegriffen: 5. Juli 2017

Remei (2017) biore® Siftung-human rights organic cotton. http://www.remei.ch/biore-stiftung/. Zugegriffen: 25. Juli 2017

Statista (2017a) Bruttoumsatz mit Textilien und Bekleidung im Einzelhandel in Deutschland den Jahren 2007 bis 2015 (in Millionen Euro). https://de.statista.com/statistik/daten/studie/157544/umfrage/textil--und-bekleidungsumsatz-in-deutschland-seit-2007/. Zugegriffen: 5. Juli 2017

Statista (2017b) Die zehn wichtigsten Exportländer für Bekleidung weltweit im Jahr 2015 (Exportwert in Milliarden US-Dollar). https://de.statista.com/statistik/daten/studie/260492/umfrage/wichtigste-exportlaender-fuer-bekleidung-weltweit/. Zugegriffen: 5. Juli 2017

Textilbündnis (2017) Über uns. https://www.textilbuendnis.com/de/startseite/das-textil-buendnis. Zugegriffen: 21. Juni 2017

Wollenschlaeger U (2017) Textilbündnis weiter in der Kritik. http://www.textilwirtschaft.de/business/unternehmen/textilbuendnis-textilbuendnis-weiter-in-der-kritik-205747. Zugegriffen: 3. Aug. 2017

World Trade Organization (2017) World trade statistical review 2016. https://www.wto.org/english/res_e/statis_e/wts2016_e/wts2016_e.pdf. Zugegriffen: 5. Juli 2017

Dr. Michael Arret ist als Biologe mit komplexen Systemen vertraut. Hat 1993 bei der Otto Group die ersten Schritte in der CO_2-Bilanzierung von Transporten begleitet. Mitte der 90er Jahre hat er das Biobaumwollprojekt des Otto Versand in der Türkei in zahlreichen Besuchen, Gesprächen und Treffen vorangetrieben. Von 1999 bis 2002 hat er das „PURE-WEAR“ Projekt für den Ansatz von Biobaumwolle und die Ausrüstung mit umweltfreundlichen Chemikalien betreut. Ab 1998 baute er die Systain Consulting mit zahlreichen Kunden aus dem Textilmarken, Handels- und Discountbereich auf. Von 2010 bis 2014 verantwortete er bei KIK, die Bereiche Kommunikation, Nachhaltigkeits- und Qualitätsmanagement. Als Begleiter in Nachhaltigkeitsprojekten ist er mit „Management in Accordance“ seit 2015 unterwegs und seit 2016 zudem Geschäftsführer beim Verband der Fertigwaren Importeure in Hamburg.

Dr. Katrin Meyer ist als promovierte Betriebswirtin Beraterin für Nachhaltigkeit und Compliance. Sie verfügt über langjährige Erfahrungen bei der Beratung von Großunternehmen und mittelständischen Unternehmen. Bei der Olympus Europa GmbH war sie als Manager für Compliance and Responsibility verantwortlich für die strategische Ausrichtung der Nachhaltigkeitsaktivitäten des Konzerns. Darüber hinaus ist sie im wissenschaftlichen Bereich tätig. Neben Publikationsaktivitäten unterrichtet sie den Management Nachwuchs vor allem zum Aufbau von Nachhaltigkeitsstrukturen in Unternehmen. Seit 2017 ist sie für Stakeholder Reporting in Hamburg tätig.

Nachhaltigere Mode im Discount: Lidl

Carolyn Hutter und Florian Schütze

„Auf dem Weg nach morgen“

1 Einleitung

Als Handelsunternehmen schätzt Lidl das Vertrauen, das dem Unternehmen und den Produkten tagtäglich entgegengebracht wird. Wirtschaftlicher Erfolg hängt dabei langfristig maßgeblich davon ab, wie erfolgreich die Kernprinzipien Einfachheit und Kundenorientierung mit einer verantwortlichen Nutzung der natürlichen Ressourcen und einem respektvollen Umgang mit Kunden, Mitarbeitern und Geschäftspartnern in Einklang gebracht werden können.

Mit 3200 Filialen ist Lidl als Nahversorger in ganz Deutschland für alle Menschen erreichbar. Das Sortiment umfasst rund 1600 Artikel des täglichen Gebrauchs. Wechselnde Aktionsangebote ergänzen dieses zweimal wöchentlich sowohl im Food- als auch im Non-Food-Bereich. Textilien sind dabei ein wichtiger und regelmäßig wiederkehrender Bestandteil dieser Aktionsangebote und erfordern aufgrund der dahinterstehenden komplexen Lieferkette eine genaue Kenntnis der damit zusammenhängenden Herausforderungen sowie klare Vorgaben für Lieferanten.

C. Hutter (✉)
Leiterin CSR & Nachhaltigkeit, Lidl Deutschland
Neckarsulm, Deutschland
E-Mail: Carolyn.Hutter@lidl.de

F. Schütze
Geschäftsführer CSR Einkauf, Lidl Stiftung
Neckarsulm, Deutschland
E-Mail: Florian.schuetze@lidl.de

P. Heinrich (Hrsg.), *CSR und Fashion*, Management-Reihe Corporate Social Responsibility,
https://doi.org/10.1007/978-3-662-57697-7_24

2 Die Bedeutung von CSR im Discount/Handel

2.1 CSR-Verständnis und Management bei Lidl

Klassischerweise fungiert der Handel als Mittler zwischen Produzenten und Konsumenten, indem Güter bei Produzenten eingekauft und wieder abgesetzt werden.[1] Mit einem Anteil von 30 % Marken und 70 % Eigenmarken liegt bei Lidl ein großer Teil der Verantwortung jedoch nicht nur auf der klassischen Handelstätigkeit, sondern auch auf vorgelagerten Stufen der Wertschöpfungskette wie der Produktion. Vor diesem Hintergrund hat Lidl fünf Handlungsfelder definiert, in denen sich das Unternehmen mit Fragen der unternehmerischen Verantwortung auseinandersetzt, Ziele definiert und lösungsorientierte Maßnahmen festlegt. Kern dieser Handlungsfelder ist neben Umwelt, Mitarbeiter, Gesellschaft und Geschäftspartner vor allem das Sortiment als Dreh- und Angelpunkt der Geschäftstätigkeit im Handel. Neben einer hohen Produktqualität, die entscheidend für den Kunden ist[2], nimmt die Bedeutung der Nachhaltigkeit bei der Kaufentscheidung zu.[3] Um diesem Aspekt im Sortiment Rechnung zu tragen, hat Lidl interne Strukturen geschaffen, die sich international mit Fragestellungen und Aspekten zu Corporate Social Responsibility sowohl im Food- als auch im Non-Food-Bereich beschäftigen. Insbesondere die Beschaffung von Rohstoffen für Lebensmittel, deren Erzeugung ökologische und/oder soziale Auswirkungen hat, wird über Positionspapiere und Einkaufspolitiken gesteuert.[4] Verantwortlich für die nationale Umsetzung von Nachhaltigkeit bei Lidl Deutschland ist der Vorsitzende der Geschäftsleitung, der auf operativer Ebene durch eine eigene CSR-Abteilung unterstützt wird. Dieser obliegt die Steuerung der CSR-Aktivitäten in Deutschland, die Koordination der beteiligten Fachbereiche sowie die Kommunikation in Sachen Nachhaltigkeit.

2.2 Herausforderungen in der textilen Lieferkette

Das Modell der kontinuierlichen, wechselnden Aktionsangebote bedeutet, dass Lidl seine Produkte nur wenige Male, Saisonartikel wie etwa Wintersportbekleidung auch nur einmal im Jahr herstellen lässt. Viele der Herstellungsbetriebe, die Lidl indirekt über Geschäftspartner in Deutschland bzw. Europa beauftragt, sind auf bestimmte Produktgruppen hochgradig spezialisiert. Folglich können diese Unternehmen nicht ganzjährig mit Aufträgen ausgelastet werden. Eine vorausschauende, mehrmonatige Disposition der Aktionsware und sorgfältige Bündelung der Bestellmengen ist aus diesem Grund uner-

[1] Vgl. Lienbacher (2013, S. 44).
[2] Vgl. Schmidpeter (2015, S. VIII).
[3] Vgl. Steer und Struve (2015, S. 245).
[4] Beispiel Kakao: Das „Positionspapier für den nachhaltigeren Einkauf von Kakao" definiert die Zielsetzungen des Unternehmens in Bezug auf diesen Rohstoff. Demnach hat Lidl Deutschland bei allen Eigenmarkenartikeln seit 01.01.2017 auf 100 % zertifizierten Kakao umgestellt.

lässlich, um den Textilherstellern eine langfristige Planung der Produktionskapazitäten zu erlauben. Dies ist zentrale Voraussetzung dafür, dass die eigenständigen Hersteller vor Ort Arbeitsschutzmaßnahmen aufrechterhalten sowie sorgfältig und schonend mit Ressourcen umgehen.

Regionale Herausforderungen

Die Wertschöpfungsketten vieler Marken und Anbieter für Textilien liegen in Süd- und Südostasien; so werden Lidl-Eigenmarken hauptsächlich in China und Bangladesch sowie in weiteren Ländern, wie z. B. Kambodscha hergestellt.

In diesen Ländern hat die Textilindustrie nach dem Ende des Multi-Fiber-Arrangements[5] innerhalb von nur gut zehn Jahren ein enormes Wachstum erfahren und ist der bestimmende Wirtschaftszweig. Gleichzeitig konnten die staatlichen Strukturen teilweise jedoch nicht mit der wirtschaftlichen Entwicklung Schritt halten, sodass es an einer umfassenden behördlichen Überwachung der nationalen Gesetze mangelt. Ferner fehlt es den Betrieben oft an Erfahrung und Know-how, wie sichere, gesetzmäßige Arbeitsbedingungen zu schaffen sind und umweltverträgliche Produktionsprozesse gestaltet werden können. Hinzu kommen teilweise informelle, komplexe bis intransparente Strukturen der örtlichen Wirtschaft.

Die spezifischen ökologischen und sozialen Herausforderungen werden in den folgenden Kapiteln dezidiert dargestellt.

Der Ansatz von Lidl

Das Unternehmen betrachtet die vielschichtigen Herausforderungen in der Wertschöpfungskette sorgfältig und begegnet ihnen mit einem eigenen Code of Conduct, der basierend auf den ILO-Kernarbeitsnormen[6] soziale Mindestanforderungen definiert, welche die Grundlage des Geschäftsverhältnisses mit allen direkten und indirekten Geschäftspartnern bilden.

Um den Kodex erfolgreich umsetzen zu können und eine stetige Verbesserung zu bewirken, fordert Lidl von allen Geschäftspartnern eine belastbare Dokumentation und Transparenz der Wertschöpfungskette, von Rohstoffen über die Vor- und Nebenproduktionsstufen bis zur finalen Fertigungsstätte des Produkts.

Als Lebensmittelhändler arbeitet Lidl in seinem Non-Food-Geschäft mit Partnern, die aufgrund ihres Spezialisierungsgrades bei unterschiedlichen Produkten seit Jahren die weiteren Hersteller und Lieferkettenakteure allokieren. Hieraus haben sich geübte Systeme entwickelt, über die die hohen Ansprüche in alle Bereiche der Lieferkette getragen werden: Ein effektiver Informationsfluss und ausgeprägte „Accountability" der Geschäfts-

[5] Zwischen 1974 und 1994 regelte das Multifaserabkommen den internationalen Handel mit Textilien zwischen Industrieländern und Entwicklungsländern. Vgl. Springer Gabler Verlag (2017).

[6] Die acht Kernarbeitsnormen der International Labour Organisation sind die Ausgestaltung der Grundprinzipien „Vereinigungsfreiheit und Recht auf Kollektivverhandlungen", „Beseitigung der Zwangsarbeit", „Abschaffung der Kinderarbeit" sowie „Verbot der Diskriminierung in Beschäftigung und Beruf". Vgl. International Labour Organisation (2017).

partner dem Unternehmen gegenüber sind Stärken, die es Lidl erlauben, in dem verhältnismäßig kleinen Geschäftsbereich Textil wirksam soziale Verantwortung zu übernehmen.

Gleichzeitig erkennt Lidl, dass für eine dauerhafte Minimierung der Auswirkungen auf Mensch und Umwelt ein sektorales Engagement aller internationalen und nationalen, staatlichen und Wirtschaftsakteure unabdingbar ist.

3 Verantwortung in der textilen Lieferkette

3.1 Transparenz in der textilen Lieferkette

Die Kenntnis der komplexen Wertschöpfungskette und die Transparenz der jeweiligen Produktionsbedingungen bei den Zulieferern vor Ort sind zentraler Bestandteil von Lidls Anforderungsmanagement. Das Unternehmen hat Vorgaben für die Lieferanten in puncto Transparenz geschaffen, um die Umsetzung sozialer Mindeststandards sowie eine ressourcenschonendere Beschaffungskette zu ermöglichen. Bei jedem Produktionsauftrag eines Lidl-Eigenmarkenprodukts sind Lidls Geschäftspartner verpflichtet, nicht nur zum Hersteller des fertigen Artikels, sondern Angaben zu der tieferen Lieferkette zu machen. So erhöht Lidl sukzessive die Transparenz entlang der gesamten Wertschöpfungskette.

Als erster Lebensmitteleinzelhändler mit Non-Food-Sortiment hat das Unternehmen im Januar 2017 eine Liste der rund 650 Lieferanten des Textil- und Schuhsortiments seiner Eigenmarken veröffentlicht.[7]

Das Gebot der Transparenz erstreckt sich auch im weiteren Sinne auf die Zusammenarbeit mit Lidls Geschäftspartnern. So obliegt allen Geschäftspartnern die Pflicht, uns jeden Verstoß gegen den Code of Conduct unverzüglich anzuzeigen und diesen proaktiv richtigzustellen. Ebenso erwartet Lidl, dass zwischen Geschäftspartnern und Herstellern sichergestellt wird, dass etwa die Kosten für Löhne und Sozialleistungen der Arbeiter korrekt einkalkuliert wurden.

Lidl ist sehr daran interessiert, mit seinen Lieferanten auf Respekt und gegenseitigem Vertrauen basierende Geschäftsbeziehungen zu pflegen. Nur so war es bisher möglich und wird es zukünftig möglich sein, den eigenen und den Erfolg der Geschäftspartner zu sichern und die Rolle als verlässlicher und kompetenter Nahversorger seiner Kunden auf Dauer zu erfüllen.

[7] Die Liste ist auf www.lidl.de zugänglich und zeigt Namen, Adressen und Länder der Hauptproduktionsstätten. Im Einklang mit dem „Right-to-know-Prinzip“ erhalten Kunden, Partner oder andere interessierte Personen so die Möglichkeit, sich über die Produktionsländer zu informieren.

3.2 Ökologische Verantwortung

Für die Herstellung von Textilien werden in den Produktionsprozessen große Mengen an Chemikalien und Wasser eingesetzt. Die als Nassprozesse bezeichneten Verfahren lassen sich grob in drei Kategorien unterteilen: Waschen, Färben, Finishing.[8] In diesen Nassprozessen wird das Aussehen der Textilien und damit ihre Marktfähigkeit festgelegt, sie sind essenziell für die textile Wertschöpfungskette. Das von diesen Prozessen stammende Abwasser weist verschiedene Chemikalien auf. Die Gesamtbelastung hängt vom Prozess und den dabei eingesetzten Farb- und Hilfsstoffen ab. Eine Ableitung dieser Abwässer ohne vorherige Reinigung kann, je nach enthaltenen Chemikalien, eine Gefährdung für Mensch und Umwelt darstellen und erhebliche Schäden im Ökosystem verursachen.[9]

Detox-Commitment

Als erster Lebensmitteleinzelhändler mit Non-Food-Artikeln ist Lidl im Dezember 2014 der Detox-Kampagne von Greenpeace beigetreten und hat sich damit zum Ziel gesetzt, auf bestimmte, von Greenpeace definierte für Mensch und Umwelt bedenkliche Chemikalien in der Herstellung seiner Eigenmarkentextilien und -schuhe zu verzichten. Mit dem Detox-Commitment will Lidl einerseits bessere, sozial- und umweltverträglichere Produktionsbedingungen in der Textil- und Schuhindustrie ermöglichen und maßgeblich mitgestalten. Andererseits soll damit im Sinne eines nachhaltigeren Konsums den aufgeklärten Verbrauchern und ihrem wachsenden Interesse an Herkunft und umweltverträglicheren Produktionsbedingungen der Textilien und Schuhe Rechnung getragen werden.

Vorgaben/Standards

Gemäß Commitment hat Lidl eine kombinierte „Manufacturing Restricted Substances List/Restricted Substances List" (kombinierte MRSL/RSL) erstellt. Die MRSL/RSL ist eine Liste chemischer Substanzen, deren Verwendung für die Produktion von Lidl-Eigenmarken verboten ist.[10] In der weiteren Umsetzung hat Lidl die Beachtung der MRSL/RSL zur vertraglichen Grundlage für die Auftragsvergabe an Lieferanten gemacht.

Mit international anerkannten Prüfinstituten wurden eine belastbare Methodik sowie die Parameter zum Testen von Abwasser bzw. Klärschlammproben und das entsprechende Reporting erarbeitet. Die Durchführung mindestens eines Abwassertests pro Jahr gemäß

---

[8] Waschen: Entfernung von Verunreinigungen, Spinnpräparationen, Spulölen etc.; Färben: farbgebende Prozesse mithilfe wässriger Lösungen von Farbstoffen, Dispergiermitteln, Netzmitteln, Salzen. Die eingesetzten Stoffe sind abhängig von der Faserart und den geforderten Produkteigenschaften; Finishing: alle Verfahren, die den Textilien die geforderte Funktionalität verleihen wie z. B. Wasserabweisung. Die Verfahren sind in aller Regel substratspezifisch.

[9] Global werden etwa 80 % aller Abwässer ungeklärt in die Umwelt geleitet. Vgl. WWAP (2017). Laut einer Schätzung der Weltbank verursacht die Textilindustrie etwa 20 % der globalen Gewässerverschmutzung.

[10] Die MRSL/RSL wird regelmäßig aktualisiert, um neuesten wissenschaftlichen Erkenntnissen zu Chemikalien und ihren Wirkungen Rechnung zu tragen.

diesem Verfahren ist eine Voraussetzung für Herstellbetriebe, um für Lidl produzieren zu dürfen.

Ferner hat Lidl hat bereits 2012 damit begonnen, wasser- und schmutzabweisende Ausrüstungen auf umweltfreundlichere Alternativen umzustellen. In der Textilbranche werden für diese Ausrüstung bis heute zu großen Teilen sogenannte per- bzw. polyfluorierte Chemikalien (PFC) eingesetzt.[11] Lidl hat daher für seine Eigenmarkentextilien mit wasserabweisender Funktion die Verwendung der PFC-freien, umweltfreundlichen Ausrüstung Bionic ECO Finish[12] vorgeschrieben.

Generell verfolgt Lidl den Clean-Factory-Ansatz. Darunter ist das Prinzip zu verstehen, dass in den Wertschöpfungsstufen der Lidl-Eigenmarken agierende Betriebe die Vorgaben in der MRSL/RSL grundsätzlich auch dann zu befolgen haben, wenn sie nicht für Lidl produzieren. Dies trägt zur Verbesserung der Situation in der gesamten jeweiligen Fabrik bei.

Überprüfung

Die regelmäßige Überprüfung der mit dem Abwasser in die Umwelt ausgeleiteten Chemikalien und des Chemikalienmanagements ist entscheidend für die Erfolgskontrolle.

Das Abwasser und der Klärschlamm werden in allen Betrieben mit Nassprozessen mindestens einmal jährlich auf potenziell bedenkliche Chemikalien untersucht. Des Weiteren wird das Chemikalien-/Umweltmanagement in den Betrieben vor Ort durch international anerkannte, akkreditierte, unabhängige Prüfinstitute auditiert. Diese Untersuchungen liefern Rückschlüsse auf den Umgang mit und die Verwendung von Chemikalien in den jeweiligen Fabriken. Substitutionsstrategien und Verbesserungsmaßnahmen können aus den Untersuchungsergebnissen mit dem Ziel, eine kontinuierliche Reduktion der Chemikalienverwendung und Belastungen der Abwässer sowie Klärschlämme einerseits sowie eine Verbesserung des Umweltmanagements andererseits zu erreichen, abgeleitet werden.[13]

Kompetenzförderung

Durch regelmäßige Veranstaltungen am Firmensitz in Neckarsulm sowie in den Hauptproduktionsländern werden Geschäftspartner und die Herstellungsbetriebe zum Detox-Commitment und den Anforderungen informiert und geschult.

Zahlreiche Gespräche mit produzierenden Betrieben in Fernost haben gezeigt, dass es den Akteuren vor Ort oftmals an Wissen zur Umsetzung der durch westliche Unternehmen an sie gestellten Anforderungen fehlt. Selbst bei einer ausgeprägten Bereitschaft der

[11] PFC werden in der Natur kaum oder gar nicht abgebaut und reichern sich teilweise über die Nahrungskette an.

[12] Bionic Finish Eco ist frei von fluorhaltigen Verbindungen sowie formaldehydfrei. Durch eine konsequente Umstellung auf die umweltfreundliche Alternative für wasserabweisende Textilien wird Lidl spätestens Ende 2017 alle PFCs durch ökofreundliche Substitute ersetzt haben.

[13] Gemäß Lidl Detox-Commitment werden die detaillierten Resultate der Abwassertests unabhängig von den Ergebnissen auf der Plattform des „Institute for Public and Environmental Affairs" (IPE) veröffentlicht.

Herstellbetriebe, den Anforderungen gerecht zu werden, sind sie häufig nicht in der Lage, diese in einer zielführenden Art und Weise und in kurzer Zeit umzusetzen. Dem Prinzip des lokalen Engagements folgend wurde für Betriebe in Bangladesch und China vor Jahren ein Trainingsprogramm zum Chemikalien- und Umweltmanagement aufgesetzt, das einem systematischen „Train-the-Trainer-Ansatz" folgt. Dabei werden beste verfügbare Techniken vermittelt und die praktische Umsetzung gemeinsam mit den Betrieben geplant. Der Ressourceninput und -verbrauch, die Produktions- wie auch Geschäftsprozesse und der Abfallstrom werden analysiert und optimiert bzw. reduziert. Seitens der Fabrik erfordert dies die aktive Beteiligung des Managements, die Etablierung eines Change Management Teams und die Mitarbeit im Projekt. Kompetenzpartner für die Durchführung der Trainings in den Fabriken ist die Gesellschaft für Internationale Zusammenarbeit (GIZ). Rund 80 Hersteller sind in diesen Prozess eingebunden und werden durch Experten der GIZ bedarfsgerecht betreut.[14]

Circular Economy

Qualität und Langlebigkeit sind für Lidl bestimmende Faktoren der Nachhaltigkeit eines Produkts. Über das Produktdesign können diese Eigenschaften erreicht und somit die Auswirkungen auf Mensch und Umwelt sowie der Ressourcenverbrauch gesenkt und eine Wiederverwendung bzw. -verwertung ermöglicht werden. In einem ersten Pilotprojekt entwickelt Lidl gemeinsam mit den Experten vom Beneficial Design Institute und EPEA Internationale Umweltforschung ein voll recyclingfähiges T-Shirt mit kompostierfähigen Druckfarben, das wieder in den biologischen Kreislauf eingekoppelt werden kann. Aus dem eingesetzten Material können neue Nährstoffe für Pflanzen entstehen. Die Einbeziehung entsprechender Designprinzipien und neuer Materialien in die existierenden Produktanforderungen und Einkaufsprozesse wird künftig ein Fokus der Aktivitäten von Lidl sein.

3.3 Soziale Verantwortung

Vor dem Hintergrund regionaler Gegebenheiten bestehen die dringendsten Herausforderungen zunächst rund um die Sicherheit von Arbeiterinnen und Arbeitern entlang der Wertschöpfungskette. Dies reicht von unsachgemäßem Betreiben textilverarbeitender Maschinen und Materialien/Chemikalien über den Mangel an bzw. korrekte Verwendung von Schutzbekleidung bis hin zu unzureichenden Brand- und Gebäudeschutzmaßnahmen. Eine weitere Problematik stellt die Einhaltung der gesetzlich festgelegten Arbeitszeiten dar sowie die transparente Nachvollziehbarkeit von Löhnen und Sozialleistungen. Zuletzt können in einigen Regionen Herausforderungen rund um die Wahrnehmung grund-

[14] Das Engagement ist zu 100 % durch Lidl finanziert und somit kostenlos für alle teilnehmenden Hersteller mit Nassprozessen.

legender Rechte der Arbeiter bestehen, etwa auf gleiche Behandlung unabhängig von Geschlecht und Herkunft oder darauf, sich einer Arbeitnehmervertretung anzuschließen.

Um sichere und angemessene Arbeitsbedingungen von Arbeiterinnen und Arbeitern in der Lieferkette zu fördern, analysiert Lidl gemeinsam mit seinen Geschäftspartnern zunächst systematisch Risiken von Verstößen gegen unseren Code of Conduct. Darauf basierend setzt Lidl – über Mitarbeiter unserer Geschäftspartner, Programme und Projekte – zielgerichtete Maßnahmen ein, um diese Risiken zu minimieren. Damit werden wir gleichzeitig unserem eigenen Anspruch gerecht, das praktische Verständnis und die Kompetenz für den Schutz von Arbeitern vor Ort zu stärken. Ferner hat Lidl umfassende Kontrollmechanismen durch eigene und externe Akteure, um die flächendeckende Umsetzung von Mindeststandards nachzuvollziehen.

Risiken verstehen

Lidl betrachtet fortlaufend vielfältige Quellen, um regionale, sozioökonomische und produktspezifische Risiken in den Lieferketten zu identifizieren. Dazu gehören internationale Indizes wie der Global Rights Index, Global Slavery Index und BSCI[15] Countries' Risk Classification ebenso wie der Dialog mit lokalen Partnern, internationalen Organisationen und zahlreichen zivilgesellschaftlichen Stakeholdern in sektorweiten Initiativen.

Kompetenzförderung in der Lieferkette

Aus dem sich ständig weiterentwickelnden Verständnis von Risiken erarbeitet Lidl Ansätze, diese durch Kompetenzförderung gezielt zu adressieren und die Umsetzung des Code of Conduct wirksam zu fördern. Auf Seiten der jeweiligen Geschäftspartner in den Produktionsländern werden zunächst erfahrene und qualifizierte Mitarbeiterinnen und Mitarbeiter identifiziert, die die Textilhersteller tagtäglich bei der Umsetzung des Lidl Code of Conduct unterstützen.

Zusätzlich hat Lidl spezielle Projekte ins Leben gerufen, die zielgerichtet die Kompetenzen auf Ebene der Textilhersteller fördern, einzelne oder mehrere Elemente des Kodex umzusetzen.

1. Intensives Engagement mit der Deutschen Gesellschaft für Internationale Zusammenarbeit (GIZ) GmbH Bereits 2008 initiierte Lidl gemeinsam mit der Deutschen Gesellschaft für Internationale Zusammenarbeit (GIZ) GmbH **qualifizierte Trainingsmaßnahmen für Textilhersteller** und deren Mitarbeiter in Bangladesch. Auf Grundlage von internationalen Umwelt- und Sozialstandards sowie nationalem Recht qualifizieren sich die Textilhersteller im Rahmen des Trainings- und Beratungsprogramms, ihre Produktionsstätten dauerhaft und kontinuierlich zu verbessern. Schwerpunkte sind die Bereiche Arbeitssicherheit und -gesundheit, Entlohnung, Überstunden, Benachteiligung am Arbeitsplatz, Arbeitervertretung, Versammlungsfreiheit sowie Umwelt-, Energie- und Chemikalienma-

[15] Die Business Social Compliance Initiative (BSCI) ist eine Plattform zur Verbesserung der sozialen Standards in der weltweiten Wertschöpfungskette. Vgl. BSCI (2017).

nagement. Anhand eines „Hilfe zur Selbsthilfe und Dialog“-Ansatzes werden insbesondere die Textilmitarbeiterinnen und -mitarbeiter der jeweiligen Unternehmen in den Verbesserungsprozess integriert.

Seit 2009 bietet Lidl mit einem mobilen Ärzteteam **kostenlose medizinische Versorgung** für Mitarbeiter ausgewählter Textilhersteller vor Ort an. Durch regelmäßige Fabrikbesuche bietet der mobile Gesundheitsdienst den Arbeiterinnen und Arbeitern ausgewählter Fabriken Basis-Gesundheitsdienstleistungen während der bezahlten Arbeitszeit an. Zudem werden die Mitarbeiter zu Gesundheits- und Hygienemaßnahmen geschult. Auf diese Weise konnten in den letzten neun Jahren fast 60.000 Patienten direkt behandelt und geschult werden.

Seit 2012 liegt ein besonderer Fokus der Zusammenarbeit mit der GIZ auf der **Förderung der Kompetenzen von Textilarbeiterinnen** in den Bereichen Finanzen, Kommunikation und Kommunikationsketten, positives Selbstverständnis sowie Gesundheit und Hygiene. Dem „Train the Trainer“-Ansatz folgend werden Vertreterinnen und Vertreter aus den Fabriken sowohl thematisch als auch methodisch geschult. Sie tragen dieses Wissen zurück zu ihren Kolleginnen und Kollegen in die Fabriken. Auf diese Weise profitieren nicht nur die Textilarbeiterinnen, sondern auch ihre Familien von den Maßnahmen.

In Zusammenarbeit mit der GIZ hat Lidl bereits 2012 damit begonnen, ein Konzept für einen **verbesserten Brand- und Gebäudeschutz** für ausgewählte Textilhersteller in Bangladesch auszuarbeiten und umzusetzen. Ziel ist es, den Brandschutz und das Brandschutzbewusstsein der Textilhersteller von Lidl unter Einbezug der Arbeitnehmerinnen und -nehmer durch Infrastruktur- und Trainingsmaßnahmen sichtbar zu verbessern, um so ein sichereres Arbeitsumfeld in den betreuten Textilfabriken zu schaffen.

Ein weiterer Baustein ist die Realisierung eines Projekts, um die tatsächliche **Entlohnung der Textilmitarbeiter vor Ort nachvollziehbar zu verbessern**. In diesem mehrjährigen Projekt haben alle Beschäftigten (über 6000 Mitarbeitende) eines ausgewählten Textilherstellers bereits mehrfach eine gleich verteilte Mehrauszahlung erhalten. Dieses einzigartige Projekt wurde wissenschaftlich von einer öffentlich zugänglichen Studie begleitet.

2. Accord for Fire and Building Safety in Bangladesh Als Mitunterzeichner des ersten Internationalen Abkommens für Brand- und Gebäudeschutz schätzt Lidl den Zusammenschluss zu dieser Initiative. Hier kommen zahlreiche Unternehmen, internationale Gewerkschaftsverbände und Nichtregierungsorganisationen zusammen. Gemeinsames Ziel ist seit 2013 die Implementierung, Kontrolle und Verbesserung von Brand-, Gebäude- und Gesundheitsschutzmaßnahmen bei Textilfabriken in Bangladesch.

Die Verlängerung des Internationalen Brand- und Gebäudeschutzabkommens für Textilbetriebe in Bangladesch bis 2021 unterzeichnete Lidl als eines der ersten Unternehmen. Die Vereinbarung wurde in gemeinsamer Verständigung mit Akteuren aus Handel, Gewerkschaften und Zivilgesellschaft beschlossen.

Der erneuerte Vertrag beinhaltet unter anderem die Fortsetzung unabhängiger Kontrollen, bestehender Sicherheitsvorkehrungen und deren laufende Verbesserungen sowie regelmäßige Brandschutz-Trainings für Mitarbeiterinnen und Mitarbeiter in Textilfirmen. Außerdem werden die Rollen und Rechte von Arbeitnehmern gestärkt. Auf diese Weise haben die Mitarbeitenden der Produktionsbetriebe einen zusätzlichen Kanal, um sich bei Problemen im Arbeitsalltag vertrauensvoll an den Sicherheits-Chefinspektor des Accords zu wenden.

3. Partnerschaft mit Save The Children Durch Forschung und Stakeholder-Berichte ist in der Branche bekannt, dass in verschiedenen Ländern Südostasiens und weiteren Regionen Beschäftigungsverhältnisse unterhalb der gesetzlichen Altersgrenze in informellen, häufig kaum sichtbaren Wertschöpfungsstufen angetroffen werden, die trotz großer Entfernung auch in die Lieferketten großer Marken und Händler münden können.

Im Rahmen der stetig wachsenden Transparenz in verschiedenen Bereichen der Lieferketten arbeitet Lidl mit einem präventiven Ansatz mit der Expertenorganisation Save The Children zusammen. Gemeinsam werden für Hersteller in drei Ländern Seminare durchgeführt, die Geschäftspartner, Fabrikbesitzer und Human Resources Manager der Fabriken darin schulen, Risiken und Anzeichen für Kinderarbeit in eigenen tieferen Lieferketten zu identifizieren.

Überprüfung

Im Rahmen der Mitgliedschaft in der Business Social Compliance Initiative (BSCI) führt Lidl bei allen Textilherstellern seiner Eigenmarken in außereuropäischen Produktionsländern unabhängige, unangekündigte Kontrollen durch externe, landessprachliche Prüfer durch und arbeitet gemeinsam mit seinen Geschäftspartnern systematisch an der Umsetzung der Verbesserungsmaßnahmen.

Für die Überprüfung der Umsetzung des Code of Conducts sind die erfahrenen und speziell designierten Mitarbeiter der Geschäftspartner in den Produktionsländern ebenfalls wichtige Ansprechpartner. Sie sind Woche für Woche bei den Textilherstellern und haben so permanent ein Auge auf die dortigen Arbeitsbedingungen und stoßen maßgeschneiderte Verbesserungsmaßnahmen an.

3.4 Sektorweite Kollaboration

Im Rahmen seines Engagements für eine nachhaltigere Textil- und Schuhwirtschaft kooperiert Lidl mit anderen Marktteilnehmern und ist in Netzwerken und Multi-Stakeholder-Initiativen aktiv.

1. Bündnis für nachhaltige Textilien Lidl hat als Mitglied das Bündnis für nachhaltige Textilien[16] von Anfang an begleitet und seine Entstehung aktiv unterstützt. Die Ziele

[16] Das Bündnis für nachhaltige Textilien ist eine Multi-Akteurs-Partnerschaft mit rund 190 Partnern aus Wirtschaft, Nichtregierungsorganisationen, Gewerkschaften, Standardorganisationen und des Bundesministeriums für wirtschaftliche Zusammenarbeit.

des Bündnisses sind soziale, ökologische und ökonomische Verbesserungen entlang der gesamten Textil-Lieferkette. Ein Aktionsplan des Textilbündnisses mit gemeinsamen Umsetzungsanforderungen und Indikatoren bildet dabei die Arbeitsgrundlage für eine kontinuierliche Verbesserung der gesamten Textil-Wertschöpfungskette.

Die Mitgliedschaft im Bündnis für nachhaltige Textilien ist Teil des Selbstverständnisses, dass für eine dauerhafte Umsetzung von Sozial- und Umweltstandards vor Ort ein sektorales Engagement aller nationalen und internationalen Akteure unabdingbar ist. Für die inhaltliche Weiterentwicklung bringt sich Lidl daher aktiv mit seiner Expertise in mehreren Arbeitsgemeinschaften des Bündnisses ein.

2. Business Social Compliance Initiative Seit 2007 ist Lidl Mitglied der Business Social Compliance Initiative (BSCI). Gemeinsam mit rund 1800 Mitgliedern der Initiative setzt sich Lidl für die Umsetzung von international anerkannten Sozialstandards in der Lieferkette ein.

3. Leather Working Group (LWG) Lidl ist Mitglied der Leather Working Group (LWG). Das Bündnis, das als Multi-Stakeholder-Initiative mit Akteuren aus Industrie, Handel, Nichtregierungsorganisationen und wissenschaftlichen Instituten zusammenarbeitet, hat Kriterien für eine verantwortungsbewusste Lederproduktion entwickelt und zertifiziert Betriebe entsprechend. Ziel ist es, die Bedingungen in Gerbereien zu verbessern. Dazu gehört, dass die Hersteller in der Lederverarbeitung keine bedenklichen Chemikalien verwenden und der hohe Wasser- und Energieverbrauch gesenkt wird. Außerdem wird die Arbeitssicherheit regelmäßig kontrolliert.

4. Fur Free Retailer Im September 2014 ist Lidl dem internationalen Programm „Fur Free Retailer" beigetreten, einer internationalen Organisation, die die Transparenz von Textilhändlern in Bezug auf Pelz fordert und fördert. Alle Unterzeichner verpflichten sich, auf den Vertrieb von Echtpelzarten[17] zu verzichten.

3.5 Nachhaltigere Mode am Point of Sale

Lidl bietet seinen Kunden bereits heute Produkte, die einen nachhaltigeren Konsum ermöglichen. Herkunft und Transparenz spielen dabei auch bei tierischen Erzeugnissen im Non-Food-Sektor eine große Rolle.

Leder und Wolle

Bei Produkten aus Kaschmirwolle wird ein Zertifikat zur Rückverfolgbarkeit gefordert. Für Leder haben wir den Anspruch, dass die Rückverfolgbarkeit bis zur Gerberei gewährleistet ist. Lidl spricht sich außerdem klar gegen die Verwendung von tierischen

[17] Konkret sind dies Pelze von Nerz, Kojote, Zobel, Fuchs, Bisam, Hase und Marderhund.

Rohstoffen wie Angorawolle in seinen Produkten aus. Dabei wird verlangt, dass die Lieferanten artikelindividuell sicherstellen, dass die in den Artikeln verwendete Wolle nicht von Schafen stammt, die mit entsprechenden Konsequenzen speziell auf eine hohe Wollausbeute gezüchtet werden.[18]

Fair gehandelte Textilien
Als erster deutscher Händler hat Lidl in Zusammenarbeit mit der Fairtrade-Organisation 2008 bundesweit damit begonnen, im Non-Food-Aktionsgeschäft Fairtrade-zertifizierte Textilartikel wie Joga-Kollektionen oder Badetücher unter der Qualitätsmarke „Fairglobe" zu vermarkten Die Fairtrade-Zertifizierung der Baumwolle ermöglicht den Kleinbauerfamilien in den Anbauländern eine Verbesserung der Lebens- und Arbeitsbedingungen. Durch die Zahlung der Fairtrade-Prämie können die Kleinbauern verschiedene Gemeinschaftsprojekte wie z. B. den Bau von Schulen oder die Verbesserung der Infrastruktur vor Ort realisieren. Die Kleinbauern und Arbeiterinnen und Arbeiter entscheiden selbstständig und demokratisch darüber, welche Projekte sie mit der Prämie realisieren. Im September 2009 wurden Fairglobe-Textilien erstmals mit einem Zahlencode versehen, anhand dessen sich Kunden transparent über die Wertschöpfungskette sowie die durch die Fairtrade-Prämie finanzierten Projekte informieren können.

Über das Internet und die wöchentlichen Handzettel werden Kunden regelmäßig über verwendete umweltfreundliche Materialien wie Tencel oder Textilsiegel wie Fairtrade informiert. Mit der Filialpräsenz und einer kontinuierlichen Sortimentserweiterung von zertifizierten Artikeln erreicht Lidl eine breite Käuferschicht und stärkt das Bewusstsein für nachhaltiger erzeugte Produkte. Auf diese Weise kann der Kunde aktiv dazu beitragen, die Lebens- und Arbeitsbedingungen der Menschen in den Produktionsländern zu verbessern.

4 Fazit

Die textile Lieferkette wird aufgrund ihrer komplexen globalen und lokalen Strukturen auch in den nächsten Jahren weiterhin einige Herausforderungen für die beteiligten Akteure bereithalten. So zeigt das Entstehen zahlreicher Initiativen, Bündnisse und Kampagnen in den letzten Jahren, dass langfristige Verbesserungen nur durch die Kooperation des öffentlichen und des privaten Sektors sowie in Zusammenarbeit mit zivilgesellschaftlichen Akteuren möglich sind. Lidl konnte bereits substanzielle Maßnahmen umsetzen und in Multi-Stakeholder-Initiativen effektiv mitwirken. Die Veröffentlichung der 650 Textil- und Schuhlieferanten durch Lidl Anfang 2017 war ein wesentlicher Schritt zu mehr Transparenz für die interessierte Öffentlichkeit und Kunden. Gemäß dem unternehmenseigenen Nachhaltigkeitsmotto „Auf dem Weg nach morgen" sind einige der selbst gesteckten Ziele noch zu erreichen, um die Lebens- und Arbeitsbedingungen in den Pro-

[18] Das zugrunde liegende Mulesing-Verfahren betrifft vorwiegend Merinoschafe.

duktionsfabriken zu verbessern und ökologische Auswirkungen so gering wie möglich zu halten. Lidl wird sich daher weiter in seinen Wertschöpfungsketten und auch in den genannten Initiativen engagieren und über Fortschritte kontinuierlich Bericht erstatten.

Literatur

BSCI (2017) Mission. http://www.fta-intl.org/content/mission?_ga=2.167892517.567582487.1503912875-277764378.1494406982. Zugegriffen: 07.09.2017

International Labour Organisation (2017) ILO Kernarbeitsnormen. http://www.ilo.org/berlin/arbeits-und-standards/kernarbeitsnormen/lang--de/index.htm. Zugegriffen: 07.09.2017

Lienbacher E (2013) Corporate Social Responsibility im Handel. Springer Gabler, Wiesbaden

Schmidpeter R (2015) Vorwort des Reihenherausgebers: Handel als Dienstleister für eine nachhaltige Gesellschaft. In: Knoppe M (Hrsg) CSR und Retail Management. Springer Gabler, Heidelberg

Springer Gabler Verlag (Hrsg) (2009) Gabler Wirtschaftslexikon, Stichwort: Multifaserabkommen (MFA). http://wirtschaftslexikon.gabler.de/Archiv/136737/multifaserabkommen-mfa-v5.html. Zugegriffen: 05.09.2017

Steer C, Struve F (2015) CSR-Werthaltung der Kunden. In: Knoppe M (Hrsg) CSR und Retail Management. Springer Gabler, Heidelberg

WWAP (United Nations World Water Assessment Programme) (2017) The United Nations World Water Development Report 2017. Wastewater: The Untapped Resource. UNESCO, Paris

Carolyn Hutter leitet die Abteilung für CSR und Nachhaltigkeit bei Lidl Deutschland. Nach dem Studium der Wirtschaftswissenschaften an der Universität Hohenheim promovierte sie im Fachgebiet Umweltmanagement zum Thema „Nachhaltigkeitsstrategieentwicklung – Das Spannungsfeld von Unternehmen und Stakeholdern in der automobilen Unternehmenspraxis". Neben verschiedenen Lehraufträgen im Bereich Marktforschung und Dienstleistungsmanagement an der Dualen Hochschule Baden-Württemberg sowie zu Nachhaltigkeit an der Akademie für Natur- und Umweltschutz Baden-Württemberg war sie ab 2012 für den Aufbau des Nachhaltigkeitsmanagement bei der Dr. Ing. h.c. F. Porsche AG verantwortlich.

Florian Schütze leitet seit 2007 als Prokurist den Geschäftsbereich Gesellschaft & Umwelt (Nachhaltigkeit) bei Lidl International in Neckarsulm. Mit seiner ausgewiesenen Expertise in sozialen und ökologischen Themenstellungen liegt der Fokus seines Wirkens auf internationalen Lieferketten und der Integration von Nachhaltigkeitsaspekten in die unterschiedlichen Sortimentsbereiche von Lidl.

Nach erfolgreichem Abschluss seines Studiums an der University of Brighton in England begann seine Karriere bei Lidl in verschiedensten leitenden Funktionen. Er verantwortete unter anderem den technischen Einkauf bei Lidl Schweden und war mit dem Aufbau neuer Lidl-Landesgesellschaften betraut.

Nachhaltigkeit erlebbar machen

Der Point of Sale (PoS) als Erfolgsfaktor im Mode-Einzelhandel

Kathy Zängler

1 Nachhaltigkeit in der Modebranche

Dass die Nachhaltigkeitsbestrebungen endlich auch in der Mode- und Textil-Branche angekommen sind, ist mittlerweile unbestritten. Der Mode-Einzelhandel und viele Bekleidungshersteller leisten bereits heute wertvolle Beiträge in ökonomischer, ökologischer und sozialer Hinsicht. Dennoch werden derzeit 25 % aller weltweit eingesetzten Chemikalien in der Bekleidungsbranche verwendet. Sie zählt damit zu den umweltschädlichsten Industrien neben der Ölindustrie (Probe 2018). Mit der Gründung des Bündnisses für nachhaltige Textilien erhält die Modeindustrie Unterstützung durch die Bundesregierung. Die Mitglieder des Bündnisses decken heute über die Hälfte des deutschen Textilmarktes ab. Die neuen Richtlinien sollen dafür sorgen, Sozialstandards im Produktionsprozess zu verbessern und den Einsatz giftiger Chemikalien zu vermeiden. Bei all diesen Herausforderungen darf man nicht aus den Augen verlieren, dass Nachhaltigkeit nicht nur Ökologie meint, sondern auch verantwortungsvolles Handeln auf dem Markt, gegenüber der Gesellschaft und den Mitarbeitern. Die Aufgabe der Verantwortlichen besteht also darin, alle vier CSR-Handlungsfelder zu bearbeiten und diese auch an den Konsumenten zu kommunizieren. Eine besondere Rolle spielt dabei der Point of Sale (PoS) als wesentlicher Umschlagsort für Informationen und Emotionen. Hier sollten sich die Nachhaltigkeitsaktivitäten widerspiegeln und für den Endverbraucher sichtbar werden. Es kommt darauf an, dass alle Informationen zur Nachhaltigkeit und insbesondere zur Umwelt- und Sozialverträglichkeit der Produkte transparent gemacht werden und so die Kaufentscheidung des Konsumenten unterstützen.

K. Zängler (✉)
Textilbetriebswirtin, Kommunikations- und VM-Expertin, HEINRICH – Agentur für Kommunikation
Ingolstadt, Deutschland
E-Mail: kathy.zaengler@heinrich-kommunikation.de

P. Heinrich (Hrsg.), *CSR und Fashion*, Management-Reihe Corporate Social Responsibility,
https://doi.org/10.1007/978-3-662-57697-7_25

2 Der gesellschaftliche Wertewandel

Insbesondere die Endverbraucher haben durch ihre Kaufentscheidung einen entscheidenden Einfluss auf den Erfolg nachhaltiger Bekleidungsprodukte. Denn eines hat die Vergangenheit gezeigt: Nach jedem Krisenfall – aufgrund schlechter Arbeitsbedingungen in der Produktion oder toxischer Belastung der Kleidung –, über den in den Medien berichtet wird, ist der Endverbraucher extrem kritisch, was die Auswahl seiner Kleidung angeht. Hier heißt es nun, das Thema Nachhaltigkeit gezielt durch Informationen in den Fokus zu rücken. Es muss dem Endverbraucher bewusst gemacht werden, dass hinter dem Schlagwort Nachhaltigkeit mehr steckt als die altbekannte „Jute statt Plastik“-Philosophie.

Ökologie, Ökonomie, Soziales – über diese drei Themenbereiche der Nachhaltigkeit muss der Mode-Endverbraucher intensiver informiert und sensibilisiert werden. Hier ist Aufklärung seitens der Unternehmenskommunikation der Hersteller und des Handels sowie der Berichterstattung in den Medien gefragt. Es hat sich in der Vergangenheit am Beispiel der Lebensmittelbranche gezeigt, dass Warenpräsentation und entsprechende Produktkennzeichnung einen großen Einfluss auf das Konsumverhalten der Verbraucher haben. Medienberichte über katastrophale Tierhaltung, Rinderwahn und Schweinepest sowie ständige Warnungen vor pestizidverseuchtem Obst und Gemüse haben den Verbraucher zusätzlich für nachhaltige Produkte sensibilisiert. Denn der nachhaltige Konsum verspricht in erster Linie Sicherheit, Gesundheit und ein gutes Gewissen gegenüber Mensch, Tier und Natur. Trotz eines höheren Preises verbuchen die Hersteller und Erzeuger von Bio-Lebensmitteln stetig steigende Umsätze. Jahrelang als Nischenprodukte und als Nahrung für „Ökos“ belächelt, halten Bio-Lebensmittel Einzug in die Haushalte der Durchschnittsverbraucher. Auch die preisorientierten Discounter haben diesen Trend längst erkannt und treiben die Bio-Anteile in ihrem Sortiment mit großem Erfolg voran. Spezielle Warenpräsentation, Gütesiegel, prägnante Kennzeichnung der Produkte und gezielte Kommunikation der Nachhaltigkeitsbotschaften über verschiedene Kanäle ebnen diesen Erfolgsweg.

Die Bereitschaft, auch bei der Kleidung auf Nachhaltigkeit zu achten, ist beim Endverbraucher definitiv vorhanden (vgl. Abschn. 2.1). Diese Bereitschaft mittels konsequenter Informations- und Orientierungsangebote zu unterstützen, ist in dieser wichtigen Phase Aufgabe der Modebranche.

2.1 Der nachhaltige Mode-Endverbraucher

„Bei meiner Kleidung ist mir besonders wichtig, dass sie fair/ökologisch hergestellt wurde.“ Dieser Aussage stimmten über die Hälfte der Befragten bei einer Utopia Studie zum nachhaltigen Konsum 2017 zu (Utopia GmbH 2017). In einer forsa Umfrage von 2017 äußerten allerdings über 60 % der Studienteilnehmer, dass sie mit den Informationsangeboten zu Produkten unzufrieden sind, was Herkunft und Herstellung betrifft (Leicht 2017). Eine weitere Online-Studie bestätigt diese Ergebnisse: Einerseits befürwortet der

Modekäufer in hohem Maße das nachhaltige Handeln von Unternehmen, wie faire Arbeitsbedingungen, fairen Handel und Umweltschutz (Franken 2017). Auf der anderen Seite konnten in der Umfrage über zwei Drittel der Befragten keinen nachhaltigen Hersteller von Bekleidung nennen. Auch waren den Teilnehmern nur wenige Textilsiegel und deren Kriterien bekannt. Aufschluss gibt die Gewichtung der Kommunikationskanäle: Laut der Studie informiert sich der Kunde in erster Linie im Einzelhandel über die Produkte – und das über alle Altersgruppen hinweg –, gefolgt vom Internet und den sozialen Netzwerken. Bereits an dritter Stelle steht das Fernsehen als Informationsquelle (Franken 2017). Auf allen drei Kanälen findet der Kunde demnach bisher zu wenig Informationen, um nachhaltig entscheiden und einkaufen zu können.

Genau hier liegt der entscheidende Punkt: Um den Endverbraucher mit ihren Nachhaltigkeitsbotschaften zu erreichen, müssen Unternehmen den Kunden gezielter über die nachhaltigen Produkte aufklären – und zwar dort, wo dieser sich vorrangig informiert: am PoS.

3 Die Bedeutung von Kommunikation auf Handelsebene

Eine umfassende, profilierte Kommunikation am PoS, welche die individuellen Kundenbedürfnisse berücksichtigt, ist ein wesentlicher Baustein für den Erfolg von CSR-Maßnahmen. Hier geht es auch darum, die Einzelhandelsunternehmen für Nachhaltigkeit zu sensibilisieren und sie darüber zu informieren. Nur so können sie Interesse entwickeln und ihre Kunden begeistern.

Im Gegenzug ist es die Aufgabe der Hersteller, nachhaltige, kaufentscheidende Aspekte wie modische Aussage, gute Passform und Flächenfähigkeit zu einem attraktiven Preis bereitzustellen. Die Nachhaltigkeitskommunikation sollte dazu am PoS von Beginn an sehr genau festgelegt werden, um die Nachhaltigkeitsaspekte der Produkte und auch der Hersteller verständlich und erlebbar zu machen. Dabei stehen die Antworten auf folgende Fragen im Vordergrund: Welche Bilder und Botschaften sollen mit den einzelnen nachhaltigen Marken verknüpft werden? Wer steht für diese Marke? Wo entstehen die Produkte und wie werden sie hergestellt? Wo liegt der eigentliche Mehrwert für den Konsumenten? Welche Zielgruppen können und sollen erreicht werden? Nicht die konstruierte Marketing-Story, sondern der nachhaltige Lebenszyklus des Produkts wird neben dem Design zum wichtigen Verkaufsargument und Qualitätskriterium. Folgende Aspekte sollten bei der Entwicklung der individuellen Nachhaltigkeitskommunikation am PoS berücksichtigt werden:

- Ziele: Wie wollen wir als Händler wahrgenommen werden? Welche Ziele wollen wir mit der Nachhaltigkeitskommunikation erreichen?
- Zielgruppen: Welche meiner bisherigen Kunden sind offen für dieses Thema? Welche muss ich erst dafür sensibilisieren? Welche neuen Kunden kann ich hinzugewinnen?
- Strategie: Wie gehe ich als Händler konkret vor?

- Botschaften: Was sollen meine Kunden über mein Engagement im Bereich im CSR wissen und am PoS erleben?
- Maßnahmen: Wie und mit welchen Kommunikationsinstrumenten bringen wir diese Botschaften an unsere Zielgruppen?

3.1 Vorbildfunktion des Managements

Jeder Händler, der sich mit Nachhaltigkeit auseinandersetzt, bewegt sich im Spannungsfeld zwischen Ästhetik und Trends sowie Preis und Nachhaltigkeit. Wenn sich ein Händler dafür entscheidet, dem Thema Nachhaltigkeit einen hohen Stellenwert zu geben, muss sich diese Philosophie über die komplette Bandbreite seines eigenen Unternehmens ziehen und sich nicht nur auf ein Sortiment nachhaltiger Hersteller beschränken. Unternehmer, Geschäftsführer, Verkaufsteam – alle müssen sich ihrer persönlichen Verantwortung in Bezug auf nachhaltiges Handeln bewusst sein. Nur wenn diese innere Einstellung verankert ist und gelebt wird, nimmt auch der Kunde dieses Bewusstsein wahr. Die Unternehmensleitung sollte hier als Vorbild vorangehen. Das ökologische Gewissen und der Umgang zwischen Unternehmer und Mitarbeitern spielt dabei ebenso eine Rolle wie das Verhalten gegenüber Kunden und Lieferanten.

Selbstverpflichtung des Managements
Die Selbstverpflichtung als freiwillige Erklärung aus persönlicher Verantwortung und Einsicht heraus ist die Grundvoraussetzung für die Nachhaltigkeitsarbeit – am besten in Form eines schriftlich formulierten Statements, in dem das Unternehmen darlegt, was es unter CSR versteht und wie Nachhaltigkeit im Unternehmen gelebt wird und werden soll.

Verantwortungsvolles Handeln: Fairness und Wertschätzung
Nachhaltigkeit beschränkt sich dabei nicht nur auf den ökologischen Aspekt. CSR erstreckt sich auch auf das soziale Miteinander und Themen wie Chancengleichheit, gerechte Bezahlung, Weiterbildung sowie individuelle und soziale Akzeptanz. Gegenseitige Fairness, Respekt und Anerkennung gegenüber Mitarbeitern, Kunden, Lieferanten und der Gesellschaft sind die Grundvoraussetzung für gelebte Nachhaltigkeit in Unternehmen aller Größenordnungen. Viele Unternehmen leben bereits diese Form des nachhaltigen Miteinanders, allerdings ohne dies aktiv zu kommunizieren und ihr Unternehmen auf diese Weise nach außen nachhaltig zu präsentieren.

3.2 Das Verkaufsteam als Nachhaltigkeitsbotschafter

Nachhaltigkeit als Gesprächsthema am PoS zwischen Kunden und Verkaufspersonal ist ein unerlässlicher Garant für den Erfolg nachhaltig produzierter Bekleidung auf der Verkaufsfläche. Nur sehr gut informiertes Verkaufspersonal, das die „nachhaltige Vita“ hinter dem jeweiligen Produkt kennt und dem Endverbraucher verständlich darlegen kann, wird diesen zum Kauf überzeugen können. Mit der „persönlichen Empfehlung" des Verkaufsteams erhält die Beratung einen individuellen und emotionalen Charakter. Grundlage für den Verkaufserfolg ist die persönliche, positive Einstellung des Mitarbeiters zur Nachhaltigkeit.

Schulungen zu nachhaltigen Herstellern und Produkten
Die permanente Weiterbildung der Verkaufsteams über alle Hierarchieebenen in den Bereichen nachhaltige Produktherstellung, Preis-/Leistungsmerkmale sowie Nachhaltigkeitsphilosophien der verschiedenen Hersteller spielt eine wesentliche Rolle bei der Positionierung des Nachhaltigkeitsgedanken am PoS. Einzelhandel und Hersteller sind somit durch eine enge Zusammenarbeit verbunden.

Die Schulungen erfolgen direkt am PoS oder im Showroom beziehungsweise der Zentrale des Herstellers. Die Mitarbeiter werden über die Neuerungen im Bereich nachhaltiger Verarbeitung, Stoffeinsatz etc. informiert. Eine Schulung am PoS hat den Vorteil, dass speziell über die auf der Verkaufsfläche angebotenen Produkte informiert wird. Eine Schulung im Firmensitz des herstellenden Unternehmens vermittelt dem Verkaufsteam einen informativen Gesamtüberblick.

Regelmäßige Teammeetings
Erfahrungsaustausch ist ein Erfolgsfaktor für den erfolgreichen Verkauf von nachhaltigen Produkten. Die vom Verkaufsteam gesammelten Erfahrungen werden in diesen Meetings ausgetauscht und analysiert. Verbesserungsvorschläge, die gemeinsam erörtert wurden, werden in Form eines Manuals zusammengefasst – ein hilfreiches Handbuch zum Nachlesen und eine unerlässliche Informationssammlung für neue Mitarbeiter. Die Ergebnisse der Teammeetings können auch wichtiger Input für die Gespräche mit den Herstellern sein.

Gesprächsleitfaden für die Kundenberatung
Aus den gesammelten Erfahrungen der Meetings lässt sich ein professioneller Gesprächsleitfaden entwickeln. Gerade nachhaltige Produkte sind aufgrund ihrer besonderen Herstellungsthematik beratungsintensiver. Ein Gesprächsleitfaden hilft dabei, wichtige Fakten und Argumente strategisch und erfolgreich zu optimieren und das Produkt verständlich und überzeugend zu präsentieren. Auch für die Abgrenzung von verschiedensten Produktlinien enthält er Sprachregelungen. Denn nicht jeder Händler wird ausschließlich Produkte nachhaltiger Hersteller führen.

3.3 Warenpräsentation am PoS

Die Warenpräsentation gilt als wichtigstes gestalterisches Element im Einzelhandel. Mit ihr werden dem Endverbraucher die neuen Trends und Kollektionsthemen verkaufsfördernd angeboten.

Das Visual Merchandising (VM) ist verantwortlich für die attraktive Präsentation der einzelnen Kollektionen. Es begünstigt die spontane Kaufentscheidung und erzeugt ein positives Einkaufserlebnis, welches dazu führt, dass der Kunde länger im Laden bleibt. Visual Merchandising ermöglicht es dem Endverbraucher, seine gewünschte Ware schneller und unkomplizierter zu finden. Das bedeutet für den Konsumenten stressfreieres Einkaufen in entspannter Atmosphäre (Underhill 2000).

Durch das Thema Nachhaltigkeit erweitert sich jedoch auch das Aufgabenspektrum der Warenpräsentation. Denn die Darstellung der Produktbiografien werden für den Endverbraucher auch im Bereich Mode und Bekleidung immer wichtiger. Es spielt nicht mehr nur das attraktive Erscheinungsbild der Waren eine Rolle, sondern auch deren Making-of. Die Geschichten hinter dem Produkt treten immer mehr in den Vordergrund und müssen den Käufer überzeugen.

Der Mehrwert des nachhaltigen Produktes wird durch ein weiterentwickeltes VM für den Konsumenten verständlich gemacht. Dabei spielt es keine Rolle, ob der Händler eigenverantwortlich seine Verkaufsfläche gestaltet oder in Zusammenarbeit mit den VM-Spezialisten des jeweiligen Herstellers. Gerade in Zeiten des Personalmangels auf den Flächen übernimmt das VM die informative Aufklärungsarbeit im Bereich Nachhaltigkeit. Alleinstellungsmerkmale können prägnanter herausgearbeitet werden. Die nachhaltigen Produkte grenzen sich so besser von konventionellen Mitbewerbern ab und erzeugen höhere Abverkaufsquoten. Somit wird das um den CSR-Gedanken erweiterte Visual Merchandising ein wichtiges Element der CSR-Strategie eines Modehauses. Auf der Verkaufsfläche sind der Umsetzung des VM keine Grenzen gesetzt, sodass die hier folgenden Beispiele Vorschläge und Anhaltspunkte darstellen. Idealerweise werden die VM-Maßnahmen in Kooperation mit den jeweiligen Modelabels entwickelt und durchgeführt.

Spezieller CSR-Ladenbau und Warenträger

Das Herausstellen der Ware durch separate Warenträger und Präsentationen grenzt sie von den konventionell hergestellten Produkten ab. Dadurch kann der Kunde nachhaltige Produkte leichter identifizieren und einkaufen. Ein eventuell farblich oder stilistisch abgegrenzter Ladenbau unterstützt zusätzlich die Orientierung.

Um der nachhaltigen Mode ein perfektes Verkaufsumfeld zu ermöglichen, bieten sich Themenrückwände an. Aufgrund ihrer Höhe haben sie die beste Fernwirkung. Wird in der obersten Ebene ein Aufsteller oder Bildmaterial des nachhaltigen Labels platziert, ermöglicht es dem Endverbraucher so eine schnelle Orientierung.

Auch rein mit nachhaltigen Produkten bestückte Thementische erregen die Aufmerksamkeit des Käufers. Wichtig ist auch hier die Platzierung von erklärenden Displays oder Aufstellern (vgl. Displays, Poster, Aufsteller). Je nach Sortiment werden sie mit einer oder mehreren Produktgruppen nachhaltiger Marken bestückt.

Deko-Inseln und Themeninstallationen

Als besonderer Blickfang bieten sich Deko-Inseln und saisonale Themeninstallationen auf der Verkaufsfläche an. Diese sollten an stark frequentierten Punkten platziert werden.

Wichtig ist auch hier die Information, dass es sich um nachhaltige Produkte handelt. Bei der Auswahl der Themen sind der Kreativität des jeweiligen Händlers keine Grenzen gesetzt. Gerade hier besteht eine gute Möglichkeit Nachhaltigkeit und Trends miteinander zu verknüpfen.

Displays, Poster, Aufsteller
Displays, Poster und Aufsteller spielen als Eyecatcher und Informationsgeber eine wichtige Rolle in der Warenpräsentation. Die Bilderwelten, Sprache und Gestaltung müssen einfach, klar und übersichtlich sein und dürfen den Kunden nicht überfordern. Oft werden diese bereits von den jeweiligen Markenherstellern zur Verfügung gestellt oder in Kooperation mit dem Hersteller in das bestehende Corporate Design des Hauses integriert. Sie geben eine einfache Orientierungshilfe und informieren kurz und prägnant durch Claims oder Bilder über die nachhaltigen Produkte. Displays, Poster und Aufsteller werden gut sichtbar platziert und passen gestalterisch und textuell ins Gesamtkonzept.

Tablets, Videowände, Leuchtdisplays
Durch Tablets, Videowände und Leuchtdisplays lassen sich Bilder und Informationen eindrucksvoll und unterhaltsam in Szene setzen. Großformatige Leinwände oder TV-Screens bieten Raum für visuelle Sprache und schaffen so eine besondere Atmosphäre. Saisonale Foto-Kampagnen werden stimmungsvoll durch die indirekte Beleuchtung inszeniert. Von Vorteil ist die Flexibilität dieser Medien und somit ihre saisonübergreifende Nutzbarkeit.

3.4 Kommunikationsmittel

Der PoS ist für Händler einer der wichtigsten Touchpoints im Kundenkontakt. Die Kommunikationsmittel sollten deshalb so ausgewählt werden, dass sie speziell am PoS sehr gut wirken können. Unverzichtbar ist darüber hinaus eine gute Online-Präsenz auf der Website sowie auf allen relevanten Social-Media-Kanälen. Diese Kanäle können schnell und individuell bespielt werden und kommen so der Modebranche mit ihren ständig wechselnden Trends und der Tendenz zum „Gossip“ entgegen. Die nachfolgende Zusammenstellung (s. Abb. 1) beschreibt die wichtigsten Kommunikationsmittel, erhebt aber keinen Anspruch auf Vollständigkeit.

Broschüren/Folder und Give-aways
Broschüren und Give-aways stellen eine gezielte Möglichkeit dar, über das Thema Nachhaltigkeit und nachhaltige Produkte zu informieren. Sie können Wertigkeit und Glaubwürdigkeit vermitteln. Ein persönlich übergebenes Printmedium baut Vertrauen beim Endverbraucher auf und unterstützt ihn bei der Kaufentscheidung. Darüber hinaus erreicht man den Kunden direkter als über eine Anzeige oder die Website. Eine Broschüre ist flexibel einsetzbar als Produktbeilage oder als Unterstützung beim Verkaufsgespräch.

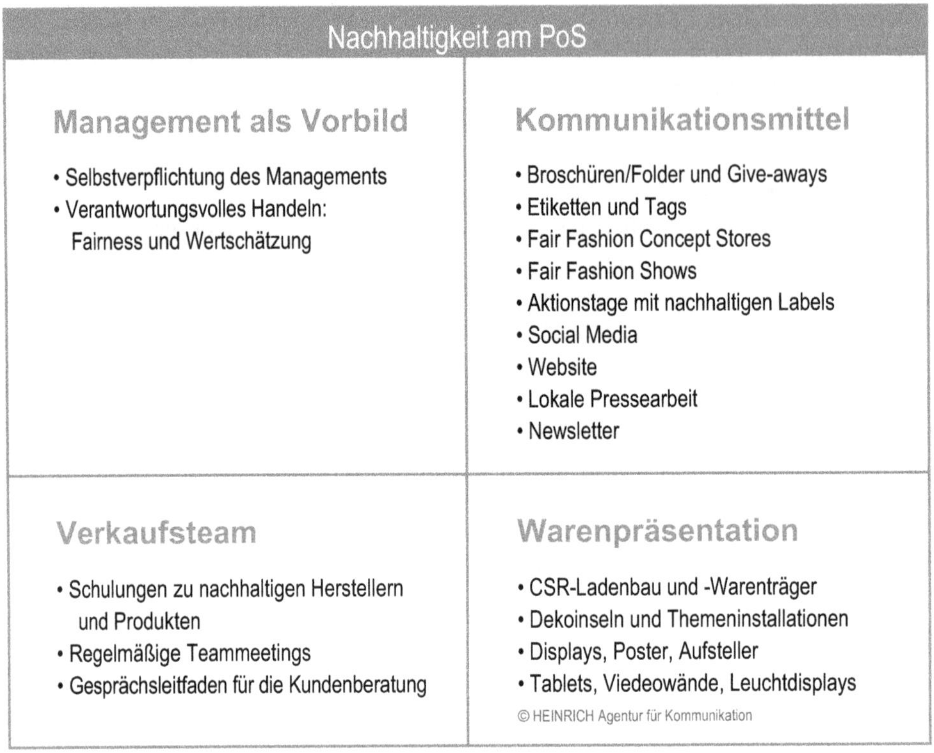

Abb. 1 Kommunikationsmittel für Nachhaltigkeit am PoS

Etiketten und Tags

Viele Produkthersteller entwickeln bereits Etiketten beziehungsweise Tags mit einer Vielzahl von Informationen über die verantwortungsvolle Herstellung ihrer Produkte und versehen sie mit den entsprechenden Siegeln. Allerdings sind die so gestalteten Etiketten oft sehr umfangreich und können den potenziellen Käufer verwirren. Außerdem werden sie oft ignoriert. Hier ist eine einfache und klare Darstellung erforderlich. Der Kunde sollte das Produkt auf einen Blick als nachhaltig identifizieren können.

Fair Fashion Concept Stores

Die Einrichtung einer nachhaltigen „Themenwelt" unterstützt den Nachhaltigkeitsgedanken über den Bekleidungssektor hinaus und erschließt dem Kunden am PoS eine „nachhaltige Welt". Sie regt zu Gesprächen und Austausch an und erreicht den Kunden auf der emotionalen Ebene. Denkbar ist auch ein Bistro-Café, das ein nachhaltiges Sortiment ausgesuchter Produkte anbietet, die zur Marke des Händlers passen. Dazu können auch regionale sowie nachhaltig hergestellte, kulinarische Spezialitäten zählen.

Fair Fashion Shows

Besonders Fair Fashion Shows eignen sich zur Präsentation von nachhaltigen Modelabels und dienen der Imagebildung. Durch die Wahl einer besonderen Location und Models lassen sich mit dieser Art von Kommunikation speziell zum Thema Nachhaltigkeit eindrucksvolle Bilderwelten erzeugen. Werte, Emotionen und Ideen werden auf außergewöhnliche Weise transportiert. Auch bietet es sich an, darüber ein Modenschau-Video zu produzieren, das auf die jeweilige Händler-Website gestellt werden kann. Am PoS läuft das Video auf der Video-Wand oder auf dem Tablet und schafft ein verkaufsförderndes und stimmungsvolles Ambiente.

Aktionstage mit nachhaltigen Labels

Aktionstage mit nachhaltigen Bekleidungsproduzenten einer ausgewählten Marke eröffnen Unternehmen die Möglichkeit, sich in einem besonderen Rahmen zu präsentieren und im direkten Kundenkontakt ihre nachhaltige Mode vorzustellen und zu erläutern. So sind eine exaktere Profilierung der nachhaltigen Marke und eine zielgerichtete Betreuung der Endverbraucher möglich. Durch den unmittelbaren Kundenkontakt kann darüber hinaus direktes Feedback eingeholt werden.

Social Media

Gerade für Modehäuser bietet es sich an, mit sozialen Medien wie Instagram, Facebook, Blogs etc. ihre Philosophie über den PoS hinaus zu kommunizieren. Alle Zielgruppen haben hier die Möglichkeit, miteinander in Echtzeit und direkt in Kontakt zu treten. Diese Medien fördern den Austausch, die Kundenbindung und ermöglichen es, sofort auf die individuellen Kundenbedürfnisse zu reagieren. Durch den permanenten Dialog in Form von Likes und Kommentaren mit den Usern lässt sich genau feststellen, welches Produkt momentan gehypt wird oder welches noch mehr gepusht werden muss. Darüber hinaus finden sich hier die typischen Charakteristika von Social Media wie Transparenz, offener Dialog, Gleichheit und direkte Ansprache auch in der Nachhaltigkeit wieder. Jüngere Zielgruppen erreicht man derzeit sehr gut über die Bilder-App Instagram.

Website

Der individuelle Internetauftritt schärft das Profil eines Unternehmens. Klar definierte Ziele sind die Voraussetzung einer funktionierenden Website. Geprägt durch eine individuelle Handschrift und unterstützt durch eine ansprechende Bilderwelt überzeugt ein nachhaltiges Unternehmen im Netz. Oft als erste Kontaktaufnahme genutzt, kann sich das Unternehmen vorab dem Kunden präsentieren. Hier wird die eigene Einstellung des Unternehmens zur Nachhaltigkeit deutlich: Diese sollte gut erkennbar und Stakeholder-orientiert sein.

Lokale Pressearbeit

In der Medien- und Pressearbeit geht es vor allem darum, seriöse, vertrauensvolle und partnerschaftliche Beziehungen zu Redakteuren, Journalisten und auch Bloggern aufzubauen. So kann der Aufbau von Image und Bekanntheit als verantwortlich handelnder Händler unterstützt werden. Wichtig ist der regelmäßige Austausch von sachlich wahrheitsgemäßen, aber auch journalistisch aufbereiteten Informationen. Der offene Dialog und das persönliche Gespräch sind die Voraussetzungen für Vertrauen und eine objektive Berichterstattung. Je besser sich die Zielgruppen hier wiederfinden, desto besser kommen die vermittelten Botschaften auch an. Die Themen können entsprechend der Mode vielfältig sein, sollten aber immer auch nachhaltige Aspekte beinhalten. Das kann sowohl das gesellschaftliche Engagement betreffen als auch den fairen Umgang mit den Kunden und Mitarbeitern oder auch das ökologische Verständnis.

Newsletter
Regelmäßige Newsletter in elektronischer, aber auch in gedruckter Form können nachhaltige Themen sehr gut und wirksam vermitteln. Sie eignen sich sowohl für die Mitarbeiter als auch für Kunden, Partner oder andere Zielgruppen. Die wesentlichen Informationen sollten kurz, aktuell und prägnant zusammengestellt sein und Auskunft über die nachhaltigen Aktivitäten geben. So wird die Vertrauensbildung weiter verstärkt.

4 Fazit

Bereits 66 % der Deutschen bemühen sich heute um einen nachhaltigen und umweltbewussten Lebensstil (OEKO-TEX 2017) Diese vorhandene Bereitschaft muss genutzt werden, um nachhaltigen Herstellern und Produkten mehr Bedeutung zu geben und den Konsumenten zum Kauf zu motivieren. Erreicht werden kann dies durch mehr Information und Orientierung auf der Verkaufsfläche. Dazu muss das Thema Nachhaltigkeit in den Bereichen Warenpräsentation, Verkaufsberatung und Kommunikation stärker in den Vordergrund gerückt werden. Das erfordert von allen Beteiligten Mut, Zeit, neue Ideen und Investitionen, die sich lohnen. Denn Unternehmen, die in ihrem gesamten Auftreten und in allen Bereichen gesellschaftlichen Mehrwert erzeugen, sind bereits jetzt erfolgreicher und werden es auch in Zukunft sein.

Literatur

Franken N (2017) Corporate responsibility in the clothing industry: from a consumer's perspective. oekom, München

Leicht J (2017) Jugendliche und nachhaltiger Konsum (forsa Studie). https://www.schufa.de/media/editorial/ueber_uns/dateien/wirtschaftswerkstatt_1/Schufa_Jugendliche_und_nachhaltiger_Konsum_100717.pdf. Zugegriffen: 14. Apr. 2018

OEKO-TEX (2017) The key to confidence: consumers and textile sustainability – attitudes, changing behaviors, and outlooks. https://rebrand.ly/oekotexTKTCweb. Zugegriffen: 14. Apr. 2018

Probe A (2018) In der Nische. Textilwirtschaft 14/2018: 35–37

Underhill P (2000) Warum kaufen wir? Die Psychologie des Konsums. Econ Verlag, Berlin

Utopia (2017) Das gute Leben. Eine Utopia-Studie über nachhaltigen Konsum und bewusste Konsumenten. https://www.karmakonsum.de/wp-content/uploads/2018/01/Utopia-Studie-Das-gute-Leben-2017.pdf. Zugegriffen: 14. Apr. 2018

Weiterführende Literatur

Die Verbraucher Initiative e. V. (2005) Verkaufsfördernde Verbraucherkommunikation am Point of Sale. Leitfaden für Handelsunternehmen. Die Verbraucher Initiative e. V., Berlin

Gürtler C, Hausbacher E (2015) Kleiderfragen: Mode und Kulturwissenschaft (Fashion Studies). transcript, Bielefeld

Heinrich P (2017) CSR – Kommunikation und Instrumente. In: Keck W (Hrsg) CSR und Kleinstunternehmen. Die Basis bewegt sich. Springer Gabler, Wiesbaden

Heinrich P (2018) CSR und Kommunikation. Unternehmerische Verantwortung überzeugend vermitteln. Springer Gabler, Wiesbaden

König GM, Mentges G, Müller MR (2015) Die Wissenschaften der Mode. transcript, Bielefeld

Kühl A (2015) Modenschauen. Die Behauptung des Neuen in der Mode. transcript, Bielefeld

Schweizer M (2005) Consumer Confusion im Handel. Ein umweltpsychologisches Erklärungsmodell. Deutscher Universitätsverlag, Wiesbaden

Spörrle M, Bekk M (2015) Nachhaltiges Konsumentenverhalten. In: Moser K (Hrsg) Wirtschaftspsychologie. Springer Gabler, Wiesbaden

Underhill P (2011) Was Frauen wollen: Warum sie kaufen, was sie kaufen. Campus, Frankfurt am Main

Wichert S (2015) Im großen Rahmen. In: Süddeutsche Zeitung. Heft 36/2015. https://sz-magazin.sueddeutsche.de/mode/im-grossen-rahmen-81632. Zugegriffen: 14. Apr. 2018

Wischniewski T (2017) Textilbündnis: 129 Aktionspläne für mehr Nachhaltigkeit. http://www.umweltdialog.de/de/verbraucher/textilien/2017/Textilbuendnis-129-Aktionsplaene-fuer-mehr-Nachhaltigkeit.php. Zugegriffen: 14. Apr. 2018

Kathy Zängler absolvierte nach dem Abitur 1988 eine Schneiderlehre in der Haute Couture in Düsseldorf und studierte im Anschluss Modedesign an der Accademia di Moda e Design in Florenz. Darauf folgte ein Studium der Textilbetriebswirtschaftslehre in Münchberg. Von 1994 bis 2007 war sie bei HUGO BOSS im Bereich Vertrieb und Shop-Management tätig. Seither arbeitet Frau Zängler im Bereich Marketing/Vertrieb und Visual Merchandising für verschiedene Agenturen – unter anderem für die HEINRICH – Agentur für Kommunikation in Ingolstadt.

Lightning Source UK Ltd.
Milton Keynes UK
UKHW03f2000180918
329103UK00005B/289/P